基于 ZEMAX 的光学设计教程

（第二版）

主编　黄振永　卢春莲　苏秉华　俞建杰
主审　周彦平

U0285319

哈尔滨工程大学出版社
Harbin Engineering University Press

内 容 简 介

本书介绍了光学系统的像差理论、像质评价方法、光学设计软件 ZEMAX 和 TracePro、典型光学系统设计的优化方法。其特色在于,利用设计案例及其翔实的设计过程诠释了利用 ZEMAX 软件进行光学设计的技巧。本次修订补充了三个 TracePro 设计实例,满足了高校培养成像类和照明类光学设计人才的需要,同时更正了原版中存在的错误。

本版分为六编,共 28 章。第一编是光学设计基础(第 1~6 章);第二编是光学设计软件 ZEMAX 用户界面(第 7~14 章);第三编是基于 ZEMAX 的光学设计实例(第 15~20 章);第四编是典型光学系统设计的优化方法(第 21~26 章);第五编是课程设计与毕业设计教与学指南(第 27 章);第六编是照明系统设计案例(第 28 章)。

本书可作为光学、光信息科学与技术、测控技术与仪器、光电信息工程、光学工程等专业的本科生和研究生的"光学设计"课程教材,也可作为"工程光学课程设计"或"应用光学课程设计"的指导教材,尤其适合于 ZEMAX 和 TracePro 软件的初学者使用。

图书在版编目(CIP)数据

基于 ZEMAX 的光学设计教程 / 黄振永等主编. — 2 版
. —哈尔滨 : 哈尔滨工程大学出版社,2018.8(2023.7 重印)
ISBN 978 - 7 - 5661 - 1941 - 4

Ⅰ. ①基…　Ⅱ. ①黄…　Ⅲ. ①光学设计 - 高等学校 -
教材　Ⅳ. ①TN202

中国版本图书馆 CIP 数据核字(2018)第 157411 号

出版发行　哈尔滨工程大学出版社
社　　　址　哈尔滨市南岗区南通大街 145 号
邮政编码　150001
发行电话　0451 - 82519328
传　　　真　0451 - 82519699
经　　　销　新华书店
印　　　刷　哈尔滨市石桥印务有限公司
开　　　本　787 mm×1 092 mm　1/16
印　　　张　27.25
字　　　数　718 千字
版　　　次　2018 年 8 月第 2 版
印　　　次　2023 年 7 月第 4 次印刷
定　　　价　69.80 元

http://www.hrbeupress.com
E-mail:heupress@ hrbeu.edu.cn

第二版前言

根据读者的反馈和教学实践中的发现,本版修订了第一版中发现的错误。在此表示道歉和谢意。

本版添加了近两年国内影响力较大的光学设计竞赛的试题,便于学生了解本行业的赛事,为学生取得竞赛好成绩助力。

考虑到有些学校的课程名称是"光学设计"等,除了想让学生熟悉成像类光学设计软件以外,还想简明扼要地介绍照明类光学设计软件,因此本版添加了基于三个 TracePro 软件的照明光学系统设计案例,采用项目案例教学法,配有具体的设计步骤,学生只要跟着做一遍就能初步了解该照明设计软件的基本功能和设计方法,非常适合入门类、学时少的光学设计课程使用。

教学建议与本书使用说明如下:

1. 鉴于光学设计的理论历史悠久且内容繁杂,光学设计类课程的实践性很强,因此建议理论学时和上机实践学时按 1∶1 设置,在上机实践中遇到的理论问题可以在机房内讲解。

2. 本书中有理论指导部分(建议在理论学时中完成)、工具性说明部分(建议在实践环节中遇到时再来查明,不用占用理论学时)、设计实例部分(建议在上机实践学时中完成)三部分内容。

3. 为综合评价学生的光学设计水平,建议课程总成绩包含理论考核和实践考核两部分。两部分各自占总成绩的比例分配方案按所在单位的要求处理。

4. 为避免设计报告出现雷同数据,建议设计参数尽量做到两点:每个人/组的设计参数不宜全同;难度系数大致一样(比如随着学号的增加,视场值越大,入瞳直径就越小,增加量/减小量不宜过大,也可以修改波长等参数)。

5. 本书不提供 PPT(之前做过 PPT,因为软件界面的截图放在 PPT 中在多媒体教室展示时发现图中字小,远距离的学生根本看不清楚,所以就不配 PPT),建议老师在有同步同屏功能的机房上课,老师在讲台上按需打开软件并操作,学生可以在面前的显示屏中清晰地观看操作,多年的教学实践证明学软件类的课在同步同屏机房上课效果更好。如果老师在备课时需要用到书中图片素材和部分设计案例的源文件,欢迎联系索取。E-mail:1754566452@ qq. com。

鉴于能力有限,如果您发现书中还有不妥之处,欢迎批评指正。

感谢广大师生和光学设计爱好者对本书第一版的支持。

感谢哈尔滨工程大学出版社对本书第二版出版的支持。

感谢哈尔滨工程大学卢春莲博士为本书第二版出版工作付出的劳动。

感谢哈尔滨工程大学出版社石岭编辑为本书第二版出版工作付出的劳动。

感谢北京理工大学珠海学院信息学院对本版工作的支持。

感谢北京理工大学珠海学院苏秉华教授、薛竣文副教授对本版工作的支持。

感谢已列入参考文献及未列入参考文献的作者的前期贡献。

感谢光电信息技术与应用珠海市协同创新中心项目的支持。

感谢光电成像技术与系统教育部重点实验室(珠海分室)项目的支持。

最后感谢家人、领导们、同事们和朋友们对我们工作的支持。

编　者

2018 年 4 月

目 录

第一编 光学设计基础

第二编　光学设计软件 ZEMAX 用户界面

第三编　基于 ZEMAX 的光学设计实例

第四编   典型光学系统设计的优化方法

第五编　课程设计与毕业设计教与学指南

第六编　照明系统设计案例

第一编 光学设计基础

第1章 光学设计的发展概述

1.1 光学设计的概念

随着科技的进步,传统光学仪器日趋被光学、机械、电子和计算机一体化的现代智能化仪器所取代,如数码相机、投影仪等。虽然如此,对于一个光学系统而言,无论是成像系统还是照明系统,光学设计是实现各种光学系统的重要基础。随着光学仪器的发展,光学设计的理论、优化算法、仿真工具和性能评价方法日益完善。

何谓"光学设计"呢?业界尚没有形成一个统一的说法。刘钧[1]等人认为,光学设计所要完成的工作应该包括光学系统设计(图 1-1)和光学系统结构设计(图 1-2)。

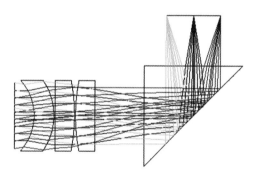

图 1-1 某投影物镜系统设计示意图

本教程讨论的对象主要是光学系统设计。所谓"光学系统设计",就是根据仪器所提出的使用要求,来决定满足其使用要求的光学系统性能参数、外形尺寸参数和各光组的结构类型等。

一般而言,光学系统设计的过程大致分为以下两个阶段。

第一阶段:初步设计阶段。该阶段主要是根据光学仪器总体的技术要求,如性能指标、外形体积、使用环境和质量等,从光学仪器的总体出发,拟定光学系统的原理图,并初步计算光学系统的外形尺寸、确定结构类型,以及分配各光组之间光焦度等。因此,这一阶段也称为"外形尺寸计算阶段"。

第二阶段:像差设计阶段。该阶段主要是根据初步设计结果,确定每个透镜组的具体结构参数,如曲率半径、厚度、间隔和材料等,以满足系统光学特性和成像质量的要求。

以上两个阶段既有区别又有联系:如在初步设计阶段,就要预算像差设计是否可以实现,以及系统结构的复杂程度;反之,当像差设计无法实现时,或系统结构过于复杂时,则必须重新进行初步设计。

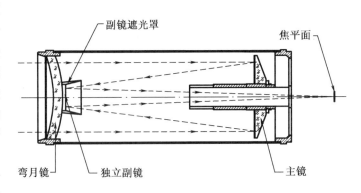

图 1-2　某 Cassegrain 式反射系统结构设计图

一般而言,初步设计阶段是光学仪器设计的关键阶段。例如,我们现在要设计一个相对孔径为1/1.2 的望远物镜系统,如果我们选择单组双胶合透镜作为初始结构,由于单组双胶合物镜的相对孔径一般不大于1/3,所以导致后续阶段的像差校正很困难,甚至可能导致设计任务无法完成,或成像质量不佳,或结构过于复杂。因此,一个好的光学设计应该在满足其使用要求(如成像质量要求和外形尺寸要求等)的前提下,追求结构最简单化。

此外,光学设计还要追求设计标准化,如球面曲率半径的设计要以现阶段企业使用的磨具的曲率半径规格为标准进行设计,否则就要重新研制新的加工磨具,从而导致光学元件制造成本的增加。

当然,光学设计的公差设置也要满足现阶段制造业的工艺水平。

1.2　光学设计的发展史概述

如果把研究光学现象的实验设计也看作是光学设计的话,那么光学设计的发展历史就是一个漫长的过程。简单而言,光学设计的发展经历了人工设计和自动化设计两个阶段,实现了由手工计算像差、修改结构参数进行光学设计,到使用计算机和光学自动优化设计程序进行设计的巨大飞跃。

1.2.1　人工设计阶段的情况简介

最初生产的光学仪器是利用人们直接磨制的各种不同材料、不同形状的透镜,把这些透镜按不同情况进行排列组合,并从中找出成像质量比较好的结构组合。一方面,当时制造透镜的工艺技术水平较低,另一方面,排列组合透镜有很大的偶然性,所以在这一阶段内要想组合出一个质量较好的结构,势必要花费很长的时间和很多的人力、物力和财力,而且很难拼凑到各方面都较为满意的结构。

随后人们利用几何光学中光路计算的理论和像差理论来进行光学设计。光学设计正是从光路计算开始快速发展的。用理论作指导进行光学设计是很重要的进步,但是由于光学系统结构参数众多、光学结构参数与像差之间的关系又十分复杂,很多关系并非线性关系。因此,要想设计出一个好的结构,就必须进行长时间的、繁重的手工计算。

1.2.2　自动化设计阶段的情况简介

20 世纪计算机的出现,使光学设计人员逐渐从繁重的手工计算中解放出来,设计周期也大大缩减,设计人员的工作重心也由像差计算转移到像差计算数据分析和优化策略,如利用 ZEMAX 软件分析某光学系统的场曲和畸变(Field Curv/Dist)、快速傅里叶变换振幅调制传递函数(FFT MTF)等(图 1 – 3、图 1 – 4)。

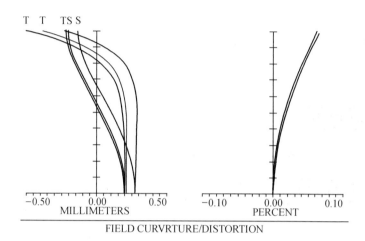

图 1 – 3　某光学系统的场曲和畸变(Field Curv/Dist) 图

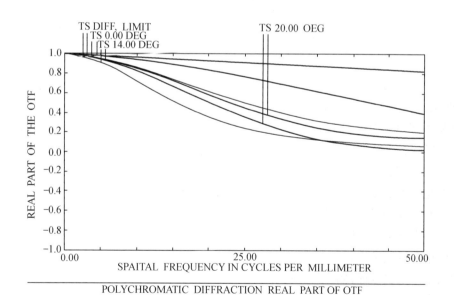

图 1 – 4　某光学系统的 FFT MTF 图

第 2 章　光学设计的过程与步骤

2.1　光学设计的一般过程

光学设计的一般过程简化表述如图 2-1 所示。

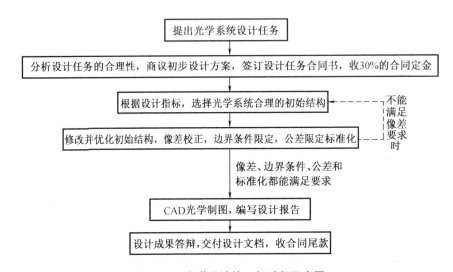

图 2-1　光学设计的一般过程示意图

设计任务提出方提出的设计任务,往往存在着过于理想化的要求,如"无像差""畸变为零"等要求,或者提出的设计指标过于笼统化,如"像差尽可能小""后工作距离要尽可能小""结构要尽量小"等。面对这些问题,设计者要从专业化的角度,根据现实制造工艺水平,提出具体的、合理的设计指标及其参数,如焦距、共轭距、数值孔径(或相对孔径)、放大率和线视场(或角视场)等。

根据光学系统使用条件和性能要求,制定合理的技术参数是设计能否成功和能否完成设计任务的关键,也是确定设计难度和设计工作量及其报酬的重要参考依据。

在进行光学系统总体设计时,其重点是确定光学原理方案和外形尺寸计算。在进行计算时还要结合机械结构和电气系统,以防止这些理论计算值在机械结构上无法实现。每项性能的确定一定要合理,如光焦度分配,过高的要求会使设计结果复杂,造成成本过高;过低的要求会使设计不符合要求。因此,这一步务必要慎重。

光组的设计一般分为三个阶段:选型阶段、确定初始结构参数阶段和像差校正阶段。

所谓"光组",一般是以一对物像共轭面之间的所有光学零件为一个光组,也可进一步细分,如显微镜头可分为物镜和目镜两个光组。

镜头在选型时,首先要依据工作波长范围、相对孔径(或数值孔径)、线视场(或角视场)、有效焦距、后工作距离及共轭距等参数来选定镜头的类型,如长波红外系统常选择反射式系统类型。这里要特别注意各类镜头所能实现和承担的最大相对孔径、最大视场和最大光焦度等指标。选型常常利用现有的专利库和积累的工作经验来选定,选型是否合理直接影响设计的难度、设计的成本和设计成功率,是光学设计的关键。

初始结构的确定通常有两种方法:

其一,解析法。即根据初级像差理论通过像差计算求解初始结构参数,如透镜的面型、曲率半径、玻璃厚度、元件间距、折射率、色散系数、视场、渐晕系数和光阑位置等初始结构参数。

其二,缩放法。即根据对光学系统设计的要求,找出性能参数比较接近的已有结构,将其各尺寸乘以缩放比 K 得到所要求的初始结构,并估算其像差大小和变化趋势。对像差影响较为敏感的参数,在优化设计过程中要谨慎对待。

确定好初始结构后,利用光学设计软件在计算机上进行光路仿真,输出其像差曲线,分析像差类型、大小和原因及其减小对策,再反复进行像差计算和平衡,直至像差满足要求为止。这里要注意的是,在优化的过程中要限定边界条件和优化函数类型及其大小,待成像质量较好时再进一步使参数符合实际制造企业光学元件样板标准化的要求。

根据国家或国际光学制图标准绘制各类 CAD 图纸,包括确定各光学元件之间的相对位置、装调后的实际大小和技术条件。这些 CAD 图纸为光学元件的加工、检验,组件的胶合、装调、校正,甚至整机的装调和测试提供依据。

在设计任务完成后往往还要编写设计报告,并进行光学设计任务结题答辩。一般来说,设计报告是进行光学设计整个过程的技术总结,是进行技术方案评审的主要依据。

2.2 光 学 设 计 的 具 体 步 骤

下面以缩放法为例,阐述光学设计的具体步骤(图 2 - 2)。

根据萧泽新[2]编著的《工程光学设计》(第二版)(电子工业出版社出版)第 4 ~ 5 页中图 1 - 1 可以得知常用镜头光学特性之间的关系如下:

(1)同样结构形式者,相对孔径越小、角视场越小,则其像质越好;

(2)焦距相同时,相对孔径越大,则角视场越小;

(3)焦距相同时,视场角越大,则相对孔径越小;

(4)物镜的焦距越长,对于同样结构类型的物镜,能够得到具有良好像质的相对孔径和视场角也越小,如图 2 - 3 所示。

选型时光学系统设计的初始结构是否合理,是设计成败的关键,一定要花足够的精力做好这项工作。

假如 f' 为已有系统的焦距,f'^* 为所要设计系统的焦距,那么缩放比为

$$K = \frac{f'^*}{f'} \tag{2-1}$$

且缩放后的结构参数变为

$$\begin{cases} r^* = rK \\ d^* = dK \end{cases} \tag{2-2}$$

其中,r 为已有系统的曲率半径;r^* 为所要设计系统的曲率半径;d 为已有系统的透镜厚度或

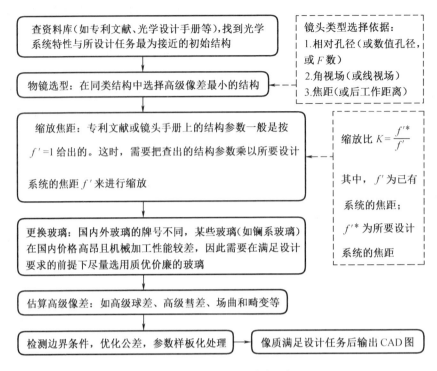

图 2-2　光学设计的具体步骤框图

间距;d^* 为所要设计系统的透镜厚度或间距。

为了保证更换玻璃后色差不变或变化很小,更换玻璃时,应尽量选用色散系数(即阿贝数)接近的玻璃。正透镜宜选用高折射率的冕牌玻璃,它可以减小系统的高级像差。对于双胶合透镜应尽量确保使胶合面两边的折射率差变化不大,这样可使原来系统的像差不会发生太大的变化。

更换好玻璃之后还应对更换玻璃的透镜的曲率半径作相应的修改,以保证该透镜的光焦度不变。根据薄透镜的光焦度公式,想要保持各折射面的光焦度不变,新的折射率 n^*、曲率半径 r^* 和原来系统的折射率 n 和曲率半径 r 之间应满足以下关系:

$$r^* = r \cdot \frac{n^* - 1}{n - 1} \qquad (2-3)$$

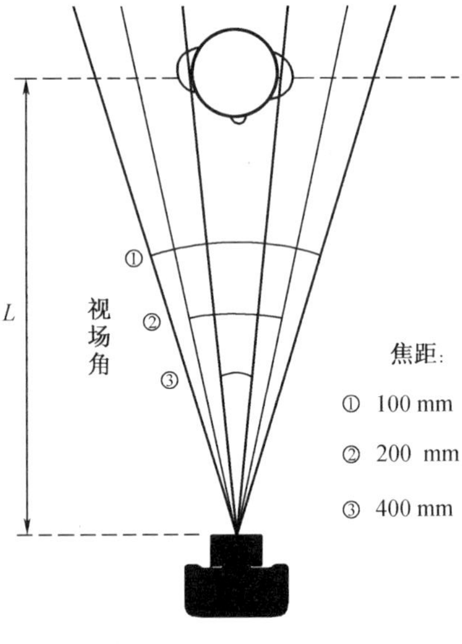

图 2-3　焦距与视场角的关系示意图

如果更换玻璃后单色像差虽好,但色差较大,可以用更换玻璃的方法校正色差。其思路是:如果 0.707 口径的位置色差较大,而全视场的倍率色差较小,则应更换靠近光阑的那块玻璃材料。这是因为,越靠近光阑,孔径高度越小,倍率色差变化也就越小。反之,则应更换远离光阑的玻璃材料。如果两种色差符号相反,则应更换光阑前面的那块透镜的玻璃材料。

第3章 仪器对光学设计的要求

任何一种光学仪器的使用条件和功能必然会对它的光学系统提出一定的要求,如对外形尺寸、成像质量、机械性能及物理化学性能等方面的要求。

3.1 对光学系统基本特性的要求

常见的光学系统的基本特性参数有很多,如相对孔径、数值孔径、F 数、线视场、角视场、工作波段、放大率、焦距、出瞳位置、入瞳直径、光阑位置、后工作距离、共轭距、折射率、色散系数、透镜厚度、透镜间距及透镜面型等。

3.2 对光学系统外形尺寸的要求

光学系统的外形尺寸计算要确定的结构内容包括系统的组成、各组元的焦距、各组元的相对位置(即轴向尺寸)和横向尺寸(即径向尺寸)。为了简化各种类型光组的外形尺寸计算,可以把光学系统看成是由一系列薄透镜组成的光学系统,经过简化后的光学系统可以用理想光学系统的理论和公式进行计算。但不是所有的光学系统或光组都可以看成是薄透镜光组,如广角物镜、大数值孔径的高倍率显微物镜等。

在进行光学系统的外形尺寸计算时,除了务必保证使用条件决定的基本光学特性外,还要考虑其在技术上和物理上能否实现,并且要和机械结构、电气系统匹配,还要具有良好的工艺性和经济性。

一般而言,光学系统的外形尺寸计算要满足三个方面的要求:

(1)系统的孔径、视场、分辨率、出瞳直径和位置等;

(2)几何尺寸,即光学系统的轴向和径向尺寸、整体结构的布局等;

(3)成像质量、孔径和视场的权重等。

在外形尺寸计算时,如果把系统看成是由薄透镜光组构成的,则高斯公式可变换为

$$\tan U'_k = \tan U_k + \frac{h_k}{f'_k} \qquad (空气中) \qquad (3-1)$$

转面公式即可写成

$$h_k = h_{k-1} - d_{k-1} \tan U'_{k-1} \qquad (3-2)$$

式中 h_k, h_{k-1}——光线与主平面的交点到光轴的距离,以光轴为计算起点,向上为正;

$\tan U'_k$, $\tan U'_{k-1}$, $\tan U_k$, $\tan U_{k-1}$——光线通过光学系统前、后与光轴夹角的正切值。

在外形尺寸计算时,常把任意光束截面的渐晕系数 K 看作常量。

平面反射镜的外形尺寸应由反射镜上光束截面的尺寸确定。在平行光束中反射镜上的光束截面是一个椭圆;在会聚或发散光束中,反射镜上的光束截面仍然是一个椭圆。考

虑到安装和调整的原因,反射镜的实际尺寸应该比计算尺寸大 2 ~ 3 mm。

在外形尺寸计算时,如果有反射棱镜,则应先把反射棱镜展开成等效玻璃平行平板,然后再将其变成等效空气层。这样简化就可以不考虑玻璃折射,能很方便地计算出光线在等效空气层入射面和出射面上的入射高度和出射高度,它们实际上是棱镜入射面和出射面的光线高度。当计算光线通过棱镜后的实际像面位置时,只要把平行平板玻璃的轴向移动 ΔL 即可,如图 3 - 1 所示。

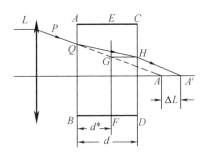

图 3 - 1   平行平板玻璃的轴向移动 ΔL

如果平行平板玻璃的厚度为 d,玻璃材料的折射率为 n,则等效空气层厚度 d^* 和平行平板玻璃的轴向位移 ΔL 可由式(3 - 3)求得

$$\begin{cases} d^* = \dfrac{d}{n} \\ \Delta L = \left(1 - \dfrac{1}{n}\right)d \end{cases} \qquad (3-3)$$

为了减小转像系统和目镜的通光口径,常常在物镜的像平面上(或其附近很小范围内)放置一个透镜,该透镜常称为"场镜"。由于场镜位于像平面上(或其附近很小范围内),它的光焦度对系统的总光焦度并无贡献,也不影响轴上光束的像差和系统的放大率,但对轴外像差有影响。场镜的焦距可由物镜的出瞳和转像系统的入瞳之间的物像共轭关系来确定。

典型光学系统外形尺寸计算,请参考刘钧、高明编著的《光学设计》(国防工业出版社)第 4 章的内容。

3.3   对光学系统成像质量的要求

要注意的是,对光学系统成像质量的要求与光学系统的用途及其类型有关,不能一概而论。例如,对于望远系统和一般的显微镜系统,一般只要求中心视场应该有较好的成像质量;又如,对于照相物镜系统,则要求整个视场都要有较好的成像质量。

传统的成像光学系统由于有明确的物像共轭关系,因此设计这一类型的光学系统旨在通过光学系统的作用,即利用反射定律和折射定律改变光线的传播方向,从而获得高质量的像,其设计着眼点在于信息传递的真实性(如有无畸变)和有效性(如是否清晰)。

而对于非成像光学系统,如照明光学系统,其设计着眼点在于光能量传输效率的最大化,以及被照面上的照度大小和照度分布情况(均匀性和形状),如图 3 - 2 所示。

因此,非成像光学系统的设计,如孔径角和倍率较低的照明系统,一般情况下对像差要求并不严格,而成像光学系统的设计则是从减小像差出发的。

考虑到光照的均匀性,孔径角和倍率稍大的照明系统需要适当减小球差,对于光照均匀性要求较高的情况还需要考虑减小彗差和色差。

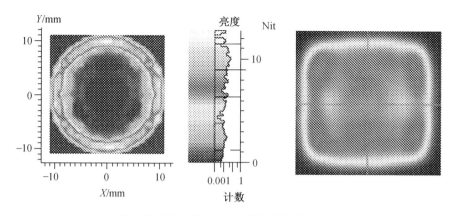

图 3 − 2　某光管端面光照度分布和某投影仪屏幕光照度分布

3.4　对光学系统使用条件的要求

根据光学仪器的使用条件,一般要求光学系统具有一定的物理稳定性、化学稳定性、力学性能和热学性能等要求,以保证仪器在特定环境下能正常工作。如太空卫星上的光学系统,由于在太空中白天和晚上温度差异可达 100 ℃,因此这类光学系统的设计要求使用的材料要有小的热膨胀系数,其最外层的玻璃也要有较好的耐辐射性能等。再如水下工作的摄像镜头就要满足耐高水压的特性,以防深水作业时因镜头内外水压差异过大而损坏镜头,其最外层玻璃也应避免使用水解反应严重的材料。

在对光学系统提出使用要求时,主要考虑在技术上和物理上的实现可能性。

对于生物显微镜的视放大率 Γ,一定要按有效放大率的条件来选取,即满足以下条件:

$$500NA < \Gamma < 1\ 000NA \tag{3-4}$$

这里要注意:只有提高数值孔径 NA,才能提高有效放大率。

对于望远镜的视放大率 Γ,一定要把望远系统的极限分辨率和眼睛的极限分辨率放在一起考虑。

在眼睛的极限分辨率为 60″ 时,望远镜的正常放大率应该是 $\Gamma^* = D/2.3$,式中 D 是入瞳直径。为了减轻观察者的眼睛疲劳度,常要求仪器的实际视放大率是有效视放大率 Γ^* 的 2 ~ 3 倍。但是对于一些手持观察望远镜,它的实际放大率比正常放大率稍低,以便具备较大的出瞳直径,从而增加观察时的光强度。因此,望远镜的工作放大率常按下式选取:

$$0.2D < \Gamma < 0.75D \tag{3-5}$$

有时候对光学系统提出的要求是互为制约的,甚至是矛盾的。此时,应深入分析,全面考虑,抓住主要矛盾,切忌因为提出不合理的要求导致设计任务完成困难,甚至根本无法实现。例如,在设计照相物镜时,为了使相对孔径、视场角和焦距三者之间的选择更加合理,应该参照下式来选取参数:

$$C_m = \frac{D}{f'} \tan \omega \sqrt{\frac{f'}{100}} \tag{3-6}$$

式中,$C_m = 0.22 \sim 0.26$,称为物镜的质量因数,实际计算时,常取 $C_m = 0.24$。

当 $C_m < 0.24$ 时,光学系统的像差校正就不会很困难。

当 $C_m > 0.24$ 时,光学系统的像差很难校正,成像质量很差。

当然,随着高折射率玻璃的出现、光学设计方法的完善、光学零件制造水平的提高,以及光学系统装调工艺水平的增强,C_m 的值正逐渐提高。

【例】 以单组双胶合望远物镜为例,其视场角为 $2\omega < 10°$,不同焦距使用的最大相对孔径 $f': \dfrac{D}{f'}$ 常为 $50: \dfrac{1}{3}, 150: \dfrac{1}{4}, 200: \dfrac{1}{5}, 300: \dfrac{1}{6}, 500: \dfrac{1}{8}$ 和 $1\,000: \dfrac{1}{10}$。

当 $2\omega = 10°, f': \dfrac{D}{f'} = 50: \dfrac{1}{3}$ 时,$C_m = \dfrac{1}{3} \tan 5° \sqrt{\dfrac{50}{100}} \approx 0.02 < 0.24$,不难设计;

当 $2\omega = 60°, f': \dfrac{D}{f'} = 50: \dfrac{1}{1.2}$ 时,$C_m = \dfrac{1}{1.2} \tan 30° \sqrt{\dfrac{50}{100}} \approx 0.34 > 0.24$,很难设计。

3.5　对光学系统经济性的要求

评价一个光学系统设计优劣的主要依据是:①成像质量;②复杂程度。即一个好的设计应是在功能(成像质量等)能满足用户要求的情况下,追求结构最简单化(成本最低化)。为此,在光学系统设计中应用价值工程的原理,对提高光学仪器产品质量和降低产品成本有重要的意义。

价值工程公式为

$$V = \frac{F}{C} \tag{3-7}$$

式中,V 是价值(Value);F 是功能(Function);C 是成本(Cost)。

依据公式(3-7)可知,提高价值 V 的策略有如下几种:

(1)$V \uparrow = \dfrac{F \uparrow}{C \downarrow}$ 策略　增加 F,降低 C(如根据广角目镜的特点,把目镜筒一端设计成压圈形式,增加了它的功能,并取消了压紧透镜组的压圈,从而减少了金属件,降低了成本);

(2)$V \uparrow = \dfrac{F \uparrow}{C \cong}$ 策略　F 增加,C 基本不变;

(3)$V \uparrow = \dfrac{F \uparrow \uparrow}{C \uparrow}$ 策略　F 大幅度增加,C 略微增加;

(4)$V \uparrow = \dfrac{F \downarrow}{C \downarrow \downarrow}$ 策略　F 降低,C 大幅度降低;

(5)$V \uparrow = \dfrac{F \cong}{C \downarrow}$ 策略　F 基本不变,C 降低(如五片三组元结构优化为四片三组元结构,在保证成像质量的情况下降低了成本)。

这里要提醒大家的是,影响光学零件成本的主要因素除了材料外,还有加工工艺性问题(如是否容易抛光)。工艺性好可大幅度降低成本。

根据公式(3-7),我们采用 $V \uparrow = \dfrac{F \cong}{C \downarrow}$ 策略,如利用微调各镜片光组的光焦度比例的办法,把过大的曲率半径 R 改成平面($R = \infty$);或把相近的曲率半径 R 在保证成像质量优良的前提下取为相同值;或把光学系统结构设计成全对称结构等。这些措施可以大大减少制作光学样板及制造工装的费用,还缩短了生产周期,便于企业生产管理。

一个好的光学设计者要牢记和能够灵活运用价值工程公式进行光学设计。

3.6　对光学零件的技术要求

光学零件的技术要求反映了光学系统像差设计的要求,这也是对加工后的光学系统成像质量的保证。它主要包括对光学材料的质量要求和对光学零件加工精度的要求。

3.6.1　对光学材料的质量要求

现在实用的光学材料以无色光学玻璃为主。按照国家标准(GB 903—87)的规定,无色光学玻璃分为两个系列:一是 P 系列的普通无色光学玻璃;二是 N 系列的耐辐射无色光学玻璃。

无色光学玻璃按化学组成和光学常数不同分成两类:一类是冕牌玻璃,用字母 K 表示,其中 PbO 的质量分数小于 3%;另一类是火石玻璃,用字母 F 表示,其中 PbO 的质量分数大于 3%。冕牌玻璃与火石玻璃的性能差异如表 3-1 所示。

表 3-1　冕牌玻璃与火石玻璃的性能差异

冕牌玻璃	火石玻璃
折射率低(n_d 为 1.50~1.55)	折射率高(n_d 为 1.53~1.85)
色散系数大(v_d 为 55~62)	色散系数小(v_d 为 30~45)
性硬、质轻、透明度好	性较软、质较轻、稍带黄绿色

根据折射率、色散系数以及化学组成不同,国家标准中又将无色光学玻璃分成 18 种类型,部分国家无色光学玻璃类型命名对照表如表 3-2 所示。

表 3-2　部分国家无色光学玻璃类型命名对照表

牌号		中国	德国、日本	美国
冕牌玻璃	轻冕玻璃	QK	FK	FLC
	氟冕玻璃	FK	FK	FLC
	冕玻璃	K	K	C
	磷冕玻璃	PK	PK	PC,DPC
	钡冕玻璃	BaK	BaK	DBC
	重冕玻璃	ZK	SK	EDBC
	镧冕玻璃	LaK	LaK	LaC
	特冕玻璃	TK	SK	DBC
	冕火石玻璃	KF	KF	CF

表 3 – 2(续)

牌号		中国	德国、日本	美国
火石玻璃	轻火石玻璃	QF	LF	LF
	火石玻璃	F	F	F
	钡火石玻璃	BaF	BaF	BaF
	重钡火石玻璃	ZBaF	BaSF	DBF
	重火石玻璃	ZF	SF	DF
	镧火石玻璃	LaF	LaF	LF
	重镧火石玻璃	ZLaF	LaSF	DLF
	钛火石玻璃	TiF	TiF	TF
	特种火石玻璃	TF	KzFS	—

按照国家标准规定,无色光学玻璃的牌号由两部分组成,前面部分是类型代号,就是表 3 – 2 中的字母代号;后面部分是牌号序号,牌号序号为 1 ~ 99 的是 P 系列的普通无色光学玻璃,牌号序号为 501 ~ 599 的是 N 系列的耐辐射无色光学玻璃。例如,K9 玻璃,即表示它是普通无色光学玻璃系列的冕玻璃类型的第 9 号;BaF502 玻璃,即表示它是耐辐射无色光学玻璃系列的钡火石玻璃类型的第 502 号。

一般来说,对光学玻璃的要求,原则上应该依据光学系统的像差设计的要求来确定。但是不同用途的光学零件对光学玻璃材料的要求不同,可参考表 3 – 3 给出的数据。

表 3 – 3　对光学玻璃的质量要求的经验数据

技术指标	物镜			目镜		分划板	棱镜
	高精度	中精度	一般精度	$2\omega > 50°$	$2\omega < 50°$		
Δn_d	1B	2C	3D	3C	3D	3D	3D
Δv_d	1B	2C	3D	3C	3D	3D	3D
均匀性	2	3	4	4	4	4	3
双折射	3	3	3	3	3	3	3
光吸收系数	4	4	5	3	4	4	3
条纹度	1C	1C	1C	1B	1C	1C	1A
气泡度	3C	3C	4C	2B	3C	1C	3C

注:①高精度物镜一般是指大相对孔径的照相物镜、高倍率显微物镜及测距仪物镜等;

②中精度物镜一般是指普通照相物镜和低倍率显微镜等;

③对保护玻璃的要求可参照与它相近零件而给定;

④对鉴别率要求高的复杂的光学系统中的零件,其光学均匀性按鉴别率匹配而给定;

⑤对轴向通过口径很大的零件材料,其气泡度要求可适当降低,但须按 WJ 295—65 执行。

无色光学玻璃的质量指标有如下 8 种:

(1)折射率、色散系数与标准数值的允许差值;

(2)同一批玻璃中,折射率及色散系数的一致性;

(3)光学均匀性;

(4)应力双折射;

(5)条纹度;

(6)气泡度;

(7)光吸收系数;

(8)耐辐射性能。

无色光学玻璃的化学稳定性指标有如下 3 种:

(1)光学玻璃的耐潮稳定性;

(2)光学玻璃的耐酸稳定性;

(3)光学玻璃的耐碱稳定性。

无色光学玻璃的力学性能指标有如下 5 种:

(1)光学玻璃的密度;

(2)光学玻璃的硬度;

(3)光学玻璃的脆性;

(4)光学玻璃的机械强度;

(5)光学玻璃的弹性。

无色光学玻璃的热学性能指标有如下 5 种:

(1)光学玻璃的线膨胀系数;

(2)光学玻璃的比热容;

(3)光学玻璃的转变温度;

(4)光学玻璃的退火温度;

(5)光学玻璃的折射率温度系数。

有色光学玻璃分为 3 类:截止型玻璃、选择吸收型玻璃和中性灰色型玻璃。

截止型玻璃的光谱特性参数有:吸收系数、截止波长和陡度。

选择吸收型玻璃的光谱特性参数有:吸收系数和不同波长的吸收系数之比。

中性灰色型玻璃的光谱特性参数有:平均吸收系数和平均吸收系数的相对误差。

部分国家有色光学玻璃的名称、代号对应表如表 3 - 4 所示。

表 3 - 4　部分国家有色光学玻璃的名称、代号对应表

玻璃名称	代号			玻璃名称	代号		
	中国	德国	日本		中国	德国	日本
透紫外玻璃	ZWB	UB	U	透红外玻璃	HWB	RG	RM
紫色玻璃	ZB	BG	B	防护玻璃	FB	—	—
青蓝色玻璃	QB	BG	B	透紫外白色玻璃	BB	WG	UV
绿色玻璃	LB	VB,VG	G	暗色中性玻璃	AB	NG	ND
黄色玻璃	JB	GG	Y	隔热玻璃	GRB	KG	HA
橙色玻璃	CB	GG	O	升温色变玻璃	SSB	FG	LB
红色玻璃	HB	RG	R	降温色变玻璃	SJB	FG	LA

3.6.2 对光学零件的加工精度要求

对于一个好的光学设计者而言,如果不清楚光学零件的加工精度要求的话,即便是其设计的光学系统成像质量很好,也会遇到一个问题:实际加工精度无法满足设计要求,从而造成成像质量下降。所以本小节简要介绍对光学零件的加工精度要求。

1. 光学零件的表面误差

光学零件的表面误差是指球面半径误差、平面的平面性偏差和表面的局部误差。造成光学零件表面误差的原因有以下两种:

(1)光学样板本身的表面误差;

(2)零件表面与样板表面之间的误差,即光学零件的面形偏差。

光学标准样板的半径允差如表 3 - 5 所示。

表 3 - 5　光学标准样板的半径允差

精度等级	球面标准样板曲率半径 R/mm					
	0.5 ~ 5	5 ~ 10	10 ~ 35	35 ~ 350	350 ~ 1 000	1 000 ~ 4 000
	允差(±)					
	μm			公称尺寸的百分比/%		
A	0.5	1.0	2.0	0.02	0.03	$\dfrac{0.03R}{1\,000}$
B	1.0	3.0	5.0	0.03	0.05	$\dfrac{0.05R}{1\,000}$

标准样板光圈的允差如表 3 - 6 所示。

表 3 - 6　标准样板光圈的允差

曲率半径 R/mm	0.5 ~ 750		750 ~ 40 000		—	
精度等级 N	A	B	A	B	A	B
ΔN	0.5	1.0	0.2	0.5	0.05	0.1
	0.1	0.1	0.1	0.1		

球面工作样板的光圈可根据被检光学零件的要求按表 3 - 7 设定。平面工作样板的相对标准样板的偏差与球面标准样板的允差相同。

表 3 - 7　球面工作样板的光圈类型

组别	I	II	III
精度等级 N	0.1	0.5	1.0
ΔN	0.1	0.1	0.1

2. 光学零件的面形偏差

根据 GB 2931—81,面形偏差的定义为被检光学表面相对于参考光学表面,即工作样板的偏差。

面形偏差是在圆形检验范围内,通过垂直位置所观察到的干涉条纹(俗称光圈)的数目、形状、变化和颜色来确定的。面形偏差主要有三项:

(1)半径偏差　是指被检光学表面的曲率半径相对于参考光学表面曲率半径的偏差,用 ΔN 表示。如果 $\Delta N = 0.1$,表示允许的最大像散光圈数和局部光圈数为 0.1。

(2)像散偏差　是指被检光学表面在两个相互垂直方向上产生的光圈数不等产生的偏差,用 $\Delta_1 N$ 表示。如果 $\Delta_1 N = 0.1$,表示允许的最大像散光圈数为 0.1。

(3)局部偏差　是指被检光学表面与参考光学表面在任一方向上所产生的干涉条纹的局部不规则程度,用 $\Delta_2 N$ 表示。如果 $\Delta_2 N = 0.1$,表示允许的最大局部光圈数为 0.1。

光圈的概念:在光学加工中广泛使用激光斐索(Fizeau)干涉仪和工作样板作干涉图样的检验,该干涉图样就是等厚干涉条纹,条纹的形状大多数情况下是一圈一圈的圆环或圆环的部分,该圆环称为光圈,如图 3 – 3 所示。如果干涉仪使用白光源的话,得到的等厚干涉条纹如图 3 – 4 所示,干涉图样是依次渐变的彩色。

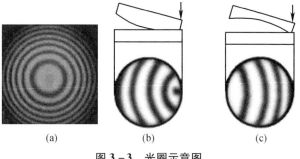

图 3 – 3　光圈示意图

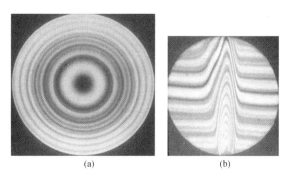

(a)　　　　　　　　　(b)

图 3 – 4　白光源的等厚干涉条纹示意图

当样板和被检零件形成等厚干涉条纹时,如果是中心接触,形成的光圈叫作高光圈(也称为正光圈);如果是边缘接触,则形成的光圈叫作低光圈(也称为负光圈),如图 3 – 5 所示。

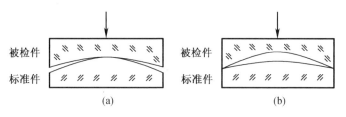

图 3 – 5　高光圈和低光圈示意图
(a)高光圈;(b)低光圈

光学零件表面误差参考数值如表 3 - 8 所示。

表 3 - 8　光学零件表面误差

仪器类型	零件性质	表面误差		仪器类型	零件性质	表面误差	
		N	ΔN			N	ΔN
显微镜、精密仪器	物镜、目镜	1~3	0.1~0.5	望远系统	棱镜反射面	1~2	0.1~0.5
		3~5	0.5~1.0		棱镜折射面	2~4	0.3~0.5
照相系统、投影系统	物镜、滤光镜	2~5	0.1~1.0		棱镜屋脊面	0.1~0.4	0.05~0.1
		1~5	0.1~1.0		反射镜	0.1~1.0	0.05~0.2
望远系统	物镜、转像透镜、目镜	3~5	0.5~1.0		场景、滤光镜、分划板	5~15	0.5~5.0

光学零件精度等级分类情况如表 3 - 9 所示。

表 3 - 9　光学零件精度等级分类

零件精度等级	精度性质	公差	
		N	ΔN
1	高精度	0.1~2.0	0.05~0.5
2	中精度	2.0~6.0	0.5~2.0
3	一般精度	6.0~15.0	2.0~5.0

光学零件外径余量要求如表 3 - 10 所示。

表 3 - 10　光学零件外径余量

通光口径 D/mm	外径/mm	
	用滚边法固定	用压圈法固定
<6	+0.6	+0.5
6~10	+0.8	+1.0
10~18	+1.0	+1.5
18~30	+1.5	+2.0
30~50	+2.0	+2.5
50~80	+2.5	+3.0
80~120	+3.0	+3.5
>120	+3.5	+4.5

透镜边缘及中心最小厚度边界条件如表 3 - 11 所示。

表 3 – 11　透镜边缘及中心最小厚度边界条件(GB 1205—75)

透镜直径 D/mm	正透镜边缘最小厚度 t/mm	负透镜中心最小厚度 d/mm
3 ~ 6	0.4	0.6
6 ~ 10	0.6	0.8
10 ~ 18	0.8 ~ 1.2	1.0 ~ 1.5
18 ~ 30	1.2 ~ 1.8	1.5 ~ 2.2
30 ~ 50	1.8 ~ 2.4	2.2 ~ 3.5
50 ~ 80	2.4 ~ 3.0	3.5 ~ 5.0
80 ~ 120	3.0 ~ 4.0	5.0 ~ 8.0
120 ~ 150	4.0 ~ 6.0	8.0 ~ 12.0

设置厚度边界条件的目的是,保证光学零件有足够的强度,使其在加工过程中不易变形或破损。

有些光学零件需要设计倒角,倒角分为设计性和保护性两大类。GB 1204—75 标准适用于光学零件的保护性倒角,其有关数值如表 3 – 12 所示。倒角位置如图 3 – 6 所示。

表 3 – 12　倒角宽度和角度

透镜直径 D/mm	倒角宽度 b/mm			零件之间与表面半径的比值 D/r	倒角角度 α		
	非胶合面	胶合面	辊边面		凸面	凹面	平面
3 ~ 6	$0.1^{+0.1}$	$0.1^{+0.1}$	$0.1^{+0.1}$	< 0.7	45°	45°	45°
6 ~ 10			$0.3^{+0.2}$	0.7 ~ 1.5	30°	60°	45°
10 ~ 18	$0.3^{+0.2}$	$0.2^{+0.1}$	$0.4^{+0.2}$	1.5 ~ 2.0	60°	90°	45°
18 ~ 30			$0.5^{+0.3}$				
30 ~ 50	$0.4^{+0.3}$	$0.2^{+0.2}$	$0.7^{+0.3}$				
50 ~ 80			$0.8^{+0.4}$				
80 ~ 120	$0.5^{+0.4}$	$0.3^{+0.3}$	$0.9^{+0.4}$				
120 ~ 150	$0.6^{+0.5}$	$0.4^{+0.4}$	$1.0^{+0.5}$				

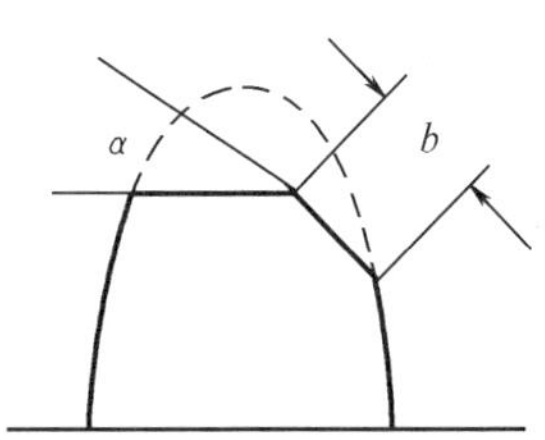

图 3 – 6　倒角位置示意图

第4章 光学系统的像差概述

成像光学系统光学设计的目的是校正并减小系统的像差,使得光学系统在一定的相对孔径和视场下成清晰的、无变形的像。本章抛开烦琐的推导过程,简明扼要地阐述光学系统的像差理论。欲知详细的推导过程,请查阅相关图书。

光学系统对单色光成像时会产生5种初级单色像差:球差、彗差、像散、场曲(也称为像面弯曲)和畸变。

光学系统对白光成像时,光学系统除对白光中单色光成分产生单色像差外,还会产生两种色差,即轴向色差(也称为横向色差或位置色差)和垂轴色差(也称为纵向色差或倍率色差)。

4.1 球 差

球差是光轴上的物点产生的唯一单色像差。

我们先来回忆一下球面折射光路计算公式

$$
\begin{cases}
\sin I = \dfrac{L-r}{r}\sin U \\[2mm]
\sin I' = \dfrac{n}{n'}\sin I \\[2mm]
U' = U + I - I' \\[2mm]
L' = r + r\,\dfrac{\sin I'}{\sin U'}
\end{cases}
\qquad (4-1)
$$

由公式(4-1)可知,自光轴上一物点 A 发出的与光轴成一定物方孔径角 U 的光线,经过球面折射后所得到的像距 L' 是物方孔径角 U 的函数,即像点 A' 的像距 L' 和像方孔径角 U' 会随着孔径角 U 或孔径高度 h(即与光轴成一定物方孔径角 U 的入射光线在折射面上交点到光轴的距离 h)的不同而不同。这是形成球差的根本原因。

1. 球差的定义

轴上物点 A 发出的同心光束经过球面折射后不再是同心光束,其中与光轴成不同孔径角 U(或孔径高度 h)的光线经球面折射后交光轴于不同的位置上,这些交点相对于理想像点 A' 有不同的偏离程度,描述这种偏离程度的像差就称为球差,如图4-1所示。

2. 球差的表达式

轴向球差

$$\delta L' = L' - l' \qquad (4-2)$$

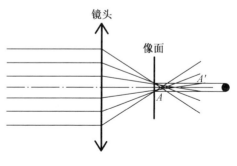

图4-1 球差示意图

式中,L'代表一定孔径角 U(或孔径高度 h)的光线经球面折射后交光轴于不同的位置,为了便于说明,暂且把它称为孔径光线的像距;l'代表近轴像点 A'的像距。

一般是对边缘光线校正球差,即 $\delta L'_m = 0$。这里的 $\delta L'_m$代表边缘光线的球差,简称为边光球差。如果 $m = 0.707$,则 $\delta L'_{0.707}$称为 0.707 孔径光线的球差,也称为 0.707 带光球差。其他带光球差,如 $\delta L'_{0.8}$,$\delta L'_{0.5}$ 和 $\delta L'_{0.3}$ 等,可类推称之。

球差的存在,使得在高斯像面上得到的不是点像,而是一个弥散斑,该弥散斑的半径 $\delta T'$为垂轴球差,即

$$\delta T' = \delta L' \cdot \tan U' \qquad (4-3)$$

由式(4-3)可知,像方孔径角 U'越大,则球差越大,即在高斯像面上的弥散斑就越大,这将使得像变得更加模糊,所以为使光学系统成像清晰,必须校正球差。

我们约定:除特别说明外,一般情况下提到的球差是指轴向球差 $\delta L'$。

3. 球差的影响因素

由式(4-1)和式(4-2)可知,球差是孔径角 U 或孔径高度 h 的函数。因为球差关于光轴有对称性,所以球差的级数展开式中只能有偶次项;因为当 $U = 0$ 或 $h = 0$ 时,球差 $\delta L' = 0$,所以球差的级数展开式中没有常数项;因为球差是光轴上的物点对应的像差,且与视场无关,所以球差的级数展开式为

$$\delta L'_m = A_1 h_m^2 + A_2 h_m^4 + A_3 h_m^6 + \cdots$$

或

$$\delta L'_m = a_1 U_m^2 + a_2 U_m^4 + a_3 U_m^6 + \cdots \qquad (4-4)$$

在公式(4-4)中,第一项为初级球差,第二项为二级球差,第三项为三级球差,二级以上的球差统称为高级球差。$A_1(a_1)$,$A_2(a_2)$,$A_3(a_3)$ 分别称为初级球差系数、二级球差系数和三级球差系数。

由公式(4-4)可知,初级球差与孔径高度的平方成正比,二级球差与孔径高度的四次方成正比。当孔径较大时,高级球差也较大。

综上可知,影响球差的主要因素是孔径角 U 或孔径高度 h。当孔径角 U 或孔径高度 h 越大时,光学系统产生的球差就会越大。一般而言,大口径的镜头对应的球差较大,因此,需要格外注意校正球差。

光学系统的球差是由系统各个折射面产生的球差传递到系统的像空间后相加而得到的,因此,系统的球差可以表示成系统每个折射面对球差的贡献之和,即所谓的球差分布式。初级球差系数(也称为第一赛得和数)常表示为 $\sum S_I$,其中,S_I 为每个面上的初级球差分布系数。

4. 球差的校正

一般而言,单正透镜产生负球差,单负透镜产生正球差。鉴于正负透镜产生不同符号的球差,因此,只有当正、负透镜组合起来才有可能使得球差得到校正。最简单的形式有双胶合光组和双分离光组。设计时,根据其他要求确定了两块透镜的光焦度以后,就可以采用整体弯曲的办法来达到校正球差的目的。经验表明,如果保持光焦度不变,则单透镜的球差将随着折射率的增大而减小。

如果校正后光学系统的 $\delta L' < 0$,称为球差校正不足或欠校正;

如果校正后光学系统的 $\delta L' > 0$,称为球差校正过头或过校正;

如果校正后光学系统的 $\delta L' = 0$,称为光学系统对给定孔径角(或孔径高度)的光线矫正

了球差,这样的光学系统称为消球差系统。

要注意的是,大部分光学系统只能做到对某一孔径角(或孔径高度)的光线校正球差,不能校正所有孔径角(或孔径高度)对应的光线的球差。

对于仅含初级和二级球差的光学系统,当对边缘光线校正球差时,在 $0.707h_m$ 的带光具有最大的残余球差,其值为边缘光线高级球差的 -0.25。

对单个折射球面而言,物点不产生球差的三个位置分别如下:

(1)物点和像点均位于球面的曲率中心。

(2)物点和像点均位于球面的顶点。

(3)物点位于 $L = \dfrac{n+n'}{n}r$,其像点位于 $L' = \dfrac{n+n'}{n'}r$ 的情况时,这一对不产生球差的共轭点在球面的同一边,且都在球心之外,不是使实物成虚像,就是使虚物成实像。该对共轭点通常称为不晕点或齐明点。利用齐明点的特性制作成齐明透镜可以增大物镜的孔径角,这个经验常在显微物镜和照明系统设计中广泛采用。

值得注意的是:

(1)实际上,球差是无法完全消除的,也没有必要完全消除,只要球差足够小,在一定的公差范围内就可以了。

(2)另外,有些国外著名光学公司也会利用球差的特性设计制造成柔焦镜头(一般镜头上标有"SOFT"字样),柔焦效果如图 4-2 所示。有些光学公司在设计镜头时为了达到特殊的性能要求,有时并不一定要针对边缘光线消除球差,即有时故意设计成欠校正或过校正的情况。

(3)光阑只能让近轴光线成理想的像。光阑与球差关系示意图如图 4-3 所示。

图 4-2 利用球差营造柔焦效果示意图

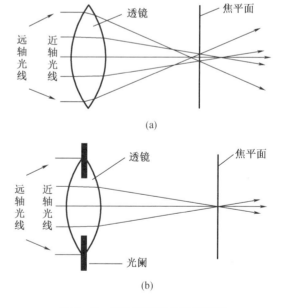

图 4-3 光阑与球差关系示意图

(a)远轴光线和近轴光线的光程差成像方焦点不重合;

(b)光阑只能让近轴光线理想成像

（4）球面反射镜仅当物点位于顶点和球心时无球差。

（5）所有的回转二次非球面反射镜都有一对不产生球差的共轭点。其中，抛物面镜的共轭点是无穷远轴上的点和焦点；椭球面镜和双曲面镜的共轭点是它们的一对焦点。这些回转二次非球面反射镜都有实际的应用。

（6）所有的单色像差并不是独立存在的。如大口径的透镜，轴上物点成像产生了球差和色差，同时还伴有圆孔衍射的情形，如图 4-4 所示。

图 4-4　球差、色差和圆孔衍射
同时存在示意图

4.2　正弦差与彗差

4.2.1　正弦差

球差是轴上物点产生的单色像差。对于轴外物点，其主光线并非系统的对称轴，系统的对称轴通过物点和球心的辅助轴。

正弦差是用来表示小视场时宽光束成像的不对称性的。垂直于光轴的物平面内有两个相邻的点，一个是轴上的点，另一个是靠近光轴的轴外物点，这两个物点都能理想成像的条件是

$$ny\sin U = n'y'\sin U' \tag{4-5}$$

公式（4-5）即为所谓的正弦条件。当光学系统满足正弦条件时，如果轴上物点理想成像，则近轴物点也能理想成像，即光学系统既无球差也无正弦差，这就是所谓的不晕成像。

当物体在无限远时，公式（4-5）可变换为

$$\frac{h}{f'\sin U'} - 1 = \frac{\delta L'}{L' - l'_z} \tag{4-5a}$$

当光学系统轴上点成像有残余球差时，近轴点或垂直光轴的小面积内物点成与光轴上物点同质像的条件是

$$\frac{n\sin U}{\beta \cdot n'\sin U'} - 1 = \frac{\delta L'}{L' - l'_z} \tag{4-6}$$

式中，除了 l'_z 是第二近轴光线计算得出的出瞳距离（即系统最后一个光学面到出射光瞳的距离）以外，其他的量都是轴上点光线的量。

公式（4-6）即为等晕条件，满足等晕条件的成像称为等晕成像。系统在等晕成像时，轴上点和轴外点具有相同的球差值，由于其视场较小，因此可近似认为轴外光束不失对称性，即无彗差。等晕条件的好处在于能用轴上点的成像规律推知近轴点的成像规律。

如果近轴点和轴上点的成像质量不同，其差异可以用正弦差（SC'）表示。当物体位于有限远时，其正弦差（SC'）可表示为

$$SC' = \frac{n\sin U}{\beta \cdot n'\sin U'} - 1 - \frac{\delta L'}{L' - l'_z} \qquad (4-7)$$

当物体位于无限远时,其正弦差可表示为

$$SC' = \frac{h}{f'\sin U'} - 1 - \frac{\delta L'}{L' - l'_z} \qquad (4-8)$$

因此,等晕条件又可表示为 $SC' = 0$,但 $\delta L' \neq 0$。

如果 $SC' = 0$,且 $\delta L' = 0$,则公式(4-7)可变换为 $ny\sin U = n'y'\sin U'$,这正是正弦条件。因此,可认为正弦条件是等晕条件的特殊情况。

需要注意的是:

(1)正弦差实质上是相对彗差,一般用彗差(K'_S)与像高的比值来计算,即

$$SC' = \lim_{y' \to 0} \frac{K'_S}{y'} \qquad (4-9)$$

(2)正弦差曲线的特点是横坐标是没有量纲的,纵坐标是光线在入瞳处的相对出射高度或孔径角。

(3)正弦差由于是小视场宽光束的像差,所以可以近似认为正弦差与视场无关,只是孔径的函数,其级数展开式为

$$SC' = A_1 h_i^2 + A_2 h_i^4 + A_3 h_i^6 + \cdots \qquad (4-10)$$

第一项为初级正弦差,第二项为二级正弦差,其余类推。初级正弦差与孔径的平方成正比,而与视场无关。

不产生正弦差的几种情况:

(1)光阑在球面的曲率中心;

(2)物点在球面顶点;

(3)物点在球面的曲率中心;

(4)物点在 $L = \frac{n+n'}{n}r$ 处。

第 4.1 节提到的 3 种无像差的物点和像点的位置,同样也不产生正弦差,即均满足正弦条件。校正了球差,并满足正弦条件的一对共轭点,常称为不晕点或齐明点。

(5)通常认为,正弦差的值小于 0.000 25 时,系统可认为满足了等晕条件。

4.2.2　彗差

当正弦差 SC' 较大时,则光学系统不再满足等晕条件,此时,近轴点成像光束的对称性将被破坏,像方空间内本应该对称于主光线的各子午光线的交点将不再位于主光线上,如图 4-5 所示。

描述子午光线在像方空间不再对称于主光线的像差,用偏离量 K'_T 表示,称为子午彗差。子午彗差 K'_T 是指从出瞳边缘出射的一对子午光线在像方空间的交点 T 到斜光束主光线的垂直距离,垂足为 K。

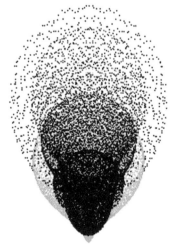

图 4-5　用 ZEMAX 仿真出的某光学系统的彗差

描述弧矢光线在像空间不再对称于主光线的像差,用偏离量 K'_S 表示,称为弧矢彗差。弧矢彗差 K'_S 是指从出瞳边缘出射的一对弧矢光线在像方空间的交点 S 到斜光束主光线的垂直距离,垂足为 K。

这些不对称性像差的存在,使得近轴点的成像光束与高斯面相截而形成一个彗星状的弥散斑(对称于子午平面),如图 4-6 所示。该弥散斑的特点是靠近主光线的细光束交于主光线上形成一个亮点,而远离主光线的不同孔径高度的光束形成的像点是远离主光线的不同圆环,使得能量分散但主要集中在主光线交点及其附近,从而影响光学系统的成像质量,因此必须给予校正。

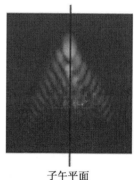

子午平面

图 4-6　彗差弥散斑
(对称于子午平面)

1. 彗差与正弦差的区别

相同点:二者都表示轴外物点宽光束经光学系统成像后的失对称性的情况。

区别:正弦差仅适用于具有小视场的光学系统,而彗差可以用来表示任何视场角的光学系统;此外,用正弦差表示轴外物点宽光束经光学系统后的失对称性的情况时,可不必计算相对主光线对称入射的上下光线,在计算球差的基础上,只需要计算第二近轴光线即可,而彗差计算则不同,需要对每一个视场计算相对主光线对称入射的上下光线。

子午彗差的计算公式为

$$K'_T = \frac{1}{2}(y'_a + y'_b) - y'_z \tag{4-11}$$

式中,y'_a,y'_b 和 y'_z 分别表示子午光线对 a 光线、b 光线与主光线与高斯像面的交点到光轴的高度。如果 $K'_T > 0$,则彗星状像斑的尖端朝向视场中心;反之,如果 $K'_T < 0$,则彗星状像斑的尖端远离视场中心。

弧矢彗差的计算公式为

$$K'_S = y'_c - y'_z = y'_d - y'_z \tag{4-12}$$

注意:因为弧矢光束对称于子午平面,所以各对弧矢对称光线与高斯像面的交点到光轴的高度是相等的。

根据彗差的定义,彗差是与孔径 U(或 h)和视场 y(或 ω)都有关的像差,因此彗差的级数展开式可表示为

$$K'_S = A_1 y h^2 + A_2 y h^4 + A_3 y^3 h^2 + \cdots \tag{4-13}$$

式中,第一项为初级彗差,第二项为孔径二级彗差,第三项为视场二级彗差。对于大孔径小视场的光学系统,彗差主要由第一、二项决定;对于大视场小相对孔径的光学系统,彗差主要由第一、三项决定。因此,初级彗差和正弦差的关系是

$$SC' = \frac{K'_S}{y'} \tag{4-14}$$

2. 彗差的校正思路

彗差是轴外像差的一种,它破坏了轴外斜光束成像的清晰度。由于彗差会随着视场的增加而增大,因此对于大视场的光学系统必须给予校正。但对于对称式光学系统而言,如果该系统以 $\beta = -1^\times$ 成像时,由于对称面上的垂轴像差是大小相等、符号相反的,所以可以消除包含彗差在内的所有轴外点的垂轴像差。

4.3 像散与场曲

4.3.1 像散

4.2 节所述的彗差是一种描述宽光束经光学系统后的失对称性像差,它是由于斜光束的主光线未与折射球面的对称轴重合,而由折射球面的球差引起的。

1. 像散的定义

像散用来描述斜细光束经光学系统后的失对称性像差,是描述子午光束和弧矢光束会聚点之间的位置差异的。轴外的斜光束如果很细的话,子午光束在像方空间就会聚焦于一点 T'(称为子午像点);弧矢光束在像方空间就会聚焦于一点 S'(称为弧矢像点)。但是,这两个像点并不重合,子午像点比弧矢像点更靠近光学系统。与这种现象相对应的像差就称为像散。

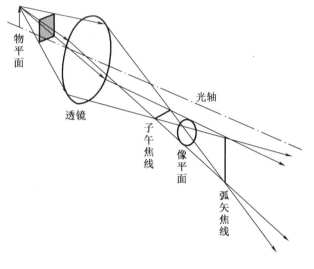

就整个像散光束而言,在子午像点 T' 处得到的是一个垂直于子午平面的短线(称为子午焦线);在弧矢像点 S' 处得到的是一个位于子午平面内的铅垂短线(称为弧矢焦线),这两条焦线相互垂直,如图 4-7 所示。

图 4-7 像散示意图

2. 直线经光学系统成像的情况

由于像散的存在,成像质量与直线的方向有关。例如,如果直线位于子午面内,其子午像面是弥散的,而其弧矢像面是清晰的;如果直线位于弧矢面内,其弧矢像面是弥散的,而其子午像面是清晰的;如果直线既不在子午面内也不在弧矢面内,则其子午像面和弧矢像面都不清晰,均是弥散的。

像散和彗差一样,均是轴外物点因为远离光轴而产生的像差,所以像散会随着视场角的增加而增加,即大视场的光学系统的像散较大,严重影响像质,必须给予校正。

3. 像散的表示方法

像散是以子午像点 T' 和弧矢像点 S' 之间的距离来描述的,这两个像点都位于主光线上,通常将它们投影到光轴上,以两个投影点的沿轴距离来计算,以 x'_{ts} 表示,即

$$x'_{ts} = x'_t - x'_s \tag{4-15}$$

同理,宽光束的子午像点和弧矢像点也不重合,常用这两个像点在光轴上的投影点之间的距离来表示宽光束的像散,以 X'_{TS} 表示,即

$$X'_{TS} = X'_T - X'_S \qquad (4-16)$$

4.3.2　场曲(像面弯曲)

宽光束的子午场曲 X'_T 是指子午面内宽光束的交点沿着光轴方向到高斯像面上的距离。

细光束的子午场曲 x'_t 是指子午面内细光束的交点沿着光轴方向到高斯像面上的距离。

轴外子午球差 $\delta L'_T$ 是指轴外物点子午宽光束的交点与子午细光束的交点沿着光轴方向的偏离量,即

$$\delta L'_T = X'_T - x'_t \qquad (4-17)$$

轴外弧矢球差 $\delta L'_S$ 是指轴外物点弧矢宽光束的交点与弧矢细光束的交点沿着光轴方向的偏离量,即

$$\delta L'_S = X'_S - x'_s \qquad (4-18)$$

场曲(也称为像面弯曲)是指子午像面和弧矢像面偏离于高斯像面的距离。

子午场曲是指子午像面偏离于高斯像面的距离,以 x'_t 表示。

弧矢场曲是指弧矢像面偏离于高斯像面的距离,以 x'_s 表示。

细光束的像面弯曲的计算公式为

$$\begin{cases} x'_t = l'_t - l' \\ x'_s = l'_s - l' \end{cases} \qquad (4-19)$$

细光束的像散与像面弯曲的关系式为

$$x'_{ts} = x'_t - x'_s \qquad (4-20)$$

宽光束的像面弯曲的计算公式为

$$\begin{cases} X'_T = l'_T - l' \\ X'_S = l'_S - l' \end{cases} \qquad (4-21)$$

宽光束的像散与像面弯曲的关系式为

$$X'_{TS} = X'_T - X'_S \qquad (4-22)$$

因为细光束的场曲与孔径无关,只是视场的函数,且视场角为零时不存在场曲,所以场曲的级数展开式为

$$x'_{ts} = A_1 y^2 + A_2 y^4 + A_3 y^6 + \cdots \qquad (4-23)$$

式中,第一项为初级场曲,第二项为二级场曲,其余类推。

1. 像散与场曲的联系与区别

像散的产生必然会引起场曲(像面弯曲)。但是,即使像散为零,即子午像面与弧矢像面重合时,场曲(像面弯曲)仍然存在。

换言之,因为 $x'_{ts} = 0$ 并不能说明 $x'_t = x'_s = 0$,所以当子午像面与弧矢像面重合时,即像散为零时,得到的像虽是消像散的清晰像,但是像面仍然是弯曲的。这种情况下的消像散但弯曲的像面被称为匹兹伐曲面,匹兹伐曲面是消像散时的真实像面。

如果用 $\sum\limits_{1}^{k} S_{\text{III}}$ 表示初级像散系数(也称为第三赛得和数),用 $\sum\limits_{1}^{k} S_{\text{IV}}$ 表示初级场曲系数(也称为匹兹伐和数,表示匹兹伐曲面的弯曲程度),那么只有当光学系统同时满足以下条件时才能获得平的、消像散的清晰像。

$$
\begin{cases}
\sum\limits_{1}^{k} S_{\text{III}} = 0 \\[2mm]
\sum\limits_{1}^{k} S_{\text{IV}} = 0
\end{cases}
\tag{4-24}
$$

2. 校正场曲的思路

(1)大视场光学系统的视场边缘光线的成像质量主要受到 $\sum\limits_{1}^{k} S_{\text{IV}}$ 的限制而不能提高。

(2)采用弯月形厚透镜。

(3)正负光焦度光组分离,是校正 $\sum\limits_{1}^{k} S_{\text{IV}}$ 的有效方法。

如果既要校正场曲又不采用弯月形厚透镜时,可采用正负光组分离的薄透镜组来实现。

4.4 色 差

1. 色差的定义

一束白光经光学系统第一个折射面后,各种单色光就被分开了,随后就在光学系统内部以各自的光路传播,造成了各种单色光之间成像位置和大小的差异,即造成了各种单色光的像之间的差异,描述这种差异的像差就是色差。

色差有两类,即位置色差(也称为轴向色差)和倍率色差(也称为垂轴色差)。

2. 色散的概念和表示方法

某种介质对两种不同颜色的光线(用波长 λ_1 和 λ_2 表示)的折射率之差 $(n_{\lambda_1} - n_{\lambda_2})$,常被称为该介质对这两种颜色光的"色散"。一般用氢光谱中波长为 486.13 nm 的 F 光和氢光谱中波长 656.27 nm 的 C 光的折射率之差 $(n_F - n_C)$ 代表该介质的色散大小,称为该介质的"中部色散"。如果氢光谱中的 d 光(波长为 587.56 nm)对介质的折射率以 n_d 表示,则色散系数 ν_d 的定义式为

$$
\nu_d = \frac{n_d - 1}{n_F - n_C}
\tag{4-25}
$$

注意:色散系数通常也称为阿贝数。色散系数(阿贝数)越大,说明中部色散越小。通常我们表述为色散系数(阿贝数)大的介质是低色散材料,如萤石。

4.4.1 位置色差

1. 位置色差产生的原因

根据薄透镜的焦距公式

$$
\frac{1}{f'} = (n-1)\left(\frac{1}{r_1} - \frac{1}{r_2}\right)
\tag{4-26}
$$

因为折射率 n 随波长的不同而不同,所以焦距也会随波长的不同而改变。折射率越高,焦距越短。对同一个透镜而言,红光的焦距比蓝光的焦距较长,即红光的像点比蓝光的像点更远离透镜。各种颜色光线的像点依次排列在光轴上,描述这种不同颜色光线的像点在光轴上的位置之差的就是位置色差,即轴向色差,如图 4-8 所示。

2. 位置色差的表示方法

通常用 C 光和 F 光像平面之间的距离表示位置色差。如果用 l'_F 和 l'_C 分别表示 F 光和 C 光的近轴像距，则位置色差 $\Delta l'_{FC}$ 为

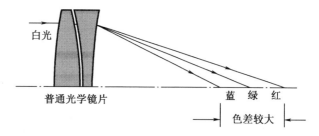

图 4 - 8　位置色差示意图

$$\Delta l'_{FC} = l'_F - l'_C \quad (4-27)$$

如果 $\Delta l'_{FC} < 0$，则称为色差校正不足；反之，如果 $\Delta l'_{FC} > 0$，则称为色差校正过头；如果 $\Delta l'_{FC} = 0$，则称为光学系统对 F 光和 C 光消色差。我们通常所述的消色差系统就是指对 F 光和 C 光这两种色光消除了位置色差的系统。

要注意的是：

（1）因为即使以近轴的细光束成像也不能获得白光的清晰像，所以用复色光成像的光线系统都应该校正位置色差。

（2）$\Delta l'_{FC}$ 仅仅表示近轴区域内的位置色差。

（3）远离光轴区域内的位置色差 $\Delta L'_{FC} = L'_F - L'_C$。

（4）类似于球差的性质，不同孔径带的白光将有不同的位置色差，光学系统只能对某一个孔径带的光线校正色差。

（5）通常对 0.707 孔径带的光线校正位置色差，即让 $\Delta L'_{FC0.707} = 0$。

（6）在 0.707 孔径带校正了位置色差后，边缘带色差 $\Delta L'_{FC}$ 和近轴带色差 $\Delta l'_{FC}$ 的差异称为色球差，以 $\delta L'_{FC}$ 表示，它也等于 F 光的球差 $\delta L'_F$ 和 C 光的球差 $\delta L'_C$ 之差，即

$$\delta L'_{FC} = \Delta L'_{FC} - \Delta l'_{FC} = \delta L'_F - \delta L'_C \quad (4-28)$$

（7）对某孔径带校正了位置色差后，其他各孔径带上一定会有残余色差。

（8）在 0.707 孔径带对 F 光和 C 光校正了位置色差后，两色光的交点与 d 光球差曲线并不相交，如图 4 - 9 所示，此交点到 d 光曲线的轴向距离称为二级光谱，用 $\Delta L'_{FCd}$ 表示。

因为二级光谱的校正十分困难，通常不予校正，但对高倍显微物镜、天文望远镜及高质量平行光管物镜等系统要求必须校正。

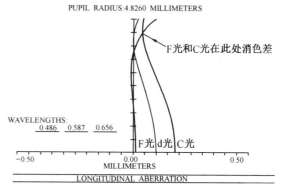

图 4 - 9　ZEMAX 仿真的某光学系统的
消色差情况示意图

（9）二级光谱与光学系统的结构参数几乎无关，它与焦距有以下近似关系：

$$\Delta L'_{FCd} = 0.000\,52 f' \quad (4-29)$$

（10）位置色差仅与孔径有关，但当孔径 h（或 U）为零时，其值不为零，因此其级数展开式为

$$\Delta L'_{FC} = A_0 + A_1 h_1^2 + A_2 h_1^4 + \cdots \quad (4-30)$$

式中，A_0 为初级位置色差，即近轴光的位置色差 $\Delta l'_{FC}$；第二项为二级位置色差，即色球差。

3. 位置色差的校正思路

光学系统是否消色差,主要取决于初级位置色差系数 $\sum C_1$ 是否为零。对于单个薄透镜而言,有

$$\sum C_1 = \sum h^2 \frac{\varphi}{\nu} \tag{4-31}$$

式中,ν 为透镜材料的阿贝数;φ 为透镜的光焦度;h 为透镜的通光半口径。

由公式(4-31)可知,单个透镜不能校正色差,单正透镜具有负色差,单负透镜具有正色差,色差的大小与光焦度成正比,与阿贝数成反比,与结构形状无关,因此消色差的光学系统必须由正、负透镜组合而成。

对于双胶合薄透镜组而言,当光组总的光焦度 φ 给定,两透镜的材料(ν_1 和 ν_2)选定时,可以由下式求得两透镜的各自光焦度

$$\begin{cases} \varphi_1 = \dfrac{\nu_1}{\nu_1 - \nu_2}\varphi \\[2mm] \varphi_2 = \dfrac{-\nu_2}{\nu_1 - \nu_2}\varphi \end{cases} \tag{4-32}$$

由公式(4-32)可知:

(1)具有一定光焦度的双胶合或双分离透镜组,只有用两种不同玻璃(即 $\nu_1 \neq \nu_2$)时才有可能消色差。为了使得 φ_1 和 φ_2 尽可能小,两种玻璃的阿贝数的差值应尽可能大些。通常的做法是,选择两种不同类型的玻璃,即冕牌玻璃(ν 较大)和火石玻璃(ν 较小)。

(2)如果光学系统总的光焦度 $\varphi > 0$,则不管冕牌玻璃在前(即第一块透镜选用冕牌玻璃)还是火石玻璃在前,凡是正透镜必须用 ν 较大的冕牌玻璃,负透镜用 ν 较小的火石玻璃。

(3)如果光学系统总的光焦度 $\varphi < 0$,则不管冕牌玻璃在前(即第一块透镜选用冕牌玻璃)还是火石玻璃在前,凡是正透镜必须用 ν 较小的火石玻璃,负透镜用 ν 较大的冕牌玻璃。

(4)如果两块透镜选用同一材料的玻璃(即 $\nu_1 = \nu_2$),则必须满足 $\varphi_1 = -\varphi_2$。此时,系统为无光焦度的双透镜组。

(5)平行平板玻璃在平行光路中不产生位置色差,但在会聚光路中总产生正的位置色差。因此,平行平板不能自己消色差,只能靠球面折射系统来补偿其色差。

4.4.2 倍率色差

1. 倍率色差产生的原因

根据无限远物体对应的像高计算公式,当 $n = n' = 1$ 时,有

$$y' = -f' \tan \omega \tag{4-33}$$

因为焦距会随波长不同而不同,所以像高也会随波长不同而不同,即不同颜色光线所成的像高大小是不一样的。对会聚透镜而言,红光的像高比蓝光的像高要大些。换句话说,不同颜色光线的垂轴放大率不一样。

描述不同颜色光的像高大小差异的就是垂轴色差,即倍率色差,如图 4-10 所示。

2. 倍率色差的表示方法

光学系统的倍率色差是以两种色光的主光线在高斯像面上的交点的高度之差来计算的,如果用 y'_{ZF} 和 y'_{ZC} 分别表示 F 光和 C 光的主光线在 d 光理想像平面上的交点高度,则倍率色差

$\Delta y'_{FC}$ 可表示为

$$\Delta y'_{FC} = y'_{ZF} - y'_{ZC} \qquad (4-34)$$

倍率色差会使得像的边缘呈现彩色,如图 4-11 所示,影响成像的清晰度,所以对目镜等视场较大的光学系统必须校正倍率色差。

倍率色差的级数展开式为

$$\Delta y'_{FC} = A_1 y + A_2 y^3 + A_3 y^5 + \cdots \qquad (4-35)$$

其中,第一项为初级倍率色差,第二项为二级倍率色差,其余类推。

高级倍率色差是不同色光的畸变差别所致,所以也称为色畸变。

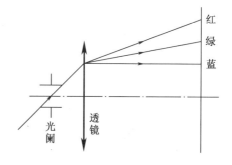

图 4-10　倍率色差示意图

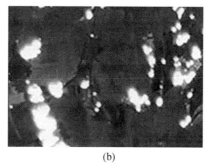

　　　　(a)　　　　　　　　　　(b)

图 4-11　某平行光管的色差和某摄影镜头的色差效果示意图
(a)某平行光管的色差;(b)某摄影镜头的色差效果示意图

3. 倍率色差的校正思路

(1)当光阑在球面的球心时,该球面不产生倍率色差;

(2)当物体在球面的顶点时,也不产生倍率色差;

(3)对于全对称的光学系统,当 $\beta = -1^{\times}$ 时,倍率色差会因为对称性而自动校正。

4.5　畸　　变

4.5.1　畸变的定义与产生原因

根据牛顿公式中垂轴放大率公式 $\beta = \dfrac{f'}{x}$ ($n' = n$ 时)可知,由于焦距会随着波长的不同而不同,所以垂轴放大率 β 也会随着波长的不同而不同。一对共轭物像平面的放大率不为定值时,将使得像相对于物失去相似性,这种使像产生变形的缺陷称为畸变,如图 4-12 所示。

4.5.2　畸变的表示方法

畸变是主光线的像差。由于球差的影响,不同视场的主光线通过光学系统后与高斯像面的

(a)   (b)

图 4 – 12 鱼眼镜头产生的畸变示意图

(a)示例一;(b)示例二

交点到光轴的距离 y'_z 不再等于理想像高 y',其差别就是光学系统的线畸变 $\delta y'_z$(常简称为畸变),即

$$\delta y'_z = y'_z - y' \tag{4 – 36}$$

相对畸变 q 常表示为

$$q = \frac{\delta y'_z}{y'} \times 100\% = \frac{\overline{\beta} - \beta}{\beta} \times 100\% \tag{4 – 37}$$

畸变仅是视场的函数,不同视场的实际垂轴放大率不同,畸变也就不同。

畸变有正负之分。如果畸变为正,则说明 y'_z 随视场的增大比 y' 大;反之,如果畸变为负,则说明 y'_z 随视场的增大比 y' 小。

如果物面为正方形的网格时,则负畸变将使得像呈现桶形(也称为鼓形);正畸变将使得像呈现枕形(也称为鞍形),如图 4 – 13 所示。

要注意的是,畸变是垂轴像差,它只能改变轴外物点在理想像面上的成像位置,使得像的形状发生失真,但不影响像的清晰度。

畸变仅与物高 y(或 ω)有关,其级数展开式为

$$\delta y'_z = A_1 y^3 + A_2 y^5 + \cdots \tag{4 – 38}$$

式中,第一项为初级畸变,第二项为二级畸变,没有 y 的一次方项,这是因为一次方项实际上就是理想像高。初级畸变系数(也称为第五赛得和数)常以 $\sum S_{\text{V}}$ 表示。

4.5.3 畸变的校正

对于一般的光学系统而言,只要相对畸变小于 4% 即可认为眼睛感觉不出像的明显变形。但是对于计量用的光学系统而言,如航测镜头,则要求相对畸变在几万分之几,甚至要求小到十万分之几的量级,这样的要求使得畸变校正十分困难,或导致镜头结构十分复杂。

值得注意的是,对于单个薄透镜或薄透镜组而言,当孔径光阑与之重合时,也不产生畸变,这是因为此时的主光线恰好通过系统的主点。当孔径光阑位于薄透镜(组)之前或之后时,就会产生畸变。

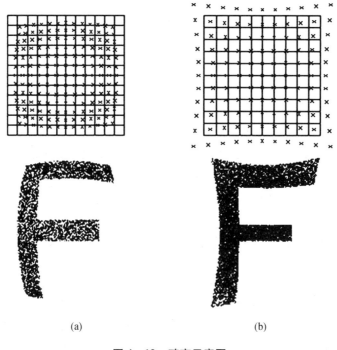

(a)　　　　　　　　　　(b)

图 4 – 13　畸变示意图

（a）桶形畸变（负畸变）；（b）枕形畸变（正畸变）

4.6　几何像差的曲线表示

4.6.1　独立几何像差的曲线表示

1. 轴上点的球差和轴向色差曲线

通常把 F 光、C 光和 d 光的球差曲线绘在同一张图中，如图 4 – 14 所示。纵坐标代表孔径 h 或归一化的孔径（h/h_m），横坐标代表球差 $\delta L'$ 和轴向色差。

从图 4 – 14 中可以看到的信息有：

（1）每一种色光的球差大小及色光球差随孔径变化的情况；

（2）球差随光线颜色不同而改变的情况；

（3）在某一孔径时，三条曲线在横轴方向上的距离表示了不同颜色光线的轴向位置差异，即轴向色差，一般采用 C 光和 F 光曲线沿横轴方向的位置之差来评价轴上物点的成像质量。

2. 正弦差曲线

如图 4 – 15 所示，纵坐标代表孔径 h 或归一化孔径（h/h_m），横坐标代表正弦差，它代表近轴物点不同口径光线的相对彗差。一般来说，宽光束成像时，除了有球差和轴向色差以外还有彗差，通常用相对彗差即正弦差表示。

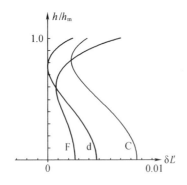

图 4 - 14　轴上点的球差和
轴向色差曲线图

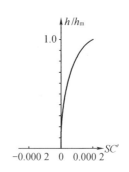

图 4 - 15　正弦差曲线图

正弦差曲线、球差曲线和轴向色差曲线基本上代表了像平面上光轴周围一个很小的范围内的成像质量。常要求正弦差小于 0.002 5。

3. 细光束像散曲线

为了表示轴外物点的成像清晰度,一般用细光束像散表示主光线周围细光束的聚焦情况。如图 4 - 16 所示,横坐标为子午场曲 x_t' 与弧矢场曲 x_s',纵坐标为视场 ω (或像高 y',或相对视场 ω/ω_m,或相对像高 y/y')。x_t' 和 x_s' 曲线在横轴方向的位置之差即为像散。

4. 畸变曲线

畸变曲线以像高 y' (或视场 ω,或相对像高 y/y',或相对视场 ω/ω_m)为纵坐标,以畸变 $\delta y_z'$ 为横坐标,如图 4 - 17 所示。

5. 垂轴色差曲线

垂轴色差就是不同颜色的主光线与 d 光理想像面交点的高度之差。

该曲线以像高 y' (或视场 ω,或相对像高 y/y',或相对视场 ω/ω_m)为纵坐标,以垂轴色差 $\Delta y_{FC}'$ 为横坐标,如图 4 - 18 所示。

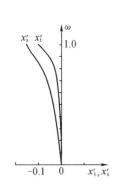

图 4 - 16　细光束像散曲线图

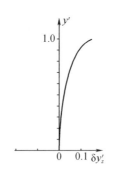

图 4 - 17　畸变曲线图

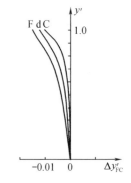

图 4 - 18　垂轴色差曲线图

6. 轴外物点子午球差曲线

该曲线表示轴外物点子午光束的球差随视场变化的情况,在图 4 - 19 中有三条曲线,分别表示 $1.0h$,$0.707h$ 和 $0.5h$ 三个口径对应的子午球差曲线。其横坐标为轴外物点的子午

球差 $\delta L'_T$，纵坐标为视场。

在图 4 - 19 中，如果三条曲线近似和纵轴平行的话，这说明系统的轴外物点子午球差随着视场变化不大，这是因为该系统是小视场系统；如果三条曲线的横轴方向间距较大，则说明系统是大相对孔径的系统。

7. 轴外物点子午彗差曲线

该曲线表示轴外物点子午光束的彗差随视场变化的情况，在图 4 - 20 中有三条曲线，分别表示 $1.0h$，$0.707h$ 和 $0.5h$ 三个口径对应的子午彗差曲线。其横坐标为轴外物点的子午彗差 K'_T，纵坐标为视场。

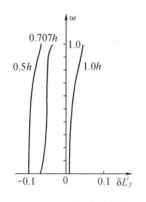

图 4 - 19　子午球差曲线图

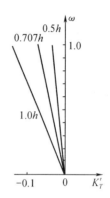

图 4 - 20　子午彗差曲线图

在图 4 - 20 中，三条曲线近似为直线，但斜率不同，则说明当视场不太大时，子午彗差与视场成一次方的关系，即线性关系。

4.6.2　垂轴几何像差的曲线表示

1. 子午垂轴像差曲线

如图 4 - 21 所示，横坐标表示孔径 h，通常考察相对孔径 $\pm 1.0h$，$\pm 0.85h$，$\pm 0.707h$，$\pm 0.5h$，$\pm 0.3h$ 和 $0h$ 处的像差；纵坐标表示子午垂轴像差 $\delta y'$。在图 4 - 21 中，给出了 F 光、d 光和 C 光三种单色光的子午垂轴像差曲线。子午垂轴像差曲线在纵坐标上对应的区间表示子午光束在理想像平面上的最大弥散范围，很显然弥散范围越小，则成像质量越好。一般来说，没有像差的理想曲线应该是一条与横坐标轴重合的直线，但实际上不可能完全

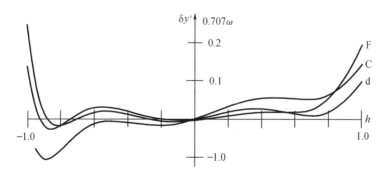

图 4 - 21　子午垂轴像差曲线图

重合,通常表现为曲线与横坐标轴有许多交点,
如图 4 – 22 所示。

在图 4 – 21 中,不同色光的曲线与纵坐标交
点位置之差,表示垂轴色差的大小。

如图 4 – 23 所示,将子午光线对 a 和 b 连接
成一条直线 ab,该连线的斜率与宽光束的子午场
曲 X'_T 成正比。当考察孔径改变时,如不考察
$\pm 1.0h$ 而考察 $\pm 0.707h$ 时,连线 ab 的斜率会发

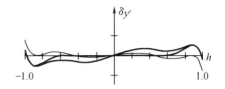

图 4 – 22　子午垂轴像差较理想的
情况示意图

生改变,这反映了 X'_T 随孔径 h 变化的规律。当 $h \rightarrow 0$ 时,连线 ab 的斜率变成了过原点 O 的
切线斜率,此时,宽光束的子午场曲 X'_T 就变成了 x'_t,所以在原点 O 处的切线斜率正比于细
光束子午场曲 x'_t。子午光线对连线 ab 与过原点 O 处的切线之间的夹角正比于宽光束的子
午球差 $\delta L'_T$,其夹角越大,则子午球差 $\delta L'_T$ 越大。连线 ab 与纵坐标轴的交点 D 到原点 O 的间
距表示 $0h$ 时对应的子午彗差 K'_T,交点 D 越高,则 K'_T 越大。

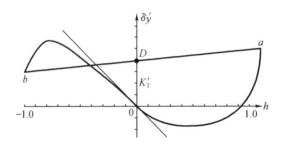

图 4 – 23　子午垂轴像差与几何像差的关系曲线图

2. 弧矢垂轴像差曲线

同样弧矢垂轴像差可以反映弧矢光束在理想像平面上的弥散情况。与子午垂轴像差
曲线不同的是,其横坐标代表孔径 h,但纵坐标代表 δ'_y,δ'_z,即每个轴外像点有两条曲线,一
条是 δ'_y(关于纵坐标轴对称),另一条是 δ'_z(关于原点对称),如图 4 – 24 所示。

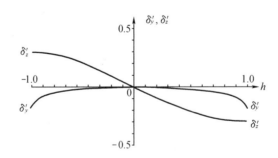

图 4 – 24　弧矢垂轴像差曲线图

与子午垂轴像差曲线类似,弧矢垂轴像差曲线和弧矢宽光束的几何像差的关系,与子
午垂轴像差曲线和子午宽光束的几何像差的关系是一样的。

子午和弧矢垂轴像差曲线全面反映了细光束和宽光束的质量,通常把它们和独立几何
像差结合起来表示光学系统的成像质量。

4.7 小 结

为了便于大家查看像差,像差简表如表 4 – 1 所示。

表 4 – 1 像差简表

像差类型		表达式
球差	轴向球差	$\delta L' = L' - l'$
	垂轴球差	$\delta T' = \delta L' \cdot \tan U'$
	轴外子午球差	$\delta L'_T = X'_T - x'_t$
	轴外弧矢球差	$\delta L'_S = X'_S - x'_s$
色差	位置色差	$\Delta l'_{FC} = l'_F - l'_C$
	倍率色差	$\Delta y'_{FC} = y'_{ZF} - y'_{ZC}$
彗差	正弦差 (相对彗差)	$SC' = \lim\limits_{y' \to 0} \dfrac{K'_S}{y'}$
	子午彗差	K'_T(宽光束)
	弧矢彗差	K'_S(宽光束)
像散	宽光束的像散	$X'_{TS} = X'_T - X'_S$
	细光束的像散	$x'_{ts} = x'_t - x'_s$
场曲	子午场曲	x'_t(细光束)$X'_T = l'_T - l'$(宽光束)
	弧矢场曲	x'_s(细光束)$X'_S = l'_S - l'$(宽光束)
畸变	绝对畸变	$\delta y'_z = y'_z - y'_0$
	相对畸变	$q = \dfrac{\delta y'_z}{y'} \times 100\% = \dfrac{\bar{\beta} - \beta}{\beta} \times 100\%$

表 4 – 2 初级像差的表示符号

初级像差种类	初级像差分布系数	俗称	ZEMAX 中的符号
球差	S_I	第一赛得和数	SPHA
彗差	S_{II}	第二赛得和数	COMA
像散	S_{III}	第三赛得和数	ASTI
场曲	S_{IV}	第四赛得和数	FCUR
畸变	S_V	第五赛得和数	DIST
位置色差	C_I	第一色差系数	CLA(CL)
倍率色差	C_{II}	第二色差系数	CTR(CT)

第5章 光学系统的像质评价

5.1 波像差与瑞利标准

先来讨论一个有趣的话题:共轴球面折射系统理想成像时,像是平面像还是球面像呢?

如果光学系统能够理想成像的话,则其各种几何像差均为零,由同一个物点发出的光线经过共轴折射球面系统后,应该聚焦于一个点,该点就是理想的像点。又根据光线和波面之间的关系(光线是波面的法线,波面是垂直于所有光线的包络曲面),理想成像时像面应该是一个以理想像点为中心的标准球面,而不是平面。

如果光学系统存在几何像差的话,其对应的实际波面也不再是标准球面,而是一个无规则形状的曲面,如图5-1所示。

我们通常把实际波面和理想波面之间的光程差作为衡量该光学系统成像质量的指标,称为波像差。

瑞利指出,实际波面与参考球面波之间的最大波像差 W 不超过 $\frac{\lambda}{4}$ 时,此波面可看作是无缺陷的,这是长期以来平均高质量光学系统的一个经验标准,称为瑞利标准。

不同颜色的光的波面之间的光程差,常称为波色差,用符号 W_c 表示。

瑞利标准是一种较为严格的像质评价方法,主要适合于小像差的光学系统。它美中不足之处在于,只考虑波像差的最大允许公差,而没有考虑缺陷部分在整个波面面积中所占的比例,例如透镜中的小气泡或表面划痕等可能在某一局部引起较大的波像差,如按照瑞利标准,这是不合格的,但在实际

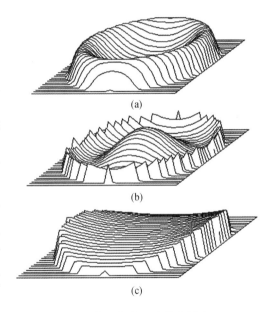

(a)

(b)

(c)

图5-1 典型光学系统的出射波面图

的成像过程中,这种局部的极小区域的缺陷对光学系统的成像质量并无显著的影响。

5.2 分 辨 率

光学系统的分辨率一般在应用光学或物理光学中有所介绍,所以本节简要说明。

圆孔衍射理论指出,衍射光斑的中央亮斑的直径为

$$2R = \frac{1.22\lambda}{n' \sin U'_{\max}} \tag{5-1}$$

通常把衍射光斑的中央亮斑作为物点经过理想光学系统的衍射像。由于衍射像有一定的大小,如果两个像点之间的距离太短,就会无法分辨是一个像点还是两个像点。

通常我们把两个衍射像之间所能分辨的最小间距称为理想光学系统的衍射分辨率。

实验证明,两个衍射像点之间所能分辨的最短间距约等于中央亮斑的半径 R,即

$$R = \frac{0.61\lambda}{n'\sin U'_{\max}} \tag{5-2}$$

式(5-2)即为理想光学系统的衍射分辨率公式。光学系统的分辨率代表了该系统分辨物体细节的能力。不同类型的光学系统由于用途不一样,要成像的物体位置不一样,其分辨率的表示方法也有所不同,如表5-1所示。

表 5-1　典型光学系统的分辨率

分辨率	表示方法	计算表达式	提高方法
望远物镜	因被分辨的物体位于无限远,所以用能分辨开的两物点对望远镜的张角 α 表示	$\alpha = \dfrac{1.22\lambda}{D} \xrightarrow{\lambda=555\text{ nm}} \alpha = \dfrac{140''}{D}$ (式中的 D 为入瞳直径) $D_{\text{in}} = \Gamma \times D_{\text{out}}$	增加望远物镜的光束入瞳直径 D
照相物镜	以像平面上每毫米内能分辨开的线对数 N 表示	$N = \dfrac{1}{1.22\lambda F} \xrightarrow{\lambda=555\text{ nm}}$ $N = \dfrac{1\,500}{F}$ lp/mm $F = \dfrac{f'}{D}$; $A = \dfrac{D}{f'}$	增加相对孔径,减小 F 数(即光圈数)
显微物镜	以物平面上刚能分辨开的两物体间的最短距离 σ 表示	$\sigma = \dfrac{0.61\lambda}{nu} = \dfrac{0.61\lambda}{NA}$ $NA = D'_{\text{out}} \dfrac{\Gamma}{500}$	增加显微物镜的数值孔径

5.3　点列图在 ZEMAX 中的实现

由一个物点发出的光线经光学系统后,由于像差的存在,像面上不再是一个集合点,而是一个弥散斑,称之为点列图。常用点列图的密集程度衡量光学系统的成像质量。

在 ZEMAX 软件中,按下快捷键"Shift + Ctrl + S",或执行命令路径"Analysis→Spot Diagram→Standard",或左键点击图标 $\boxed{\text{SPT}}$,即可打开点列图"Spot Diagram"。点击菜单栏中的"Settings",或点击右键,即可弹出"Spot Diagram Settings"对话框,如图5-2所示。

在该对话框中选择"Show Scale:"下拉菜单中的"Airy Disk",则在"Spot Diagram"中显示出一个黑色的圆圈,该圆圈就代表了"Airy Disk"。一般要求"Airy Disk"尽可能包围所有

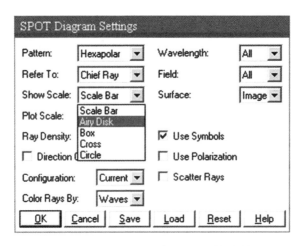

图 5 - 2 "Spot Diagram Settings"对话框

的点,如图 5 - 3 所示。

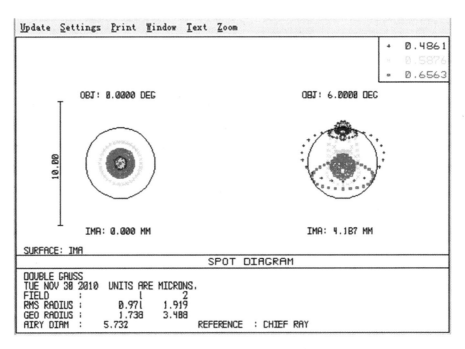

图 5 - 3 某光学系统的"Spot Diagram"

在图 5 - 3 中,可以看到"Airy Disk"的"AIRY DIAM"(爱里斑直径)值为 5.732 μm。

由于各种像差需要综合协调校正,所以不必要求出现图 5 - 4 所示的情况。

在图 5 - 5 中,我们从点列图中看到不同视场、不同色光的分布情况,符号" + "代表 F 光,符号" × "代表 d 光,符号"□"代表 C 光。该点列图显示,虽然部分边光比较分散,但大部分光线集中在中心区域。

图 5 - 4　像点过于集中,光能
　　　　　分布不均匀

图 5 - 5　某光学系统的点列图

在图 5 - 6 中,即在"Matrix Spot Diagram"图形窗口中,我们可以看到不同视场、不同波长的光线各自对应的点列图分布情况。

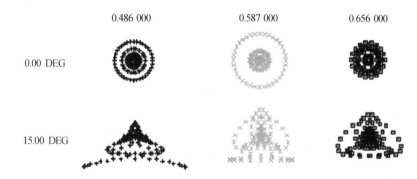

图 5 - 6　不同视场、不同色光各自对应的点列图分布示意图

在图 5 - 7 中,即在"Through Focus Spot Diagram"图形窗口中,我们可以看到不同离焦情况的点列图,还可以看到球差、彗差、像散和场曲等多种像差情况。

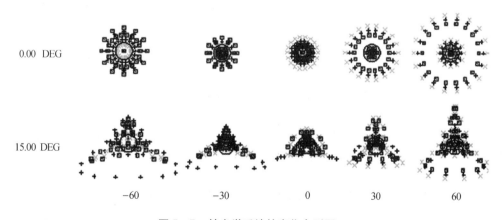

图 5 - 7　某光学系统的离焦点列图

5.4 光学传递函数在 ZEMAX 中的实现

5.4.1 光学传递函数的定义

利用光学传递函数来评价光学系统的成像质量,是基于把物体看作是由各种频率的谱组成的,也就是说,把物体的光强度分布函数展开成傅里叶级数或傅里叶积分的形式。

当我们把光学系统看作是线性时不变系统时,那么物体经光学系统成像后,可视为物体经光学系统传递后,其传递效果是频率不变,但其对比度下降,相位也要发生变化,并在某一频率处截止,即对比度为零。

描述这种对比度的降低和相位变化的函数关系,称为光学传递函数。光学传递函数反映了光学系统对物体不同频率成分的传递能力。

一般来说,高频部分反映了物体的细节传递情况,中频部分反映了物体的层次传递情况,而低频部分反映了物体的轮廓传递情况。

光学传递函数 OTF,包括振幅调制传递函数 MTF 和相位调制传递函数 PTF。

理论证明,像点的中心点亮度值等于光学系统的 MTF 曲线与坐标轴所围的面积,如图 5-8(a)所示,该面积越大,则表明光学系统所传递的信息量就越多,成像质量就越好。在图 5-8 中,横坐标为空间频率,单位为 lp/mm;纵坐标为 MTF。

曲线 I 是光学系统的 MTF 曲线,曲线 II 是接收器的分辨率极值曲线,两条曲线与纵坐标轴所围的面积越大(图 5-8(b)),则表示光学系统的成像质量越好。

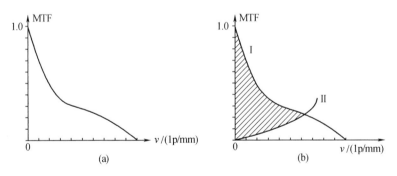

图 5-8 MTF 曲线所围的面积示意图

这两条曲线的交点为光学系统和接收器共同使用时的极限分辨率。这种成像质量评价方法兼顾了接收器的性能指标,因此该评价方法较合理。

5.4.2 如何利用 MTF 曲线图评价光学系统的成像质量

1. MTF 曲线越高越好

MTF 曲线越高说明曲线与坐标轴所包围面积越大,镜头能传递的信息量就越多,即成像质量越好。

2. MTF 曲线越平直越好

曲线越平直,说明边缘与中间一致性越好。边缘严重下降说明边光反差与分辨率较低。

3. S 曲线(弧矢曲线)与 T 曲线(子午曲线)越重合越好

两者偏离量越小,则表示镜头的像散越小。

4. 低频(< 10 lp/mm)曲线代表镜头反差特性

这条曲线越高反映镜头反差越大。

5. 高频(> 30 lp/mm)曲线代表镜头分辨率特性

这条曲线越高反映镜头分辨率越高。

MTF 与分辨率之间的关系如图 5 - 9 所示。

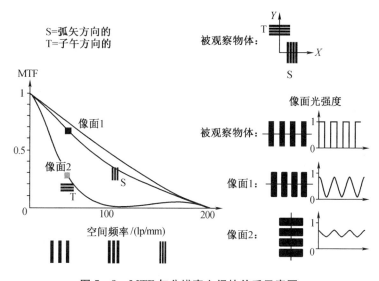

图 5 - 9　MTF 与分辨率之间的关系示意图

5.4.3　振幅调制传递函数 MTF 在 ZEMAX 软件中的实现

在 ZEMAX 软件的菜单栏,执行命令路径"Analysis →MTF",可得到如图 5 - 10 所示窗口。

鼠标左键点击图标 Mtf ,或执行命令路径"Analysis →MTF→FFT MTF",可得到如图 5 - 11所示窗口,其中横坐标的原点为像中心点,横坐标为空间频率,纵坐标为光学传递函数 OTF 的模,即 MTF 值,纵坐标的最大值为 1.0,即信息传递效率为 100% 的意思;T 代表子午曲线,S 代表弧矢曲线,DIFF. LIMIT 代表衍射极限曲线。

从图 5 - 11 中可以看出,不同视场下子午曲线和弧矢曲线各自在不同空间频率时的振幅调制传递函数 MTF 曲线,还可以看出该光学系统的截止空间频率为 514.47 lp/mm。

在"FFT MTF"图形窗口中,单击右键会弹出"FFT MTF Diagram Settings"对话框,如图 5 - 12 所示。在该对话框中,"Type:"的下拉菜单中有模"Modulation"、实部"Real"、虚部"Imaginary"、相位"Phase"和球面波"Square Wave"五种选项。

在该对话框中,如果"Show Diffraction Limit"的前方打钩,则图 5 - 11 中会显示一条黑

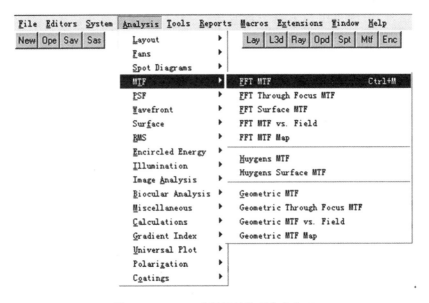

图 5-10 MTF 路径及其选项命令窗口

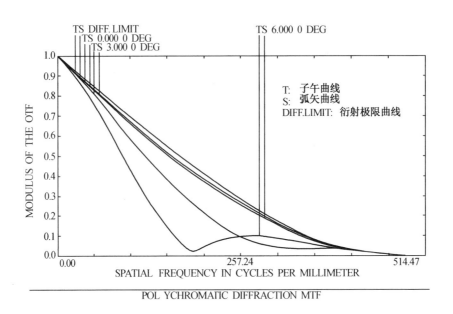

图 5-11 ZEMAX 软件中的 FFT MTF 示意图

线,即光学系统的"DIFF. LIMIT"衍射极限曲线;否则,该衍射极限曲线就被隐藏不显示出来。

在 ZEMAX 软件中 MTF 曲线图有三种,即基于快速傅里叶变换的"FFT MTF"、惠更斯"Huygens MTF"和几何"Geometric MTF"。

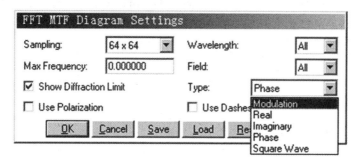

图 5 – 12　"FFT MTF Diagram Settings"对话框

5.5　点扩散函数 PSF 在 ZEMAX 中的实现

在 ZEMAX 软件的菜单栏中,执行命令路径"Analysis →PSF",如图 5 – 13 所示。

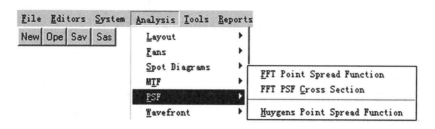

图 5 – 13　PSF 路径及其选项命令窗口

如果执行命令路径"Analysis→PSF→FFT Point Spread Function",即可打开如图 5 – 14 所示窗口。

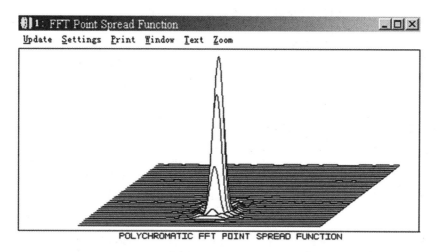

图 5 – 14　某光学系统的"FFT Point Spread Function"窗口

如果执行命令路径"Analysis→PSF→FFT PSF Cross Section",即可打开如图 5 - 15 所示窗口。

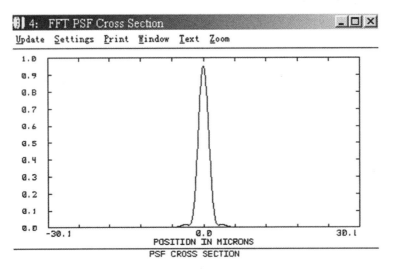

图 5 - 15 某光学系统的"**FFT PSF Cross Section**"窗口

如果执行命令路径"Analysis→PSF→Huygens Point Spread Function",打开的图形和图 5 - 14 类似。

5.6 包围圆能量曲线在 ZEMAX 中的实现

在 ZEMAX 软件的菜单栏中执行命令路径"Analysis → Encircled Energy",如图 5 - 16 所示。

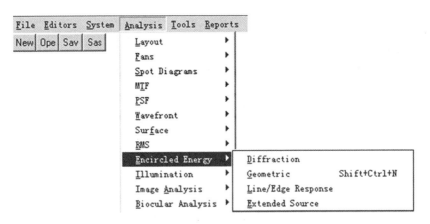

图 5 - 16 "**Encircled Energy**"路径及其选项命令

包围圆能量以像面上主光线或中心光线为中心,以离开此中心的距离为半径作圆,以此圆所围的能量和总能量的比值来表示。

执行命令路径"Analysis → Encircled Energy → Diffraction",或左键点击图标 $\boxed{Enc}$,可得

到如图 5 - 17 所示图形。从图 5 - 17 中可以看出,不同视场、不同包围圆内的能量分布情况。

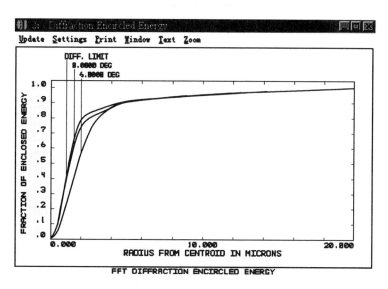

图 5 - 17　某光学系统的"**Diffraction Encircled Energy**"窗口

与点列图计算一样,追迹的光线越多,则计算就越精确,并越能精确反映像面上的圆所围能量的分布情况,就越接近实际情况。

执行命令路径"Analysis → Encircled Energy →Geometric",得到的图形和图 5 - 17 类似。我们还可以考察扩展光源的情况,须执行命令路径"Analysis → Encircled Energy → Extended Source",得到的图如图 5 - 18 所示。

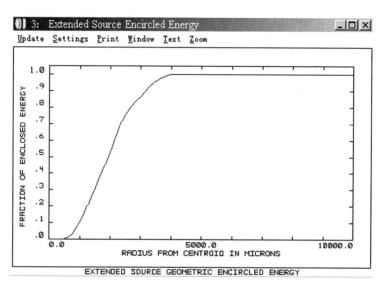

图 5 - 18　某光学系统的扩展光源情况下的"**Encircled Energy**"窗口

第6章 光学系统的像差公差

光学系统的像差公差不仅与成像质量的评价方法有关,还随着系统的使用条件、性能要求和接收器的性能等的不同而不同。

公差是光学系统的元件加工制造、系统装配及品质检验的数据依据。公差是否合理直接影响光学元件能否被实际加工制造出来和加工制造的难度;公差太小要求其加工制造精度、装配精度都很高;如果公差太过于苛刻的话,可能依据现有社会加工制造装配技术水平根本无法实现。

6.1 望远物镜和显微物镜的像差公差

这两类光学系统的物镜有一个相似的地方,即视场小,但孔径角大。要想保证其轴上的物点和近轴物点有很好的成像质量,必须校正球差、色差和正弦差,使得这些像差满足瑞利标准的要求。

6.1.1 球差的公差

球差可以由波像差理论中推导出的最大波像差公式求得。

当光学系统仅仅有初级球差时,经 $\frac{1}{2}\delta L'_\mathrm{m}$ 离焦后的最大波像差为

$$W'_\mathrm{max} = \frac{n'u'^2_\mathrm{m}}{16}\delta L'_\mathrm{m} \leqslant \frac{\lambda}{4} \tag{6-1}$$

$$\delta L'_\mathrm{m} \leqslant \frac{4\lambda}{n'u'^2_\mathrm{m}} = 4\,\text{倍焦深} \tag{6-2}$$

$$\delta L'_\mathrm{m} \leqslant \frac{4\lambda}{n'\sin^2 u'_\mathrm{m}} \tag{6-3}$$

对于大多数的光学系统而言,一般具有初级球差和二级球差,当边缘孔径处球差校正后,在 0.707 带孔径处会存在最大剩余球差,经 $\frac{3}{4}\delta L'_{0.707}$ 的轴向离焦后,可得到

$$\delta L'_{0.707} \leqslant \frac{6\lambda}{n'u'^2_\mathrm{m}} = 6\,\text{倍焦深} \tag{6-4}$$

$$\delta L'_{0.707} \leqslant \frac{6\lambda}{n'\sin^2 u'_\mathrm{m}} \tag{6-5}$$

实际上,边缘孔径处的球差不必严格校正为零,只要把其校正在焦深以内即可,因此边缘孔径处的球差公差为

$$\delta L'_\mathrm{m} \leqslant \frac{\lambda}{n'\sin^2 u'_\mathrm{m}} \tag{6-6}$$

6.1.2 色差公差

色差公差一般选取为

$$\Delta L'_{FC} \leqslant \frac{\lambda}{n'\sin^2 u'_m} \tag{6-7}$$

如果按波色差(对轴上点而言,波色差是指色光 F 和色光 C 在光瞳处两波面之间的光程差,用符号 W_{FC} 表示)计算有

$$W_{FC} \leqslant \frac{\lambda}{4} \sim \frac{\lambda}{2} \tag{6-8}$$

6.1.3 正弦差公差

小视场光学系统的彗差一般用相对彗差即正弦差 SC' 表示,根据经验取其公差为

$$SC' < 0.0025 \tag{6-9}$$

6.2 望远目镜和显微目镜的像差公差

由于目镜的视场角较大,所以应该注重校正轴外点像差。本节主要是介绍轴外物点像差的公差情况。

6.2.1 子午彗差公差

子午彗差公差用 K'_t 表示,即

$$K'_t \leqslant \frac{1.5\lambda}{n'\sin^2 u'_m} \tag{6-10}$$

6.2.2 弧矢彗差公差

弧矢彗差公差用 K'_s 表示,即

$$K'_s \leqslant \frac{0.5\lambda}{n'\sin^2 u'_m} \tag{6-11}$$

6.2.3 像散公差

像散公差用 x'_{ts} 表示,即

$$x'_{ts} \leqslant \frac{\lambda}{n'\sin^2 u'_m} \tag{6-12}$$

6.2.4 场曲公差

由于场曲和像散都应控制在眼睛的调节范围之内,并可允许有 2~4 个屈光度,因此场曲公差可表示为

$$\begin{cases} x'_t \leqslant \dfrac{4f'_{eye}}{1\ 000} \\[3mm] x'_s \leqslant \dfrac{4f'_{eye}}{1\ 000} \end{cases} \tag{6-13}$$

当目镜的视场角 $2\omega \leqslant 30°$ 时,公差应该缩小一半。

6.2.5　畸变公差

畸变公差用 $\delta y'_z$ 表示,即

$$\delta y'_z = \frac{y'_z - y'}{y'} \times 100\% \leqslant 5\% \tag{6-14}$$

当目镜的视场角 $30° \leqslant 2\omega \leqslant 60°$ 时,一般要求 $\delta y'_z \leqslant 7\%$;当目镜的视场角 $2\omega > 60°$ 时,一般要求 $\delta y'_z \leqslant 12\%$。

6.2.6　倍率色差公差

目镜的倍率色差常用目镜焦平面上的倍率色差与目镜的焦距之比来表示,即

$$\frac{\Delta y'_{FC}}{f'} \times \frac{180°}{\pi} \leqslant 2' \sim 4' \tag{6-15}$$

6.3　照相物镜的像差公差

照相物镜属于大相对孔径、大视场的光学系统,一般要求校正所有像差。照相物镜所允许的弥散斑大小要求与光电接收器的分辨率相匹配。如荧光屏的分辨率一般为 $4 \sim 6$ lp/mm;光电变换器的分辨率为 $30 \sim 40$ lp/mm;常用照相胶片的分辨率为 $60 \sim 80$ lp/mm;微粒胶片的分辨率为 $100 \sim 140$ lp/mm;超微粒干板的分辨率为 500 lp/mm 以上。所以不同的接收器有不同的分辨率,照相物镜的设计应根据使用的接收器来确定其像差的公差。

要注意的是,照相物镜的分辨率 N_L 应该大于接收器的分辨率 N_d,即 $N_L > N_d$,故照相物镜所允许的弥散斑直径应该为

$$2\Delta y' = 2 \times \frac{k}{N_L} \tag{6-16}$$

式中,系数 k 的取值范围是 $1.2 \sim 1.5$。

照相光学系统的实际分辨率 N 可由下式计算

$$\frac{1}{N} = \frac{1}{N_L} + \frac{1}{N_d} \tag{6-17}$$

对于一般的照相物镜而言,其弥散斑的直径的允许范围是 $0.03 \sim 0.05$ mm。对于高质量的照相物镜而言,其弥散斑的直径的允许范围是 $0.01 \sim 0.03$ mm。

一般要求普通照相物镜的倍率色差小于 0.01 mm,相对畸变要小于 3%。对于一些特殊用途的高质量照相物镜,例如光刻物镜、制版物镜和微缩物镜等,其成像质量要求极为严格,有时要求其物镜的分辨率尽可能接近衍射极限值。

6.4　中心厚度、不平行度和角度公差

透镜中心厚度公差如表 6 - 1 所示。

表 6 - 1　透镜中心厚度公差

透镜类型	仪器种类	厚度公差
物镜	显微镜及实验室仪器	±（0.01～0.05）
	照相物镜及放映镜头	±（0.05～0.3）
	望远镜	±（0.1～0.3）
目镜	各种仪器	±（0.1～0.3）
聚光镜	各种仪器	±（0.1～0.5）

玻璃平板不平行度公差如表 6 - 2 所示。

表 6 - 2　玻璃平板不平行度公差

玻璃平板性质		不平行度 θ
滤光镜保护玻璃	高精度	3″～1′
	一般精度	1′～10′
分划板		10′～15′
表面涂层的平行反射镜		10′～15′
背面涂层的平行反射镜		2″～30″

光楔的角度公差数据如表 6 - 3 所示。

表 6 - 3　光楔的角度公差

最短棱边长度/mm	二面角倒角宽度	三面角倒角宽度	倒角位置
3～6	$0.1^{+0.1}$	$0.4^{+0.3}$	二面角:倒角面垂直于二面角的二等分面
6～10	$0.2^{+0.2}$	$1.0^{+0.4}$	
10～30	$0.4^{+0.3}$	$1.5^{+0.5}$	三面角:倒角面垂直于三面角中每个二面角的二等分面值交线
30～50	$0.6^{+0.4}$	$0.2^{+0.6}$	
>50	$0.8^{+0.5}$	$2.5^{+0.8}$	

6.5　公差在 ZEMAX 软件中的实现

公差的编辑窗口在 ZEMAX 软件的操作路径为"Editors→Tolerance Data",如图 6 – 1 所示。执行命令路径"Editors → Tolerance Data",可打开如图 6 – 2 所示窗口。左键点击命令"Tools",选择"Default Tolerances",如图 6 – 3 所示。这样即可打开默认公差数据对话框,如图 6 – 4 所示。

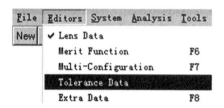

图 6 – 1　公差在 ZEMAX 中的路径

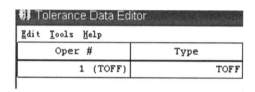

图 6 – 2　**Tolerance Data Editor**

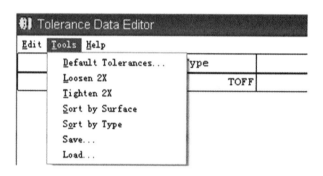

图 6 – 3　默认公差路径

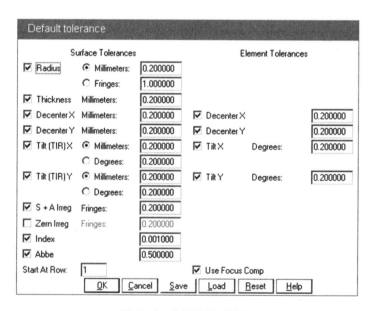

图 6 – 4　公差数据对话框

第二编　光学设计软件 ZEMAX 用户界面

第7章　国内外光学设计软件的发展概述

7.1　光学设计软件的发展简况

计算机辅助光学设计的历史可以追溯到20世纪50年代,美国国家标准局首先使用电子计算机进行模拟光线追迹,经过了数年的研发,积累了一些使用计算机进行自动光学设计的经验,这为后来转入自动化光学设计软件开发阶段奠定了基础。

在自动化光学设计领域中国际知名的学者有:美国哈佛大学的贝克,英国曼切斯特大学的布莱克、霍普金斯,美国柯达公司的梅隆、格雷、齐哈德、格拉采儿等。国内的中国科学院长春光学精密机械与物理研究所、上海光学精密机械研究所、西安光学精密机械研究所、上海光学仪器研究所、北京大学、清华大学和南京大学等单位,从20世纪60年代开始先后将电子计算机应用于光学设计。

20世纪70年代初,北京理工大学等单位也加入此行列。随着像差分布计算程序、空间光线计算程序、点列图计算程序、光学传递函数、光学系统公差计算程序和变焦系统的像差校正程序相继投入使用,初步形成了一套比较完整的光学设计软件包。

20世纪80年代,北京理工大学的袁旭沧教授等在原有的微机用光学设计软件包的基础上,研发了"SOD88微机用光学设计软件包",这是目前国内研发的应用最广的具有自主知识产权的光学CAD软件之一。

2004年,北京理工大学李林和安连生教授所著的《计算机辅助光学设计的理论与应用》一书,是一本关于光学CAD软件的数学模型及编程特点的专著,填补了我国在光学设计软件理论领域的空白。

近十年的光学设计发展史,建议在课后按小组的形式调研文献、汇报交流。

7.2　常见光学设计软件简介

7.2.1　SOD88[中国]

SOD88光学设计软件包是由北京理工大学光电工程系技术光学教研室研制的,是我国在光学仪器行业和高校、科研院所应用最广的具有自主知识产权的光学设计软件。它具有像质评价,如几何像差、点列图、光学传递函数等,变焦距系统像差计算与像差自动校正、公差计算等功能。尽管国产软件在功能和迭代收敛速度方面不如国外产品,但是由于其性价比高,值得购买使用。此外,中国科学院长春光学精密机械与物理研究所和中国科学院光电技术研究所联合开发的光学设计软件 CIOES 的功能也很优秀。

国内的光学设计软件 SOD88 之所以现在不被广泛使用,是因为其依然为 DOS 版本,没有很好地与 Windows 系统相结合一起发展,这是国内光学设计软件技术革新的一个方向。

7.2.2 OSLO[美国]

OSLO 是 Optics Software for Layout and Optimization 的缩写。OSLO 主要用于照相机、通信系统、军事/空间应用及科学仪器中的光学系统设计,特别当需要确定光学系统中光学元件的最佳大小和外形时,该软件能够体现出强大的优势。OSLO 也用于模拟光学系统的性能,并且能够作为一种开发软件去开发其他专用于光学设计、测试和制造的软件工具。几乎任何一个涉及光波传播的光学系统都可以使用 OSLO 进行设计,以下是一些典型的应用示例:

(1)常规镜头(Conventional Lenses);

(2)缩放镜头(Zoom Lenses);

(3)高斯光束/激光腔(Gaussian Beam/Laser Cavities);

(4)光纤耦合光学(Fiber Coupling Optics);

(5)照明系统(Illumination Systems);

(6)非连续传播系统(Non-sequential Propagation Systems);

(7)偏振光学(Polarization-sensitive Optics);

(8)高分辨率成像系统(High-Resolution Imaging Systems)。

此外,OSLO 还可以设计具有梯度折射率表面、非球面、衍射面和光学全息、透镜矩阵、干涉测量仪等光学系统。OSLO 不适用于波导设计,也不适用于眼镜设计。

OSLO 的主要优点如下:

(1)它有以设计者为导向的设计风格 OSLO 着重于交互性的光学设计,在设计过程中,计算机向设计者提供容易理解的反馈信息。这使得设计者能够及时作出取舍决定,选择最佳的解决方案。OSLO 在使用交互性设计控制方面是独特的,这使得它的用户界面尽可能直观。

(2)功能强大并且精确度高 OSLO 使用先进的光学设计技术,包括多重优化和公差方法,高性能非连续光线追迹和随机的光源建模与分析。OSLO 是第一款在桌面计算机上使用的严格的光学设计软件。

(3)灵活性强 OSLO 能够在世界范围内成为主导的设计工具的一个主要原因,是它很容易根据用户需要进行定制,并且能够根据特殊需要进行改编。

7.2.3 ZEMAX[美国]

ZEMAX 是一套综合性的光学设计软件。它提供先进且符合工业标准的分析、优化、公差分析功能,能够快速准确地完成光学成像及照明设计。

ZEMAX 有三种不同的版本:Standard、Professional 和 Premium。其中 Standard 是标准版,包含大部分工具,用于成像系统的序列光学系统的设计;Professional 是专业版,包含非序列光学系统设计、偏振光线追迹、物理光学分析和 Standard 中所有的功能;Premium 是旗舰版,包含所有的工具及资源,如 ParkLink™、AssemblyLink™、光源模型库、高级光路分析以及闪电追迹等,适用于更高级专业用户。

ZEMAX 的主要特色如下:

(1)分析　提供多功能的分析图形,对话窗式的参数选择,方便分析且可将分析图形存成图文件,例如 *.BMP,*.JPG 等,也可存成文字文件 *.txt 格式。

(2)优化　表栏式 Merit Function 参数输入,对话窗式预设 Merit Function 参数,方便使用者定义,且有多种优化方式供使用者使用,诸如 Local Optimization 可以快速找到最佳值,Global/Hammer Optimization 可找到最好的参数。

(3)公差分析　表栏式 Tolerance 参数输入和对话窗式预设 Tolerance 参数,方便使用者定义。

(4)报表输出　多种图形报表输出,可将结果存成图文件及文字文件。

现阶段的 ZEMAX 适用于以下应用领域及范围:

- 显微镜、望远镜、目镜等镜头设计;
- 相机镜头、各种变焦镜头、手机摄像头、夜视系统设计等;
- 各种 LED 二次配光透镜、色度分析及颜色混合优化等;
- 车灯、LCD 背光板和 LED 等照明系统设计优化;
- 光管、光纤连接器、有源及无源器件、光纤耦合;
- DVD、VCD 激光读写头、干涉仪、全息光学;
- LCOS、DLP 等各种投影仪及光学引擎设计;
- 物理光学 BPM 计算、偏振光学;
- 激光光学系统、激光打标机及元件设计、系统分析;
- 激光扩束镜头、F - theta 扫描镜头设计优化,整形镜头设计。

现阶段的 ZEMAX 可以实现的主要功能如下:

- 几何光学设计包括成像镜头设计、成像质量分析、温度环境分析、加工公差分析等;
- 物理光学设计包括激光系统及元件的设计及分析、光学相干衍射特性分析、光纤耦合等;
- 照明系统设计包括照明系统的设计、光机设计和 3D 模型软件动态链接、光源库等;
- ZPL 语言扩展,自带的编程语言可以实现功能的扩展;
- 扩展功能,可以和 C 语言、C ++、VB 等编程语言进行配合使用。

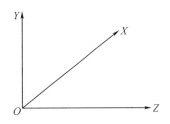

图 7 - 1　ZEMAX 的坐标系

ZEMAX 中采用右手坐标系。光轴为 Z 轴,从左到右为正方向;X 轴正方向指向显示器以里;Y 轴垂直向上,如图 7 - 1 所示。通常,光线由物方开始传播,反射镜可以使得传播方向反转。当经过奇数个反射镜时,光束的物理传播沿 $-Z$ 方向,此时对应的厚度是负值。

7.2.4 CODE-V[美国]

CODE-V 是美国著名的 Optical Research Associates 公司研制的具有国际领先水平的大型光学工程软件。自 1963 年起,该公司属下数十名工程技术人员已在 CODE-V 程序的研制中投入了五十余年的心血,使其成为世界上分析功能最全、优化功能最强的光学软件,为各国政府及军方研究部门、著名大学和各大光学公司广泛采用。

CODE-V 是世界上应用最为广泛的光学设计和分析软件,近三四十年来,CODE-V 进行了一系列的改进和创新,包括:变焦结构优化和分析,环境热量分析,MTF 和 RMS 波阵面基础公差分析,用户自定义优化,干涉和光学校正、准直,非连续建模,矢量衍射计算(包括了偏振),全球综合优化光学设计方法。

CODE-V 可以分析优化各种非对称、非常规、复杂光学系统。这类系统可带有三维偏心和/或倾斜的元件,各类特殊光学面,如衍射光栅、全息或二元光学面、复杂非球面,以及用户自己定义的面型,梯度折射率材料和阵列透镜,等等。程序的非顺序面光线追迹功能可以方便地处理屋脊棱镜、角反射镜、导光管、光纤和谐振腔等具有特殊光路的元件;而其多重结构的概念则包括了常规变焦镜头,带有可换元件、可逆元件的系统,扫描系统和多个物像共轭的系统。

目前,世界各地的用户已成功利用 CODE-V 设计研制出了大量照相镜头、显微物镜、光谱仪器、空间光学系统、激光扫描系统、全息平显系统、红外成像系统及紫外光刻系统等,举不胜举。近几年内,CODE-V 软件又被广泛地应用于光电子和光通信系统的设计和分析。

CODE-V 有巧妙、易用的用户界面,能快速进行设计设置,有智能的默认值和创新的算法可以从容获取精确结果,有无与伦比的优化和公差分配能力,能基于衍射的图像模拟,轻松呈现光学系统性能。

CODE-V 含有数种独特、快速的算法。CODE-V 的全局优化使用了 ORA 发明的算法。该算法是唯一一种能够在复杂光学系统,包括变焦镜头上产生有用结果的商用算法。工程师们可以使用这个功能生成初始设计,或者确认最终候选设计是否是最好的方案。CODE-V 的 MTF 优化算法与使用有限差分算法的同类方案相比,速度更快且更加精确。

CODE-V 的主要公差功能使用波前差分算法,使得公差成为设计过程的一部分,而不是在设计结束时进行分析。该算法可以比同类算法快好几个数量级,具体取决于系统的复杂程度。利用这一超凡能力,工程师们在设计周期的最早期阶段即可确定能得到最佳实际制造性能的设计概念,从而获得最佳的产品设计。

简言之,目前已有的光学设计软件各有千秋。读者可根据设计需要和条件选择使用。

除了上述软件以外还有以下常见的设计软件:

可用于成像系统设计的软件有 LensVIEW、ASAP 等。

可用于照明系统设计的软件有 LightTools、ASAP、TracePro、DIALUX 等。

可用于光学薄膜统设计的软件有 TFCALC、Lumerical Suite 等。

可用于光通信系统设计的软件有 OptiSys_Design、FIBER_CAD、WDM_PHASAR 等。

可用于光器件设计的软件有 OPTIAMP_DESIGN、IFO_GRATINGS、HS_DESIGN、FDTD_CAD、BPM_CAD 等。

与光机系统结构设计有关的软件有 SolidWorks、ProE 等。

第8章　ZEMAX 用户界面

8.1　窗　口　类　型

ZEMAX 软件有许多不同类型的窗口,每种窗口可以完成不同的任务。ZEMAX 软件中的窗口类型主要有五种。

8.1.1　主窗口

如图 8-1 所示,当点击右上角的最大化图标命令后,实际上此窗口包含一块很大的空白面积,其上方有标题栏(也是路径栏,第一行)、菜单栏(第二行)、工具栏(第三行)等。图 8-1 显示的工具栏不全面,后续章节会详细讲解。

图 8-1　主窗口界面

8.1.2　编辑窗口

ZEMAX 软件中有六个不同的编辑功能:镜头数据编辑、评价函数编辑、多重结构编辑、公差数据编辑、附加数据编辑和非顺序组件编辑,如图 8-2 所示。

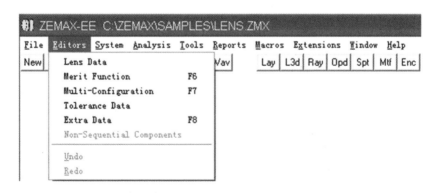

图 8-2　编辑窗口界面

8.1.3 图形窗口

这些窗口用来显示图形数据,如光学系统的轮廓图、场曲/畸变等各种像差曲线图、MTF 曲线图和包围能量图等。图 8 - 3 所示的是某光学系统的结构轮廓图窗口。

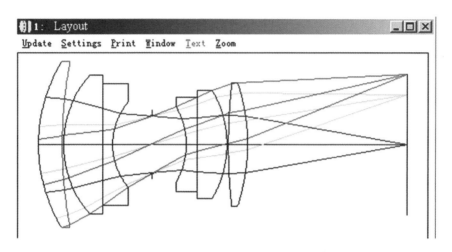

图 8 - 3 某光学系统的结构轮廓图窗口

8.1.4 文本窗口

文本窗口用来显示文本数据,如光学性能参数和像差系数及数值等。图 8 - 4 所示的是某光学系统的部分 FFT MTF 文本数据窗口。

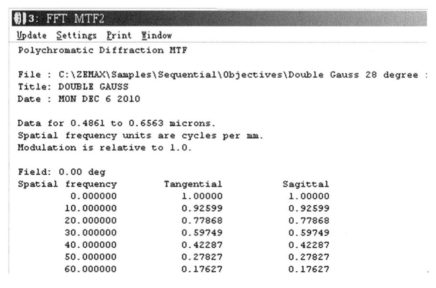

图 8 - 4 FFT MTF 文本数据窗口

8.1.5　对话框

对话框是一个弹出窗口,其大小无法改变。对话框是用来改变选项或数据的,如视场角、波长、孔径光阑位置和表面类型等。

对话框广泛用在图形窗口和文本窗口中以改变 Settings 选项,如图 8-5 所示,它是某光学系统的二维轮廓图参数设置对话框。

在 ZEMAX 软件中,各类窗口都可用鼠标或键盘命令来移动或改变大小(对话框除外)。

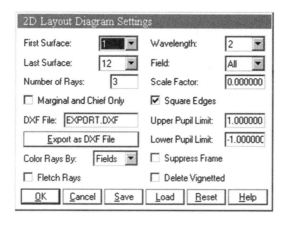

图 8-5　某光学系统的二维轮廓图参数设置对话框

8.2　主　窗　口

运行 ZEMAX. EXE 后,主窗口就会呈现出来,如图 8-1 所示。

主窗口的作用是控制所有 ZEMAX 任务的执行。该窗口由三部分组成:标题栏、菜单栏和工具栏。

8.2.1　标题栏

标题栏中主要显示所用程序的版本名称、透镜文件名称及其存放路径,因此也称为路径栏。在标题栏左侧有一个小图标,它为视窗控制按钮,能够提供视窗的管理功能,如移动视窗、改变视窗大小等功能,如图 8-6 所示。

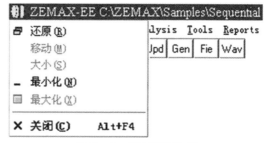

图 8-6　视窗控制按钮

8.2.2　菜单栏

点击任一菜单栏中的命令选项时,系统会展开一个下拉菜单,显示所有与该菜单标题相关的功能选项,如图 8-1 所示。各菜单选项的主要功能简要介绍如下。

1. 文件(File)

用于镜头文件的新建(New)、打开(Open)、保存(Save)、另存为(Save as)、插入透镜(Insert Lens...)和系统参数设定(Preferences)等。

2. 编辑(Editors)

用于调用显示六种不同类型的编辑窗口,如图 8 - 2 所示。

3. 系统(System)

用于整个光学系统属性的设定,如更新(Update)、更新全部数据(Update All)、综合参数(General...)、视场(Fields...)和波长(Wavelengths)等。

4. 分析(Analysis)

该选项中的功能不能改变镜头基本参数数据,而是根据这些数据进行计算和图像显示分析。它包含了系统结构图的显示、各种像差分析、照明分析和光线追迹等多种选项。

5. 工具(Tools)

使用者可以通过工具菜单栏中的命令对系统进行整体操作。这些命令可以改变镜头数据,如进行焦距缩放(Scale Lens)、快速设定焦距(Make Focal)等,也可以从总体上对系统进行计算,包括优化(Optimization)、公差设定与分析(Tolerancing...)及玻璃库(Glass Catalogs)等。

6. 报告(Reports)

用于形成透镜设计的相关文档。包括表面数据报告(Surface Data)、系统数据报告(System Data)和图像报告等,以便于设计者向委托设计任务方提供相关设计文件。

7. 宏指令(Macros)

为了便于使用者执行一些特定的计算、分析或图像功能,ZEMAX 支持 ZPL 宏语言,ZPL 的结构与 BASIC 相似。使用者编写的宏程序使用"∗.zpl"扩展名,导入 ZEMAX 根目录下的 Macros 文件夹并刷新后,可以在这一下拉菜单中出现程序名称并执行。

8. 扩展命令(Extensions)

除宏命令外,ZEMAX 还可以和 C、C++、VB、VB++ 等高级编程语言配合使用,这样提供了程序扩展功能,该功能可以建立起 ZEMAX 与其他 Windows 应用程序的链接,并实现相互之间的数据传递。

9. 窗口(Window)

可对当前所有打开的窗口进行操作,可选择哪一个置于当前显示位置,即最前端显示。

10. 帮助(Help)

可以提供帮助文档。可通过"目录"或"索引"两种方式进行查询帮助,如图 8 - 7 所示。

8.2.3 工具栏

工具栏是指主窗口菜单栏下面的一排按钮(为便于排版,一排按钮被分成四组,如图 8 - 8 所示)。这排按钮可以对一些常用的命令进行快速选择。所有按钮的功能在菜单中都能找到,因此这些按钮属于快捷键命令。按钮的标题使用相对应命令的三个缩写字母来表示,如 Gen 是 General Lens Data 的缩写。与菜单栏相似,根据光学系统特性的不同,工具栏显示的按钮也是不同的。将鼠标移至某一个按钮处并停留数秒,即可显示这一按钮工具的注释。

主窗口工具栏中的按钮命令功能介绍如下。

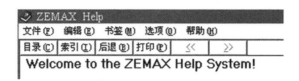

(a)

(b)

图 8 - 7　ZEMAX 软件的帮助(Help)

(a)目录检索方式;(b)索引检索方式

1. New

新建一个 ZEMAX 文件。

2. Ope

打开一个已经存在的 ZEMAX 文件。如果想要打开最近几次曾经打开的文件,可以左键点击菜单栏第二行中的"File",在"Exit"的下面就会显示出来。

3. Sav

将当前的 ZEMAX 文件进行存储。

4. Sas

将当前的 ZEMAX 文件保存为另一文件名或保存在另一路径下。

图 8 - 8　主窗口中的工具栏

5. Upd

该按钮的功能是只更新镜头数据编辑器和附加数据编辑器中的当前数据。如果要更新全部窗口的话,需要选择"System"下拉菜单中的"Update All"。

6. Gen

打开 General 系统通用数据对话框,用来设定整个光学系统设计过程所需的数据,包括孔径类型(Aperture Type)、孔径大小(Aperture Value)、数据单位(Units)、玻璃库(Glass Catalogs)、环境参数(Environment)等数据,如图 8 - 9 所示。

ZEMAX 中的孔径类型主要有六种:入瞳直径(Entrance Pupil Diameter)、像空间的 F 数(Image Space F/#)、物空间的数值孔径(Object Space NA)、浮动光阑尺寸(Float by Stop Size)、近轴工作区 F 数(Paraxial Working F/#)和物方孔径角(Object Cone Angle,指物在有限距离时,物空间边缘光线的半张角),如图 8 - 10 所示。

对于同一个系统,只能选择上述孔径类型中的一种设定。在选择 Float by Stop Size 类

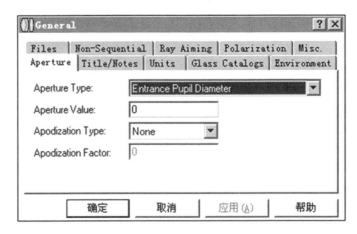

图 8 – 9 **General** 系统通用数据对话框

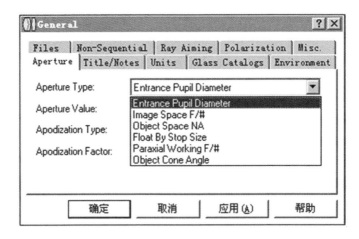

图 8 – 10 **ZEMAX** 中的孔径类型

型时,由于入瞳大小由系统光阑的半口径决定,此时 Aperture Value 不可输入,显示为灰色。

ZEMAX 软件中的单位设置情况如下:

(1)透镜单位(Lens Unints) 毫米(Millimeters)、厘米(Centimeters)、米(Meters)、英寸(Inches),共四种。

(2)光通量的单位(Source Flux Units) 微瓦(Microwatts)、毫瓦(Milliwatts)、瓦(Watts)、千瓦(Kilowatts)、兆瓦(Megawatts)、流明(Lumens)等。

(3)辐(光)照度(Irradiance/Luminance)单位 瓦/厘米^2(Watts/Centimeter^2)等。

ZEMAX 软件中给出了 14 个玻璃库,如图 8 – 11 所示。当然也可以由用户自行添加新的数据库,如添加中国光学企业的玻璃库。添加玻璃库文件的办法:先复制好要添加的玻璃库文件,再在安装后的 ZEMAX 文件夹中找到"Glasscat"文件夹并打开,再粘贴即可。

在 ZEMAX 中可以设定环境条件,如温度条件(Temperature in degree C:)和压力条件(Pressure in ATM:),如图 8 – 12 所示。

7. Fie

可以打开 Field Data 对话框,在该对话框中,使用者可以以物方视场角(Angle)、物高

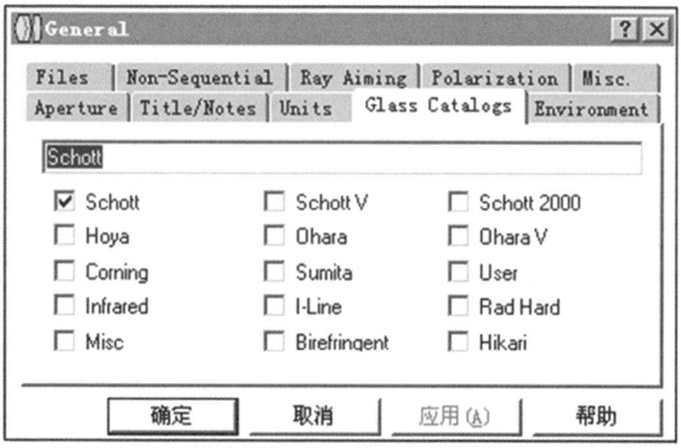

图 8 − 11　ZEMAX 软件中的玻璃库

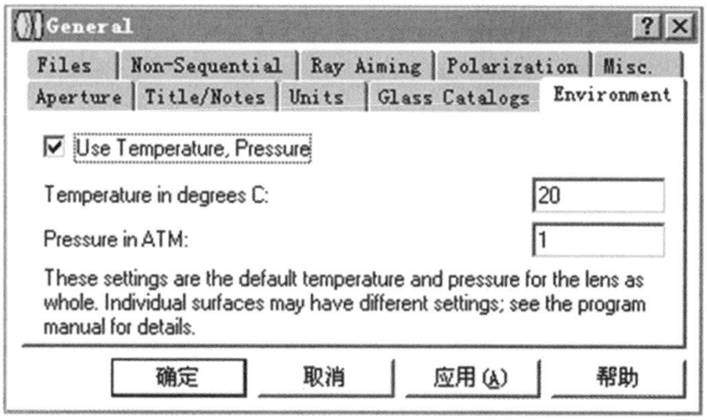

图 8 − 12　**ZEMAX 软件中的环境条件设定对话框**

(Object Height)、理想像高(Paraxial Image Height)和实际像高(Real Image Height)四种不同方式来设定 X 方向和 Y 方向的视场。与此同时,各视场的渐晕系数也可以在该对话框中设定,如图 8 − 13 所示。

　　其中,Angle 是指投影到 XZ 和 YZ 平面上时,主光线与 Z 轴的夹角,主要用于无限共轭的系统中;Object Height 是指物面 X, Y 方向的高度,主要用在有限共轭的系统中;Paraxial Image Height 主要用在近轴光学系统的设计中;Real Image Height 主要用于需要固定像的大小的光学系统的设计场合。

　　ZEMAX 软件允许设置 12 个视场,同时在该对话框中可以设置每一视场的偏心与渐晕: X 向偏心用 VDX 表示;Y 向偏心用 VDY 表示;X 向渐晕系数用 VCX 表示;Y 向渐晕系数用 VCY 表示,渐晕的角度用 VAN 表示。

　　这里特别提醒的是,我们输入的 Angle 值是半视场值 ω,而不是全视场值 2ω。Weight 称为权重,也称为贡献值,默认值为 1。一般而言,权重值是相对值,其值越大,在优化时越优先控制。例如,把图 8 − 13 中的 1°视场的权重值改为 1.5,则表示优先控制边缘光线满足像差要求。

　　当然,也没有必要将权重值设定为 3.0 以上的数值,甚至是数十或数百的数值,究其原因是权重是相对值。

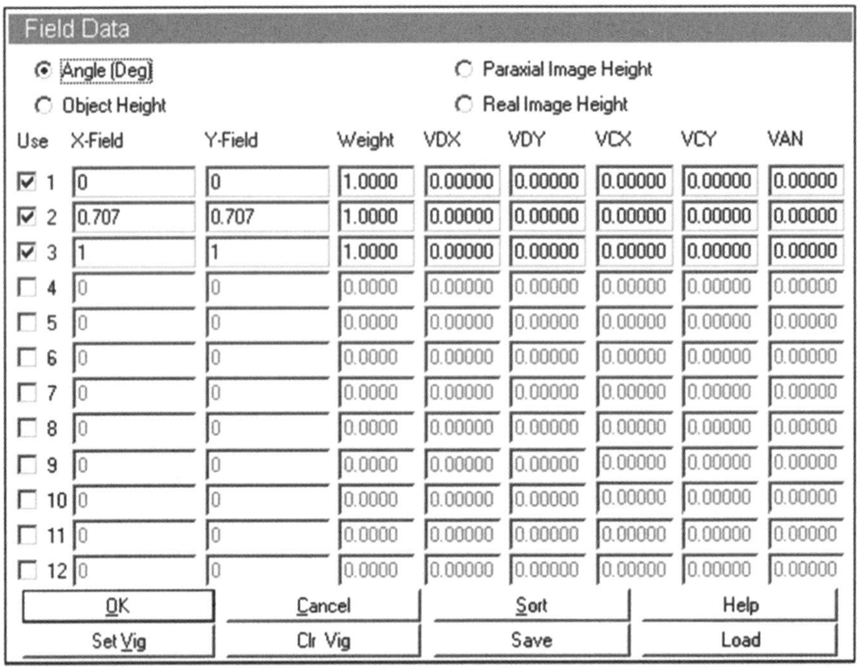

图 8 – 13　ZEMAX 软件中的视场设定对话框

8. Wav

可打开 Wavelength Data 对话框(图 8 – 14),可以对波长(Wavelength,单位:micron)、权重(Weight)及主波长(Primary)进行设定。

ZEMAX 软件提供很多的色光波长和典型激光器的工作波长,如 F,d,C[Visible]、HeNe[0.6328]和 CO_2[10.60]等。

当然,用户也可以自行输入选用的波长值。

这里要重点提醒的是,玻璃材料的透光光谱范围一定要和光学系统的工作波长相匹配,否则光学系统就会不透光,或透光率过低,从而严重影响光学系统的性能。

9. Lay

用来显示光学系统 YZ 面(即主截面)内的二维结构图。如果是非共轴系统,将不显示其二维图形。

一般情况下,如果 X-Field 和 Y-Field 两个方向都设置数据的话,往往不能显示二维图形,只能显示三维图形。

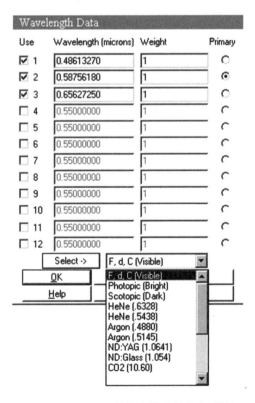

图 8 – 14　ZEMAX 软件中的波长设定对话框

10. L3D

用来显示光学系统的三维结构图。点击"L3D"后打开的图常有多余的线条,如图 8－15 所示。如果想取消多余的线条可以点击"Settings",会弹出如图 8－16 所示的对话框,在该对话框中的"Hide Lens Edges"的前面打"√",即可得到简洁的图形,如图 8－17 所示。

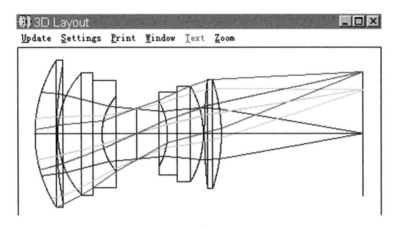

图 8－15　某光学系统的三维结构图形(L3D)

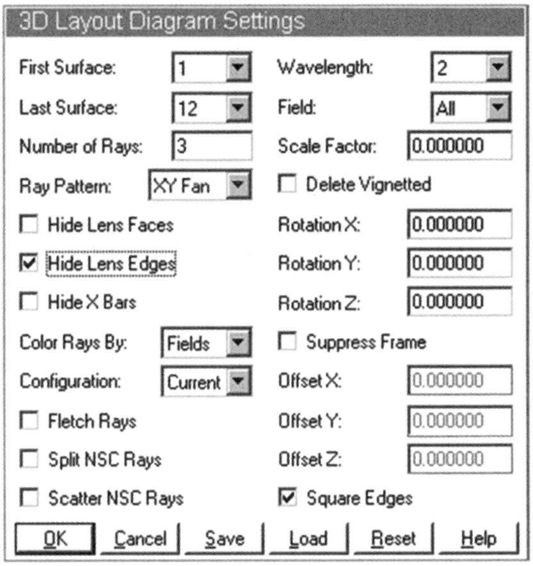

图 8－16　三维结构图形设置(Settings)对话框

11. Ray

可以打开光线扇形图(Ray Fan)窗口,如图 8－18 所示。

该图显示了三个视场(0.00°、10.00° 和 14.00°)的情况和三个色光(486.1 nm、587.6 nm 和 656.3 nm)的情况。子午数据显示在坐标轴 PY 和 EY 上,弧矢数据显示在坐标轴 PX 和 EX 上。而横坐标 PX 和 PY 都表示入瞳(Pupil),取值范围是(-1.0,1.0)。

从图 8－18 中可以看出,每种色光的子午像差和弧矢像差随着视场不同而产生不同的

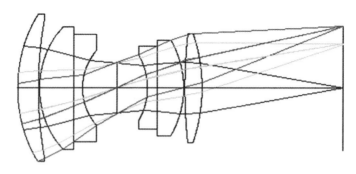

图 8 - 17 某光学系统的简洁三维结构图形

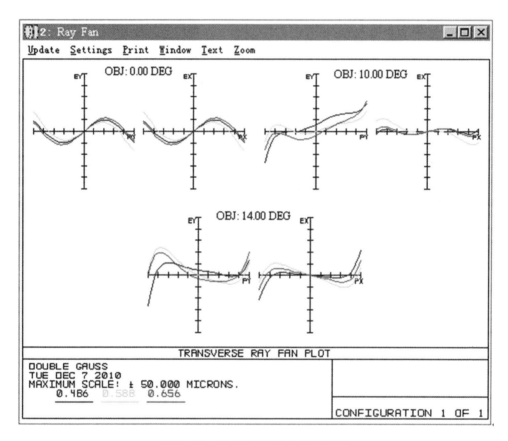

图 8 - 18 某光学系统的光线扇形图

变化;每种色光的子午像差和弧矢像差随着入瞳不同而产生不同的变化;还可以看出在同一个视场角同一个入瞳孔径时不同色光的子午像差和弧矢像差的偏差。

在光线扇形图窗口的"Settings"对话框中,可以修改坐标的规格(Plot Scale)、修改追迹光线数目(Number of Rays,数目越大则曲线越光滑)、选择要显示的波长(Wavelength)个数和视场(Field)个数,如图 8 - 19 所示。

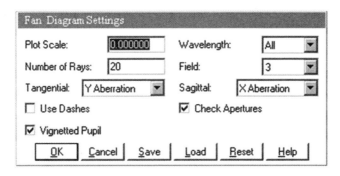

图 8 - 19　某光学系统的光线扇形图设置窗口

12. Opd

可以打开光程差 OPD 窗口,如图 8 - 20 所示。横坐标 *PX* 和 *PY* 都表示入瞳(Pupil),取值范围是(- 1.0,1.0)。纵坐标是波长。在该图的左下方可以看到"MAXIMUM SCALE: ±5.000 WAVES"字样,它表示纵坐标的最大值为 ±5.000 个波长。

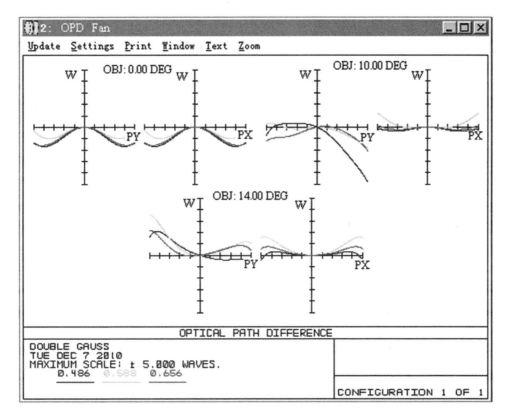

图 8 - 20　某光学系统的光程差 OPD 图

按照瑞利判据标准,即最大波像差不超过四分之一个波长($\lambda/4$)时,即可认为实际光学系统的成像质量与理想光学系统的成像质量没有显著差别,因此图 8 - 20 中曲线的纵坐标值不宜超过 ±0.25 WAVES。

光程差 OPD 窗口的"Settings"对话框和光线扇形图(Ray Fan)窗口的"Settings"对话框相似,请参考设定。

13. Spt

用来显示光学系统的点列图(Spot Diagram),如图 8 - 21 所示。有关点列图的问题在前面的 5.3 节中有详细介绍,请参考。

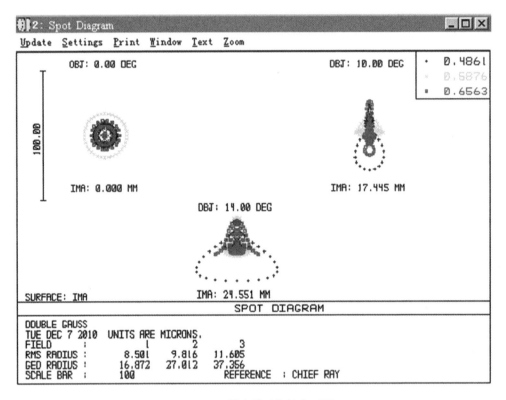

图 8 - 21 某光学系统的点列图

常用点列图的密集程度衡量光学系统的成像质量。

14. Mtf

可以显示快速傅里叶变换 MTF 图形窗口。有关 MTF 图形的问题在前面的 5.4 节有详细介绍,请参考。

15. Enc

可以显示包围圆能量分布图(Diffraction Encircled Energy)。有关 ENC 图形的问题在前面的 5.6 节有详细介绍,请参考。

这里重点说明一下,想要了解每条曲线的具体数据,可在包围圆能量分布图形窗口中点击"Text"选项。

16. Opt

用来打开优化(Optimization)对话框,如图 8 - 22 所示,可以自动(Automatic)或以不同循环迭代次数(1 次、5 次、10 次、50 次和无限次)进行循环优化。优化过程中,评价函数的起始值(Initial MF:)、当前值(Current MF:)、参与优化的可变量的个数(Variables:)和循环时间(Execution Time)都会显示在图 8 - 22 所示的对话框中。

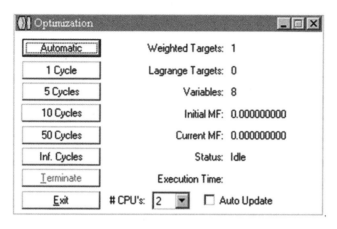

图 8 – 22　优化工具对话框

这里说明一下,如果"Auto Update"前面的选项打上"√",则在优化的过程中,系统的数据会不断更新,直观表现为屏幕会不断闪烁变化。

17. Gla

用来打开玻璃库(Glass Catalog)对话框。通过该对话框,用户可以对系统内的玻璃库(Catalog)目录及其具体玻璃(如 BAF3 等)数据进行查看或编辑,当然用户也可以加入自定义的玻璃数据,如图 8 – 23 所示。

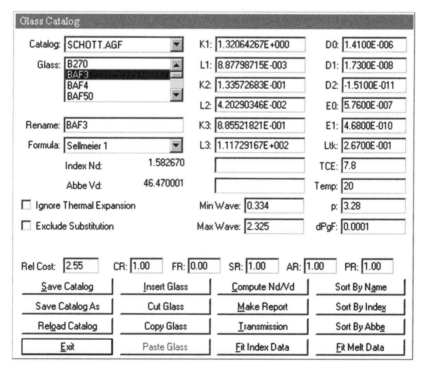

图 8 – 23　玻璃库对话框

这里需要重点提醒的是,查看玻璃的具体数据时,我们需要特别关注的数据有折射率(Indes Nd:)、阿贝数(Abbe Vd:)、最小工作波长(Min Wave:)和最大工作波长(Max Wave:)。其他参数,如 K1,L1,K2,L2,D0,D1,E0 和 E1 等为玻璃特性参数多项式的系数,一般情况下,可以不予理会。

18. Len

用来打开镜头库(Ledns Catalogs)对话框。利用该对话框,使用者可以查看众多厂商(如 EDMUND OPTICS 公司、PHILIPS 公司和 ROSS OPTICS 公司等)的镜头数据,还可以限定用特定的条件,如焦距范围(Use Focal Length)条件或入瞳范围(Use Diameter)等条件,来搜索指定厂商目录中镜头的情况,如图 8 – 24 所示。

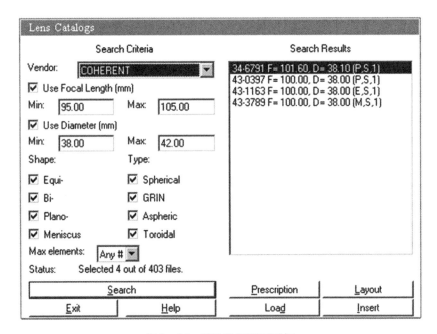

图 8 – 24　镜头数据库对话框

在该对话框的右下角处,点击"Prescription"按钮可以用来调出选中的"34 – 6791 F = 101.60,D = 38.10(P,S,1)"透镜或透镜组的详细规格数据,如图 8 – 25 所示。点击"Layout"按钮可调出其结构轮廓图。

19. Sys

用来打开系统数据(System Data)报告窗口。该窗口给出了与系统有关的参数,如入瞳/出瞳位置与大小、倍率和 F 数等信息。某光学系统的 System Data 报告样式和内容如下。

System/Prescription Data

File ：C:\ZEMAX\Samples\Sequential\Objectives\Double Gauss 28 degree field. zmx

Title：DOUBLE GAUSS

Date ：TUE DEC 7 2010

LENS NOTES：

GENERAL LENS DATA：

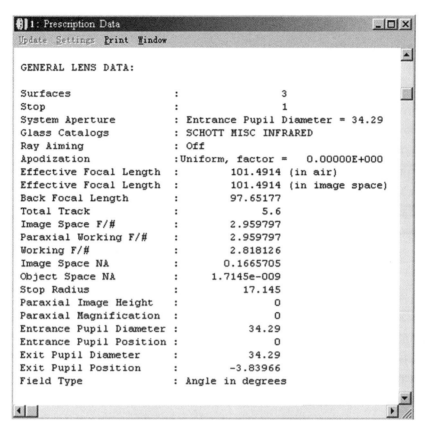

图 8 - 25 镜头数据库中透镜组的规格数据

Surfaces：12

Stop：6

System Aperture：Entrance Pupil Diameter ＝ 33. 33

Glass Catalogs：schott

Ray Aiming：Off

Apodization：Uniform，factor ＝ 0. 000 00E ＋000

Effective Focal Length：   99. 500 68（in air）

Effective Focal Length：   99. 500 68（in image space）

Back Focal Length：   57. 497 97

Total Track：   132. 988 4

Image Space F/# ：   2. 985 319

Paraxial Working F/# ：   2. 985 319

Working F/# ：   2. 978 283

Image Space NA：   0. 165 185 5

Object Space NA：   1. 666 5e －009

Stop Radius：   9. 996 598

Paraxial Image Height：   24. 808 31

Paraxial Magnification： 0

Entrance Pupil Diameter： 33.33

Entrance Pupil Position： 58.939 76

Exit Pupil Diameter： 36.258 44

Exit Pupil Position： −108.059 6

Field Type：Angle in degrees

Maximum Field： 14

Primary Wave： 0.587 6

Lens Units： Millimeters

Angular Magnification： 0.919 234 3

Fields：3

Field Type：Angle in degrees

#	X-Value	Y-Value	Weight
1	0.000 000	0.000 000	1.000 000
2	0.000 000	10.000 000	1.000 000
3	0.000 000	14.000 000	1.000 000

Vignetting Factors

#	VDX	VDY	VCX	VCY	VAN
1	0.000 000	0.000 000	0.000 000	0.000 000	0.000 000
2	0.000 000	0.000 000	0.000 000	0.000 000	0.000 000
3	0.000 000	0.000 000	0.000 000	0.000 000	0.000 000

Wavelengths：3

Units：Microns

#	Value	Weight
1	0.486 100	1.000 000
2	0.587 600	1.000 000
3	0.656 300	1.000 000

20. Pre

用来打开规格数据(Prescription Data)报告窗口。该窗口中列出了所有表面和整个系统的有关数据。某光学系统的 Prescription Data 报告样式和内容如下。

System/Prescription Data

File：C：\ZEMAX\Samples\Sequential\Objectives\Double Gauss 28 degree field.zmx

Title：DOUBLE GAUSS

Date：TUE DEC 7 2010

LENS NOTES：

GENERAL LENS DATA：

Surfaces ： 12

Stop ： 6

System Aperture ： Entrance Pupil Diameter = 33.33

Glass Catalogs ： schott

Ray Aiming	:	Off
Apodization	:	Uniform, factor = 0. 000 00E +000
Effective Focal Length	:	99. 500 68（in air）
Effective Focal Length	:	99. 500 68（in image space）
Back Focal Length	:	57. 497 97
Total Track	:	132. 988 4
Image Space F/#	:	2. 985 319
Paraxial Working F/#	:	2. 985 319
Working F/#	:	2. 978 283
Image Space NA	:	0. 165 185 5
Object Space NA	:	1. 666 5e −009
Stop Radius	:	9. 996 598
Paraxial Image Height	:	24. 808 31
Paraxial Magnification	:	0
Entrance Pupil Diameter	:	33. 33
Entrance Pupil Position	:	58. 939 76
Exit Pupil Diameter	:	36. 258 44
Exit Pupil Position	:	−108. 059 6
Field Type	:	Angle in degrees
Maximum Field	:	14
Primary Wave	:	0. 587 6
Lens Units	:	Millimeters
Angular Magnification	:	0. 919 234 3
Fields	:	3

Field Type：Angle in degrees

#	X-Value	Y-Value	Weight
1	0. 000 000	0. 000 000	1. 000 000
2	0. 000 000	10. 000 000	1. 000 000
3	0. 000 000	14. 000 000	1. 000 000

Vignetting Factors

#	VDX	VDY	VCX	VCY	VAN
1	0. 000 000	0. 000 000	0. 000 000	0. 000 000	0. 000 000
2	0. 000 000	0. 000 000	0. 000 000	0. 000 000	0. 000 000
3	0. 000 000	0. 000 000	0. 000 000	0. 000 000	0. 000 000

Wavelengths：3

Units：Microns

#	Value	Weight
1	0. 486 100	1. 000 000
2	0. 587 600	1. 000 000
3	0. 656 300	1. 000 000

SURFACE DATA SUMMARY:

Surf	Type	Radius	Thickness	Glass	Diameter	Conic
OBJ	STANDARD	Infinity	Infinity		0	0
1	STANDARD	54. 153 25	8. 746 658	SK2	58. 450 6	0
2	STANDARD	152. 521 9	0. 5		56. 281 91	0
3	STANDARD	35. 950 62	14	SK16	48. 591 62	0
4	STANDARD	Infinity	3. 776 966	F5	42. 594 38	0
5	STANDARD	22. 269 92	14. 253 06		29. 838 71	0
STO	STANDARD	Infinity	12. 428 13		20. 457 67	0
7	STANDARD	− 25. 685 03	3. 776 966	F5	26. 375 52	0
8	STANDARD	Infinity	10. 833 93	SK16	32. 936 24	0
9	STANDARD	− 36. 980 22	0. 5		37. 859 14	0
10	STANDARD	196. 417 3	6. 858 175	SK16	42. 621 53	0
11	STANDARD	− 67. 147 55	57. 314 54		43. 292 52	0
IMA	STANDARD	Infinity			49. 141 07	0

SURFACE DATA DETAIL:

Surface OBJ   : STANDARD

Surface 1   : STANDARD

 Coating   : AR

Surface 2   : STANDARD

 Coating   : AR

Surface 3   : STANDARD

 Coating   : AR

Surface 4   : STANDARD

Surface 5   : STANDARD

 Coating   : AR

Surface STO   : STANDARD

Surface 7   : STANDARD

 Coating   : AR

Surface 8   : STANDARD

Surface 9   : STANDARD

 Coating   : AR

Surface 10   : STANDARD

 Coating   : AR

Surface 11   : STANDARD

 Coating   : AR

Surface IMA   : STANDARD

COATING DEFINITIONS:

Coating AR, 1 layer(s)

Material	Thickness	Absolute	Loop	Taper
MGF2	0. 250 000	0	0	

EDGE THICKNESS DATA：

Surf	Edge
1	2. 802 041
2	7. 333 764
3	4. 547 694
4	9. 513 214
5	8. 516 811
STO	8. 784 057
7	7. 421 038
8	5. 621 745
9	6. 871 687
10	2. 113 948
11	60. 899 261
IMA	0. 000 000

SOLVE AND VARIABLE DATA：

Curvature of　1　　： Variable
Curvature of　2　　： Variable
Curvature of　3　　： Variable
Curvature of　5　　： Variable
Curvature of　7　　： Variable
Curvature of　9　　： Variable
Curvature of　10　 ： Variable
Curvature of　11　 ： Variable

INDEX OF REFRACTION DATA：

Surf	Glass	Temp	Pres	0. 486 100	0. 587 600	0. 656 300
0		20. 00	1. 00	1. 000 000 00	1. 000 000 00	1. 000 000 00
1	SK2	20. 00	1. 00	1. 614 860 27	1. 607 378 86	1. 604 134 33
2		20. 00	1. 00	1. 000 000 00	1. 000 000 00	1. 000 000 00
3	SK16	20. 00	1. 00	1. 627 559 40	1. 620 407 93	1. 617 270 58
4	F5	20. 00	1. 00	1. 614 617 18	1. 603 417 18	1. 598 743 69
5		20. 00	1. 00	1. 000 000 00	1. 000 000 00	1. 000 000 00
6		20. 00	1. 00	1. 000 000 00	1. 000 000 00	1. 000 000 00
7	F5	20. 00	1. 00	1. 614 617 18	1. 603 417 18	1. 598 743 69
8	SK16	20. 00	1. 00	1. 627 559 40	1. 620 407 93	1. 617 270 58
9		20. 00	1. 00	1. 000 000 00	1. 000 000 00	1. 000 000 00
10	SK16	20. 00	1. 00	1. 627 559 40	1. 620 407 93	1. 617 270 58
11		20. 00	1. 00	1. 000 000 00	1. 000 000 00	1. 000 000 00
12		20. 00	1. 00	1. 000 000 00	1. 000 000 00	1. 000 000 00

THERMAL COEFFICIENT OF EXPANSION DATA：

Surf	Glass	TCE $*10E-6$
0		0. 000 000 00
1	SK2	6. 000 000 00
2		0. 000 000 00
3	SK16	6. 300 000 00
4	F5	8. 000 000 00
5		0. 000 000 00
6		0. 000 000 00
7	F5	8. 000 000 00
8	SK16	6. 300 000 00
9		0. 000 000 00
10	SK16	6. 300 000 00
11		0. 000 000 00
12		0. 000 000 00

F/# DATA：

F/# calculations consider vignetting factors and ignore surface apertures.

Wavelength：		0. 486 100		0. 587 600		0. 656 300	
#	Field	Tan	Sag	Tan	Sag	Tan	Sag
1	0. 00 deg：	2. 980 4	2. 980 4	2. 978 3	2. 978 3	2. 979 2	2. 979 2
2	10. 00 deg：	3. 046 9	3. 015 0	3. 045 4	3. 012 7	3. 046 5	3. 013 6
3	14. 00 deg：	3. 097 2	3. 047 2	3. 097 1	3. 045 0	3. 098 6	3. 045 9

GLOBAL VERTEX COORDINATES, ORIENTATIONS, AND ROTATION/OFFSET MATRICES：

Reference Surface：1

Surf	R11	R12	R13	X
	R21	R22	R23	Y
	R31	R32	R33	Z
1	1. 000 000 000 0	0. 000 000 000 0	0. 000 000 000 0	0. 000 000 000E + 000
	0. 000 000 000 0	1. 000 000 000 0	0. 000 000 000 0	0. 000 000 000E + 000
	0. 000 000 000 0	0. 000 000 000 0	1. 000 000 000 0	0. 000 000 000E + 000
2	1. 000 000 000 0	0. 000 000 000 0	0. 000 000 000 0	0. 000 000 000E + 000
	0. 000 000 000 0	1. 000 000 000 0	0. 000 000 000 0	0. 000 000 000E + 000
	0. 000 000 000 0	0. 000 000 000 0	1. 000 000 000 0	8. 746 657 850E + 000
3	1. 000 000 000 0	0. 000 000 000 0	0. 000 000 000 0	0. 000 000 000E + 000
	0. 000 000 000 0	1. 000 000 000 0	0. 000 000 000 0	0. 000 000 000E + 000
	0. 000 000 000 0	0. 000 000 000 0	1. 000 000 000 0	9. 246 657 850E + 000
4	1. 000 000 000 0	0. 000 000 000 0	0. 000 000 000 0	0. 000 000 000E + 000
	0. 000 000 000 0	1. 000 000 000 0	0. 000 000 000 0	0. 000 000 000E + 000
	0. 000 000 000 0	0. 000 000 000 0	1. 000 000 000 0	2. 324 665 785E + 001
5	1. 000 000 000 0	0. 000 000 000 0	0. 000 000 000 0	0. 000 000 000E + 000

	0.000 000 000 0	1.000 000 000 0	0.000 000 000 0	0.000 000 000E +000
	0.000 000 000 0	0.000 000 000 0	1.000 000 000 0	2.702 362 374E +001
6	1.000 000 000 0	0.000 000 000 0	0.000 000 000 0	0.000 000 000E +000
	0.000 000 000 0	1.000 000 000 0	0.000 000 000 0	0.000 000 000E +000
	0.000 000 000 0	0.000 000 000 0	1.000 000 000 0	4.127 668 304E +001
7	1.000 000 000 0	0.000 000 000 0	0.000 000 000 0	0.000 000 000E +000
	0.000 000 000 0	1.000 000 000 0	0.000 000 000 0	0.000 000 000E +000
	0.000 000 000 0	0.000 000 000 0	1.000 000 000 0	5.370 481 214E +001
8	1.000 000 000 0	0.000 000 000 0	0.000 000 000 0	0.000 000 000E +000
	0.000 000 000 0	1.000 000 000 0	0.000 000 000 0	0.000 000 000E +000
	0.000 000 000 0	0.000 000 000 0	1.000 000 000 0	5.748 177 803E +001
9	1.000 000 000 0	0.000 000 000 0	0.000 000 000 0	0.000 000 000E +000
	0.000 000 000 0	1.000 000 000 0	0.000 000 000 0	0.000 000 000E +000
	0.000 000 000 0	0.000 000 000 0	1.000 000 000 0	6.831 570 653E +001
10	1.000 000 000 0	0.000 000 000 0	0.000 000 000 0	0.000 000 000E +000
	0.000 000 000 0	1.000 000 000 0	0.000 000 000 0	0.000 000 000E +000
	0.000 000 000 0	0.000 000 000 0	1.000 000 000 0	6.881 570 653E +001
11	1.000 000 000 0	0.000 000 000 0	0.000 000 000 0	0.000 000 000E +000
	0.000 000 000 0	1.000 000 000 0	0.000 000 000 0	0.000 000 000E +000
	0.000 000 000 0	0.000 000 000 0	1.000 000 000 0	7.567 388 144E +001
12	1.000 000 000 0	0.000 000 000 0	0.000 000 000 0	0.000 000 000E +000
	0.000 000 000 0	1.000 000 000 0	0.000 000 000 0	0.000 000 000E +000
	0.000 000 000 0	0.000 000 000 0	1.000 000 000 0	1.329 884 193E +002

ELEMENT VOLUME DATA:

Values are only accurate for plane and spherical surfaces.

Element volumes are computed by assuming edges are squared up

to the larger of the front and back radial aperture.

Single elements that are duplicated in the Lens Data Editor

for ray tracing purposes may be listed more than once yielding

incorrect total mass estimates.

				Volume cc	Density g/cc	Mass g
Element surf	1	to	2	16.069 494	3.550 000	57.046 705
Element surf	3	to	4	17.639 984	3.580 000	63.151 142
Element surf	4	to	5	11.451 250	3.470 000	39.735 839
Element surf	7	to	8	5.301 847	3.470 000	18.397 410
Element surf	8	to	9	9.336 400	3.580 000	33.424 312
Element surf	10	to	11	6.602 287	3.580 000	23.636 188
Total Mass:						235.391 597

CARDINAL POINTS:

Object space positions are measured with respect to surface 1.

Image space positions are measured with respect to the image surface.

The index in both the object space and image space is considered.

		Object Space	Image Space
W = 0.486 100			
Focal Length	:	– 99. 571 104	99. 571 104
Principal Planes	:	67. 303 799	– 99. 362 473
Nodal Planes	:	67. 303 799	– 99. 362 473
Focal Planes	:	– 32. 267 304	0. 208 631
Anti-Nodal Planes	:	– 131. 838 408	99. 779 734
W = 0.587 600(Primary)			
Focal Length	:	– 99. 500 679	99. 500 679
Principal Planes	:	66. 976 006	– 99. 317 248
Nodal Planes	:	66. 976 006	– 99. 317 248
Focal Planes	:	– 32. 524 673	0. 183 431
Anti-Nodal Planes	:	– 132. 025 352	99. 684 110
W = 0.656 300			
Focal Length	:	– 99. 527 014	99. 527 014
Principal Planes	:	66. 830 377	– 99. 286 732
Nodal Planes	:	66. 830 377	– 99. 286 732
Focal Planes	:	– 32. 696 637	0. 240 283
Anti-Nodal Planes	:	– 132. 223 651	99. 767 297

Prescription Data 报告内容有很多,读者可依据需要选择其中部分数据使用。

8.3 透镜数据编辑窗口操作

编辑窗口的最基本功能是用于输入镜头数据和评价函数数据。镜头数据编辑器(Len Data Editor)是一个主要的电子表格,如图 8 – 26 所示。

将镜头的主要参数数据填入表格就形成了镜头数据。这些数据包括系统中每一个面的面型(Surf:Type)、曲率半径(Radius)、厚度或间隔(Thickness)、玻璃材料(Class)、半口径(Semi-Diameter)、二次曲面系数(Conic)和参数(Parameter)等。

单透镜由两个面组成,物平面和像平面各需要一个面,这些数据可以直接输入到电子表格中。当镜头数据编辑窗口为当前显示窗口时,可以将光标移至需要改动的地方,并将所需的数值由键盘输入到电子表格中形成数据。

表格中每一列代表不同特性的数据,每一行表示一个光学面。移动光标可以到达需要的任一行或列,向左和向右连续移动光标会使得屏幕滚动,这时屏幕显示其他列的数据,如半口径(Semi-Diameter)、二次曲面系数(Conic),以及所在面的面型(Surf:Type)有关的参数等。

屏幕显示可以从左到右或从右到左滚动。"Page Up"键和"Page Down"键可以移动光标到所在列的头部或尾部。当镜头面数足够大时,屏幕显示也可以根据需要上下滚动。

为在某数据型单元格中加入一个增加值,可以输入一个"＋"号和想要增加的数,然后

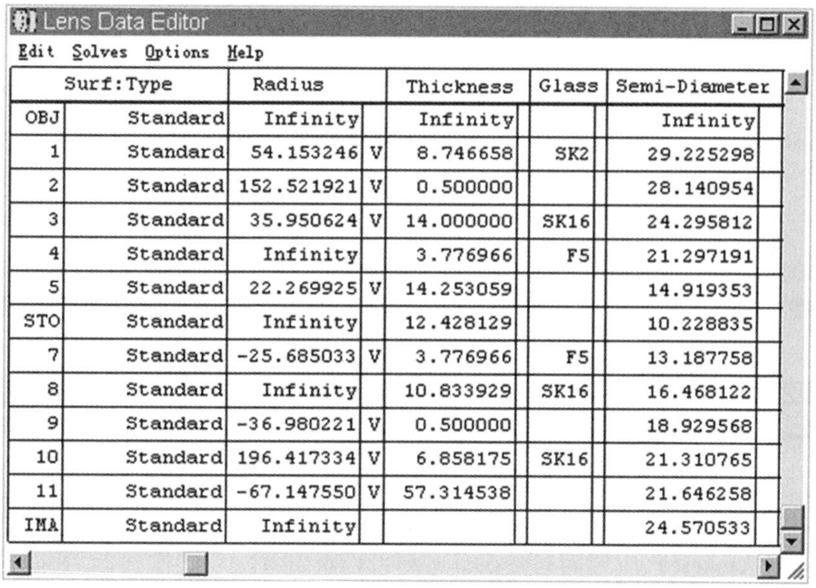

Lens Data Editor

Edit Solves Options Help

	Surf:Type	Radius		Thickness	Glass	Semi-Diameter
OBJ	Standard	Infinity		Infinity		Infinity
1	Standard	54.153246	V	8.746658	SK2	29.225298
2	Standard	152.521921	V	0.500000		28.140954
3	Standard	35.950624	V	14.000000	SK16	24.295812
4	Standard	Infinity		3.776966	F5	21.297191
5	Standard	22.269925	V	14.253059		14.919353
STO	Standard	Infinity		12.428129		10.228835
7	Standard	-25.685033	V	3.776966	F5	13.187758
8	Standard	Infinity		10.833929	SK16	16.468122
9	Standard	-36.980221	V	0.500000		18.929568
10	Standard	196.417334	V	6.858175	SK16	21.310765
11	Standard	-67.147550	V	57.314538		21.646258
IMA	Standard	Infinity				24.570533

图 8－26 透镜数据编辑窗口

按下“Enter”键即可。例如，把 20 变为 23，只需要键入“ +3”并回车即可。使用乘号“ * ”和除号“/”也同样有效。如果要减去一个数，则在减数前面加上一个负号即可。要区分输入的是减数还是一个负值，可以使用空格键。

如果要对单元格中的一部分进行修改，而不打算重新输入全部内容，则需要先将单元格变为高亮度，然后按下“Backspace”键。“←”键、“→”键、“Home”键和“End”键在编辑时用于在单元格中移动。鼠标也能选择并修改部分数据或字符。单元格中的数据被改好后，按下“Enter”键即可完成编辑，并使光标停留在该单元格中。

如果想要放弃编辑可按下“Esc”键。“←”键、“→”键、“ ↑ ”键、“ ↓ ”键也可使光标作相应移动，同时按下“Ctrl”键和“←”键、“→”键、“ ↑ ”键、“ ↓ ”键，可使编辑器在相应方向上每次移动一个屏幕。按下“Tab”键或“Shift + Tab”键也能左右移动光标。

按下“Page Up”键、“Page Down”键，每次可以移动一个屏幕，按下“Ctrl + Page Up”键或“Ctrl + Page Down”键，可移动光标到当前列的顶部或底部。“Home”键和“End”键可分别移动光标到第一列第一行或第一列最后一行，“Ctrl + Home”键或“Ctrl + End”键可分别移动光标到第一行第一列或最后一行最后一列。单击任一单元格，光标会移动到该单元格。双击该单元格时，会出现一个求解对话框，单击鼠标右键，也会出现该单元格的求解对话框。但是不同位置的单元格出现的求解对话框不一样。下面我们以图 8－26 所示光学系统的第“3”号面为例说明各类求解对话框的不同之处。

8.3.1 面型(Surf:Type)求解对话框

在图 8－27 所示的对话框中，可以设置面型种类(Surface Type)、面的颜色(Surface Color)、光阑位置(Make Surface Stop)等。

ZEMAX 软件中的表面类型有很多，如标准球面(Standard)、偶次球面(Even Asphere)、

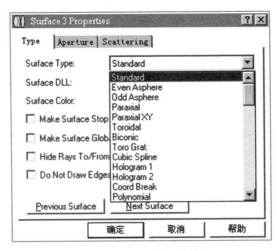

图 8 – 27　面型求解对话框

奇次球面(Odd Asphere)、近轴面(Paraxial)、环带(Toroidal)、双圆锥曲面(Biconic)、环形光栅(Toro Grat)、I 型全息面(Hologram 1)、多项式面(Polynomial)、菲涅尔面(Fresnel)、ABCD面、衍射光栅面(Diff. Frat)、不规则面(Irregular)、梯度折射率面 1(Gradient 1)、二元光学面 1(Binary 1)及自定义面(User Defined)等。

8.3.2　曲率半径(Radius)求解对话框

如图 8 – 28 所示,曲率半径(Radius)求解对话框中的参数含义说明如下。

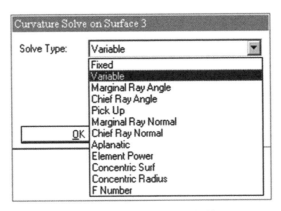

图 8 – 28　曲率半径求解对话框

1. Fixed

将选定的参数设为固定的,在优化时是不可以改变的。

2. Variable

将选定的参数设为可变的,即表示其参数在优化过程中是可以改变的量。

3. Marginal Ray Angle

边缘光线的角度,即通过设定近轴边缘光线的角度设定曲率半径,求解这个光学面的曲率,不管光线由前面透镜决定向哪个方向或角度传播,本光学面可以通过改变自己的曲率半径使得这个边缘光线出射后的角度是设定的值。

4. Chief Ray Angel

主光线的角度,即通过设定近轴主光线角度来设定曲率半径,通过求解这个光学面的曲率半径,不管光由前面透镜决定向哪个方向或角度传播,本光学表面可以通过改变自己的曲率半径使得这个主光线出射后的角度是设定的值。

5. Pick Up

通过设定与参考面的倍率关系来设定曲率半径,即通过给定的参考面的曲率半径与比例因子的乘积求得该面的曲率半径,换言之,可以使得该面的曲率半径随着参考面的曲率半径作一定比例因子的变化,常用于对称系统的设计中。

6. Marginal Ray Normal

与边缘光线正交的,即通过设定面与近轴边缘光线垂直关系设定曲率半径,换言之,使用者设定的该面的曲率半径总能够调整到使该面与边缘光线相互垂直。

7. Aplanatic

齐明的,即通过设定相对于近轴边缘光线的等光程面来设定曲率半径。

8. Element Power

系统光焦度(焦距的倒数),可以通过设定光学系统的光焦度值来设定曲率半径。

9. Concentric Surf

同心表面,通过设定曲率中心在相应的面上来设定曲率半径。

10. Concentric Radius

同心半径,通过设定曲率中心与相应面的曲率中心相重合来设定曲率半径。

11. F Number

近轴 F 数,即近轴光圈数,通过设定近轴边缘光线满足 F/#条件来设定曲率半径。

8.3.3　厚度或间隔(Thickness)求解对话框

如图 8 - 29 所示,厚度或间隔(Thickness)求解对话框中的参数含义说明如下。

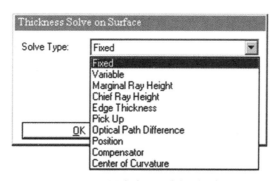

图 8 - 29　厚度或间隔求解对话框

1. Fixed

固定的,在优化时是不可以改变的。

2. Variable

可变的,即表示其参数在优化过程中是可以改变的量。

3. Marginal Ray Height

通过设定过瞳区的近轴边缘光线到下一光学面上的高度来设定 Thickness,用于定位像平面(控制近轴边缘光线在后一个面上的高度,使得像面处在近轴焦点上),还可以约束特定的光束。

4. Chief Ray Height

通过设定近轴主光线到下一光学面上的高度设定 Thickness,用于定位 Pupil Plane 上近轴主光线高度,即定位入瞳或出瞳的大小。

5. Edge Thickness

控制两个光学面之间的距离,使其在某半径值处为规定的值,可以避免边缘厚度为负或边缘太尖锐。

6. Pick Up

通过设定与相应光学面的 Thickness 的倍率关系和偏移量来设定 Thickness,即可以使得该光学面的 Thickness 值随参考面按一定比例因子发生相应的变化。

7. Optical Path Difference

通过设定瞳区内的近轴边缘光线与近轴主光线的光程差来设定 Thickness,即它可使指定光瞳坐标处的光程差维持一个指定的值。如在焦点上边缘光线和主光线的光程差相等,又如可以在像面之前的一个光学面的厚度处设置 OPD Solve。

8. Position

通过设定到相应光学面数的距离来设定 Thickness,即可使这个光学面到指定参考面的距离(厚度的总和)保持为定值;在变焦镜头设计中,它可以控制系统的某一部分保持固定的长度,也可以约束整个透镜的长度。

9. Compensator

通过设定与相应光学面的 Thickness 之和来设定 Thickness,与 Position 非常类似,参考面必须在前面。

10. Center of Curvature

通过设定下一面位于相应光学面的曲率中心来设定 Thickness,即可调整 Thickness 的值,使后面一个光学面处在前面某个光学面的曲率中心上。

8.3.4 玻璃材料(Glass)求解对话框

如图 8 – 30 所示,玻璃材料(Glass)求解对话框中的参数含义说明如下。

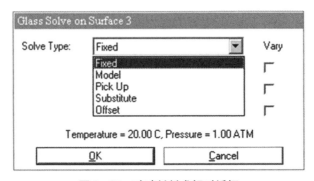

图 8 – 30 玻璃材料求解对话框

1. Fixed

固定的,在优化时是不可以改变的。

2. Model

通过设定折射率、色散系数和中部散射系数来设定 Glass。

3. Pick Up

通过设定与相应光学面的 Glass 相同来设定该面的 Glass,即该面的 Glass 与参考面的 Glass 相同。

4. Substitute

让 ZEMAX 在设定的 Glass 目录名中寻找合适的 Glass。

5. Offset

通过设定折射率偏移量和色散系数偏移量来设定 Glass。

8.3.5　半口径(Semi-Diameter)求解对话框

如图 8 - 31 所示,半口径(Semi-Diameter)求解对话框中的参数含义说明如下。

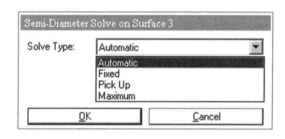

图 8 - 31　半口径求解对话框

1. Automatic

表示该光学面的 Semi-Diameter 由系统自动确定,在优化时可以变化。

2. Fixed

表示该光学面的 Semi-Diameter 是固定的值,在优化时不能改变。

3. Pick Up

通过设定与相应光学面的 Semi-Diameter 相一致来设定该面的 Semi-Diameter 值。

4. Maximum

表示由系统自动确定最大的 Semi-Diameter 值,在优化时可以改变。

8.3.6　二次曲面系数(Conic)求解对话框

如图 8 - 32 所示,二次曲面系数(Conic)求解对话框中的参数含义说明如下。

1. Fixed

表示该光学面的 Conic 是固定的值,在优化时不能改变。

2. Variable

表示该光学面的 Conic 是可变化的值,在优化时可以改变。

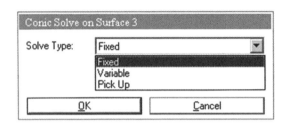

图 8 - 32   二次曲面系数求解对话框

3. Pick Up

通过设定与相应光学面的 Conic 的倍率关系来设定该面的 Conic 值。

8.3.7   参数(Parameter)求解对话框

如图 8 - 33 所示,参数(Parameter)求解对话框中的参数含义说明如下。

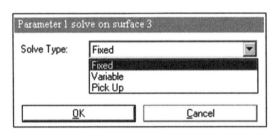

图 8 - 33   参数求解对话框

1. Fixed

表示该光学面的 Parameter 是固定的值,在优化时不能改变。

2. Variable

表示该光学面的 Parameter 是可变化的值,在优化时可以改变。

3. Pick Up

通过设定与相应光学面的 Parameter 的倍率关系和偏移量来设定该面的 Conic 值。

8.4   图形窗口操作

如图 8 - 34 所示,在图形窗口中有以下菜单选项。

1. 更新(Update)

该功能能根据现有设置重新计算在窗口中需要显示的数据。

如果用户想要更新当前图形窗口内的数据,可以点击"Update"按钮,也可以在窗口内任意位置双击鼠标左键。如果想要更新全部数据,则要执行命令路径"System→Update All"。

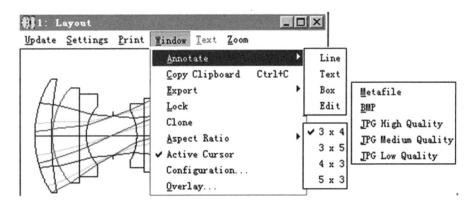

图 8 - 34　图形窗口操作

2. 设置（Settings）

用于激活控制该窗口的对话框。

3. 打印（Print）

用于打印该窗口的内容。

4. 窗口（Window）

在该窗口菜单下的子菜单,分别如下所示:

(1)注释（Annotate）　在此子菜单下有 4 个子菜单,即画线（Line）、文本（Text）、框格（Box）和编辑（Edit）。

(2)剪贴板（Copy Clipboard）　用于将窗口文件的内容复制到剪贴板窗口中。

(3)输出图元文件（Export）　用于将显示的图形以 Windows Metafile 格式、BMP 格式和 JPG 格式的形式输出。

(4)锁定窗口（Lock）　如果选择此选项,则窗口将会转变为一个数据不可改变的静止窗口,即不可以更新,但被锁定的窗口文件的内容可以打印、复制到剪贴板中或存为一个文件。这种功能的用途在于它可以将不同镜头文件的数据计算结果进行对比。一旦某个窗口被锁定,就不能再次计算,为了重新计算窗口中的数据,该窗口必须被关闭后再打开。

(5)克隆（Clone）　可以将当前图形窗口克隆出一个完全一样的窗口。

(6)长宽比（Aspect Ratio）　长宽比可以选择默认值(3×4,即高×宽),也可以选为 3×5,4×3 和 5×3 规格。

(7)激活光标（Active Cursor）　选中该选项,则当鼠标在图形窗口中移动时,会出现光标在该窗口中的坐标(X,Y)值。

(8)结构（Configuration）　当系统是多重结构时,可以用来选择想要当前显示的结构图形。

(9)覆盖（Overlay）　该选项用来在同一个窗口中显示多幅图形。

5. 缩放（Zoom）

在该菜单下有 4 个子菜单,即放大（In,快捷键:Home）、缩小（Out,快捷键:End）、上一步（Last,快捷键:Ctrl + Home）和不缩放（Unzoom,即回到最初始状态,快捷键:Ctrl + End）。

8.5　文本窗口操作

如图 8-35 所示,在文本窗口中有以下菜单选项。

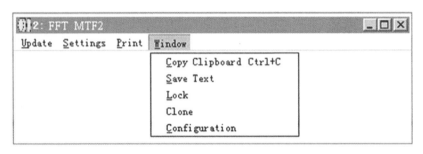

图 8-35　FFT MTF 的文本窗口

1. 更新(Update)

用于将重新计算的数据显示在当前的文本窗口中。如果用户想要更新当前文本窗口内的数据,可以点击"Update"按钮,也可以在窗口内任意位置双击鼠标左键。如果想要更新全部数据,则要执行命令路径"System→Update All"。

2. 设置(Settings)

用于打开一个控制当前文本窗口选项的对话框。

3. 打印(Print)

用于打印当前文本窗口的内容。

4. 窗口(Window)

在此菜单下有 5 个子菜单,即剪贴板(Copy Clipboard)、保存文本(Save Text)、锁定(Lock)、克隆(Clone)和结构(Configuration)。其中,Save Text 选项可以将显示在文本框中的文本数据保存为 ASCII 文件。文本窗口中一般含有当前光学系统文件的存放路径(File)、标题(Title)和日期(Data)等信息。

8.6　对话框窗口操作

在该类型的对话框中,一般含有复选框"☐",用户可以在复选框中打"√"用来表示已选中该复选框,如果空白则表示没有选中该复选框。

大多数对话框都有自己的特殊性,但通常含有"确定(OK)""取消(Cancel)""保存(Save)""装载(Load,用来导入先前存在或已保存的设置数据)""复位(Reset,用来将选项恢复到出厂时的默认状态)"和"帮助(Help)"按钮,如图 8-36 所示。

"Save"和"Load"两个按钮具有双重功能。当按下"Save"按钮时,当前镜头文件的设置被保存,同时该设置也将保存在所有的没有自己特定设置的镜头数据中。例如,如果装入镜头 A,在其轮廓图中,A 的光线条数被设置为 15 条,然后按下"Save"按钮,则镜头 A 新的

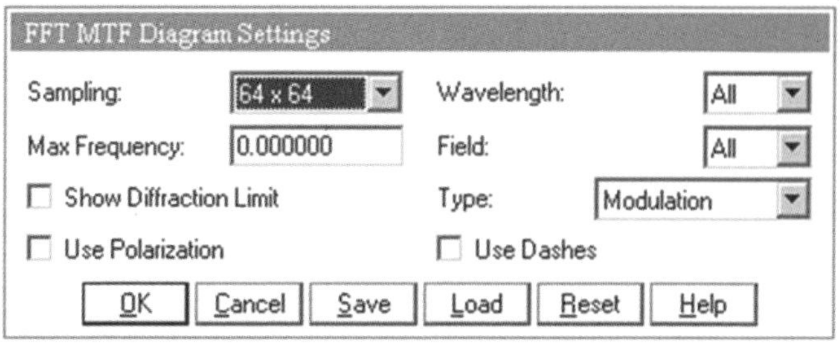

图 8 - 36　FFT MTF 对话框设置操作

光线条数默认值就为 15 条,其他新创建的镜头或没有自己特定设置的老镜头的光线条数也被设定为 15 条。假如后来用户装入镜头 B,其光学的条数修改为 9 条后再次按下"Save"按钮,则对镜头 B 和所有没有专门设置过光线条数的镜头而言,9 条就成了它们光线条数新的默认值,但是镜头 A 由于已经设置了光线条数值,因此它的光线条数值仍然保持为 15 条。

　　"Load"也有同样的功能。当按下"Load"按钮时,ZEMAX 软件会自动检查此镜头是否以前保存过设置:如果有,则设置被装入;否则,ZEMAX 软件将装入所有镜头中最后一次保存的设置。比如,承上述例子,新镜头 C 将装入 9 条光线设置,这是因为它是最后一次保存的设置,而镜头 A 和 B 保存原来的数值,因为它们有自己特定的设置。

　　对话框中的其他选项既可以用鼠标来选择,也可以用键盘来选择。在键盘控制时,用"Tab"键和"Ctrl + Tab"键可以由一个选项移动到另一个选项;空格键可用来选定当前选择的设置栏;光标键可用来在下拉菜单中选择条目;按下下拉菜单中条目的第一个字母也可以选择该条目。

8.7　常用快捷键

ZEMAX 软件中常用快捷键如下。

Backspace:当编辑窗口处于输入状态时,高亮单元可用"Backspace"键来编辑,一旦按下"Backspace"键,用光标定位后可进行编辑。

　　Ctrl + Tab:将光标由一个窗口移动到另一个窗口。

　　Ctrl + End:不缩放,即恢复到初始未放大状态。

　　Ctrl + F:打开视场"Fields"设置窗口。

　　Ctrl + G:打开综合参数"General"设置窗口。

　　Ctrl + H:打开规格数据(Prescription Data)文本窗口。

　　Ctrl + Home:上一缩放操作。

　　Ctrl + I:打开干涉图样(Interferogram)图形窗口。

　　Ctrl + J:打开几何图像分析(Geometric Image Analysis)图形窗口。

　　Ctrl + L:打开二维结构轮廓图(2D Layout)。

　　Ctrl + M:打开 FFT MTF 图形窗口。

　　Ctrl + N:新建。

　　Ctrl + O:打开。

Ctrl + Q:退出。

Ctrl + R:打开光线扇形图(Ray Aberration)。

Ctrl + S:保存。

Ctrl + T:打开公差设置(Tolerance)窗口。

Ctrl + U:更新。

Ctrl + W:打开波长"Wavelength"设置窗口。

Ctrl + Z:选中"Radius""Thickness"和"Conic"等列中的单元格时,可设定该单元格参量是否参与优化过程,即如果该参量的后面有一个字符"V",则表示该参量在优化时是可以变化的。

F1:打开帮助(Help)。

F4:打开玻璃库(Glass Catalogs)。

F5:打开镜头库(Lens Catalogs)。

F6:打开默认评价函数设置(Merit Function)。

F7:多重结构设置(Multi-Configuration)。

Home/End:在当前编辑窗口中,将光标移动到左上角/右下角,或在文本窗口中将光标移动到最上端/下端。

Shift + Tab:在编辑窗口中将光标移动到上一个单元,或在对话框中移动到上一处。

Tab:在编辑窗口中将光标移动到下一个单元,或在对话框中移动到下一处。

单击鼠标右键:如果将鼠标置于图形窗口或文本窗口,单击右键就可打开窗口的内容,这同选项中的修改选项功能相同。双击编辑窗口,可打开对话框。

双击鼠标左键:如果将鼠标置于图形窗口或文本窗口,双击左键就可打开窗口的内容,这同选项中的修改选项功能相同。双击编辑窗口,可打开对话框。

除了上述快捷键外,ZEMAX 软件中还有很多快捷键,使用者可以根据需要和个人习惯酌情掌握。

第9章 文件菜单

9.1 文件菜单下拉选项

文件菜单下拉选项用于镜头文件的新建(New)、打开(Open)、保存(Save)、另存为(Save As)、插入透镜(Insert Lens)和系统参数设定(Preferences)等,如图9-1所示。

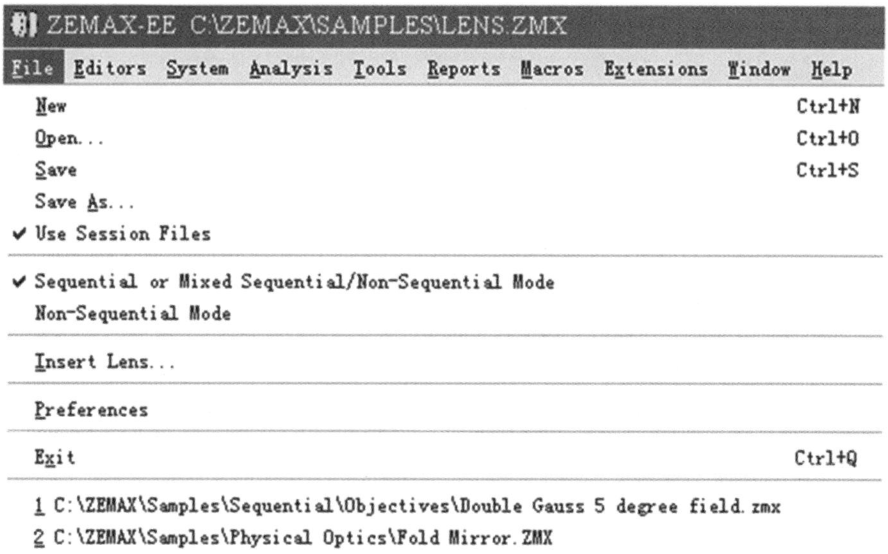

图9-1 文件菜单项

1. 新建(New)

该命令主要用来清除当前的镜头数据。此选项使 ZEMAX 恢复到起始状态。当前打开的窗口仍然打开,如果当前的镜头未保存,在退出前 ZEMAX 将警告要保存镜头数据。

2. 打开(Open)

该命令主要用来打开一个已存在的镜头文件。此选项打开一个新的镜头文件时,当前打开的窗口仍然打开,如果当前的镜头未保存,在退出前 ZEMAX 将警告要保存镜头。

3. 保存(Save)

该命令主要用来保存镜头文件。此选项用于保存镜头文件时,如果需要把当前镜头文件保存为另一名称或保存在另一路径下时,需用"另存为(Save As)"选项。

4. 另存为(Save As)

该命令主要用来将当前镜头文件保存为另一名称或保存在另一路径下。

5. 使用会议文件(Use Session Files)

该命令主要用来开启或关闭是否使用会议文件。

6. 序列或混合序列/非序列模式(Sequential or Mixed Sequential/Non-Sequential Mode)

该命令主要用来开启或关闭是否使用序列或混合序列/非序列模式。

7. 非序列模式(Non-Sequential Mode)

该命令主要用来开启或关闭是否使用非序列模式。

8. 插入透镜(Insert Lens)

该命令主要用来在现有的光学系统结构中插入透镜。

9. 参数选择(Preferences)

该命令中包含 11 个子命令对话框,如图 9 - 2 所示。

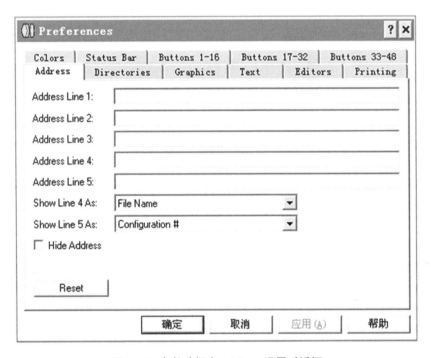

图 9 - 2　参数选择中 Address 设置对话框

9.2　参数(Preferences)选项设置

1. 地址(Address)

本设置决定了如何显示"地址"框。地址框可用来显示用户定义文本,如公司名称或图形数目。地址框大多出现在图表的右下角,具体设置情况如下。

(1)Address Line 1　显示在"地址"框中的第一行文本。

(2)Address Line 2　显示在"地址"框中的第二行文本。

(3)Address Line 3　显示在"地址"框中的第三行文本。

(4)Address Line 4　显示在"地址"框中的第四行文本。

(5)Address Line 5　显示在"地址"框中的第五行文本,除非文件名称和变焦位置已被选择。

（6）Show Line 4 As 选择输入文本（Text Above）、镜头文件名称（File Name）和结构外形（Configuration #）。

（7）Hide Address 按下此按钮,"地址"框不会显示。

2. 目录（Directories）

本设置决定 ZEMAX 安放和寻找某一文件的路径,包含的子命令如图9-3所示。

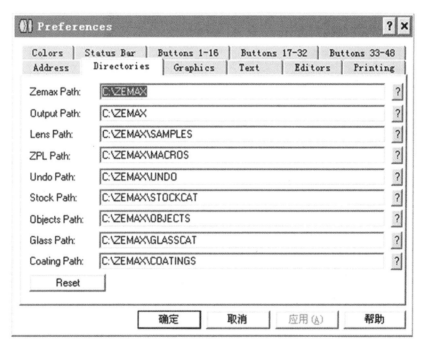

图9-3 参数选择目录设置对话框

目录设置具体如下。

（1）ZEMAX Path ZEMAX 寻找文件的缺省目录,如玻璃目录和常用镜头目录。

（2）Output Path 文本和图表输出的缺省目录。

（3）Lens Path 镜头文件的缺省目录。

（4）ZPL Path ZPL Macros 缺省目录。

（5）Undo Path 未执行路径。

（6）Stock Path 常用镜头缺省目录,所有常用镜头存在 Stock Path 目录的子目录下。

（7）Objects Path 物所在的路径。

（8）Glass Path 选用的玻璃库所在的路径。

（9）Coating Path 选用的涂层所在的路径。

（10）Reset 重置目录（Directories）参数。

3. 图表（Graphics）

本设置决定了大多数 ZEMAX 图表窗口的大小、颜色和动作,也可参见文本窗口中的 Date/Time 选项,包含的子命令如图9-4所示。

图表具体的设置如下。

（1）B/W Display 缺省时,ZEMAX 显示的图表是黑白色的。

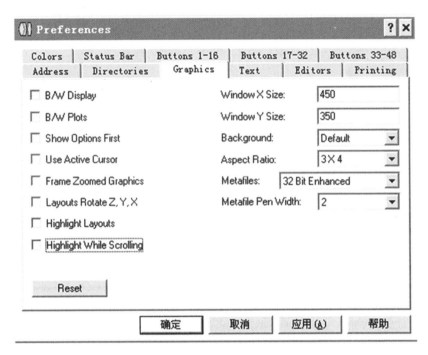

图 9 – 4   参数选择图表设置对话框

(2) B/W Plots   缺省时,ZEMAX 打印出的图表是彩色的。

(3) Show Options First   如果选中此项,选项中的"设置"框将在其他分析图表计算显示前优先显示出来。

(4) Use Active Cursor   使用活动的指针。

(5) Frame Zoomed Graphics   结构放大图。

(6) Layouts Rotate Z,Y,X   设计图案绕 Z,Y,X 轴旋转。

(7) Highlight Layouts   高光设计。

(8) Highlight White Scrolling   高光白色扭曲面。

(9) Window X,Y Size   是以像素为单位的图表窗口的缺省 X,Y 值,这能调整程序的大小和分辨率。

(10) Background   图表窗口的背景颜色,它能从下拉条目中选择白色(White)、灰白色(Lt Gray)、灰色(Gray)、暗灰色(Dk Gray)和黑色。

(11) Aspect Ratio   ZEMAX 图表窗口中缺省的显示比例是 3×4,这正好与标准打印纸(8.5 × 11)英寸①相匹配。对于(11 × 17)英寸的打印纸,3×5 的显示比例更适合。4×3 和 5×3 是长比宽大的显示比例。此选项对打印和屏幕有相同的缺省显示比例,每个图表屏幕可用 Window、Aspect Ratio 设置选项来设置自己的显示比例。

(12) Metafiles   ZEMAX 可生成几种不同类型的 Windows 图元文件格式。图元文件可用来复制图表到剪贴板上,这样可将图表输入到其他 Windows 应用程序中。

(13) Metafile Pen Width   以 Windows 图元文件格式通过剪贴板或磁盘文件输出的图形

_____

①   1 英寸 = 2.54 厘米。

文件中与设备有关的像素中的线宽。

4. 文本(Text)

本设置决定了文本窗的属性。日期/时间设置也影响着图表窗口,包含的子命令如图9－5所示。

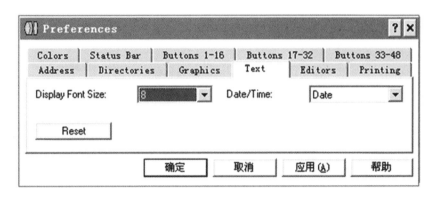

图9－5 参数选择文本设置对话框

文本设置具体的情况如下。

(1)Display Font Size 屏幕字体大小,定义显示在窗口文本字体的大小,缺省值是8 point。

(2)Date/Time 日期/时间,在图表上,既可以不选择日期时间,又可以只选择日期,或日期和时间都选择。

5. 编辑(Editors)

本设置决定了电子表格编辑器的属性。如果编辑器的单元格尺寸太窄无法显示整个数据,则"＊"号将代替被删去部分的数据,包含的子命令如图9－6所示。

编辑设置的具体情况如下。

(1)Decimals 十进制数,此选项用于改变显示在镜头数据编辑中的十进制数字。选择"Compact"将改变要显示的十进制数字个数,以便使所显示的位置最小。

(2)Font Size 字体大小,用于定义文本字体的大小,缺省值为8 point。

(3)Auto Update 自动更新,控制 ZEMAX 如何和何时更新数据编辑器中的数据,"None"意味着光瞳位置、求解和其他编辑器中的镜头数据都不更新,直到"System"菜单中选项"Update"打开。只要新数据键入镜头数据中,"Update"设置使更新的数据运行,特别是对多重结构参数编辑器。"Update All"使所有窗口的数据都更新。

(4)Show Comments 注释显示,选择它,则表面注释列会显示在镜头数据编辑器中,否则此列隐藏起来。

(5)Use Session Files 选择它,则使用会议文件。

(6)Allow Extensions To Push Lenses 选择它,允许扩展透镜。

(7)LDE Cell Size LDE 单元格尺寸,在镜头数据编辑器中,定义了单个单元格的宽度,宽的单元格意味着列少,但数据看得较清楚。

(8)MFE Cell Size MFE 单元格尺寸,定义了评价函数编辑器中单个单元格的宽度。

(9)MCE Cell Size MCE 单元格尺寸,定义了多参数编辑器中单个单元格的宽度。

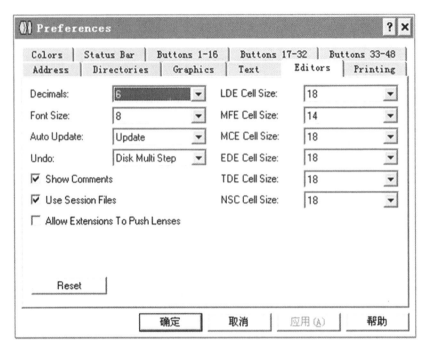

图 9 − 6　参数选择编辑设置对话框

(10) EDE Cell Size　EDE 单元格尺寸,定义了附加数据编辑器中单个单元格的宽度。

(11) TDE Cell Size　TDE 单元格尺寸,定义了误差数据编辑器中单个单元格的宽度。

(12) NSC Cell Size　NSC 单元格尺寸,定义了非序列单元编辑器中单个单元格的宽度。

6. 打印(Printing)

此设置用来定义打印输出的属性,包含的子命令如图 9 −7 所示。

打印设置的具体情况如下。

(1) Skip Print Dialog　跳过打印对话框,如果此对话框打开,当从其他窗口选择打印选项时,ZEMAX 将不会显示允许选择打印机类型和其他选项的打印对话框。如果此对话框关闭,则缺省的为默认打印机。

(2) Rotate Plots　图形旋转,如果选择此设置,将使所有被打印的图形旋转 90°。当打印设置为相片模式时,则允许图片采用全景格式。

(3) Pen Width　笔的宽度,定义笔的粗细,值为 0 时是细线,值越大线越粗。

(4) Print Font Size　打印字体大小,当在文本窗打印时,定义打印字体的大小,缺省值为 8 point。

(5) Plot Width　图形宽度。

(6) Left Graphic Margin　左图边距(%),图形的左页边距占整个图形宽度的百分比,只影响图形的打印。

(7) Right Graphic Margin　右图边距(%),图形的右页边距占整个图形宽度的百分比,只影响图形的打印。

(8) Top Graphic Margin　上图边距(%),图形的上页边距占整个图形高度的百分比,只影响图形的打印。

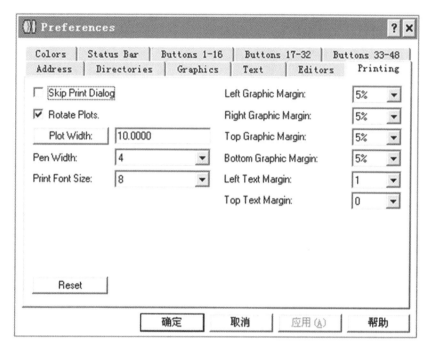

图 9 - 7　参数选择打印设置对话框

(9) Bottom Graphic Margin　下图边距(%)，图形的下页边距占整个图形高度的百分比，只影响图形的打印。

(10) Left Text Margin　当打印文本文件时用来设置左文本页边距。

(11) Right Text Margin　当打印文本文件时用来设置右文本页边距。

7. 颜色(Colors)

颜色对话框用来定义 ZEMAX 图表中笔的颜色。当画光线特性曲线、点列图和其他数据曲线时，不同颜色的笔用来画不同波长的曲线。波长 1 用色笔 1，波长 2 用色笔 2，依此类推；视场位置 1 用色笔 1，视场位置 2 用色笔 2，依此类推。红、绿、蓝值定义了笔的颜色，每一个值必须在 0 和 225 之间，用 24 b 的红、绿、蓝值来定义笔的颜色，共有一千六百万种颜色，但只显示当前图表硬件提供的分辨率。所得的颜色将显示在红、绿、蓝值的右边，具体如图 9 - 8 所示。

8. 状态条(Status Bar)

这些设置决定了哪些参数显示在 ZEMAX 主屏幕下部的状态条中。其中有 4 个显示不同数据的区域，具体如图 9 - 9 所示。

状态条设置的具体情况如下。

(1) Effective Focal Length　有效焦距长度。

(2) Real Working F/#　实际工作 F/#。

(3) Entrance Pupil Diameter　入瞳直径。

(4) Total Track　总轨迹长度。

9. 按钮条(Button Bar)

这些设置决定了哪些功能显示在 ZEMAX 主屏幕上端的按钮条中。有 48 个能打开

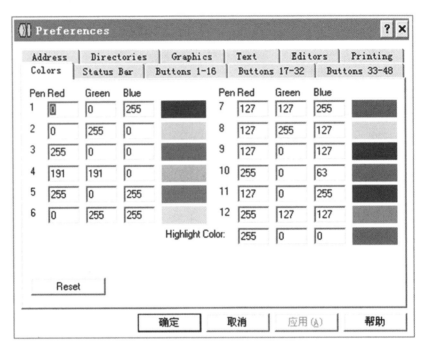

图 9 - 8 参数选择颜色设置对话框

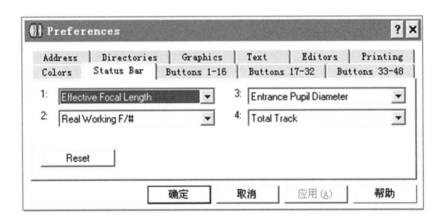

图 9 - 9 参数选择状态条设置对话框

ZEMAX 主菜单项的按钮,每个按钮都有与按钮相联系的相同的下拉菜单选项。选择"OFF"按钮,则这些按钮就不会显示,前 16 个按钮如图 9 - 10 所示。

10. 备注

"图形宽度"控制器同 ZEMAX 软件中大多数设置不同。因为它能准确地告诉 ZEMAX 图形有多大,而不是图形应该有多大。每个打印机可用不同尺寸来打印 ZEMAX 图形。为了在页面布局上和比例条上获得精确的比例,在打印时 ZEMAX 应被告知图形有多大,得到这个信息,ZEMAX 就能准确地打印出 1∶1 或 2∶1 的图形。

按下"图形宽度"按钮会显示打印对话框,这同从 ZEMAX 中打印图形显示的是同一个对话框,这个对话框允许选择打印机驱动器,而且通常允许打印机选择特殊项目,如分辨

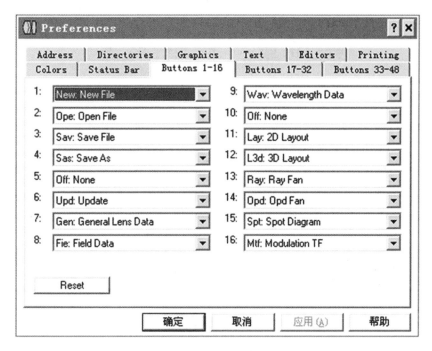

图 9 – 10　参数选择按钮条设置对话框

率、方向和其他选项。

　　注意,ZEMAX 通过将图形旋转 90°用"全景模式"打印,并用相片模式设置。这样做是因为所有的打印机都用相片模式作为缺省模式,因此 ZEMAX 一直把设置保持为相片模式,并用旋转图形功能。ZEMAX 应用这些设置来决定打印时实际的图形有多宽,并把以英尺为单位的宽度值告诉"图形宽度"编辑框。

　　注意,只要打印方位和页边距设置好或按下"复位"键,对于缺省模式打印机设置,图形宽度会自动重新计算。一旦计算出准确的图宽,布局图上的比例就很准确。当然,如果采用相同的打印驱动器和设置模式,在实际打印中,也可能很准确。如果在打印时选择不同的打印驱动器和模式,图形比例就不会自动计算。当用一个新打印机或用不同模式打印时,为得到正确的比例,图形环境必须用前面所描述的步骤重新设置。

　　最后,有时需要覆盖图像宽度的缺省设置,例如,如果最后的打印输出需要减小到适当的尺寸以便被另一个文件所包容,所需的最后尺寸就用确定后图像的精确比例。为实现这一目的,只要在图形宽度编辑框中输入已知的最后像宽尺寸(用英尺表示),并按下保存按钮,所有随后打印的图形都会得到所指定的最后像尺寸。

　　注意,因为所有其他图形比例都可独立确定,因此精确的比例控制只对轮廓图和零件图产生影响。

第10章 编 辑 菜 单

ZEMAX 软件的编辑窗口主要用来输入镜头和评价函数数据。每个编辑窗口类似于一个由行、列构成的电子表格,使用者可以输入数据。

在 ZEMAX 软件中有六种不同的编辑窗口,即透镜数据编辑窗口(Lens Data Editor)、评价函数编辑窗口(Merit Function)、多重数据结构编辑窗口(Multi-Configuration Editor)、附加数据编辑窗口(Extra Data Editor)、公差数据编辑窗口(Tolerance Data Editor)和非序列组件编辑窗口(Non-Sequential Components Editor),如图 10 – 1 所示。

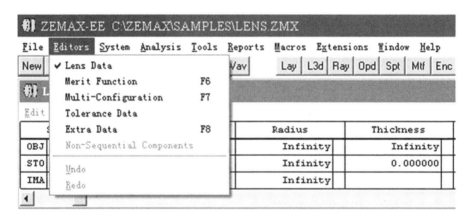

图 10 – 1　编辑菜单项

10.1　透镜数据编辑窗口(Lens Data Editor)

镜头数据编辑器是一个电子表格,将镜头的主要数据填入就形成了镜头数据。这些数据包括系统中每一个面的曲率半径(Radius)、厚度或间隔(Thickness)、玻璃材料(Glass)、半口径(Semi-Diameter)和二次曲线系数(Conic)等子命令栏,如图 10 – 2 所示。

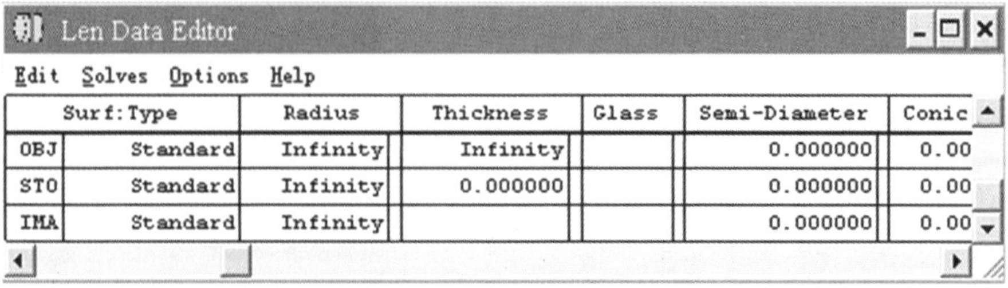

	Surf:Type	Radius	Thickness	Glass	Semi-Diameter	Conic
OBJ	Standard	Infinity	Infinity		0.000000	0.00
STO	Standard	Infinity	0.000000		0.000000	0.00
IMA	Standard	Infinity			0.000000	0.00

图 10 – 2　镜头数据编辑窗口

单透镜由两个光学面组成（前光学面和后光学面），物平面和像平面各需要一个面，这些数据可以直接输入到电子表格中。当镜头数据编辑器显示在显示屏时，可以将光标移至需要改动的地方并将所需的数值由键盘输入到电子表格中形成数据。

每一行表示一个光学面。移动光标可以到需要的任意行或列，向左和向右连续移动光标会使屏幕滚动，这时屏幕显示其他列的数据，如半口径（Semi-Diameter）、二次曲线系数（Conic），以及与所在的面的面型有关的参数。屏幕显示可以从左到右或从右到左滚动。

"Page Up"键和"Page Down"键可以移动光标到所在列的头部或尾部。当镜头面数足够大时，屏幕显示也可以根据需要上下滚动。

10.1.1　编辑菜单（Edit）

编辑菜单（Edit）中提供了 11 个选项，具体如图 10 – 3 所示。

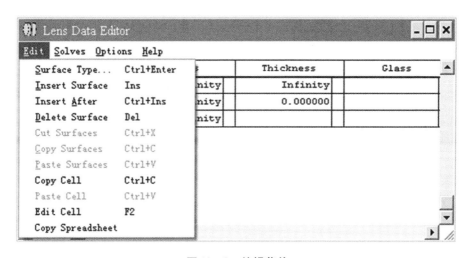

图 10 – 3　编辑菜单

编辑子菜单各选项的功能说明如下。

（1）面型（Surface Type）　这个选项可以改变面型。

（2）插入面（Insert Surface）　在电子表格的当前行中插入新面。

（3）后插入（Insert After）　在电子表格的当前行后插入新面。

（4）删除面（Delete Surface）　删除电子表格的当前行。

（5）剪切面（Cut Surface）　将单面或多个面数据复制到 Windows 剪切板上，然后删除这些面。单面或多面必须用以下一种方式选中。

用鼠标单击所要选中的第一面。按住左键，拖动鼠标将所选的面覆盖。被选中的面会用当前显示色的反色显示。若只选一个面，从所要的面处上下拖动鼠标至两行被选中，然后将鼠标拖回到所要的行。

用键盘将光标移至所要面的任意方格。按住 Shift 键，上下移动光标直到所需的面被选中，被选中的面用当前显示色的反色显示。若只选一个面，从所要的面处上下移动光标至两行被选中，然后将光标移回所要的行。

（6）复制面（Copy Surface）　将单面或多个面数据复制到 Windows 剪切板上。选中单面或多面,参见"Cut Surface"中的介绍。

(7)粘贴面(Paste Surface) 从 Windows 剪切板上复制单面或多个面数据到镜头数据编辑器中当前光标的位置。面数据必须先用上面讲的"Cut Surface"或"Copy Surface"复制到 Windows 剪切板上。

(8)复制方格(Copy Cell) 复制单个方格数据到 Windows 剪切板上。

(9)粘贴方格(Paste Cell) 将 Windows 剪切板上的单个方格复制到当前方格。数据必须先用"Copy Cell"将其复制到 Windows 剪切板上。

(10)复制电子表格(Copy Spreadsheet) 用适合于粘贴到另外的 Windows 应用程序的文本格式将高亮显示的面或整个表格(如果没有面被选中)复制到 Windows 剪切板上。

10.1.2 求解(Solves)

求解变量可以设置在镜头数据编辑器中的许多数据上,包含的子命令如图 10-4 所示。

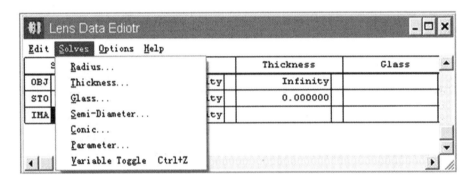

图 10-4 求解子命令菜单项

求解子命令菜单各选项的功能说明如下。

(1)半径(Radius) 设置曲率半径求解。

(2)厚度(Thickness) 设置厚度求解。

(3)玻璃(Glass) 设置玻璃求解。

(4)半口径(Semi-Diameter) 设置半口径求解。

(5)二次曲线系数(Conic) 设置二次曲线系数求解。

(6)参数(Parameter) 设置参数列的求解。

(7)变量附加标志(Variable Toggle) 把当前所选方格的状态变为可变。此操作的快捷方式为 Ctrl + Z。

10.1.3 选项(Options)

选项(Options)只含有 1 个子菜单项,即显示注释(Show Comments),若该菜单被选取,将显示注释列;若未被选取,注释列将隐藏。注释的显示与隐藏,只是用于当前对话期间,如图 10-5 所示。

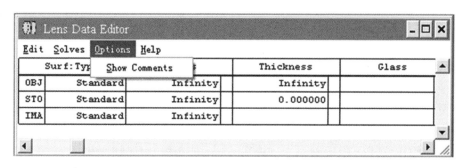

图 10-5　选项子菜单项

10.2　评价函数编辑窗口(Merit Function Editor)

10.2.1　编辑(Edit)

评价函数编辑窗口(Merit Function Editor)如图 10-6 所示。

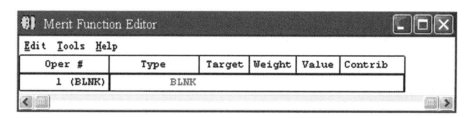

图 10-6　评价函数编辑窗口

评价函数编辑窗口中的编辑菜单所包含的子菜单如图 10-7 所示。

编辑菜单各选项功能说明如下。

(1)插入操作数(Insert Operand)　在电子表格的当前行插入新行。快捷方式:Insert。

(2)后插入(Insert After)　在电子表格的当前行后插入新行。快捷方式:Ctrl + Insert。

(3)删除操作数(Delete Operand)　删除当前光标所在行。快捷方式:Delete。

(4)剪切操作数(Cut Operands)　将单行或多行操作数复制到 Windows 剪切板上,然后删除这些操作数。单行或多行操作数必须用以下的任一种方式选中。

鼠标方式:单击要被选中的第一个操作数。按着左键,拖动鼠标将所用的操作数覆盖。被选中的操作

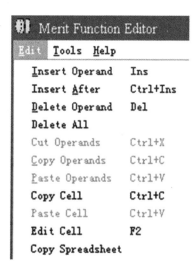

图 10-7　评价函数窗口中编辑菜单所包含的子菜单

数用当前显示色的反色显示。若只选一个操作数,从所要的操作数处上下拖动鼠标至两操作数被选中,然后将鼠标拖回到所要的操作数。

键盘方式:将光标移至所要操作数的任意方格。按住 Shift 键,上下移动光标直到所需的操作数被选中,被选中的操作数用当前显示色的反色显示。若只选一个操作数,从所要的操作数处上下移动光标至该操作数被选中,然后将光标移回到所要的操作数。

(5)复制操作数(Copy Operands) 将单个操作数或多个操作数复制到 Windows 剪切板上。选中单操作数或多操作数的办法,参见"Cut Operands"中的介绍。

(6)粘贴操作数(Paste Operands) 从 Windows 剪切板上复制单操作数或多个操作数到评价函数编辑器中当前光标的位置。操作数必须先用上面讲的"Cut Operands"或"Copy Operands"复制到 Windows 剪切板上。

(7)复制方格(Copy Cell) 复制单个方格数据到 Windows 剪切板上。

(8)粘贴方格(Paste Cell) 将 Windows 剪切板上的单个方格复制到当前方格。数据必须先用"Copy Cell"将其复制到 Windows 剪切板上。

(9)复制电子表格(Copy Spreadsheet) 用适合于粘贴到另外的 Windows 应用程序的文本格式如电子表格或 Word 程序,将高亮显示的操作数或整个电子表格(如果没有操作数被选中)复制到 Windows 剪切板上。

10.2.2   工具(Tools)

评价函数窗口中工具(Tools)子菜单如图 10 – 8 所示。

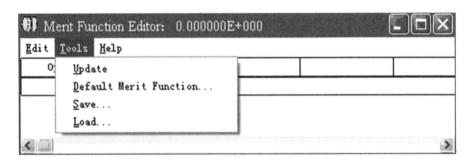

图 10 – 8   评价函数窗口中工具子菜单

(1)更新(Update) 此选项可以重新计算评价函数。所有的操作数都被计算,且重新显示。

(2)评价函数缺省值(Default Merit Function) 产生可以定义一个评价函数缺省值的对话框。

(3)保存(Save) 将当前的评价函数保存在"∗.MF"文件中。只有评价函数随后被装载另外的镜头时才需要上述操作。当整个镜头被保存时,评价函数和镜头数据会一起被 ZEMAX 自动保存。

(4)装载(Load) 评价函数可以预先保存在"∗.MF"或"∗.ZMX"文件中,两者可以任意选择。

10. 2. 3 帮助(Help)

操作数帮助(Help on Operands)可产生联机帮助系统,如图 10 - 9 所示。

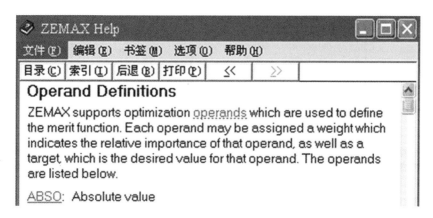

图 10 - 9 操作数帮助窗口

10. 3 多重数据结构(Multi-Configuration)

多重数据结构(Multi-Configuration)的子菜单如图 10 - 10 所示。

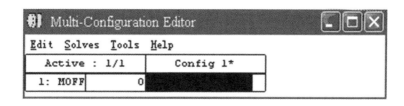

图 10 - 10 多重数据结构(Multi-Configuration)的子菜单

多重数据结构编辑器与镜头数据编辑器相同。为编辑方格中的内容,只要把光标移动到此方格中,将新数据键入。若设置方格的解,可双击鼠标左键或选择求解类型的菜单选项。

10. 3. 1 编辑(Edit)

多重数据结构中编辑的子菜单如图 10 - 11 所示,各选项功能说明如下。

(1)操作数类型(Operand Type) 此选项允许改变多重数据结构操作数类型。

(2)插入操作数(Insert Operand) 在表格的当前行插入新行。新操作数类型是“OFF”,表示操作数尚未被认可。快捷方式:Insert。

(3)后插入(Insert After) 在表格的当前行后插入新行。新操作数类型是“OFF”,表示操作数尚未被认可。快捷方式:Ctrl + Insert。

(4)删除操作数(Delete Operand) 删除电子表格中当前光标所在行。快捷方式:

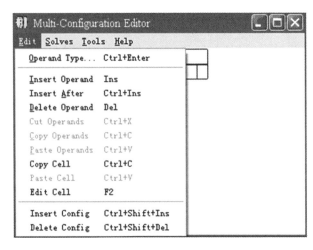

图 10 – 11   多重数据结构中编辑的子菜单

Delete。

(5)插入结构(Insert Config)   选择此项可插入代表新结构的新的一列。

(6)删除结构(Delete Config)   删除当前光标所在位置的结构。此功能可删除完整一列及其所包含的内容。

10.3.2   求解(Solves)

多重数据结构中求解(Solves)的子菜单如图 10 – 12 所示。

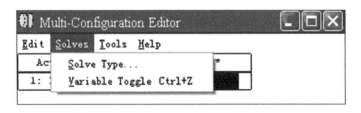

图 10 – 12   多重数据结构中求解的子菜单

(1)解值类型(Solve Type)   此选项可产生当前光标方格的解值对话框。

(2)变量附加标志(Variable Toggle)   将当前所选方格的状态设为可变。快捷方式:Ctrl + Z。

10.3.3   工具(Tools)

多重数据结构中工具(Tools)的子菜单如图 10 – 13 所示,各选项功能说明如下。

(1)自动热分析(Auto Thermal)   使用该项可进行设置多重数据结构热分析参数的烦琐工作。此时会出现一个对话框,用它可设置结构数量、最大和最小温度。

此工具可建立一个具有当前温度和压力的正常结构。附加结构按给定的温度范围产生。如果需要三重结构,也必须要有一个正常结构(结构 1),另外 3 个结构按给定的温度范

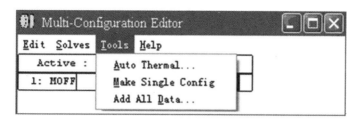

图 10 – 13　多重数据结构中工具的子菜单

围等量递增分布,一共是 4 个结构。空气压力与正常结构相同。

对于每一个受到温度影响的半径和厚度,在 TCE 中应该输入适合的操作数。此工具可清除镜头中已定义的任意结构数据。

(2)设置单结构(Make Single Config)　此命令可以设置单结构的光学系统。

(3)添加所有的数据(Add All Data)　此命令可以添加所有的数据。

10.3.4　帮助(Help)

操作数帮助(Help on Operands)可产生联机帮助系统,如图 10 – 14 所示。

图 10 – 14　操作数帮助窗口

10.4　公差数据(Tolerance Data)

公差数据编辑器用来定义、修改和检查系统中的公差值。

10.4.1　编辑(Edit)

公差数据编辑(Edit)的菜单项如图 10 – 15 所示,各选项功能说明如下。

(1)插入操作数(Insert Operands)　在电子表格的当前行插入新行。快捷方式:Insert。

(2)后插入(Insert After)　在电子表格的当前行后插入新行。快捷方式:Ctrl + Insert。

(3)删除操作数(Delete Operands)　删除电子表格当前光标所在行。快捷方式:Delete。

(4)剪切操作数(Cut Operands)　将单行或多行操作数数据复制到 Windows 剪切板上,然后删除这些操作数。单行或多行操作数必须用以下任一种方式选中。

鼠标方式:单击要被选中的第一个操作数。按住左键,拖动鼠标将所用的操作数覆盖。被选中的操作数用当前显示色的反色显示。若只选一个操作数,从所要的操作数处上下拖

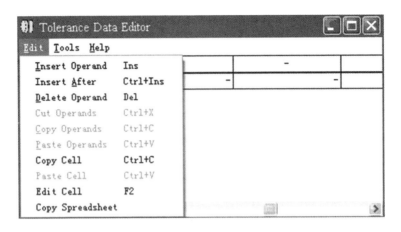

图 10 - 15　公差数据编辑的菜单项

动鼠标至两操作数被选中,然后将鼠标拖回到所要的操作数。

键盘方式:将光标移至所要的操作数的任意方格。按住 Shift 键,上下移动光标直到所需的操作数被选中, 被选中的操作数用当前显示色的反色显示。若只选一个操作数,从所要的操作数处上下移动光标至两操作数被选中,然后将光标移回到所要的操作数。

(5)复制操作数(Copy Operands)　将单个操作数或多个操作数数据复制到 Windows 剪切板上。要选中单个操作数或多操作数,参见"Cut Operands"中的介绍。

(6)粘贴操作数(Paste Operands)　从 Windows 剪切板上复制单操作数或多个操作数到公差数据编辑器中当前光标的位置。操作数必须先用上面讲的"Cut Operands"或"Copy Operands"复制到 Windows 剪切板上。

(7)复制方格(Copy Cell)　复制单个方格数据到 Windows 剪切板上。

(8)粘贴方格(Paste Cell)　将 Windows 剪切板上的单个方格复制到当前方格。数据必须先用"Copy Operands"将其复制到 Windows 剪切板上。

(9)复制电子表格(Copy Spreadsheet)　用适合于粘贴到另外的 Windows 应用程序的文本格式如电子表格或 Word 文档格式,将高亮显示的操作数或整个电子表格(如果没有操作数被选中)复制到 Windows 剪切板上。

10.4.2　工具(Tools)

公差数据编辑窗口工具(Tools)菜单项如图 10 - 16 所示,其各选项功能说明如下。

(1)缺省公差 (Default Tolerances)　产生缺省公差对话框。

(2)放松 2X (Loosen 2X)　用倍数 2 增加所有的公差。这是公差较紧时放松公差的最快方式。

(3)紧缩 2X (Tighten 2X)　用倍数 2 减少所有的公差。这是公差较松时紧缩公差的最快方式。

(4)按面排序 (Sort by Surface)　将所有操作数先从第一个面序号开始按上升顺序排列,然后按类型排列。操作数 COMP 和 CPAR 一直放在列表的顶部。因为 SAVE 操作数与表中原操作数有关,所以在排序前, SAVE 是在有关的那个操作数下面的,(执行这个步骤

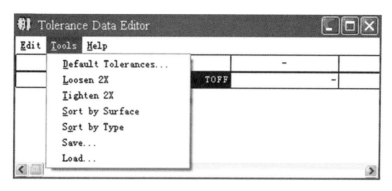

图 10 - 16 公差数据编辑窗口工具菜单项

后）SAVE 操作数将会自动地移到原先的那个操作数的下面。如果当前有 STAT 操作数,它将被放在列表的顶部,它必须能人工移动和重新写入。

既然 STAT 影响表中随后的所有操作数,因而表中的排序对 STAT 操作数是不起作用的。只要 STAT 被用在公差列表的正文主体上,那么一旦进行排序,就需要通过编辑使 STAT 操作数正确定位。

（5）按类型排序（Sort by Type） 按类型上升的顺序为所有的操作数排序,然后按面排序。

10. 4. 3 帮助（Help）

操作数帮助（Help on Operands）可产生联机帮助系统,如图 10 - 17 所示。

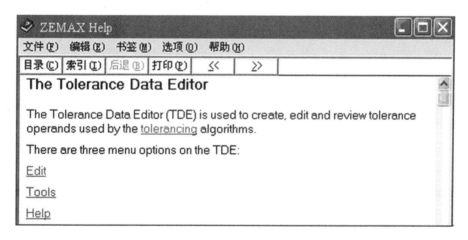

图 10 - 17 公差数据编辑窗口帮助菜单项

10. 5 附 加 数 据（Extra Data）

除了只有附加数据值能被显示和编辑外,附加数据编辑器与镜头数据编辑器是相同的。在附加数据编辑器中不能进行插入或删除操作。

附加数据(Extra Data)菜单项如图 10 – 18 所示。

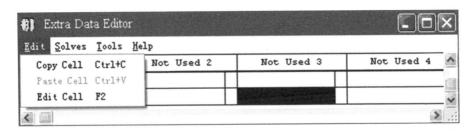

图 10 – 18 附加数据菜单项

10.5.1 编辑(Edit)

编辑(Edit)菜单的子菜单如图 10 – 18 所示,其各选项功能说明如下。

(1)复制方格(Copy Cell) 复制单个方格数据到 Windows 剪切板上。

(2)粘贴方格(Paste Cell) 将 Windows 剪切板上的单个方格复制到当前方格。数据必须先用"Copy Cell"将其复制到 Windows 剪切板上。

(3)编辑方格(Edit Cell) 此命令用来编辑方格。

10.5.2 求解(Solves)

附加数据只允许使用一种求解类型。每个附加数据值可定义为变量或固定值。附加数据的变量状态不是解值,但为了与其他电子表格相一致和便于以后在附加数据中增加解值,菜单选项中仍称为解值,如图 10 – 19 所示。

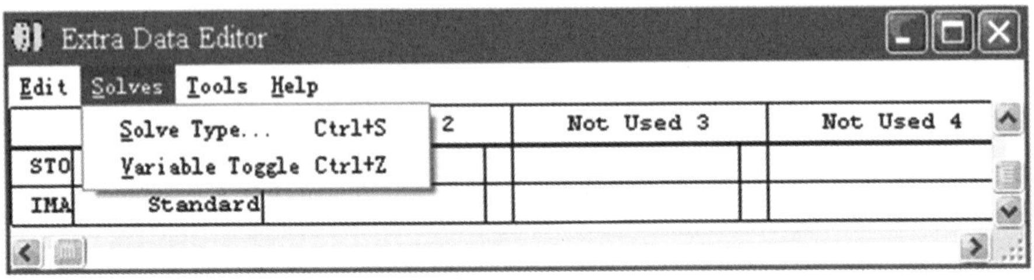

图 10 – 19 求解菜单项

10.5.3 工具(Tools)

ZEMAX-EE 中附加数据编辑器中有一个工具输入(Import)命令,如图 10 – 20 所示。

输入工具用来从 ASCII 文件中为附加数据面装载附加数据值,而不是直接输入数据。这个菜单选项能产生一个对话框,框内有表示 ASCII 数据文件的列表,此表以扩展名". DAT"结束。该对话框允许确定接收数据的面的序数。ASCII 文件中的数据必须同在附加数据电子表格中的格式一样。ASCII 文件用单列自由格式数字,文件必须以扩展名". DAT"结束。

ZEMAX 将在规定的缺省目录下寻找此文件。

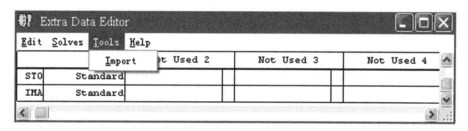

图 10 – 20　输入菜单项

10.5.4　帮助(Help)

使用 EDE(Using the EDE)附加数据编辑器的联机帮助如图 10 – 21 所示。

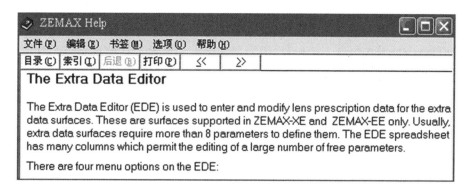

图 10 – 21　附加数据编辑器的联机帮助

10.6　撤销(Undo)、重做(Redo)

10.6.1　撤销(Undo)

如果撤销功能设置为无,那么不提供撤销功能。在计算机没有足够的系统内存或磁盘空间支持撤销功能时,使用该选项。

1. 一步记忆撤销(Undo:Memory 1 Step)

在每次编辑和优化前后,ZEMAX 在内存中存储当前镜头的备份。若选择"Undo",那么当前的镜头将被先前的镜头替换;若再选择"Redo",镜头将再次被替换,其结果是再次存储。

当偶然的编辑误操作后,或优化后,要使镜头按它的原来状态复原时,"Memory 1 Step"在存储镜头方面是很有用的,但是它只支持一个"Undo"。

2. 多重存盘撤销 (Undo:Disk Multi Step)

在每次编辑和优化后, ZEMAX 在硬盘中用 ZMX 文件存储当前镜头的备份。这些被存储的文件用于执行无限多步"Undo"功能,此功能允许恢复对镜头所作的任一改变或系列改变。当一个偶然的编辑误操作后或优化后甚至几次改变后重新存储原来的数据时,这种恢复功能是很有用的。

10.6.2　重做(Redo)

要恢复镜头的变化,只要从编辑器菜单中选择"Undo"即可。任意数目的恢复都可以实现,在装载镜头文件后,所有的改变都能被恢复,直到返回第一次编辑的状态。"Redo"功能恢复最后一次的"Undo"。

ZEMAX 保留一个"Undo"文件目录,它是在 ZEMAX 目录下缺省为"\UNDO"的子目录。当文件被保存,新文件打开或 ZEMAX 正常中断时,"Undo"文件会自动删除。如果 ZEMAX 非正常中断,操作系统失败,计算机电源被中断,或其他原因使数据丢失,ZEMAX 将通过恢复最后的"Undo"文件来恢复丢失的数据。

ZEMAX 开始时,如果存在"Undo"文件,将会看到一个选项。由于这些文件在正常中断时被删除,"Undo"文件的存在表示先前是非正常中断,ZEMAX 将发出一个恢复最后的"Undo"文件选项的警告信息。若恢复,因为旧的文件名内没有存储镜头,新文件立即被保存在新文件名内。

因为每一个编辑跟随一个保存操作,所以"Undo"功能会减慢编辑的速度。保存操作不减慢光线追迹和优化的速度,只减慢镜头数据的编辑。

如果 ZEMAX 有不止一个操作同时运行,每个操作都有自己的"Undo"文件,但是从一个系统事故或非正常程序中断中恢复所有文件,需要运行相同数目的 ZEMAX 操作。

第 11 章　系 统 菜 单

系统菜单(System)包括更新(Update)、全部更新(Update All)、通用数据(General)、视场(Fields)、波长(Wavelengths)、下一个结构(Next Configuration)和最后一个结构(Last Configuration),如图 11-1 所示。

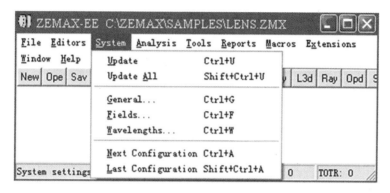

图 11-1　系统菜单项

11.1　更新(Update)和全部更新(Update All)

11.1.1　更新(Update)

该选项只更新镜头数据编辑器和附加数据编辑器中的数据。换言之,更新(Update)只影响镜头数据编辑器(Lens Data Editor)和附加数据编辑器(Extra Data Editor)中的当前数据。更新(Update)功能用来重新计算一阶特性,如光瞳位置(Pupil)、半口径(Semi-Diameter)、折射率(Refractive Index)和求解值(Solves)。

11.1.2　全部更新(Update All)

该选项可以更新全部窗口以反映最新镜头数据。ZEMAX 不能在图形窗口和文件窗口自动改变最后形成的镜头数据。这是由于新数据在镜头数据编辑器中被键入时,ZEMAX如果不断地计算 MTF、光线特性曲线、点列图和其他数据,那么程序反应会变得很慢。

对镜头进行所有需要的改变,然后选择"Update All"来更新和重新计算所有的数据窗口。单个图形窗口和文本窗口(非编辑器)也可以用鼠标左键双击窗口内的任意位置来实现数据更新。

11.2 通用数据(General)

通用数据(General)选项产生通用系统数据对话框,用它来定义作为整个系统的镜头的公共数据,而不是与单个面有关的数据,如图 11-2 所示。

通用数据(General)选项共包含十个子菜单选项,即文件(Files)、非序列(Non-Sequential)、光线定位(Ray Aiming)、偏振状态(Polarization)、孔径参量(Aperture)、标题/注释(Title/Notes)、参量单位(Units)、玻璃库(Glass Catalogs)、环境条件(Environment)和杂项(Misc.)等。

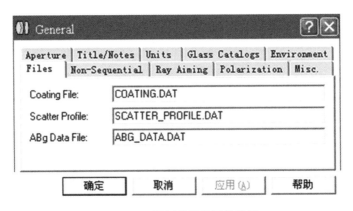

图 11-2　通用数据的子菜单项

11.2.1　文件(Files)

文件(Files)菜单包含三个子菜单,其具体情况说明如下。

(1)Coating File　镀膜文件,产生 Windows 下用 NOTEPAD 编辑器来编辑使用的COARING.DAT 文件。这个文件包括材料和镀膜说明。如果 COATING.DAT 文件被编辑,ZEMAX 必须关闭或重新启动来更新镀膜数据。

(2)Scatter Profile　分布轮廓图文件,使用 SCATER_PROFILE.DAT 数据库。

(3)ABg Date File　哈维谢克模型数据文件,使用 ABg_Date.DAT 数据库。

11.2.2　非序列(Non-Sequential)

通用数据(General)中的非序列(Non-Sequential)菜单对话框如图 11-3 所示,各项功能说明如下。

(1)Maximum Intersections Per Ray　用来设置每个光线的最大交点数。

(2)Maximum Segments Per Ray　用来设置每个光线的最大使用线段数目。

(3)Maximum Nested Objects　用来设置相互套入的物体。

(4)Minimum Relative Ray Intensity　用来设置最小的相对光线强度。

(5)Minimum Absolute Ray Intensity　用来设置最小的绝对光线强度。

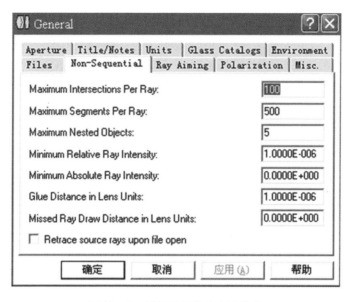

图 11 - 3　通用数据的非序列菜单

（6）Glue Distance in Lens Units　用来设置透镜单元内的胶合距离。

（7）Missed Ray Draw Distance in Lens Units　用来设置绘制透镜单元中误差光线数目。

（8）Retrace source rays upon file open　选择它可以设置当文件打开时重做原光线。

11.2.3　光线定位(Ray Aiming)

光线定位(Ray Aiming)的对话框窗口如图 11 - 4 所示。

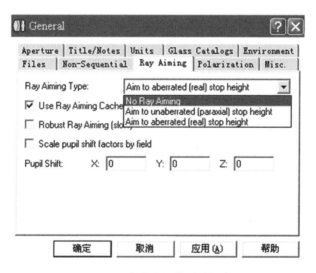

图 11 - 4　光线定位的对话框窗口

1. 光线定位类型(Ray Aiming Type)

光线定位选择框有三种状态:无光线定位(No Ray Aiming)、异常的(近轴)光阑高度(Aim to unaberrated (paraxial) stop height)和正常的(实际)光阑高度(Aim to aberrated (real) stop height)。

如果光线定位状态为"无光线定位(No Ray Aiming)",则 ZEMAX 用近轴入瞳尺寸和位置来决定从物面发出的主波长光线,而入瞳由光圈设置确定并用主波长在轴上计算。这表示 ZEMAX 忽略入瞳像差。对于有中等视场的小孔径系统,这是可以接受的。但是,那些有小 F 数或大视场角的系统,具有很大的入瞳像差。光瞳像差的两个主要影响是光瞳位置随视场角的漂移和光瞳边缘的变形。

如果光线定位被选定,ZEMAX 则考虑像差。光线定位后,每根光线在追迹时被迭代,同时,在程序运行时校正光线定位以便使光线准确通过光阑面。光阑面的正确位置是由计算的光阑面半径决定的。正确的光阑面坐标是用光瞳坐标线性缩放计算得到的。例如,边缘光线归一化的光瞳坐标为 $P_y = 1.0$,光阑面的正确坐标是光阑面半径乘以 P_y。

可以用近轴光线或实际光线计算光阑面半径。若选择"Real Reference",那么主波长边缘光线从物面中心向光阑面追迹。光阑面上的光线高度就是光阑半径。

若选择"Aim to unaberrated (paraxial) stop height",那么使用近轴光线追迹。当选择"Aim to aberrated (real) stop height"时,所有的实际光线被调整,以便在以实际光阑半径为基准的光阑面上正确定位,相应地,近轴光线以近轴光阑半径为基准。

当使用光线定位时,光阑面(而不是入瞳)是被均匀照明的面。这会产生意外的结果。例如,当使用物方数值孔径作为系统光圈类型时,ZEMAX 用正确的数值孔径追迹近轴入瞳的位置和尺寸。如果光线定位随后被设置为"Aim to unaberrated (paraxial) stop height",实际光线追迹将影响近轴光阑尺寸。这会产生一个与系统光圈值不同的孔径。这是由于为消除光瞳像差而调整了光线角度。解决这个问题的办法是使用正常(实际)光阑高度"Aim to aberrated (real) stop height"。

2. 使用光线定位储藏器(Use Ray Aiming Cache)

若选取光线定位储藏器,ZEMAX 储藏光线定位坐标以便新光线追迹能利用先前光线定位结果进行迭代运算。使用储藏器能明显加速光线追迹,但是使用储藏器需要精确追迹主光线。对于主光线不能被追迹的许多系统,储藏器应被关闭。

3. 加强型光线定位(慢)(Robust Ray Aiming(slow))

若选取本功能,ZEMAX 使用一种更可靠但较慢的运算来定位光线。只有在即使储藏器打开,光线定位也失败时,此选项才被设置。除非光线定位储藏器打开,否则此开关不起作用。加强模式执行一个附加检查来确定现存的同一光阑面是否有多重光路,只有正确的一条被选择。这在大孔径、广角系统中会出现问题,在这种系统的轴外视场中也许会发现一条通过光阑的实际光线,会混淆光线定位迭代。

4. 光瞳漂移:X, Y, Z(Pupil Shift:X, Y, Z)

对于多数系统,单纯选择光线定位时,尽可能少地追迹通过系统的光线就可以消除光瞳像差的影响。当然,它并不是实际消除像差,仅仅是考虑它。对于广角或偏心系统,若不采取光瞳漂移的话,光线定位功能将失效。因为系统是把近轴入瞳作为第一个估计值来追迹光线的。如果光瞳像差很严重,可能连第一个估计值都无法被追迹,更无法得到第二个更好的估算值,从而使算法中断。

11.2.4　偏振状态(Polarization)

偏振状态对话框用于设置使用偏振光线追迹的许多分析计算的缺省输入状态,如图11－5所示。

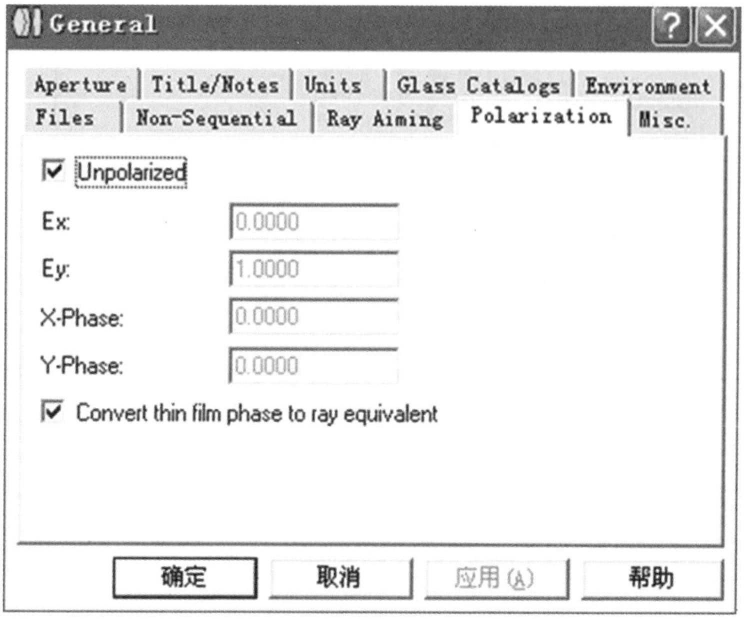

图11－5　偏振状态对话框

许多分析功能(Use Polarization)开关使用偏振光线追迹和变迹,如点列图和作为视场函数的均方根RMS。

对于这些功能,当考虑菲涅尔衍射、薄膜和内部吸收影响时,偏振光线追迹只被用来决定光线的透过强度。在这里电磁场的矢量方向被忽略。

偏振是由四个数值定义的:表示电磁场X和Y方向模值的E_x和E_y,用度表示的X－位相和Y－位相的相位角。ZEMAX将电磁场向量归一化为1个强度单位。

偏振状态对话框里有一个标签为"Unpolarized"的检查框,若选取,那么偏振值E_x,E_y,X－位相和Y－位相被忽略,这时使用非偏振计算。非偏振计算用正交偏振的两条光线追迹并计算最终透过率的平均值。非偏振计算比偏振计算所需的时间长,而偏振计算也比完全忽略偏振的计算所需的时间长。

11.2.5　孔径参量(Aperture)

通用数据(General)菜单中孔径(Aperture)对话框如图11－6所示。

1.孔径类型(Aperture Type)

系统孔径表示在光轴上通过系统的光束大小。要建立系统孔径,需要定义系统孔径类型和系统孔径值。用光标在下拉列表中选择所需的类型。系统孔径类型有如下六种。

(1)入瞳直径(Entrance Pupil Diameter)　用透镜计量单位表示的物空间光瞳直径。

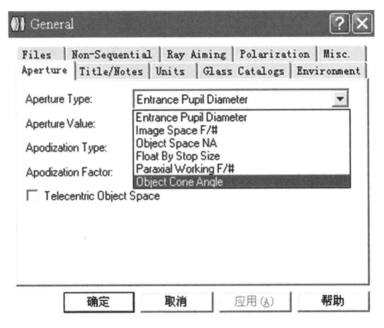

图 11-6 通用数据菜单的孔径对话框

(2)像空间 F/#(Image Space F/#) 与无穷远共轭的像空间近轴 F/#。

(3)物空间数值孔径(Object Space NA) 物空间边缘光线的数值孔径($n\sin\theta_m$)。

(4)通过光阑尺寸浮动(Float By Stop Size) 用光阑面的半口径定义。

(5)近轴工作 F/#(Paraxial Working F/#) 共轭像空间近轴 F/#。

(6)物方锥形角(Object Cone Angle) 物空间边缘光线的半张角,它可以超过 90°。

若选择了"Object Space NA"或"Object Cone Angle"作为系统光圈类型,物方厚度必须小于无穷远。上述类型中只有一种系统孔径类型可以被定义。例如,一旦入瞳直径确定,以上说明的所有其他孔径都由镜头规格决定。

2. 孔径值 (Aperture Value)

系统孔径值与所选的系统孔径类型有关。例如,如果选择"Entrance Pupil Diameter"作为系统孔径类型,系统孔径值是用透镜计量单位表示的入瞳直径。ZEMAX 采用孔径类型和孔径数值一起决定系统的某些基本量的大小,如入瞳尺寸和各个元件的清晰口径。

选择"Float By Stop Size"为系统孔径类型是上述规律的唯一例外。如果选择"Float By Stop Size"作为系统孔径类型,光阑面(镜头数据编辑器中设置)的半口径(Semi-Diameter)用来定义系统孔径。

3. 变迹类型(Apodization Type)

此值缺省时,光瞳是均匀照射的。但是,有时光瞳必须使用非均匀照射。由于这个原因,ZEMAX 支持光瞳变迹,这种变迹是光瞳上振幅的变化。有三种光瞳变迹类型:均匀变迹、高斯变迹和正切变迹,如图 11-7 所示。

(1)均匀变迹(None) 表示光线均匀地分布在入瞳上,模拟均匀照射。

(2)高斯变迹(Gaussian) 在光瞳上振幅以高斯曲线形式变化。

(3)正切变迹(Tangential) 恰当地模拟了点光源照在平面上的强度衰退特点(如入瞳

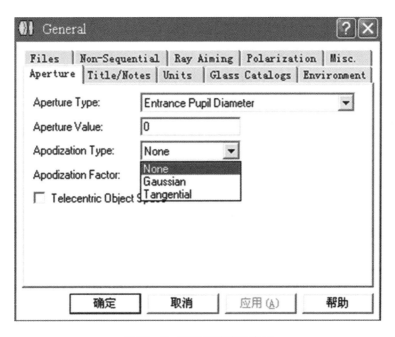

图 11 - 7　三种光瞳变迹类型

通常是平面）。

4. 变迹因子（Apodization Factor）

高斯变迹因子表示径向光瞳坐标函数的光束振幅递减率。光束振幅在光瞳中心归一化为 1 个单位，入瞳其他点的振幅由下式给出

$$A(p) = \exp(-Gp^2) \qquad (11-1)$$

式中，G 是变迹因子；p 是归一化的光瞳坐标。如果变迹因子是 0，那么光瞳照射是均匀的。如果变迹因子是 1.0，那么边缘光束振幅是入瞳中心的 $1/e$（大约是峰值的 13%）。变迹因子可以是大于或等于 0 的任意值，但不建议采用大于 4.0 的值，因为如果光束振幅离轴下降很快，在许多计算中取样的光线太少，以至于不能产生有意义的结果。

正切变迹（Tangential）因子恰当地模拟了点光源照在平面上的强度衰退特点（如入瞳通常是平面）。对于一个点光源，偏离点光源距离为 Z 的面上的强度为

$$I(r) = \frac{Z^2}{Z^2 + R^2} \qquad (11-2)$$

式中，r 是平面上一点到光源的距离，强度在轴上已经归一化为 1 个单位。如 r 用归一化的光瞳坐标来表示，振幅变迹可用平方根产生

$$A(p) = \frac{1}{\sqrt{1 + p^2 \tan^2 \theta}} \qquad (11-3)$$

式中，$\tan \theta$ 是入瞳顶部的光线与 z 轴的夹角的正切。对于正切变迹（Tangential），$\tan \theta$ 是变迹因子。特殊情况下变迹因子为 0，当计算变迹时，ZEMAX 利用入瞳位置和尺寸自动计算出 $\tan \theta$。除了在入瞳面以外，ZEMAX 也支持用户在任意面上自定义变迹。

11.2.6　标题/注释(Title/Notes)

镜头标题出现在曲线和文本输出中,如图 11 − 8 所示。标题是通过将题目输入到所需位置得到的。附加的文本数据可以放在大多数图形输出中。

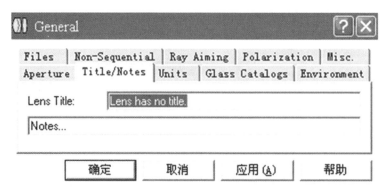

图 11 − 8　镜头标题/注释对话框

注解部分允许输入几行文本,它们与镜头文件一起被存储。

11.2.7　镜头单位(Lens Units)

镜头单位有四种选择:毫米(Milimeters)、厘米(Centimeters)、英尺(Inches)或米(Meters),如图 11 − 9 所示。

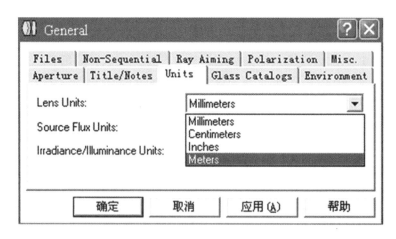

图 11 − 9　镜头单位对话框

这些单位用来表示半径、厚度和入瞳直径等数据。许多图形(光学特性曲线、点列图)使用微米作单位,波长也用微米表示。

光通量单位(Source Flux Units)如表 11 − 1 所示。

表 11 - 1　光通量单位(Source Flux Units)

名称	说明	名称	说明
Microwatts	微瓦	Microlumens	微流明
Milliwatts	毫瓦	Millilumens	毫流明
Watts	瓦	Lumens	流明
Kilowatts	千瓦	Kilolumens	千流明
Megawatts	兆瓦	Megaluments	兆流明

发光/照度单位(Irradiance/ Illuminance units),如表 11 - 2 所示。

表 11 - 2　发光/照度单位(Irradiance/ Illuminance Units)

名称	说明	名称	说明
Microwatts/Meter^2	微瓦/米^2	Kilowatts/Millimeter^2	千瓦/毫米^2
Milliwatts/Meter^2	毫瓦/米^2	Megawatts/Millimeter^2	兆瓦/毫米^2
Watts/Meter^2	瓦/米^2	Microwatts/Foot^2	微瓦/英尺^2
Kilowatts/Meter^2	千瓦/米^2	Milliwatts/ Foot^2	毫瓦/英尺^2
Megawatts/Meter^2	兆瓦/米^2	Watts/ Foot^2	瓦/英尺^2
Microwatts/Centimeter^2	微瓦/厘米^2	Kilowatts/ Foot^2	千瓦/英尺^2
Milliwatts/Centimeter^2	毫瓦/厘米^2	Megawatts/ Foot^2	兆瓦/英尺^2
Watts/Centimeter^2	瓦/厘米^2	Microwatts/Inch^2	微瓦/英寸^2
Kilowatts/Centimeter^2	千瓦/厘米^2	Milliwatts/ Inch^2	毫瓦/英寸^2
Megawatts/Centimeter^2	兆瓦/厘米^2	Watts/ Inch^2	瓦/英寸^2
Microwatts/Millimeter^2	微瓦/毫米^2	Kilowatts/ Inch^2	千瓦/英寸^2
Milliwatts/Millimeter^2	毫瓦/毫米^2	Megawatts/ Inch^2	兆瓦/英寸^2
Watts/Millimeter^2	瓦/毫米^2		

11.2.8　玻璃库(Glass Catalogs)

通用数据(General)菜单中有一个列出当前被使用的玻璃库(Glass Catalogs)(无扩展名)名称的可编辑栏,如图 11 - 10 所示。该栏的缺省值是"Schott",它表示镜头可以从库中使用玻璃。如果需要不同玻璃类别,可以用按钮或键入玻璃库文件名来选择。若要使用不在按钮列表中的玻璃库,可以在编辑栏键入玻璃库文件名。多个玻璃库之间可以用空格来分隔。

11.2.9　环境条件(Environment)

通用数据(General)菜单中的环境(Environment)对话框如图 11 - 11 所示。

1. 使用温度、压力(Use Temperature,Pressure)

若镜头使用时,温度不是 20 ℃,压力不是 1 个大气压,则这个选框应被选取。若此选框

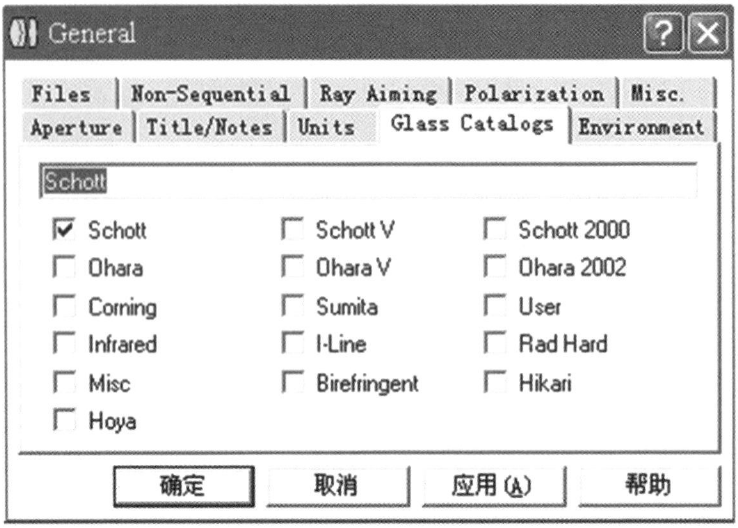

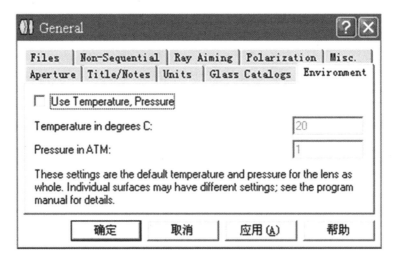

图 11 - 10   玻璃库对话框

图 11 - 11   通用数据菜单的环境对话框

未被选取,则忽略所有温度和压力影响,这样可以加速折射率数据的计算。如果使用正常的温度(20 ℃)和压力(1.0 个标准大气压),此选项框可不选。

2. 温度(Temperature)

用摄氏度表示外界的温度。

3. 压力(Pressure)

用来设定大气中的空气压力。真空时压力值为 0,海水中压力值为 1.0 个标准大气压。

11. 2. 10   其他杂项(Misc.)

通用数据(General)菜单中的其他杂项(Misc.)对话框如图 11 - 12 所示。

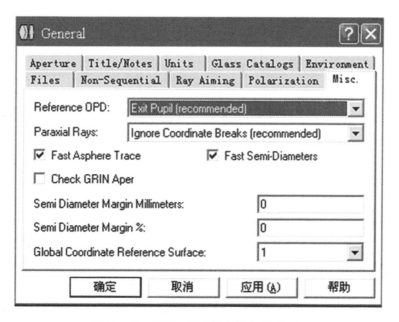

图 11 - 12 通用数据菜单其他杂项对话框

1. 光程差参数(Reference OPD)

光程差参数在光学设计中很有意义,因为光程差表示成像的波前位相误差,对零光程的任意偏离都会在光学系统中形成衍射图像时产生误差。

因为出瞳(Exit Pupil(recommended))是光阑在像空间的像,出瞳表示像空间光束有清晰边界的位置。出瞳处的照度,其振幅和位相通常是平滑变化的,零振幅和非零振幅区域有明显的界限。换句话讲,在出瞳处观察,可以合理地假定波前没有明显的衍射影响。当波前从出瞳传播到像平面时,光束外形在振幅和位相上变得很复杂,由于衍射的影响,波前扩展到整个空间。因此,为了精确地描述波前和像的质量,在出瞳上测量位相误差是唯一有效和非常重要的手段。

ZEMAX 缺省时使用出瞳作为计算 OPD 的参考面。因此,对一条给定的光线进行 OPD 计算时,光线通过光学系统追迹,自始至终到达像平面,然后反向追迹到位于出瞳处的参考球面。这个面后得到的 OPD 是有物理意义的位相误差,它对于如 MTF,PSF 和环带能量等衍射计算是很重要的。

由光线向后追迹到出瞳而得的附加路程,从参考球面的半径中减去,得到 OPD 的微小调整,称之为"校正项"。这种计算对于所有实际应用是正确和需要的。但是,ZEMAX 也允许选择两种其他参考方法,如图 11 - 13 所示。

(1)绝对参考面(Absolute(not recommended)) "Absolute"参考面表示 ZEMAX 根本不能在 OPD 计算中加上任何校正项,只加上光线的总光程并从主光线中减去它。这种方式并不是实际有效的,它的目的是调试和检查 Focus Software 公司的 OPD 算法。

(2)无限远参考面(Infinity(not recommended)) "Infinity"参考面假定出瞳在很远的地方(即使它也许不太远),OPD 校正项用光线中的角误差严格给定。只在一种可能时使用这个设置,即 ZEMAX 不能正确计算出瞳位置。这发生于一些在光阑面不能成像(实像或虚像)的不常见的光学中。在这种情况发生时,ZEMAX 用特殊程序代码处理所有已知的可能

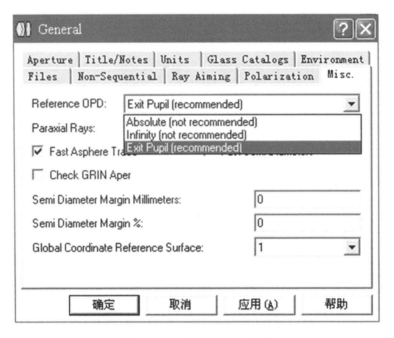

图 11 – 13   光程差参数对话框

发生这种情况的场合,因此,除非 Focus Software 技术支持时特殊推荐它,否则这个设置不使用。当前尚没有已知的场合需要推荐这种设置。

综上所述,除非 Focus Software 公司的软件工程师明确地通知改变设置,否则必须一直使用"出瞳"参考面。若不选择"出瞳"参考面,则很容易产生错误数据。

2. 近轴光线(Paraxial Rays)

近轴光线特性通常不用于定义非旋转对称系统。由于这个原因,在追迹近轴光线时,ZEMAX 缺省忽略由于坐标转折引起的所有倾斜和偏心。通过忽略倾斜和偏心,ZEMAX 能计算等效的同轴系统的近轴特性,这种处理方法即使对非对称系统也是正确的。因此,忽略坐标间断(Ignore Coordinate Break)的缺省设置是很受欢迎的,如图 11 – 14 所示。选择与此不同的设置会导致 ZEMAX 计算失败,比如精确计算所有的近轴数据、光线定位和光程差(OPD)计算等。

3. 快速球面追迹(Fast Asphere Trace)

当追迹的光线通过某一非球面时,如果光线与该面交点不存在近似解的公式,则需要迭代。此框被选中(缺省条件),则 ZEMAX 为加快迭代的收敛性,将为光线交点的解设一个初始假定值。但是,若选用"Fast Guess",许多不规则弯曲的非球面不收敛。使用这种面的系统,此框不应被选取,因为这时 ZEMAX 将使用速度慢的但加强型的算法来寻找解。不管此选框被选取与否,ZEMAX 将寻找精确的光线交点的解或显示错误信息标志。

4. 半口径的快速计算法(Fast Semi-Diameters)

ZEMAX 能"自动"计算半口径。它估算为让所有视场点和波长的光线通过,各面所需要的明确的口径。对于共轴系统,可以通过追迹每个视场和波长的两条光线而精确计算,这两条光线是上下两条边缘光线。

对于非共轴系统,除了沿渐晕光瞳周边追迹大量的光线外,没有通用的方法来精确计

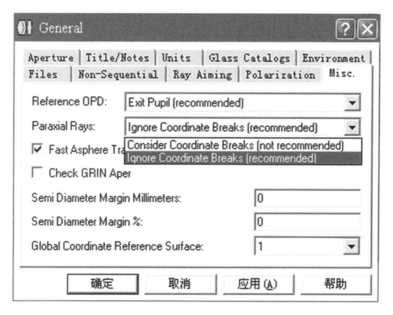

图 11 - 14 近轴光线下拉项

算半口径。虽然这种算法很精确,但速度很慢,因为 ZEMAX 需要不断地更新半口径数据,尤其在优化时。速度和精确度之间是要折中选择的。对于非共轴系统,缺省时,ZEMAX 追迹每个视场和波长渐晕光瞳的实际子午面上的两条光线,然后用每条光线在每个面上的径向坐标估算所需的半口径。对于许多系统,估算结果不够精确。这主要包括具有较小边缘和明显口径限制的系统或具有偏心元件和只有少数视场点的系统。

如果“Fast Semi-Diameter”选项被选为“Off ”,那么对这些非共轴系统,ZEMAX 将反复追迹所需的光线来决定半口径,其精度为 0.01%。如果将“Fast Semi-Diameter”关闭可以明显减慢优化速度,但对于具有复杂评价函数的系统,上述间接操作相对较少。

5. 检查梯度折射率元件的口径(Check GRIN Apertures)

若选取此设置,将命令 ZEMAX 为渐晕口径面检查所有梯度折射率。介质中的每一条梯度光线追迹都被检查以判别光线是否落在后一面的通过口径边界外,若是,那么光线是渐晕的。若未选中该设置,在光线通过该面口径时,也许会落在后一面边界之外。

6. 半口径余量%(Semi Diameter Margin %)

通常用自动模式给定的各面的半口径是,ZEMAX 利用无阻挡的通过所有光线所需的径向口径计算得到的。对于有密集元件或边缘靠近的元件系统,本缺省设置会产生明确的口径,而不为抛光和安装留下余量。通常,光学表面能很好地抛光的尺寸只占全口径的一部分,根据零件大小不同,这一部分在90%到98%之间。

半口径余量控制允许以一定的百分比确定径向口径的余量。缺省值“0”没有余量,“自动控制”下的5%余量是在所有面的半口径值上增加5%。这种控制简化了陡峭面的密集元件和边缘接触点的系统设计。最大允许余量为50%。

7. 全局坐标参考面(Global Coordinate Reference Surface)

全局坐标是由每个面的局部坐标旋转和转化而来的。全局坐标参考面如图 11 - 12 所示。此换算可以写为

$$\begin{bmatrix} x_g \\ y_g \\ z_g \end{bmatrix} = \begin{bmatrix} x_o \\ y_o \\ z_o \end{bmatrix} + \begin{bmatrix} R_{11} & R_{12} & R_{13} \\ R_{21} & R_{22} & R_{23} \\ R_{31} & R_{32} & R_{33} \end{bmatrix} \begin{bmatrix} x_1 \\ y_1 \\ z_1 \end{bmatrix} \qquad (11-4)$$

式中,下标"g"表示全局坐标;下标"o"表示坐标的偏离量;下标"l"表示局部坐标。

任意一个面的旋转矩阵 R 和偏离向量可以用其他面作为全局参考面来计算。用旋转矩阵可对该面坐标系统在以全局参考面定位时得出重要结论。在局部面,沿 x 轴确定方向的单位向量是(1,0,0)。这个向量可以用 R 矩阵旋转来产生全局坐标系统的 x 方向。将单一矩阵分别乘以三个单位矩阵矢量可得

$$\hat{x}_l = \begin{bmatrix} R_{11} \\ R_{21} \\ R_{31} \end{bmatrix}, \quad \hat{y}_l = \begin{bmatrix} R_{12} \\ R_{22} \\ R_{32} \end{bmatrix}, \quad \hat{z}_l = \begin{bmatrix} R_{13} \\ R_{23} \\ R_{33} \end{bmatrix} \qquad (11-5)$$

11.3　视场(Fields)

视场(Field Data)对话框允许确定视场值。视场可以用角度(Angle(Deg))、物高(Object Height)、近轴像高(Paraxial Image Height)和实像高(Real Image Height)来确定,如图 11 – 15 所示。

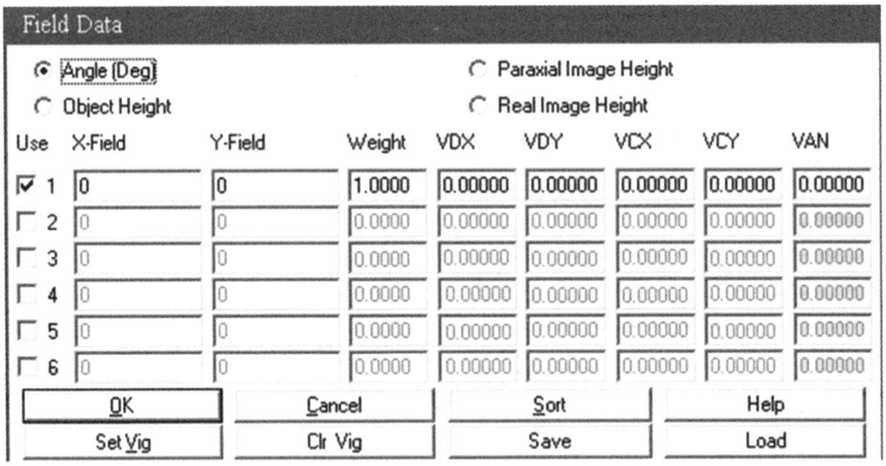

图 11 – 15　视场编辑菜单

ZEMAX 也提供定义渐晕系数的数据栏。四个渐晕因子分别为指定视场的 X 方向偏心渐晕因子(VDX),指定视场的 Y 方向偏心渐晕因子(VDY),指定视场的 X 方向的压缩渐晕因子(VCX)和指定视场的 Y 方向的压缩渐晕因子(VCY)。如果系统中没有渐晕,这些渐晕因子被设为"0"。在视场对话框中也有一个标为"Set Vig"的按钮。点击此按钮将重新计算当前数据下每个视场的渐晕因子。用设置渐晕的算法估算渐晕偏心和压缩因子,以便光瞳边缘的上、下、左、右四条边缘光线能通过每个面的用户自定义半口径。计算时只使用主波长。若要使渐晕因子成为缺省值"0",则单击"Clr Vig"。

11.4 波长(Wavelength)

波长对话框用于设置波长、权重因子(Weight)和主波长(Primary)。按钮"Use"可以用来启动或取消输入波长和捡取数据,包括常用的波长列表,如 HeNe 激光器的波长 632.8 nm 等。如果想要使用列表中的波长项目,先选定波长再点击"Select"按钮即可,如图 11 - 16 所示。

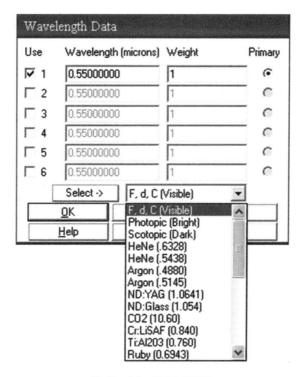

图 11 - 16 波长对话框

11.5 结构(Configuration)

1. 下一重结构(Next Configuration)

当要更新所有的图表以便反映下一个结构(或变焦位置)时,本选项提供了快捷方式 Ctrl + A。若选中本选项,则所有的电子表格、文本和图形数据都将被更新。

2. 最后结构(Last Configuration)

当要更新所有的图表以便反映最后一个结构(或变焦位置)时,本选项提供了快捷方式 Shift + Ctrl + A。若选中本选项,则所有的电子表格、文本和图形数据都将被更新。

第 12 章　分析菜单

本章将详细介绍 ZEMAX 中的常用分析菜单(Analysis)功能,如图 12 – 1 所示。

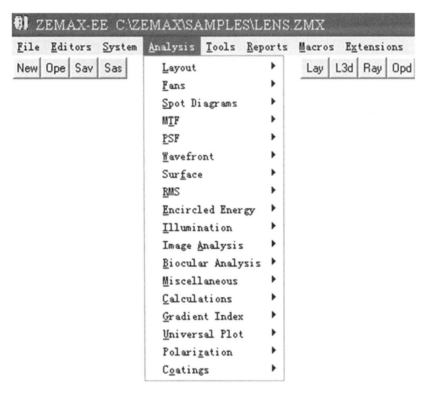

图 12 – 1　分析菜单项

　　分析镜头数据的曲线和文本通常包括轮廓图、几何像差、MTF、点列图和偏振态等其他计算结果。选择了一个菜单选项后会立刻执行该选项的计算。曲线或文本窗口被显示后,可以用选择设置菜单选项来修改缺省设置。一旦已经作了适当的改变,点击"OK"按钮,程序将重新计算和显示当前窗口中的数据。设置(Settings)窗口中的"OK""Cancel""Save""Load""Reset"和"Help"的功能参见前面章节所述内容。

　　每个分析窗口都有一个"更新(Update)"菜单项。更新功能会强迫 ZEMAX 重新计算和重新显示当前窗口中的数据。当镜头数据改变和当前显示的曲线需要更新时,这个功能是很有用的。在窗口中的任意位置双击鼠标左键,会执行与选择"更新(Update)"选项相同的功能。单击鼠标右键与敲击"设置(Settings)"的功能相同。

12.1 轮廓图(Layout)

12.1.1 二维轮廓图(2D Layout)

二维轮廓图(2D Layout,快捷方式 Ctrl + L)命令用来设置通过镜头 *YZ* 截面的轮廓曲线,其包含的子菜单项如图 12 – 2 所示。它的子菜单设置对话框(2D Layout Diagram Settings)如图 12 – 3 所示。

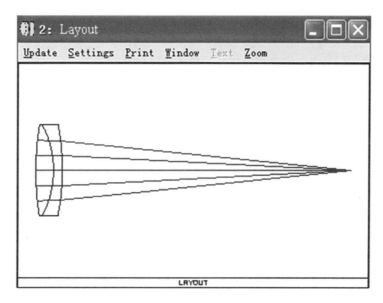

图 12 – 2 某双胶合系统的二维轮廓图

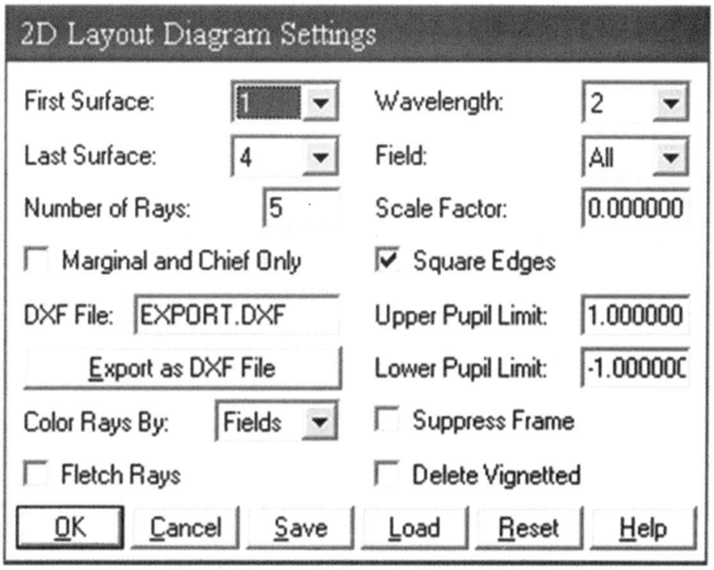

图 12 – 3 二维轮廓图设置对话框

二维轮廓图设置对话框中的具体项目功能说明如下。

(1)First Surface 绘图的第一个面。

(2)Last Surface 绘图的最后一个面。

(3)Wavelength 显示的任意一个或所有波长。

(4)Field 显示的任意一个或所有视场。

(5)Number of Rays 光线数目确定了每一个被定义的视场中画出的子午光线数目。除非变迹已被确定,否则光线沿着光瞳均匀分布。这个参数可以设置为"0"。

(6)Scale Factor 若比例因子设置为0,那么"Fill Frame"将被选取,"Fill Frame"将缩放图形来充满画页。若输入数值,则图形将按实际尺寸乘以比例因子画出。例如,比例因子为"1.0"时,将打印(不是在屏幕上)出镜头的实际尺寸;比例因子为"0.5"时,将按尺寸的一半画图。

(7)Upper Pupil Limit 画出光线通过的最大光瞳坐标。

(8)Lower Pupil Limit 画出光线通过的最小光瞳坐标。

(9)Marginal and Chief Only 只画出边缘光线和主光线。

(10)Square Edges 若选中则画出平面和边缘,否则用半口径值画镜头的边缘。

(11)DXF File 在这个文本地址中输入使用 DXF 格式的文件名。只有当以后把"Export As DXF File"按钮按下时,这个选项才使用。在输出时,文件被存储在缺省目录下。

(12)Export as DXF File 若按下此按钮,则产生一个与当前显示的图解窗口有相同数据的 DXF 格式文件。文件名在"DXF 文件"选项中给定。产生的 DXF 文件是一个能与输入到 CAD 程序中的文件相匹配的二维模型系统。

(13)Color Rays By 选择"Field"用每个视场来区分,选择"Wave"用每个波长来区分。

(14)Fletch Rays 如果选中则光线被标上羽状箭头。

(15)Suppress Frame 隐藏屏幕下端的绘图框,这可以为轮廓图留出更多的空间。比例尺、地址或其他数据都不显示。

(16)Delete Vignetted 若被选取,则被任意面挡住的光线不会画出。

特别提醒:若使用坐标转折、星形挡光、挡光偏心、X - 转角、全息或其他能破坏镜头的旋转对称性的组件时,二维轮廓图将不能使用,必须用三维轮廓图(3D Layout)来显示系统的轮廓图。

"Export as DXF File"按钮将产生一个 2D DXF 文件,并将它存储起来。它的文件名用"DXF 文件"处输入的文件名确定。DXF 文件由弧和线组成,弧用来显示镜头面的曲率。如果只使用球面(或平面)的透镜,那么弧可以完全地表示镜头,但是只能近似地表示非球面。如果面是非球面,那么弧只有在顶点、最高点和最低点是正确的。

若光线未能射入一个光学面,那么在发生该错误的光学面光线不画出。如果光线发生全反射,那么在发生全反射的光学面入射的光线画出,出射的光线不画出。

12. 1. 2 三维轮廓图(3D Layout)

三维轮廓图(3D Layout)命令可用来绘制镜头系统的三维轮廓图,它包含的子菜单项如图 12 - 4 所示。三维轮廓图的设置(Settings)对话框如图 12 - 5 所示。

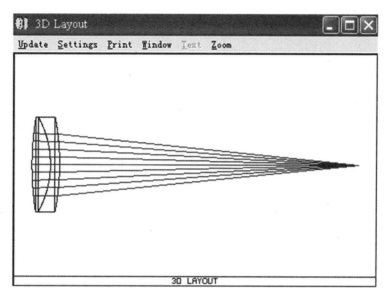

图 12 - 4　某双胶合系统的三维轮廓图

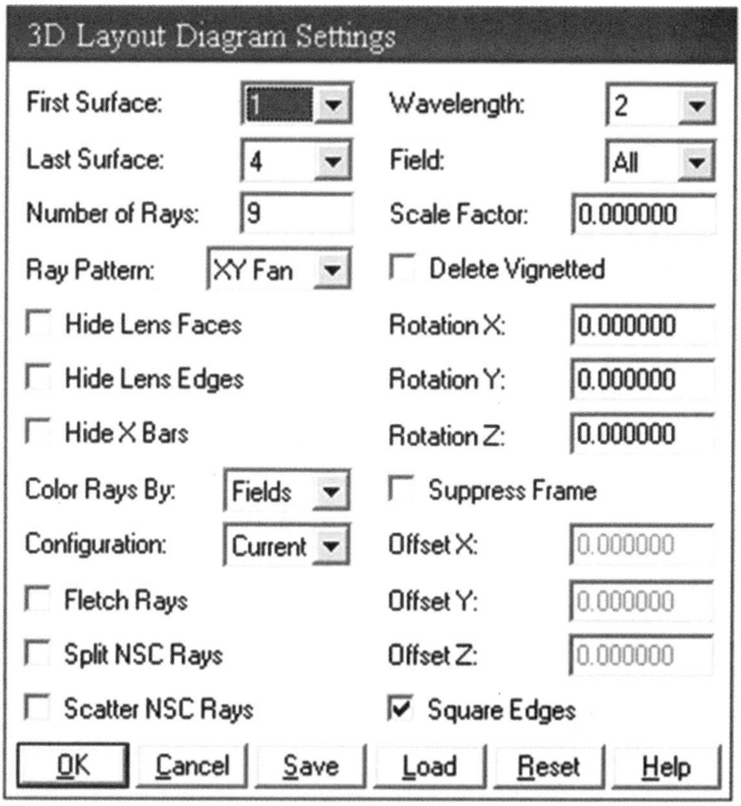

图 12 - 5　三维轮廓图设置对话框

三维轮廓图设置(3D Layout Diagram Settings)对话框内的具体项目功能说明如下。

(1)First Surface　所画的第一个面。

(2)Last Surface　所画的最后一个面。

(3)Wavelength　参与绘图的一种或所有波长。

(4)Field　参与绘图的一个或所有视场。

(5)Number of Rays　光线数目决定绘图中被选中每一个视场和波长所画的光线数目。光线将沿光瞳均匀分布和当环被选为"Ray Pattern"时环绕其边缘均匀分布,除非变迹已确定。本参数可以设置为"0"。如果"Ray Pattern"被设置为列表,则它被忽略。

(6)Ray Pattern　选择 XY Fan,X Fan,Y Fan,Ring 或 List 来表示应该被追迹的光线分布方案。

"List"选项表示被追迹的光线是用户自定义在列表文件中的。文件必须被命名为"RAYLIST. TXT",并被放置在 ZEMAX 根目录下。文件的格式是每根光线用两个数字表示的 ASCII 码,其中一个代表 p_x,另一个代表 p_y。用归一化的光瞳坐标定义每一个被选择的视场和波长所追迹的光线。若选择"List",则忽略设置的光线数目。

(7)Delete Vignetted　若选取,被任意面拦住的光线不画出。

(8)Scale Factor　若比例因子设置为0,那么"Fill Frame"将被选取,"Fill Frame"将缩放图形来充满画页。若输入数值,则图形将按实际尺寸乘以比例因子画出。例如,比例因子为"1.0"时,将打印(不是在屏幕上)出镜头的实际尺寸;比例因子为"0.5"时,将按尺寸的一半画图。

(9)Hide Lens Faces　若选取,则不画镜头表面,只画镜头边缘。许多复杂的系统如果画各面会使图形看起来很乱,因而本功能很有用。

(10)Hide Lens Edges　若选取,则不画镜头外侧的口径。对于给出 3D 轮廓的 2D 横截面外表很有用。

(11)Hide X Bars　若选取,则不画镜头的 X 部分。当"Hide Lens Edges"选取,而"Hide Lens Faces"未选取时是有用的。

(12)Rotation X　用度表示的镜头绕 X 轴的旋转角。

(13)Rotation Y　用度表示的镜头绕 Y 轴的旋转角。

(14)Rotation Z　用度表示的镜头绕 Z 轴的旋转角。

(15)Color Rays By　选择"Field"则用颜色区分不同的视场位置,选择"Wave"则用颜色区分不同的波长,选择"Zoom"则用颜色区分不同结构。

(16)Suppress Frame　隐藏屏幕下端的绘图框,这可以为轮廓图留出更多的空间。此时,比例尺、地址或其他数据不显示。

(17)Configuration　选择所有结构、目前结构或 1/1 结构。

(18)Fletch Rays　如果选中则光线被标上羽状箭头。

(19)Split NSC Rays　如选中,则用来设置分离型非序列单元光线。

(20)Scatter NSC Rays　如选中,则用来设置分散型非序列单元光线。

(21)Offset X　X 方向的偏离量。

(22)Offset Y　Y 方向的偏离量。

(23)Offset Z　Z 方向的偏离量。

(24)Square Edges　若选中则画出平面和边缘,否则用半口径值画镜头的边缘。

特别提醒:按"Left""Right""Up""Down""Page Up""Page Down"键会使显示的图形旋转到不同的透视位置。若光线在某一光学面上发生光线溢出,则该面光线不画出。如果光线发生全反射,那么在发生全反射的光学面射入的光线画出,射出的光线不画。当画所有的变焦位置时,在每个变焦位置 X,Y,Z 的方向独立地加上偏离量。若需要,偏离量可以都为"0"。若所有的偏离量都为"0",那么所有的变焦位置是重叠的;否则,各变焦位置之间用确定的数值相互分隔,以便区别。注意:所有的偏离量都是相对于参考面的位置定义的。若所有的偏离量都是"0",多重变焦位置在参考面处是重叠的。

12. 1. 3　网格图(Wireframe)

网格图命令用来画出表示镜头的网格图,如图 12 - 6 所示。

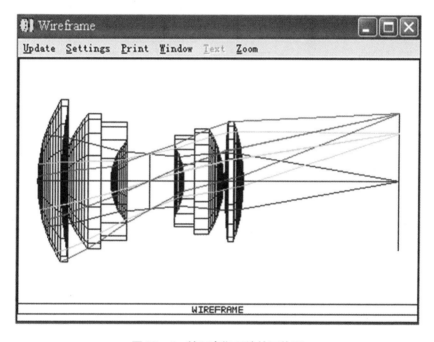

图 12 - 6　某双高斯系统的网格图

网格图的设置对话框(Wireframe Diagram Settings)如图 12 - 7 所示。本设置支持 DXF 文件,其他具体项目的功能说明如下。

(1)DXF File　在这个文本方格中输入使用 DXF 格式的文件名。只有当"Export As DXF File"按钮按下时这个选项才使用。在输出时,文件被存储在缺省目录下。

(2)Export as DXF File　若按下此按钮,则产生一个包含当前显示的图解窗口相同信息的 DXF 格式文件。文件名在"DXF 文件"选项中给定。所产生的面向 3D 的镜头系统模型 DXF 文件能输入到可以读取 DXF 文件的 CAD 程序中去。

(3)Draw Section　选择"Full"则每个镜头元件都完全画出,选择"3/4""1/2"和"1/4"选项则分别画出元件的 3/4,1/2 和 1/4,产生镜头内部的截面透视。

(4)Radial Segments　表达镜头形状用的分割数。该数目越大则运行时间越长。

(5)Angular Segments　表达镜头形状用的角度分割数。该数目越大则运行时间越长。

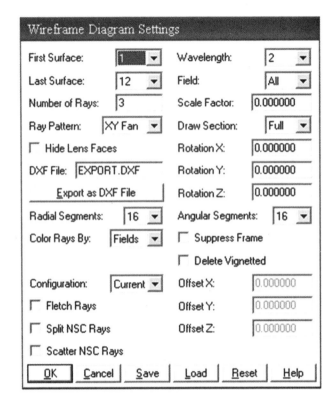

图 12 - 7　网格图设置对话框

除了被隐藏的线不能消去外,网格模型与立体模型几乎是相同的。用网格图表示时,会使屏幕由于线多而变得混乱。可以用"Hide Lens Faces"使显示变得清晰。本显示的优点是速度快,它的生成比立体模型快得多。

12.1.4　立体模型(Solid Model)

立体模型命令可以用来绘制以隐藏线代表镜头的立体图,如图 12 - 8 所示。该图与图 12 - 6 有点相似但又不完全相同,请注意区分。

立体模型的设置对话框与网格图的设置对话框相同,与 3D 轮廓图的设置对话框相类似,但是没有"Hide Lens Edges"和"Hide X Bars"控件。立体模型的设置对话框中的控件描述参见网格图的设置对话框中选项功能说明。

立体模型算法将镜头描述为一个多面体的集合。观察不到的线和面被消去,显示镜头的立体轮廓。本运算比其他轮廓图慢,但能产生最佳视觉效果。显示镜头元件的面的数目可以用径向或角向分割数段选项来修改。

"Export as DXF File"按钮将产生一个 3D DXF 文件并将它存储在"DXF 文件"处输入文件名的文件中。DXF 文件由 3D 方向上的小面组成,这些小面用来显示镜片面的弯曲形状。然而这些面是表面轮廓被切割细分后的近似,所以它几乎是平的。但小面的边角都和实际光学面重合,而面内的任意点并不能与光学表面的轮廓线相一致。ZEMAX 在每个小面的边角处用精确的光学面的矢高来定义面形状。

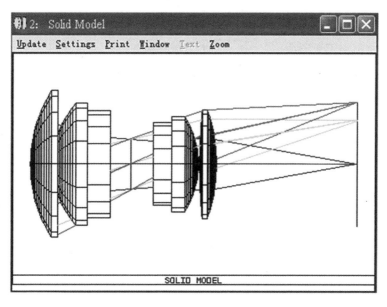

图 12 - 8　某双高斯系统的立体模型图

按"Up""Down""Left""Right""Page Up""Page Down"键会使显示的图形转动以产生不同的透视效果。

12.1.5　阴影图(Shaded Model)

阴影图命令用 OpenGL 图画表示镜头的带阴影的立体模型,如图 12 - 9 所示。阴影图设置对话框窗口除了能设置亮度(Brightness)和背景色(Background)外,其他选项与在立体模型的设置对话框中的选项是相同的,如图 12 - 10 所示。其中,亮度(Brightness)下拉菜单可设置 10%,20%,…,100%共计 10 个选项;背景色(Background)可设置为白色、黑色、红色、绿色、蓝色及墨绿色等 19 种颜色。

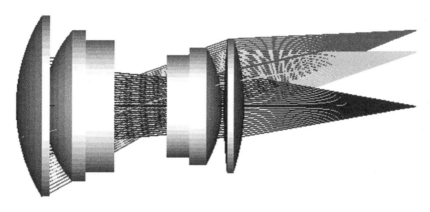

图 12 - 9　某双高斯系统的阴影图

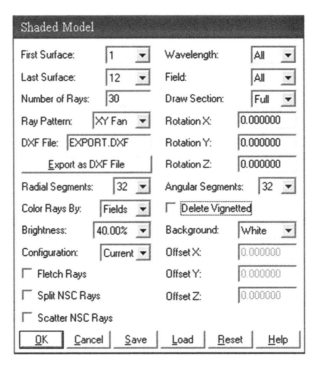

图 12 - 10   阴影图设置对话框

12.1.6   画元件图(ZEMAX Element Drawing)

画元件图(ZEMAX Element Drawing)命令能自动地创建供光学车间生产时使用的表面、单透镜或双胶合透镜的图纸。元件图(Element Drawing)设置对话框如图 12 - 11 所示,各项功能具体情况说明如下。

(1)Surface   被绘制的元件的第一个面。

(2)Show As   选择"Surface""Singlet"或"Doublet"。

(3)Note File   ASCII 码文件的文件名,该文件包含被添加在元件绘图注释部分的注释。注释项总是从第 2 项开始,因为第 1 项注释是保留作为规定单位用的。

(4)Edit Note File   点击此按钮可打开 NOTEPAD. EXE 编辑器,它可用来修改被选择的注释文件。

(5)Rad n Tol   半径(第 1,2 或 3 面)的公差栏中的值。

(6)Irr n Tol   各面(第 1,2 或 3 面)的光焦度不规则公差栏中的值。

(7)Clear Ap n   在第 n 个面上的镜片的全口径。缺省值是半口径的两倍。

(8)Thick n Tol   第 n 面中心厚度公差。缺省值是 1% 。

(9)Scale Factor   若比例因子设置为零,那么"Fill Frame"将被选取,"Fill Frame"将缩放元件来充满元件图。若输入数值,则图形将按实际尺寸乘以比例因子画出。例如,当比例因子为"1.0"时,将打印(不是在屏幕上)出元件的实际尺寸;当比例因子为"0.5"时,将按元件尺寸的一半画图。

(10)Drawing Title   用户自定义文本区域。缺省是镜头的标题。

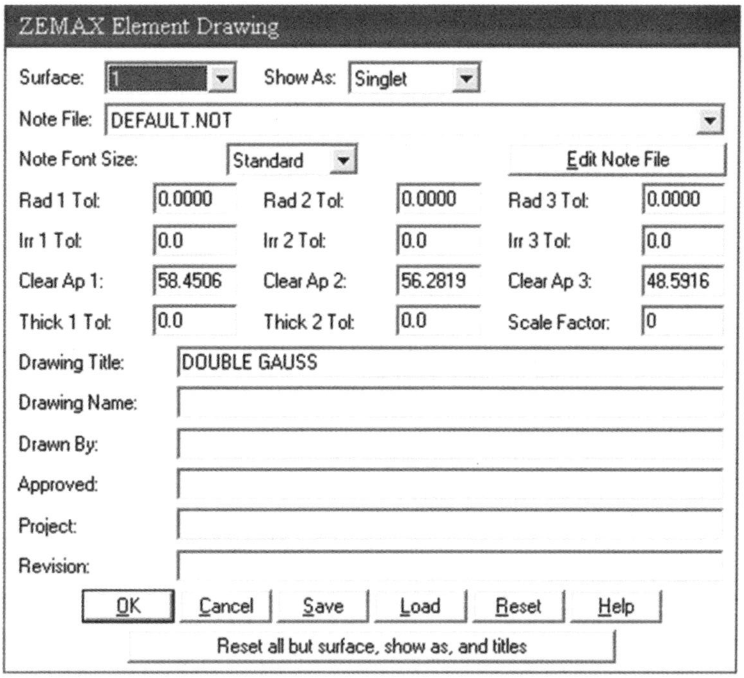

图 12 - 11　元件图设置对话框

（11）Note Font Size　可选择项有"Standard""Medium""Small"和"Fine"。这些选项是按字体大小的顺序排列的。注释字体大小（Note Font Size）的设置只影响在图形中注释的注释文件的字体大小。较小的字体允许显示较大的注释文件。

"Drawing Name""Drawn By""Approved""Project"和"Revision"选项可采用用户自定义的文本,无缺省值。

元件图的设置通过按"Save"按钮被保存在专门的镜头文件中。与多数的分析功能不同,元件图功能可以将每个面的所有设置分别保存。例如,面 1 的注释和公差可以被保存,然后面 3 的注释和公差也被输入和保存。若要将该设置赋予某一个特定的面,只要将面序号改为所需要的面号,按"Load"按钮就可以了。若与先前保存的面匹配,则将显示先前面的设置。本功能使重新产生多组元光学系统的复杂图形变得容易了。

画元件图功能的重要特性是它能装载不同的注释文件,并把它们放在图形中。缺省注释文件"DEFAULT. NOT"是一套普通的很少使用的注释。但是用户可以修改注释文件（它们是 ASCII 码文件,Word 处理器或文本编辑器都可以修改）并把它们用不同的名字存储。例如,你可以为你设计的每一个光学部件建立一个". NOT"文件,当元件图产生时装载适合的注释文件。

注释文件注释行从数字 2 开始。注释行 1 被 ZEMAX 保留给行"1) All Dimensions in Millimeters"或当前镜头的单位,注释文件中的分行和空格在元件图中被严格复制。

一旦新零件图产生或"Reset"按钮被按下,缺省设置将重新产生。缺省公差从公差数据编辑器中获得。Min/Max 公差范围中的最大值使用缺省。若不能产生一个适合的缺省值,公差设置为"0"。注意所有的公差都是文本,可以按需要进行编辑。

当用检测样板检查零件的牛顿圈（俗称为光圈）时,半径公差和用干涉条纹表示的光焦

度之间的简便转换公式为

$$\#\text{fringes} = \frac{\Delta R \rho^2}{\lambda R^2} \tag{12-1}$$

式中,ΔR 是半径误差;λ 是测试波长;ρ 是径向口径;R 是曲率半径。

12.1.7 标准元件图(ISO Element Drawing)

某光学元件的标准元件图如图 12 – 12 所示。其设置对话框(ISO Element Drawing Settings)如图 12 – 13 所示。

在标准元件图设置对话框内包含六个子菜单项,即描述(Description)、左表面代码 3 – 4(L Surf – Code 3 – 4)、左表面代码 5 – 6(L Surf – Code 5 – 6)、材料代码 0 – 2(Material – Code 0 – 2)、右表面代码 3 – 4(R Surf – Code 3 – 4)和右表面代码 5 – 6(R Surf – Code 5 – 6)。

1. 描述(Description)

描述对话框中的项目功能说明如下。

(1)Surface　被绘制的元件的第一个面。

(2)Show As　选择"Surface""Singlet"或"Doublet"。

(3)Drawn By　可以输入任何文本,包括用户自定义文本。

(4)Approved　可以输入任何文本,包括用户自定义文本。

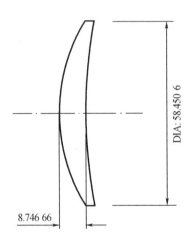

图 12 – 12　某光学元件的标准元件图

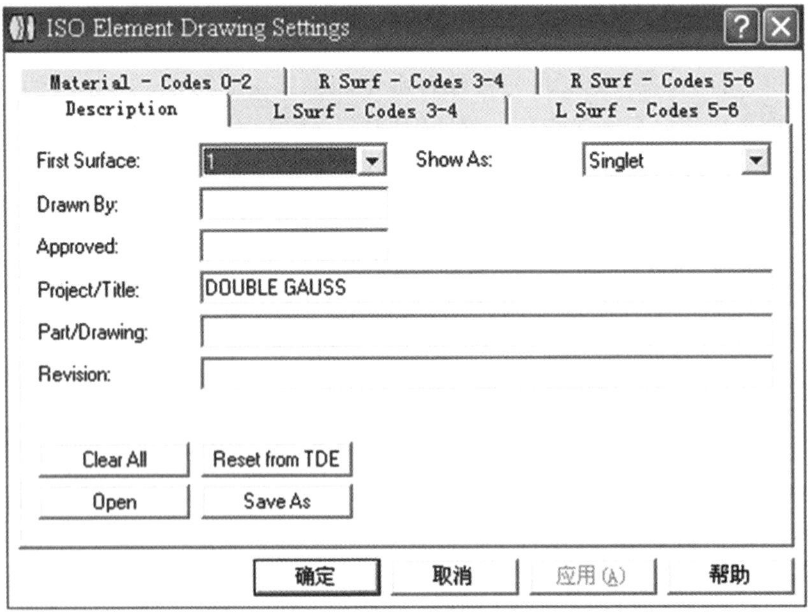

图 12 – 13　标准元件图设置对话框

（5）Project/Title　可以输入任何文本，包括用户自定义文本。

（6）Part/Drawing　可以输入任何文本，包括用户自定义文本。

（7）Revision　可以输入任何文本，包括用户自定义文本。

（8）Reset from TDE　用来从误差数据编器中重新设置描述参数。

2. 左表面代码 3 - 4（L Surf - Code 3 - 4）

在该菜单项中，可以设置半径（Radius）误差、二次曲面系数（Conic）误差、有效半径（Eff. Diameter）误差、（平面）光学直径误差（Dia.（Flat）Optical）等。此对话框和右表面代码 3 - 4（R Surf - Code 3 - 4）相似。

3. 左表面代码 5 - 6（L Surf - Code5 - 6）

在该菜单项中，可以设置不完美性（Imperfection）参数、激光危险（如果是脉冲激光的话）参数（Laser Damage（If Pulsed））、特征参数（Texture）、棱角参数（Prot. Chamfer）和其他表面参数（Others Urface）。此对话框和右表面代码 5 - 6（R Surf - Code 5 - 6）相似。

4. 材料代码 0 - 2（Material - Code 0 - 2）

在该菜单项中，可以设置玻璃的折射率（Index Nd）、阿贝数（Abbe Vd）、厚度（Thickness）、压力（Stress Birefr）、多项性（Inhomogeneity）和其他材料（Other Material）。

12. 2　特性曲线（Fans）

分析菜单（Analysis）中的特性曲线（Fans）包含的子菜单如图 12 - 14 所示。

12. 2. 1　光线像差（Ray Aberration）

光线像差曲线用来显示作为光瞳坐标函数的光线像差，其快捷键方式为 Ctrl + R。某双高斯系统的光线像差图形窗口如图 12 - 15 所示。

光线像差设置对话框（Ray Aberration Fan Diagram Settings）如图 12 - 16 所示，该对话框中项目功能的具体说明如下。

（1）Plot Scale　设置图形中最大的垂直比例。对于光线特性曲线，最大比例利用微米表示，对于 OPD 用波长表示，对于入瞳像差用百分比表示。本设置将覆盖自动选择的绘图比例。输入"0"时自动设置比例。

（2）Number of Rays　图形原点两边所追踪的光线数量。

（3）Wavelength　执行计算所需的波长数目。

（4）Field　执行计算所需的视场数目。

（5）Tangential　选择像差的哪个分量画在子午曲线上。由于子午曲线是关于入瞳坐标的 y 值的函数，缺省时绘制像差的 y 分量图形。

（6）Sagittal　选择像差的哪个分量画在弧矢曲线上。由于弧矢曲线是关于入瞳坐标的 x 值的函数，缺省时绘制像差的 x 分量图形。

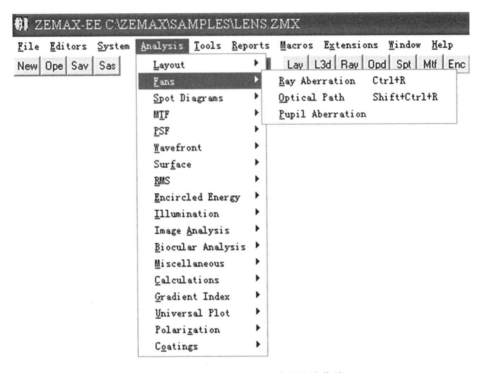

图 12 – 14　分析菜单中特性曲线的菜单

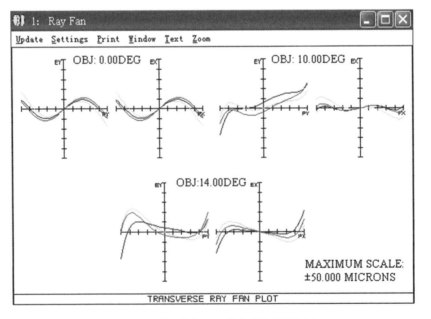

图 12 – 15　某双高斯系统的光线像差图形窗口

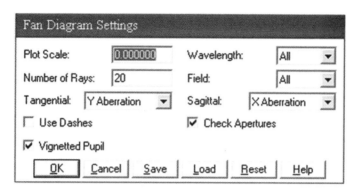

图 12 - 16　光线像差设置对话框

（7）Use Dashes　画图时用来选择颜色（对彩色屏幕和绘图仪而言）或虚线（对单色屏幕和绘图仪而言）。

（8）Check Aperture　确定是否检查光线能不能通过所有的面口径。若选取，没有通过面口径的光线不被画出。

（9）Vignetted Pupil　若选取，光瞳坐标轴将按无渐晕缩放，此时所得数据将反映系统的渐晕；若不选取，光瞳坐标轴将按渐晕光瞳缩放。横向特性曲线是用光线光瞳的 y 坐标函数表示的横向光线像差的 x 或 y 分量。缺省选项时画出像差的 y 分量曲线。但是由于横向像差是矢量，它不能完整地描述像差。当 ZEMAX 绘制 y 分量时，曲线标称为 E_y，当绘制 x 分量时，曲线标称为 E_x。

12. 2. 2　光程（Optical Path）

光程命令用来显示用光瞳坐标函数表示的光程差。某双高斯系统的光程图形窗口如图 12 - 17 所示。

光程曲线图形窗口设置对话框（Optical Path Fan Diagram Settings）如图 12 - 18 所示。

除了由于 OPD 是标量，"Tan Fan"和"Sag Fan"选项只能是 OPD 之外，本选项与光线像差曲线是相同的。垂轴刻度在图形的下端给出。绘图的数据是光程差（OPD），它是光线的光程和主光线的光程的差。通常，计算以返回到系统出瞳上的光程差为参考。

每个曲线的横向刻度是归一化的入瞳坐标。若显示所有波长，那么图形以主波长的参考球面和主光线为参照基准。若选择单色光，那么被选择的波长的参考球面和主光线被参照。由于这个原因，在单色光和多色光切换显示时，非主波长的数据通常被改变。

12. 2. 3　光瞳像差（Pupil Aberation）

光瞳像差命令是用来显示用光瞳坐标函数表示的入瞳变形。某双高斯系统的光瞳像差（Pupil Aberration）图形窗口如图 12 - 19 所示。

光瞳像差图形窗口设置对话框（Pupil Aberration Fan Diagram Settings）如图 12 - 20 所示。

除了由于光瞳像差是标量，"Tan Fan"和"Sag Fan"选项只能是 OPD 之外，本选项与光线像差曲线是相同的。入瞳像差是用实际光线在光阑面的交点和主波长近轴光线交点的差在近轴光阑半径所占的百分比来定义的。若最大像差超过一定的百分比，就得用光线定

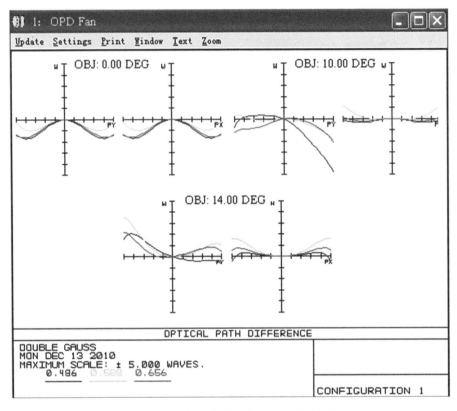

图 12 – 17　某双高斯系统的光程图形窗口

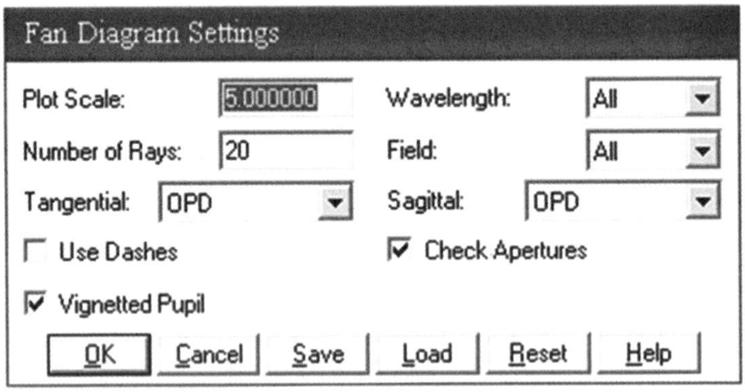

图 12 – 18　光程曲线图形设置对话框

位以便校正物空间的光线,使它正确地充满光阑面。

　　若光线定位选择被打开,入瞳像差将为零(或剩下很小的值),因为变形被光线追迹算法补偿了。可以利用这一点来检查光线定位是否正确。这里所用的光瞳像差的定义并不是追求其完整性和与其他定义的一致性。本功能为是否需要光线定位提供依据。

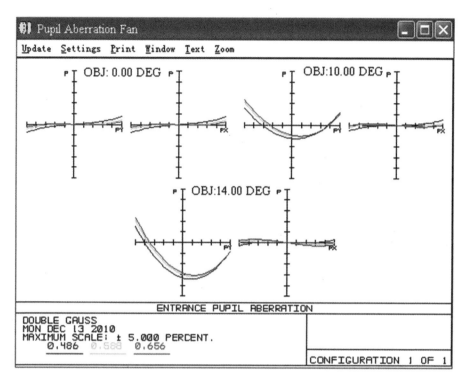

图 12 - 19　某双高斯系统的光瞳像差图形窗口

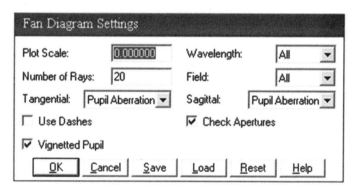

图 12 - 20　光瞳像差图形窗口的设置对话框

12.3　点列图(Spot Diagram)

分析菜单(Analysis)中的点列图子菜单及其路径如图 12 - 21 所示。

12.3.1　标准型(Standard)

该命令用来显示光学系统成像质量的点列图,某双高斯系统的点列图图形窗口如图 12 - 22 所示。

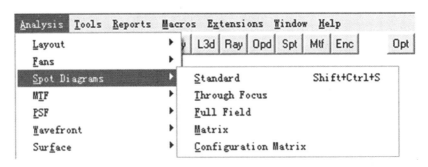

图 12 −21　点列图的子菜单及其路径

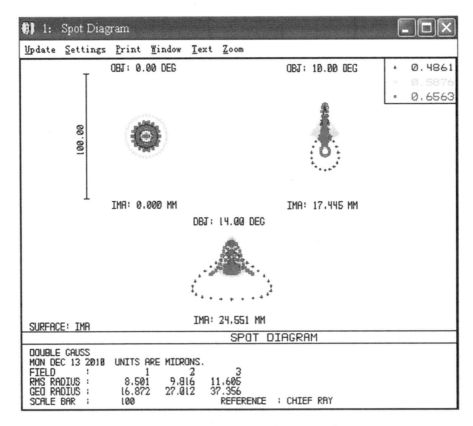

图 12 −22　某双高斯系统的点列图图形窗口

点列图设置对话框(Spot Diagram Settings)(图 12 −23)中项目功能说明如下。

(1)Pattern　光瞳模式,可以是六角形、方形或高频脉冲。这些方式与出现在光瞳面的光线的分布模式有关。当镜头大离焦时研究光瞳分布模式。高频脉冲点列图是在长方形或六角形模式的点列图中删去对称因素的伪随机光线产生的。如果光瞳变迹给定,那么用光瞳分布变形来给出正确的光线分布。没有最好的模式,每一种模式都只能表示点列图的不同特性。

(2)Refer to　缺省点列图是以实际主光线为参考的。列在图形尾部的 RMS 和 GEO 点

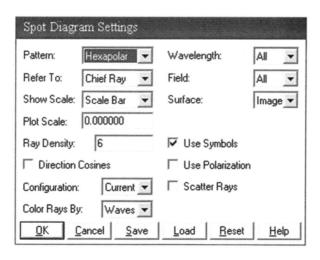

图 12-23　点列图设置对话框

尺寸是假定主光线为零像差点计算的,但是本选项允许选择其他两个参考点:重心和中点。重心是用被追迹的光线分布定义的。中点定义使其最大光线误差在 x 和 y 方向相等。

(3)Show Scale　该项比例条目是缺省的。选择艾里斑"Airy Disk",将在图的每个点的周围画圆环表示艾里斑。空心环的半径是 1.22 乘以主波长,再乘以系统的 F/#;它通常依赖于视场的位置和光瞳的方向。如果空心环比点大,空心环将设置为放大尺,否则点尺寸将设置比例尺。选择"Square"将画方形,其中心是参考点,宽度是从参考点到最外光线的距离的 2 倍。选择"Cross"将通过参考点画一个十字。设置为"Circle"将以参考点为中心画圆。

(4)Wavelength　执行计算所需的波长数目。

(5)Field　执行计算所需的视场数目。

(6)Surface　选择点列图将被计算的面。它在计算中间像或渐晕时很有用。

(7)Plot Scale　设置用毫米表示的最大比例尺。零设置将产生一个适合的比例。

(8)Ray Density　若选择六角形或高频脉冲光瞳模式,光线密度决定了六角环形的数目,若选择长方形模式,光线密度决定了光线数目的均方根。被追迹的光线越多,虽然计算时间会增加,但点列图的 RMS 越精确。

(9)Use Symbols　若选中,每种波长将画不同的符号,而不是点。它可以帮助区分不同的波长。

(10)Use Polarization　若选中,将用偏振光追迹每个需要的光线,通过系统的透过强度将被考虑。光线密度有一个依据视场数目、规定的波长数目和可利用的内存的最大值。离焦点列图将追迹标准点列图最大值光线数目的一半光线。列在曲线上的每个视场点的GEO 点尺寸是参考点(参考点可以是主波长的主光线,所有被追迹的光线的重心,或点集的中点)到距离参考点最远的光线的距离。

RMS 点尺寸是径向尺寸的均方根。先把每条光线和参考点之间的距离平方,求出所有光线的平均值,然后取平方根。点列图的 RMS 尺寸取决于每一根光线,因而它给出光线扩散的粗略概念。GEO 点尺寸只给出距离参考点最远的光线的信息。

艾里斑的半径是 1.22 乘以主波长,再乘以系统的 F/#,它通常依赖于视场的位置和光瞳的方向。对于均匀照射的环形入瞳,这是艾里斑的第一个暗环的半径。艾里斑可以被随意地绘制来给出图形比例。例如,如果所有的光线都在艾里斑内,那么系统被认为处于衍射极限状态。若 RMS 尺寸大于空心环尺寸,那么系统不是衍射极限。衍射极限特性的域值依赖于判别式的使用。系统是否成为衍射极限并没有绝对的界限。若系统没有均匀照射或用渐晕来除去一些光线,艾里斑不能精确地表示衍射环的形状或大小。

在点列图中,ZEMAX 不能画出拦住的光线,它们也不能被用来计算 RMS 或 GEO 点尺寸;ZEMAX 根据波长权重因子和光瞳变迹产生网格光线。有最大权重因子的波长使用由"Ray Density"选项设置的最多光线的网格尺寸;有最小权重因子的波长在图形中设置用来维持正确表达的较少光线的网格。

如果变迹被给定,光线网格也会变形来维持正确的光线分布。位于点列图上的 RMS 点尺寸考虑波长权重因子和变迹因子,但是它只是基于光线精确追迹基础上的 RMS 点尺寸的估算。

像平面上参考点的交点坐标在每个点列图下被显示。如果是一个面被确定而不是像平面,那么该坐标是参考点在那个面上的交点坐标。既然参考点可以选择重心,这为重心坐标的确定提供了便利的途径。

12.3.2 离焦型(Through Focus)

该命令用来按焦平面漂移量的变化显示点列图。本选项与标准点列图是相同的。离焦点列图对估计像散,分析最佳离焦和焦深是非常有用的,如图 12 -24 所示。

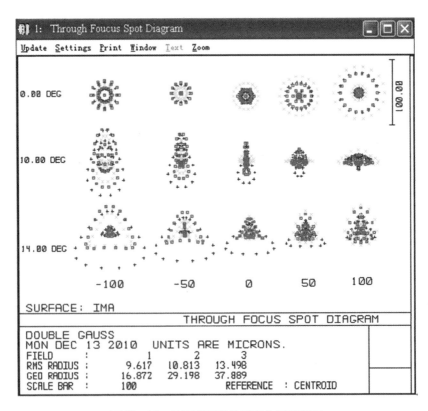

图 12 -24 某双高斯系统的离焦图形窗口

12.3.3　全视场型(Full Field)

该命令可以用公共的比例显示所有视场点的点列图。全视场点列图类型与标准类型基本相同,但前者所有的点是关于相同的参考点画出的,与每个视场位置各自的参考点是不同的。这为相对于其他视场点表达所分析点的点列图提供了方法。例如,可以用来确定像空间中两个相近的点能否被分辨。如果点的尺寸比整个视场的尺寸小,在这种情况下,每个视场的点只是以简单的点的形式出现,此时"全视场点列图"类型是无意义的。

12.3.4　矩阵型(Matrix)

将点列图作为单个图表的矩阵显示,一行表示一个视场,一列表示一种波长。除了以下的附加选项,矩阵点列图选项与标准点列图选项基本相同。

(1)Ignore Lat. Color　若选取,将参照每个视场和波长独立的参考点画点列图。其结果是忽略能够显示每个波长的参考点的颜色的影响。

矩阵表示法是区分像差中与波长有关的分量便利的方法,如图 12 – 25 所示。

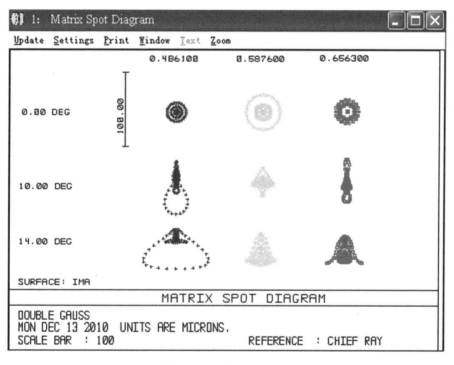

图 12 – 25　某双高斯系统的矩阵型离焦图形窗口

图 12 – 25 显示了不同波长不同视场时的离焦情况,如果把不同的波长画在一幅图中,则如图 12 – 26 所示。

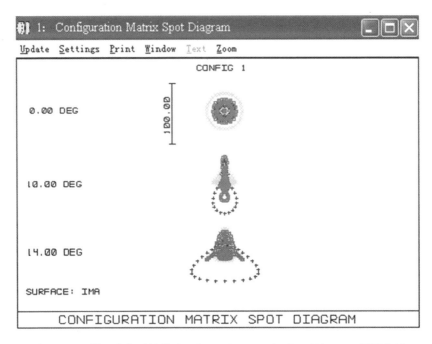

图 12-26　某双高斯系统的 **Configuration Matrix Spot Diagram** 图形窗口

12.4　调制传递函数(MTF)

分析菜单(Analysis)中的调制传递函数(MTF)子菜单及其路径如图 12-27 所示。它包括三种形式,即基于快速傅里叶变换的调制传递函数(FFT MTF)、惠更斯调制传递函数(Huygens MTF)和几何 MTF(Geometric MTF)。

12.4.1　快速傅里叶变换调制传递函数(FFT MTF)

快速傅里叶变换调制传递函数(FFT MTF)选项可以计算所有视场位置的衍射调制传递函数。

本功能包括衍射调制传递函数(DMTF)、衍射实部传递函数(DRTF)、衍射虚部传递函数(DITF)、衍射相位传递函数(DPTF)和方波传递函数(DSWM)。DMTF,DRTF,DITF,DPTF 和 DSWM 函数分别表示模数(实部和虚部的模)、实部、虚部、相位或方波响应曲线。

某双高斯系统的 FFT MTF 图像窗口如图 12-28 所示。

快速傅里叶变换调制传递函数(FFT MTF)的对话框中项目功能说明如下。

(1)Sampling　在光瞳上对 OPD 采样的网格尺寸,采样可以是 $32 \times 32, 64 \times 64$ 等。虽然采样数目越高产生的数据越精确,但计算时间会增加。

(2)Max Frequency　确定绘图的最大空间频率(每毫米的线对数,即 lp/mm),该值可以自行设定。

(3)Show Diffraction Limit　选择是否需要显示衍射极限的 MTF 数据,选中则显示,不选

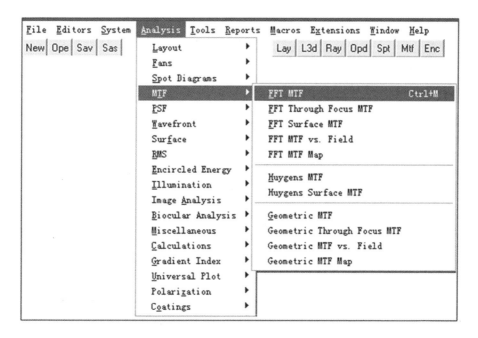

图 12 - 27 调制传递函数子菜单

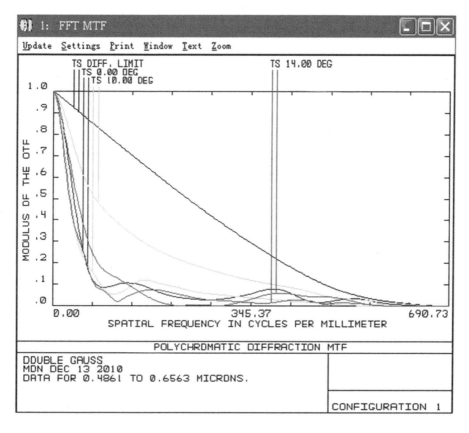

图 12 - 28 某双高斯系统的 FFT MTF 图形窗口

中则不显示。

(4)Use Polarization 若选中,对每一条所要求的光线进行偏振光追迹,由此可得出通过系统的光强。

(5)Wavelength 计算中所使用的波长序号。

(6)Field 计算中所使用的视场序号。

(7)Type 可选择模数、实部、虚部、相位或方波。

(8)Use Dashes 选择彩色(对彩色显示器或绘图仪而言)或虚线(对单色显示器或绘图仪而言)来表达。

当采样点增加或 OPD 的峰谷值减小时,衍射计算更精确。如果光瞳处的峰谷值很大,那么波前采样是很粗糙的,会有伪计算产生。伪计算会产生不精确的数据。当伪计算发生时,ZEMAX 会试图检测出来,并发出适当的出错信息。但是,ZEMAX 不能在所有情况下自动检测出何时采样太小,尤其是在出现很陡的波前相位时。

当 OPD(以波长为单位)很大时,如大于 10 个波长,这时最好用计算几何 MTF 来代替衍射 MTF。对于这些大像差系统,几何 MTF 是很精确的,尤其是在低的空间频率下。

任一波长的截止频率用波长乘以工作 F/#分之一所得的值表示。ZEMAX 分别计算每个波长、每个视场的子午和弧矢的工作 F/#,这样可以得出精确的 MTF 数据,即使是那些有失真和色畸变的系统,如有混合柱面和光栅的系统也是如此。

因为 ZEMAX 不考虑矢量衍射,MTF 数据对大于 F/1.5 的系统是不精确的(精度的衰退变化是逐步的)。这些系统中,OPD 特性曲线数据更重要,因而是更可靠的性能指标。如果系统不接近衍射极限,几何 MTF 可以证实是有用的。

若显示,衍射极限曲线是在轴上计算的,与像差无关的 MTF 值。在轴上光线不能被追迹的情况下(如当一个系统只有在轴外视场才能工作时),那么第一个视场位置被用来计算"衍射极限"MTF。

MTF 曲线的空间频率刻度用像空间每毫米的线对数表示,它只是一个对正弦目标响应MTF 曲线的确切术语。

12.4.2 离焦的快速傅里叶变换传递函数(FFT Through Focus MTF)

本命令可以在确定的空间频率下,计算所有视场位置的离焦衍射传递函数。此功能包括离焦衍射传递函数、离焦衍射传递函数的实部、离焦衍射传递函数的虚部、离焦衍射传递函数的相位和离焦衍射方波传递函数。

某双高斯系统的 FFT Through Focus MTF 图形窗口如图 12-29 所示。

离焦的快速傅里叶变换传递函数图形窗口的设置对话框(FFT Through Focus Diagram Settings)如图 12-30 所示,该对话框中项目功能说明如下。

(1)Sampling 参见 MTF 中的详细描述。

(2)Delta Focus 使用的离焦量范围。

(3)Frequency 绘图的空间频率(每毫米的线对数,即 lp/mm)。

(4)# Steps 计算 MTF 的焦平面的个数,通过这些计算出来的点,画出一条光滑的曲线。点越多,精度越高,但所用的计算时间也越长。

(5)Wavelength 计算中所使用的波长数目。

(6)Field 计算中所使用的视场数目。

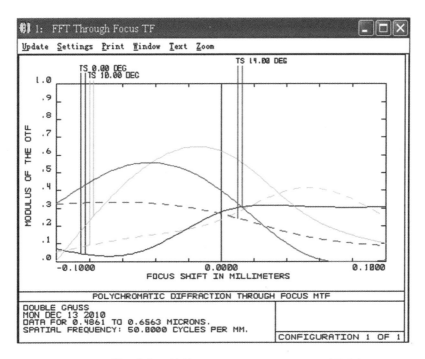

图 12 - 29　某双高斯系统的 FFT Through Focus MTF 图形窗口

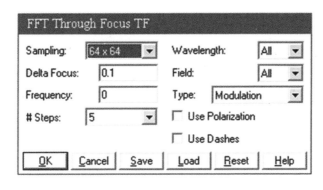

图 12 - 30　离焦的快速傅里叶变换传递函数图形对话框

（7）Type　选择模数、实部、虚部、相位或方波。

（8）Use Polarization　若选中,对每一条所要求的光线进行偏振光追迹,由此可得出通过系统的最后的光强。

12.4.3　MTF 曲面（FFT Surface MTF）

本命令采用三维曲面、轮廓图、灰色比例图或伪彩色图显示 MTF 数据。本图形对物方全方位的 MTF 曲线的直观显示方面比单纯的子午和弧矢要有用得多。某双高斯系统的 FFT Surface MTF 图形窗口如图 12 - 31 所示。该图形窗口的设置对话框（FFT Surface MTF Settings）如图 12 - 32 所示,该对话框中的项目功能说明如下。

（1）Sampling　参见 MTF 中的详细描述。

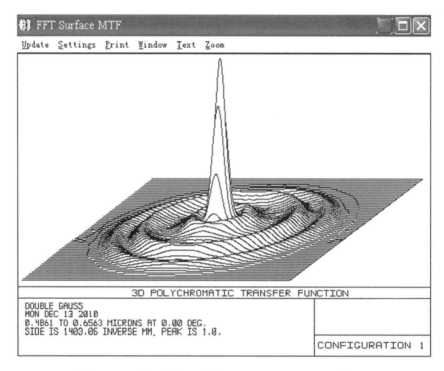

图 12-31　某双高斯系统的 FFT Surface MTF 图形窗口

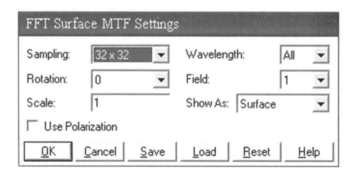

图 12-32　FFT Surface MTF 图形窗口的设置对话框

（2）Rotation　本设置规定了观察曲面图时所要求的旋转角度,可选 0°,90°,180°或 270°。

（3）Scale　本设置取代了程序在曲面图中自动设置的垂直刻度。通常这一刻度应该为 1,但是为在垂直方向上加强效果,刻度可大于 1;压缩比例,刻度可小于 1。

（4）Wavelength　计算中所使用的波长序号。

（5）Field　本设置规定视场序号,以决定哪个视场位置应当执行计算。

（6）Show As　可选择曲面图、轮廓图、灰色比例图或伪彩色图作为显示选项。

（7）Use Polarization　若选中,对每一条所要求的光线进行偏振光追迹,由此可得出通过系统的最后的光强。

12. 4. 4 MTF 和视场的关系(FFT MTF vs. Field)

该命令用来以视场位置的函数方式,计算并显示衍射调制传递函数。某光学系统的 MTF 和视场的关系图形窗口如图 12 – 33 所示,该图形窗口的设置对话框(FFT MTF vs. Field Settings)如图 12 – 34 所示,该对话框中的项目功能具体说明如下。

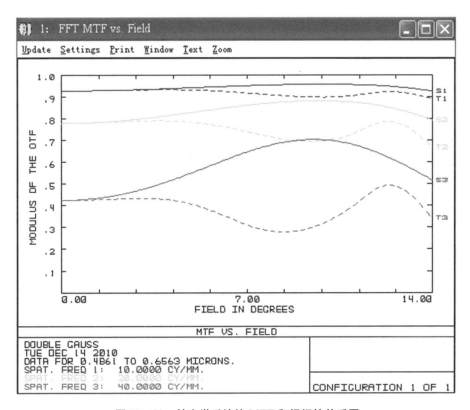

图 12 – 33 某光学系统的 MTF 和视场的关系图

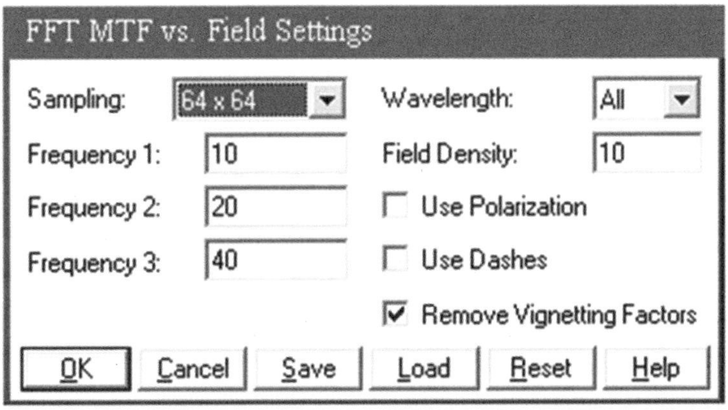

图 12 – 34 MTF 和视场关系设置对话框

(1)Frequency 1,2,3　作图所用的 3 个空间频率(每毫米线对数,即 lp/mm)。

(2)Wavelength　用于计算的波长序号。

(3)Use Polarization　若选中,对每一条所要求的光线进行偏振光追迹,由此可得出通过系统的最后的光强。

(4)Use Dashes　选择彩色(对彩色显示器或绘图仪)或虚线(对单色显示器或绘图仪)来表达。

(5)Remove Vignetting Factors　选中它,可以去除渐晕因素。

本功能要求视场个数至少为 2,所有视场按 Y 坐标值从小到大排列,如果存在任何一个 X 方向的视场值,或者视场不是从小到大排列,那么会产生一个出错信息。只有在给定的视场位置进行计算,在各个数据点之间用三次样条插值的方法使曲线光滑。可以在视场对话框中增加更多的视场点以提高曲线的精度。

12.4.5　调制传递函数图(FFT MTF Map)

我们先来设置调制传递函数图设置对话框(MTF Map Settings),如图 12 - 35 所示,再进一步考查第 3 个波长、第 3 个视场、弧矢面及空间频率为 20 lp/mm 时的反假彩色模式图形。该对话框中的项目功能说明如下。

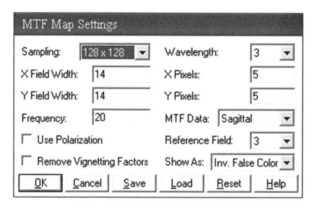

图 12 - 35　调制传递函数图设置对话框

(1)X Field Width　用来设置 X 视场宽度。

(2)Y Field Width　用来设置 Y 视场宽度。

(3)Frequency　用来设置作图所用的空间频率(每毫米线对数,即 lp/mm)。

(4)Use Polarization　若选中,对每一条所要求的光线进行偏振光追迹,由此可得出通过系统的光强。

(5)Wavelength　用来设置用于计算的波长序号。

(6)Remove Vignetting Factors　选中它,可以去除渐晕因素。

(7)X Pixels　用来设置 X 像素参数。

(8)Y Pixels　用来设置 Y 像素参数。

(9)MTF Data　用来设置调制传递函数的数据,可选择均匀(Average)、子午(Tangential)和弧矢(Sagittal)。

（10）Reference Field　用来设置参考视场。

（11）Show As　用来设置显示模式，包括灰色模式（Grey Scale）、反灰色模式（Inv. Grey Scale）、假彩色（False Color）和反假彩色模式（Inv. False Color）。

当我们按图 12 - 35 设置调制传递函数图图形窗口对话框时，其显示结果如图 12 - 36 所示。

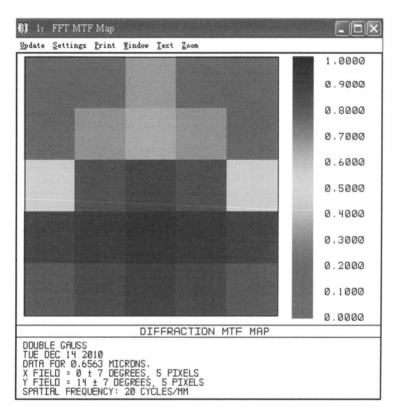

图 12 - 36　某光学系统的调制传递函数图

12.4.6　惠更斯调制传递函数（Huygens MTF）

惠更斯调制传递函数（Huygens MTF）图和快速傅里叶变换调制传递函数图相似，如图 12 - 37 所示。惠更斯调制传递函数图形窗口的设置对话框（Huygens MTF Settings）如图 12 - 38 所示，该对话框中的项目功能说明如下。

（1）Pupil Sampling　用来设置光瞳模式，如 32×32 等。

（2）Image Sampling　用来设置像的模式，如 96×96 等。

（3）Image Delta　用来设置像的离焦量范围。

（4）Zero Padding　通过在 IMA 文件的像素周围增加零强度值的像素的方法，确定其实际尺寸以计算衍射像，它可以使所显示的衍射像的尺寸增加而不改变无像差像的大小，这可使完善成像位置周围的衍射能量分布得到很好的研究。

（5）Wavelength　用来设置用于计算的波长序号。

（6）Field　用来设置视场。

（7）Type　用来设置传递函数的模式。

（8）Max Frequency　用来设置作图所用的最大空间频率(每毫米线对数,即 lp/mm)。

（9）Use Polarization　若选中,对每一条所要求的光线进行偏振光追迹,由此可得出通过系统的光强。

（10）Use Dashes　选择彩色(对彩色显示器或绘图仪)或虚线(对单色显示器或绘图仪)来表达。

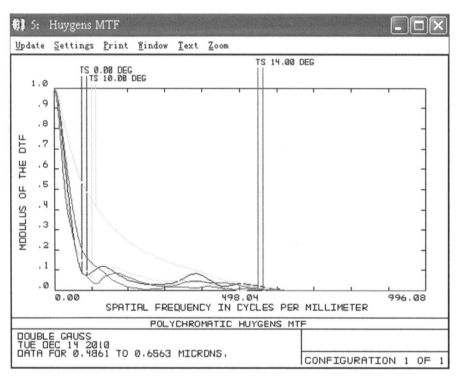

图 12－37　某光学系统的惠更斯调制传递函数图形窗口

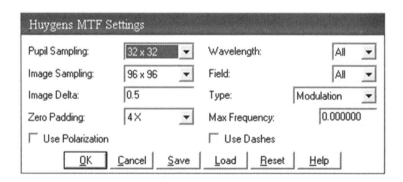

图 12－38　惠更斯调制传递函数图形窗口设置对话框

12.4.7 惠更斯离焦调制传递函数(Huygens Through-Focus MTF)

有些版本的 ZEMAX 有惠更斯离焦调制传递函数选项,该选项的图形窗口设置对话框(Huygens Through-Focus MTF Settings)如图 12 – 39 所示。

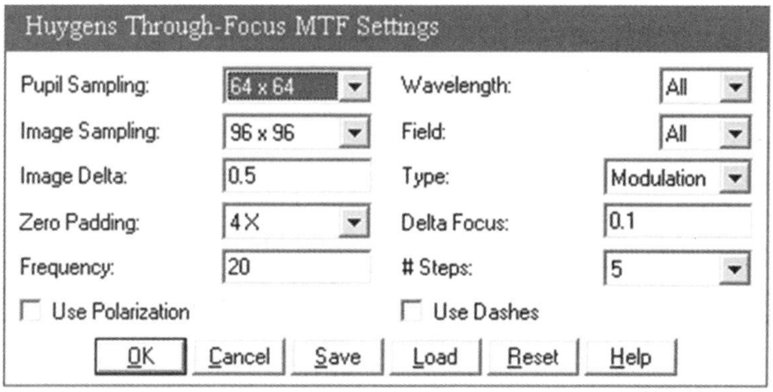

图 12 – 39　惠更斯离焦调制传递函数对话框

惠更斯离焦调制传递函数对话框和惠更斯调制传递函数对话框相似。光学系统的惠更斯离焦调制传递函数图也类似图 12 – 37 所示。惠更斯离焦调制传递函数图形窗口的设置对话框中的项目功能说明如下。

(1)Frequency　用来设置作图所用的空间频率(每毫米线对数,即 lp/mm)。

(2)Delta Focus　用来设置离焦量。

(3)#Steps　计算 MTF 时所用的焦平面个数。各计算点之间用一条光滑的曲线连接,点数越多,精度越高,计算时间也越长。

12.4.8 惠更斯面型传递函数(Huygens Surface MTF)

某光学系统的惠更斯面型传递函数(Huygens Surface MTF)图形窗口如表 12 – 1 所示。惠更斯面型传递函数图形窗口的设置对话框(Huygens Surface MTF Settings)如图 12 – 40 所示,该对话框中的项目功能说明下。

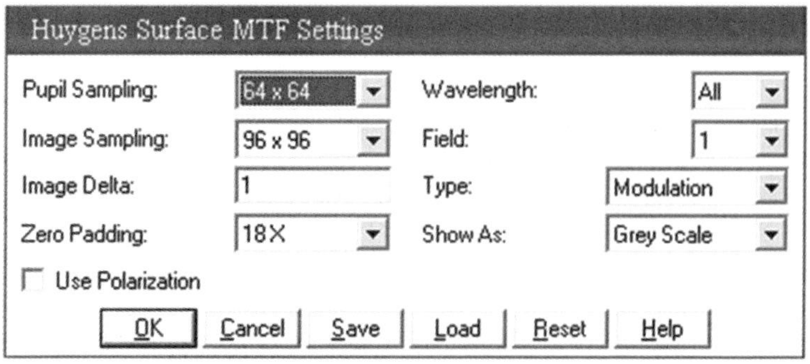

图 12 – 40　惠更斯面型传递函数设置对话框

表 12 - 1　某光学系统的 **Huygens Surface MTF** 图形窗口

	视场 1	视场 2	视场 3
波长 1	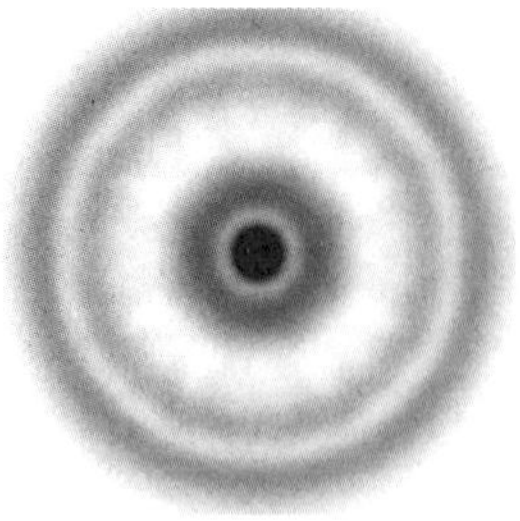	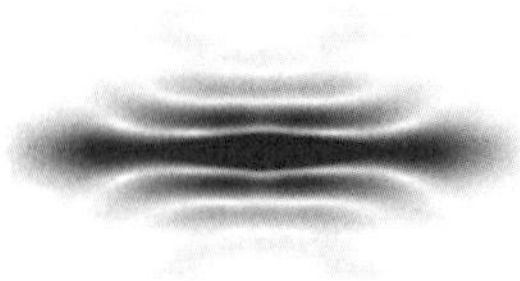	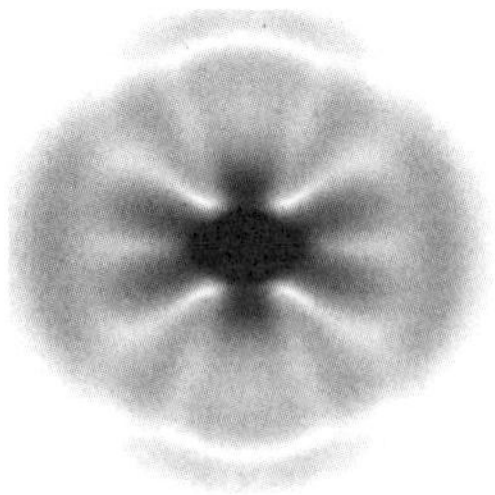
波长 2	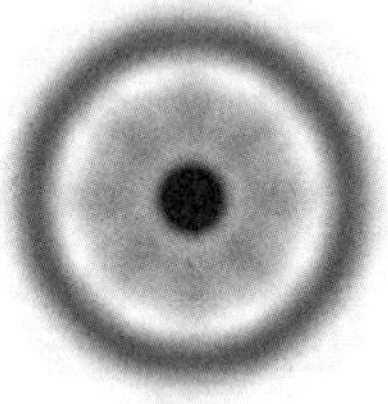	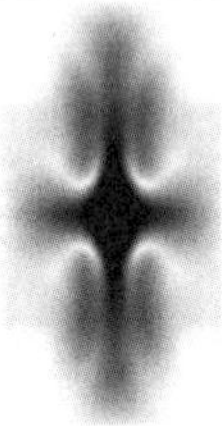	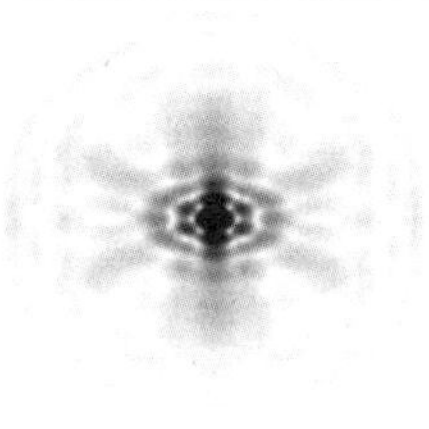
波长 3	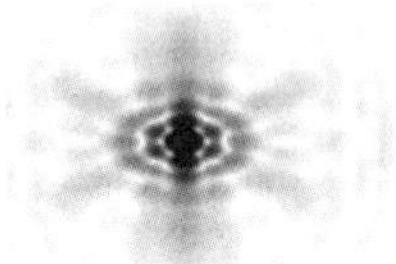	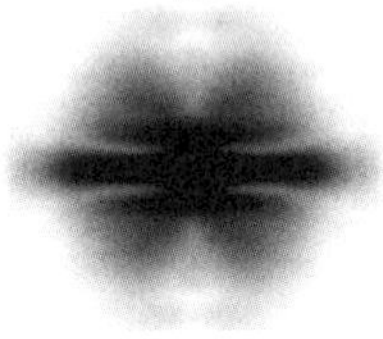	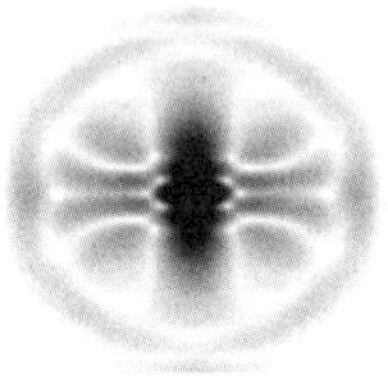
所有波长 所有视场 (2 000 lp/mm)	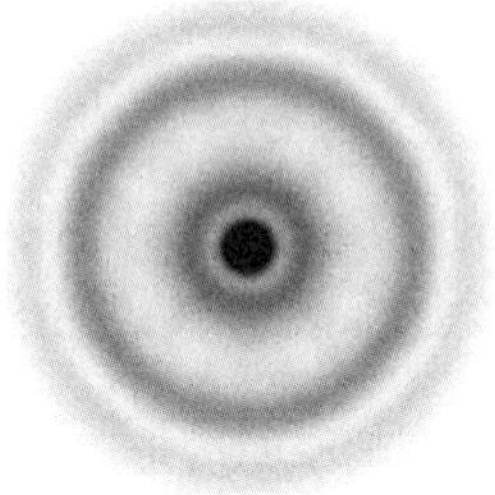		

(1)Pupil Sampling　用来设置光瞳模式,如 32×32 等。

(2)Image Sampling　用来设置像的模式,如 96×96 等。

(3)Image Delta　用来设置像的离焦量范围。

(4)Zero Padding　通过在 IMA 文件的像素周围增加零强度值的像素的方法,确定其实际尺寸,以计算衍射像,它可以使所显示的衍射像的尺寸增加而不改变无像差像的大小,这可使完善成像位置周围的衍射能量分布得到很好的研究。

(5)Wavelength　用来设置用于计算的波长序号。

(6)Field　用来设置视场。

(7)Type　用来设置传递函数的模式。

(8)Use Polarization　若选中,对每一条所要求的光线进行偏振光追迹,由此可得出通过系统的光强。

（9）Show As　用来设置显示模式，可选择灰色模式（Grey Scale）、反灰色模式（Inv. Grey Scale）、假彩色（False Color）和反假彩色模式（Inv. False Color）。

12.4.9　几何传递函数（Geometric MTF）

该命令用来计算出几何传递函数，它是衍射 MTF 的一个近似，其近似程度与光线的像差数据大小有关。几何传递函数图形窗口的设置对话框（Geometric MTF Diagram Settings）如图 12－41 所示，该对话框中的项目功能说明如下。

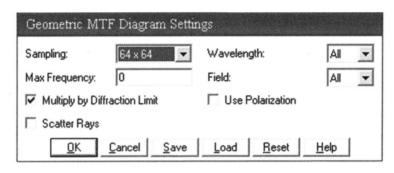

图 12－41　几何传递函数图形窗口的设置对话框

（1）Sampling　本设置指的是各波长光线追迹时网格的大小。

（2）Max Frequency　图示中所用的最大空间频率（每毫米线对数，即 lp/mm）。

（3）Wavelength　用于计算的波长序号。

（4）Field　用于计算的视场序号。

（5）Multiply by Diffraction Limit　若本选项被选中，则将几何的 MTF 乘以一衍射极限的 MTF 值，以得到小像差系统的更实际的结果，应永远采用。

（6）Use Polarization　若选中，对每一条所要求的光线进行偏振光追迹，由此可得出通过系统的最后的光强。

（7）Scatter Rays　选中则使用散射光线。

如果系统离衍射极限较远，那么几何的 MTF 是衍射 MTF 的一个有用的近似。使用几何 MTF 的主要好处是可以用在波像差系统太大以致限制了衍射 MTF 计算精度的系统。对大像差系统的低空间频率，几何 MTF 是很精确的。

12.4.10　离焦的几何调制传递函数（Geometric Through Focus MTF）

该命令主要用来对一个特定的空间频率计算离焦的几何传递函数数据。离焦的几何调制传递函数图形窗口的设置对话框（Geometric Through-Focus Diagram Settings）如图 12－42 所示，该对话框中的项目功能说明如下。

（1）Delta Focus　所用的离焦范围。

（2）Frequency　计算时所用的空间频率（每毫米线对数，即 lp/mm）。

（3）#Steps　计算 MTF 时所用的焦平面个数。各计算点之间用一条光滑的曲线连接，点数越多，精度越高，计算时间也越长。

（4）Wavelength　计算时所用的波长的序号。

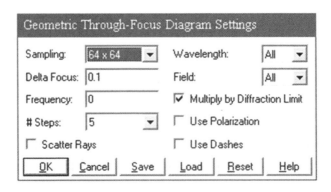

图 12-42 离焦的几何调制传递函数图形窗口的设置对话框

(5)Field 用于计算的视场序号。

(6)Multiply by Diffraction Limit 若本选项被选中,则将几何的 MTF 乘上衍射极限的 MTF 值,以得到小像差系统的更实际的结果。

(7)Use Polarization 若选中,对每一条所要求的光线进行偏振光追迹,由此可得出通过系统的最后的光强。

(8)Use Dashes 选择彩色(对彩色显示器或绘图仪)或虚线(对单色显示器或绘图仪)来表达。

12.4.11 几何调制传递函数和视场的关系(Geometric MTF vs. Field)

几何调制传递函数和视场的关系图形窗口和 FFT MTF 图形窗口相似,其设置对话框 (Geometric MTF vs. Field Settings)如图 12-43 所示,该对话框中的项目功能具体说明如下。

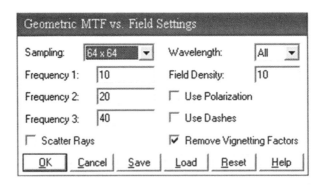

图 12-43 几何调制传递函数和视场的关系图形窗口的设置对话框

(1)Frequency 1,2,3 作图所用的 3 个空间频率(每毫米线对数,即 lp/mm)。

(2)Wavelength 用于计算的波长序号。

(3)Use Polarization 若选中,对每一条所要求的光线进行偏振光追迹,由此可得出通过系统的最后的光强。

(4)Use Dashes 选择彩色(对彩色显示器或绘图仪)或虚线(对单色显示器或绘图仪)来表达。

（5）Scatter Rays 选中则使用散射光线。

（6）Remove Vignetting Factors 选中它,可以去除渐晕因素。

12.4.12 几何调制传递函数图(Geometric MTF Map)

当我们设定几何调制传递函数图形窗口的设置对话框如图 12 −44 所示时,某光学系统的几何调制传递函数图(Geometric MTF Map)如图 12 −45 所示。

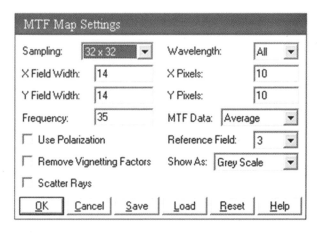

图 12 −44 几何调制传递函数图形窗口的设置对话框

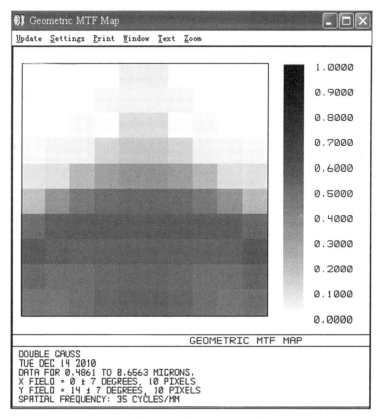

图 12 −45 某光学系统的几何调制传递函数图

几何调制传递函数图形窗口的设置对话框中的项目功能说明如下。

(1)X Field Width　用来设置 X 视场宽度。

(2)Y Field Width　用来设置 Y 视场宽度。

(3)Frequency　用来设置作图所用的空间频率(每毫米线对数,即 lp/mm)。

(4)Use Polarization　若选中,对每一条所要求的光线进行偏振光追迹,由此可得出通过系统的最后的光强。

(5)Wavelength　用来设置用于计算的波长序号。

(6)Remove Vignetting Factors　选中它,可以去除渐晕因素。

(7)X,Y Pixels　用来设置 X,Y 像素参数。

(8)MTF Data　用来设置调制传递函数的数据,可选择均匀(Average)、子午(Tangential)和弧矢(Sagittal)。

(9)Reference Field　用来设置参考视场。

(10)Show As　用来设置显示模式,可选择灰色模式(Grey Scale)、反灰色模式(Inv. Grey Scale)、假彩色(False Color)和反假彩色模式(Inv. False Color)。

(11)Scatter Rays　选中则使用散射光线。

12.5　点 扩 散 函 数(PSF)

在分析菜单(Analysis)中有四个点扩散函数(PSF)子菜单,即快速傅里叶变换点扩散函数(FFT PSF)、快速傅里叶变换点扩散函数正交截面(FFT PSF Cross Section)、惠更斯点扩散函数(Huygens PSF)和惠更斯点扩散函数正交截面(Huygens PSF Cross Section),如图 12 - 46 所示。

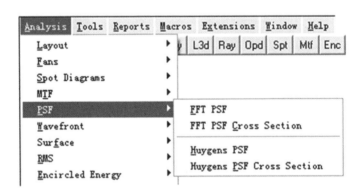

图 12 - 46　点扩散函数的子菜单及其路径

12.5.1　快速傅里叶变换点扩散函数(FFT PSF)

该命令用快速傅里叶变换方法计算衍射的点扩散函数。某光学系统的快速傅里叶变换点扩散函数图如图 12 - 47 所示。

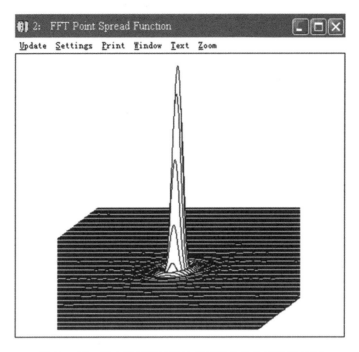

图 12 – 47　某光学系统的快速傅里叶变换点扩散函数图

快速傅里叶变换点扩散函数设置对话框(FFT PSF Settings)如图 12 – 48 所示,该对话框中的项目功能具体说明如下。

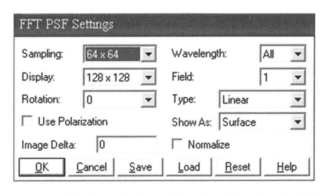

图 12 – 48　快速傅里叶变换点扩散函数图形窗口的设置对话框

(1)Sampling　详见关于 MTF 中的描述。

(2)Display　显示尺寸表示计算所用数据的哪一部分将在图上表示,显示网格可以为 32 × 32 到两倍抽样网格尺寸。显示尺寸小,所表示的数据也少。

(3)Rotation　本设置规定了表面图观察时旋转角度,可以为 0°,90°,180° 和 270°。

(4)Wavelength　用于计算的波长序号。

(5)Field　用于计算的视场序号。

(6)Type　可选择线性(强度)、对数(强度)或相位。

(7)Use Polarization　若选中,对每一条所要求的光线进行偏振光追迹,由此可得出通过系统的最后的光强。

(8)Show As 可选择曲面图、等高线图、灰度图或伪彩色图作为显示方式。

(9)Image Delta 像方网格点之间的距离(用微米表示)。

(10)Normalize 选中它,可使用标准化设置。

用快速傅里叶变换(FFT)来计算点扩散函数的速度很快,但必须有几个假设,这些假设并不是永远成立的。速度慢但更通用的办法是惠更斯法,它并不要求这些假定。

用 FFT 计算的 PSF(点扩散函数)可以计算由物方某一点光源发出由一个光学系统所成的衍射像的强度分布。强度是在垂直于参考波长入射主光线的成像平面上计算得出的,参考波长在多色光计算中指的是主波长,而在单色光计算中指的是所计算的波长。

因为成像平面是与主光线垂直的,所以它不是像平面。因此当入射主光线的角度不为零时,由 FFT 计算 PSF 的结果一般总是过于乐观(即 PSF 较小),尤其是对倾斜像平面系统、广角系统、含有出瞳像差系统和离远心条件较大的系统,更是如此。

对于那些主光线与像平面接近于垂直(小于 20°)和出瞳像差可以忽略的系统而言,用 FFT 计算 PSF 是精确的,并且总是比惠更斯方法更快,如果对计算结果有怀疑,可使用两种方法进行计算比较。

用 FFT 计算 PSF 的算法基于下列事实:即衍射的点扩散函数和光学系统的出瞳上的波前函数振幅的傅里叶变换有关。先计算出瞳上的光线网格振幅和位相,然后进行快速傅里叶变换,从而可以计算出衍射像的强度。

在出瞳的抽样网格尺寸和衍射像的抽样周期之间存在着一个折中,如为了减少衍射像的抽样周期,瞳面上的抽样周期必须增加,这可以通过“扩大”入瞳抽样网格使它充满入瞳来达到。这一过程意味着真正处在入瞳中间的点的减少。

当抽样网格尺寸增加时,ZEMAX 按比例增加瞳面上的网格数,以增加处于瞳面上的点的数量,与此同时,可以得到衍射像的更接近的抽样。每当网格尺寸加倍,瞳面的抽样周期(瞳面上各点之间的距离)在每一维上以 2 的平方根的比例增加,像平面上的抽样网格尺寸也以 2 的平方根的因子增加(因为在每维上的点数增加了 2 倍),所有比例是近似的,对大的网格是渐近式正确的。

网格延伸是以 16×16 的网格尺寸为参考基准。16×16 个网格点在整个瞳面上分布,处于光瞳内的各点被真正追迹。因为瞳面网格的扩展会减少瞳面上抽样点的数目,有效的网格尺寸(即实际代表所追光线的网格尺寸)比抽样网格小。随着抽样增加,有效网格尺寸也增加,但增加速度并没有抽样快。

抽样还是波长的函数,上述讨论只是对计算中最短波长有效,如果用多色光计算,那么对长波长必须按比例缩小网格,这里的比例因子是波长之比。对波长范围较宽的系统选择抽样网格时,必须考虑到这一点。对多色光计算而言,短波长的数据比长波长的数据精确。

12.5.2 快速傅里叶变换点扩散函数正交截面(FFT PSF Cross Section)

某光学系统的快速傅里叶变换点扩散函数正交截面图(FFT PSF Cross Section)如图 12-49 所示。快速傅里叶变换点扩散函数正交截面图设置(FFT Point Spread Function Settings)对话框如图 12-50 所示,该对话框中的项目功能说明如下。

(1)Sampling 详见关于 MTF 中的描述。

(2)Row/Col 显示的行/列。对一个 32×32 的抽样系统,有 64 行 64 列,行或列的多

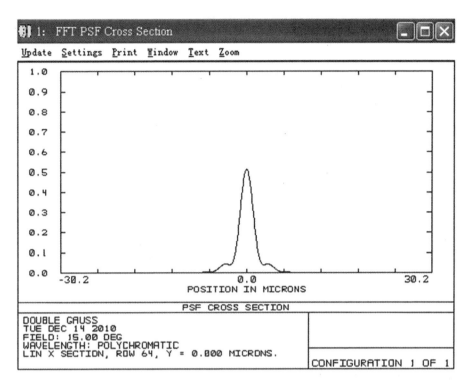

图 12 - 49　某光学系统的快速傅里叶变换点扩散函数正交载面图

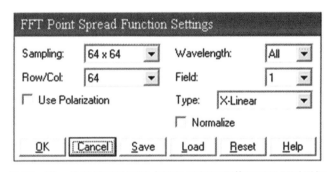

图 12 - 50　快速傅里叶变换点扩散函数正交载面图设置对话框

少取决于类型设置。

(3) Wavelength　用于计算的波长序号。

(4) Field　用于计算的视场序号。

(5) Type　可选择线性(强度)、对数(强度)或相位。共有 6 种类型供选择,即 X 线状 (X-Linear)、Y 线状(Y-Linear)、X 对数 (X-Logarithmic)、Y 对数(Y-Logarithmic)、X 相位(X-Phase)和 Y 相位(Y-Phase)。

(6) Use Polarization　若选中,对每一条所要求的光线进行偏振光追迹,由此可得出通过系统的最后的光强。

(7) Normalize　选中它,可使用标准化设置。

12.5.3 惠更斯点扩散函数(Huygens PSF)

该命令用惠更斯子波直接积分法计算衍射点扩散函数。与图 12 – 49 为同一个系统的惠更斯点扩散函数图形窗口如图 12 – 51 所示。惠更斯点扩散函数的设置对话框(Huygens Point Spread Function Settings)如图 12 – 52 所示,该对话框中的项目功能说明如下。

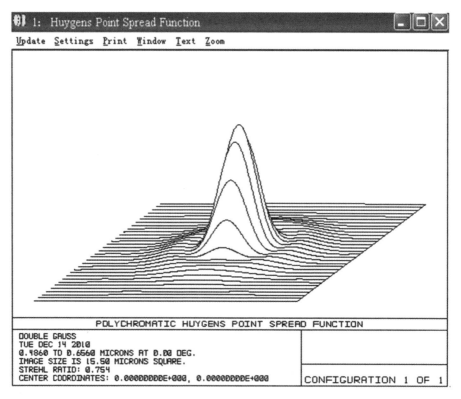

图 12 – 51 某光学系统的惠更斯点扩散函数图形窗口

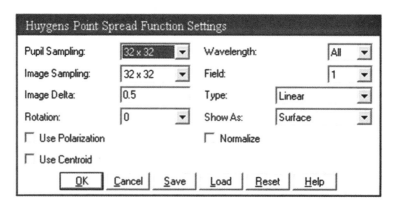

图 12 – 52 惠更斯点扩散函数设置对话框

(1)Pupil Sampling 选择光线网格尺寸进行光追计算,高的抽样密度得到的结果精确,但耗费时间较长。

（2）Image Sampling　计算衍射像密度的点的网格大小。

（3）Image Delta　像方网格点之间的距离（用微米表示）。

（4）Rotation　本设置规定了表面图观察时旋转角度，可以为 0°,90°,180° 和 270°。

（5）Wavelength　用于计算的波长序号。

（6）Field　用于计算的视场序号。

（7）Type　可选择线性（强度）或对数（强度）。

（8）Show As　可选择曲面图（Surface）、等高线图（Contour）、灰度图（Grey Scale）或伪彩色图（False Color）作为显示方式。

（9）Use Polarization　若选中，对每一条所要求的光线进行偏振光追迹，由此可得出通过系统的最后的光强。

（10）Normalize　选中它，可使用标准化设置。

（11）Use Centroid　选中则使用质心。

为了计算惠更斯点扩散函数，一个网格的光线将通过光学系统，每一条光线代表一个特殊的振幅和相位的子波，像面上任何一点的衍射强度是所有子波的复数求和再平方。

和 FFT 的 PSF 计算不一样，ZEMAX 在主光线交点处与像平面相切的理想像平面上计算惠更斯的点扩散函数。请注意，这个像平面垂直于表面的法线而不是主光线，因此，惠更斯的点扩散函数计算中考虑了像平面上的任何倾斜，这些倾斜可以是像平面的倾斜引起的，或主光线的入射角引起的，或者由两者同时引起的。惠更斯的 PSF 计算方法中，考虑到了光束沿像面传播时衍射像的演变形状。用惠更斯 PSF 计算中心方法的另一个好处是使用者可以任意选择网格大小和网格间隙，这样可以对两个不同镜头的 PSF 值之间进行直接比较，即使它们的 F/# 或波长不同。用惠更斯 PSF 计算的缺点是计算速度与 FFT 方法相比，直接积分法并不是很有效，因此它所耗费的时间很长，计算时间大致上与瞳面网格尺寸平方、像面网格尺寸平方和波长的个数成正比。

12.5.4　惠更斯点扩散函数正交截面（Huygens PSF Cross Section）

本功能可画出点扩散函数的横截面图形，也可用 FFT 计算 PSF 横截面。惠更斯点扩散函数正交截面设置对话框如图 12 – 53 所示。该对话框和图 12 – 52 相似，其项目功能参见上一节介绍。正交面是直接从 PSF 数据中取得的。因为 PSF 是直接从出瞳的位相计算出来的坐标，系统的定位并不是在所有场合都是正确的。X 或 Y 轴正方向的指定也许会和像空间坐标（如点列图）中所提供的数据不相符合。

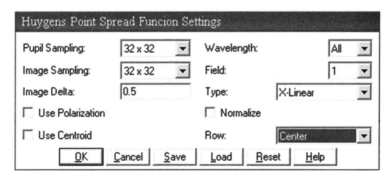

图 12 – 53　惠更斯点扩散函数正交截面图形窗口的设置对话框

12.6 波 前(Wavefront)

波前包含三个子菜单,即波前图(Wavefront Map)、干涉图(Interferogram)和 Foucault 分析(Foucault Analysis),如图 12-54 所示。

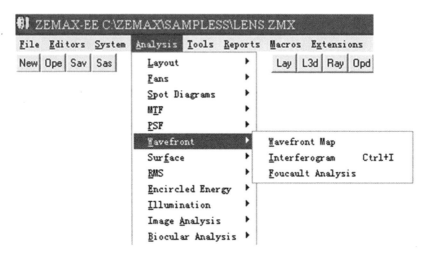

图 12-54 波前的子菜单及其路径

12.6.1 波前图(Wavefront Map)

该命令主要用来显示波前像差。波前图图形窗口的设置对话框如图 12-55 所示,该对话框中的项目功能说明如下。

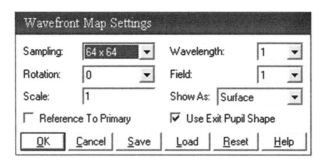

图 12-55 波前图图形窗口设置对话框

(1)Sampling 详见 MTF 的描述。

(2)Rotation 规定图形在观察时的旋转角度,可以是 0°,90°,180°或 270°。

(3)Scale 比例因子,用来覆盖程序在表面图上已设置的自动垂直比例。比例因子可以大于 1,以便在垂直方向加强效果;或者小于 1,以便压缩图形。

(4)Wavelength 用于计算的波长序号。

（5）Field　用于计算的视场序号。

（6）Reference To Primary　缺省时,波前误差是以所用波长的参考球面为参照物的,如果选中本选项,那么用主波长的参考球面为参照物。换言之,选中本选项,将使数据包含横向色差的影响。

（7）Use Exit Pupil Shape　缺省时,瞳形是变形的,用来表达从轴上主光线像点所看到的出瞳近似形状。如果本选项没有选中,那么图形将与图形入瞳坐标成比例,而不考虑实际出瞳是如何变形的。

（8）Show As　显示时的选择有表面图、等高线图、灰度图和伪彩色图等。

某光学系统的波前图(Wavefront Map)图形窗口如图 12－56 所示。

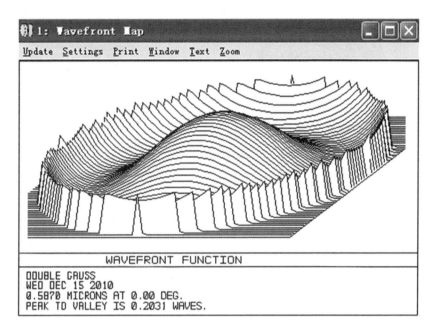

图 12－56　某光学系统的波前图图形窗口

12.6.2　干涉图(Interferogram)

该命令用来产生并显示光学系统干涉图(Interferogram)。某光学系统的干涉图如表 12－2 所示。干涉图图形窗口(Interferogram Settings)设置对话框如图 12－57 所示,该对话框中的项目功能说明如下。

（1）Sampling　在光瞳上用于计算 OPD 的抽样的网格尺寸,抽样值可以是 $32 \times 32,64 \times 64$ 等。虽然高的抽样值可以得到更精确的数据,但计算时间却会增加。

（2）Scale Factor　它决定每个波长的 OPD 所对应的条纹数,适用于模拟两次干涉仪的情况(即比例因子为2)。

（3）Show As　显示时的选择有伪灰度、等高线图、灰比例图和伪彩色图等。

（4）Wavelength　用于计算的波长序号。

（5）Field　用于计算的视场序号。

（6）X-Tilt　应用比例因子后,加到 X 方向的倾斜波长数。

(7)Y-Tilt　应用比例因子后,加到 Y 方向的倾斜波长数。

(8)Beam 1,2　这个选项不能同时选择结构 1(Config 1)和参考结构(Reference)。

干涉图要求很长的打印时间,光线密度高的话,计算时间也很长,如果填充因子设置得很大,伪灰度图也许会变得无意义。

表 12 - 2　某光学系统的干涉图

	视场 1	视场 2
波长1	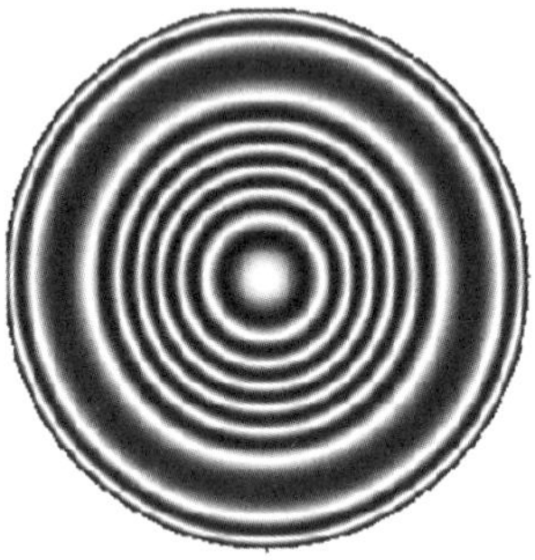	
波长2	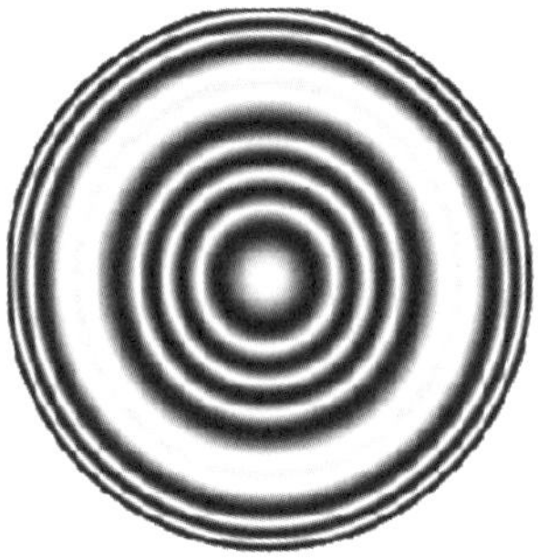	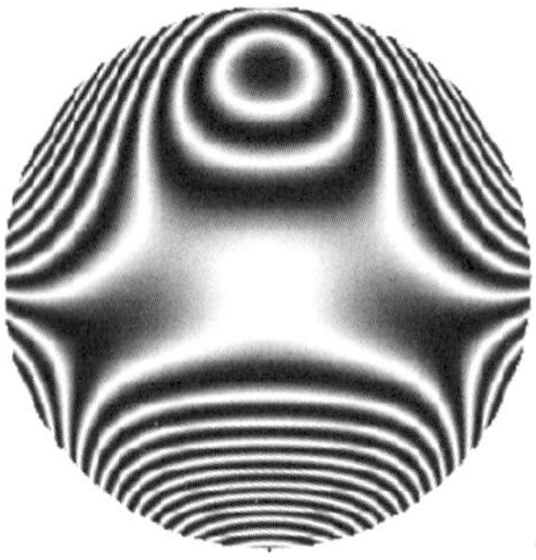
波长3	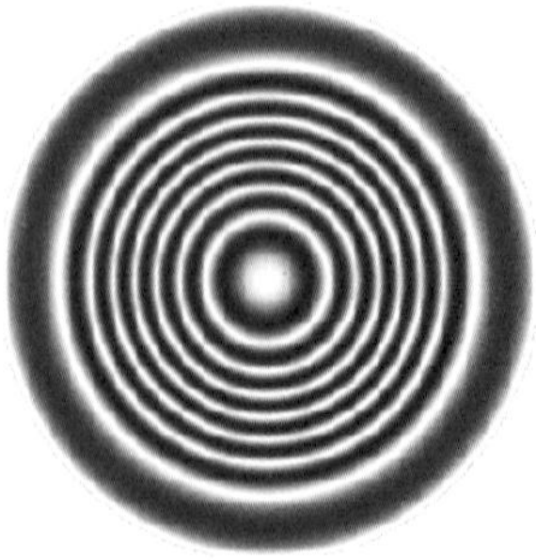	

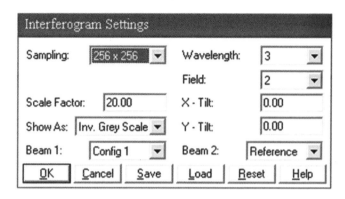

图 12 - 57　干涉图设置对话框

12. 6. 3　Foucault 分析(Foucault Analysis)

　　某光学系统的 Foucault 分析图像如图 12 - 58 所示。Foucault 分析图形窗口设置对话框如图 12 - 59 所示,该对话框具体的说明如下。

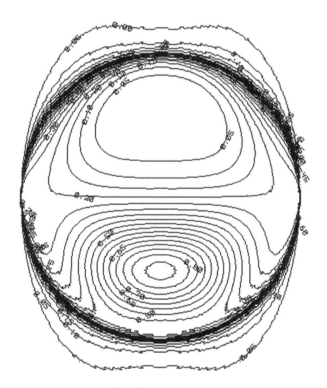

图 12 - 58　某光学系统的 Foucault 分析图像

　　(1)Sampling　在光瞳上用于计算 OPD 的抽样的网格尺寸,抽样值可以是 32 × 32,64 × 64 等。虽然高的抽样值可以得到更精确的数据,但计算时间却会增加。

　　(2)Wavelength　用于计算的波长序号。

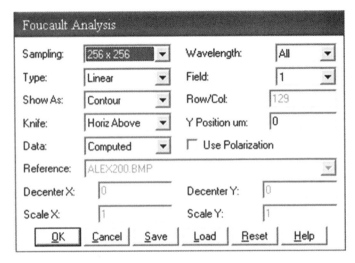

图 12-59   Foucault 分析图形窗口设置对话框

(3) Type   选择线性等类型。

(4) Field   用于计算的视场序号。

(5) Show As   显示时的选择,有伪灰度、等高线图、灰比例图和伪彩色图等。

(6) Row/Col   显示的行/列。对一个 32×32 的抽样系统,有 64 行 64 列,行或列取决于类型设置。

(7) Knife   剪辑,分为水平上方(Horiz Above)、水平下方(Horiz Below)、垂直左方(Vert Left)和垂直右方(Vert Right)四种。

(8) Y Position um Y 轴的位置。

(9) Data   可选择项为波前、弥散斑半径、X 方向弥散尺寸、Y 方向弥散尺寸或斯特列尔比率。

(10) Use Polarization   若选中,对每一条所要求的光线进行偏振光追迹,由此可得出通过系统的最后的光强。

12.7   均方根(RMS)

均方根包含三个子菜单及其路径,如图 12-60 所示,即作为视场函数的均方根(RMS vs. Field)、作为波长函数的均方根(RMS vs. Wavelength)和作为离焦量函数的均方根(RMS vs. Focus)。

12.7.1   作为视场函数的均方根(RMS vs. Field)

该命令可以画出 X 方向和 Y 方向点列图的均方根、波前误差或斯特列尔比率的均方根,它们是视场角的函数,计算时波长可以是单色光或多色光。

作为视场函数的均方根图形窗口的设置对话框如图 12-61 所示,该对话框中的项目功能说明如下。

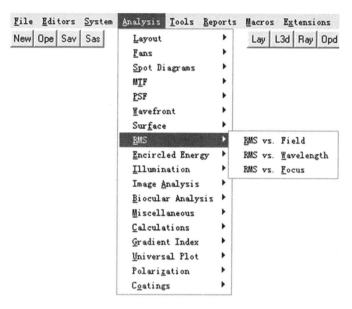

图 12 - 60 均方根的子菜单及其路径

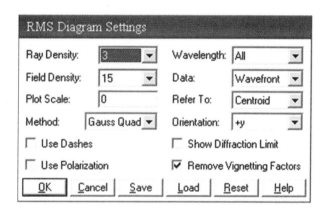

图 12 - 61 RMS vs. Field 图形窗口设置对话框

（1）Ray Density 如果用高斯求积法,那么光线密度决定了要追迹的径向光线的数目。所追迹的光线越多,精度也越高,但是所需的时间也增加了。最大的光线密度是18,这对有36次方的光瞳像差来说已足够了。如果用方形列阵方法,那么光线密度表示了网格的尺寸,在圆形入瞳以外的光线将被省略。

（2）Field Density 本设置（视场密度）决定了计算均方根斯特列尔比率数时确定了0到最大视场角之间的视场点的个数。中间值用插值法求出,最大允许的视场点数为100。

（3）Plot Scale 画图时的刻度。若为0时,则由程序自动设置。

（4）Method 选择高斯求积法或矩形列阵法。高斯求积法速度快精度高,但只对无渐晕系统起作用,若有渐晕,则用方形列阵法更精确。

（5）Wavelength 选择"All"则显示各波长和多色光计算的数据,选择任意一个波长则显示单色光的数据,选择"Poly Only"则只显示多色光数据。

(6)Data 可选择项为波前、弥散斑半径、X 方向弥散尺寸、Y 方向弥散尺寸或斯特列尔比率。

(7)Refer To 参考基准,可选择主光线或重心光线。对单色光,将所计算特定的波长用作参考基准,对多色光计算,主色光用作参考基准。两种参考基准都要减去波前位移,在重心光线模式中,应减去波前的倾斜,以得到较小的 RMS 值。

(8)Orientation 方向,可选择 $+y$,$-y$,$+x$ 或 $-x$ 方向,注意只有在所规定视场的所选方向范围内,才计算数据。

(9)Use Dashes 选择彩色(对彩色显示器或绘图仪)或虚线(对单色显示器或绘图仪)来表达。

(10)Show Diffraction Limit 如果选中,则表示衍射极限响应的一条水平线将画在图中,对弥散斑的径向、X 或 Y 方向的 RMS,衍射极限是 F/#乘以波长再乘以 1.22(对多色光来说,波长用主色光),不考虑视场的话,衍射极限只随工作 F/#而变。整个图形中只使用单一值。对斯特列尔比率采用 0.8,对波前 RMS 采用 0.072 个波长。这些仅仅是为方便而采用的近似值。

(11)Use Polarization 若选中,对每一条所要求的光线进行偏振光追迹,由此可得出通过系统的最后的光强。

(12)Remove All Variable 选中可快速清除设置在当前数据中的所有变量标志。

本功能对每个波长计算出作为视场角函数的 RMS 误差或斯特列尔数,并能给出波长加权后的多色光计算结果。可以采用两种计算方法,即高斯求积法或光线的方形列阵法。在高斯求积法中,所追迹的光线按径向方法排列,并用一个可选的权重因子用中等数量的光线来估算 RMS。

虽然这个方法很有效,但对某些因表面孔径而拦截了的光线,它并不准确。用渐晕因子表达的渐晕并不使光线拦截,而表面孔径却会拦截光线。在带有表面孔径的系统中计算波前 RMS 要求用方形列阵法,为了得到足够的精度,必须计算大量的光线。

12.7.2 作为波长函数的均方根(RMS vs. Wavelength)

某光学系统的作为视场函数的均方根(RMS vs. Field)图形窗口如图 12-62 所示。该命令可以画出作为波长函数的弥散斑径向、X 方向、Y 方向的 RMS 图或斯特列尔比率。作为波长函数的均方根图形窗口设置对话框如图 12-63 所示,该对话框中的项目功能说明如下。

(1)Ray Density 如果用高斯求积法,那么光线密度决定了要追迹的径向光线的数目。所追迹的光线越多,精度也越高,但是所需的时间也增加了。最大的光线密度是 18,这对有 36 次方的光瞳像差来说已足够了。如果用方形列阵方法,那么光线密度表示了网格的尺寸,在圆形入瞳以外的光线将被省略。

(2)Wave Density 波长密度是用于计算 RMS 或斯特列尔比率数的波长的点数。这些点处于最大波长和最小波长之间,中间点可用插值算出。最大点数允许为 100。

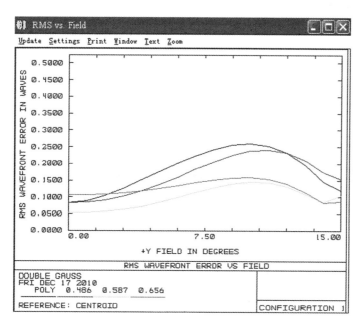

图12-62 某光学系统的均方根图

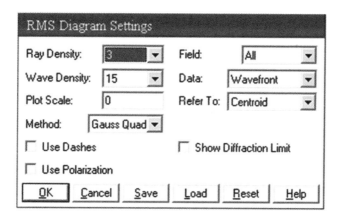

图12-63 RMS vs. Wavelength 图形窗口的设置对话框

（3）Method 选择高斯求积法或方形列阵法。高斯求积法速度快精度高，但只对无渐晕系统起作用，若有渐晕，则用方形列阵法更精确。

（4）Plot Scale 画图时的刻度。若为0，则由程序自动设置。

（5）Data 可选择项为波前、弥散斑半径、X方向弥散尺寸、Y方向弥散尺寸或斯特列尔比率。

（6）Refer To 参考基准，可选择主光线或重心光线，两者参考点都必须减去波前位，对重心参考模式，还要减去波前倾斜，这将导致一个较小的 RMS 值。

（7）Use Dashes 选择彩色（对彩色显示器或绘图仪）或虚线（对单色显示器或绘图仪）来表达。

（8）Field 选择"All"则显示所有视场，选择一个视场，则只显示一个视场位置的 RMS。

(9) Show Diffraction Limit   如果选中,则表示衍射极限响应的一条水平线将画在图中,对弥散斑的径向、X 或 Y 方向的 RMS,衍射极限是 F/# 乘以 1.22 再乘上波长(对多色光来说,波长用主色光波长),不考虑视场的话,衍射极限只随工作 F/# 而变。整个图形中只使用单一值。对斯特列尔比率用 0.8,对波前 RMS 用 0.072 波长。这些仅仅是为方便而采用的近似值。

(10) Use Polarization   若选中,对每一条所要求的光线进行偏振光追迹,由此可得出通过系统的最后的光强。

12.7.3　作为离焦量函数的均方根(RMS vs. Focus)

某光学系统的作为波长函数的均方根(RMS vs. Wavelength)图形窗口如图 12 − 64 所示。

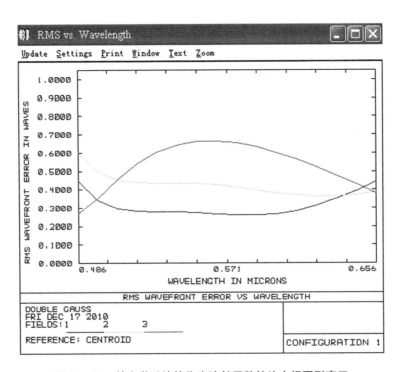

图 12 − 64　某光学系统的作为波长函数的均方根图形窗口

该命令可画出作为离焦量函数的弥散斑的径向、X 方向、Y 方向的均方根值。作为离焦函数的均方根图形窗口设置对话框如图 12 − 65 所示,该对话框中的项目功能说明如下。

(1) Ray Density   如果用高斯求积法,那么光线密度决定了要追迹的径向光线的数目。所追迹的光线越多,精度也越高,但是所需的时间也增加了。如果用方形列阵方法,那么光线密度表示了网格的尺寸,在圆形入瞳以外的光线将被省略。

(2) Focus Density   焦点密度是在所规定的最大离焦和最小离焦之间,用于计算 RMS 或斯特列尔比率数的焦点的数目。中间值用插值法计算,允许最大点数为 100。

(3) Plot Scale   画图时的刻度。若为 0,则由程序自动设置。

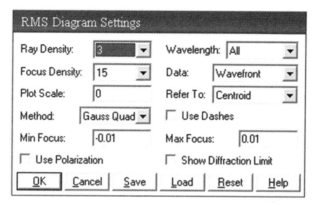

图 12 – 65　RMS vs. Focus 图形窗口的设置对话框

（4）Method　选择高斯求积法或矩形列阵法。高斯求积法速度快精度高,但只对无渐晕系统起作用,若有渐晕,则用矩形列阵法更精确。

（5）Wavelength　选择"All"则显示各波长和多色光计算的数据,选择任意一个波长则显示单色光的数据,选择"Poly Only"则只显示多色光数据。

（6）Data　可选择项为波前误差的 RMS、弥散斑的径向 RMS、X 方向 RMS、Y 方向 RMS或斯特列尔数。

（7）Refer To　参考基准为可选择主光线或重心光线。对单色光计算特定的波长用于作参考基准,对多色光计算,主色光用于作参考基准。两种参考基准都要减去波前活塞,在重心光线模式中,应减去波前的倾斜,以得到较小的 RMS 值。

（8）Use Dashes　选择彩色(对彩色显示器或绘图仪)或虚线(对单色显示器或绘图仪)来表达。

（9）Min Focus　离焦量的最小值,用透镜长度计量单位表示。

（10）Max Focus　离焦量的最大值,用透镜长度计量单位表示。

（11）Use Polarization　若选中,对每一条所要求的光线进行偏振光追迹,由此可得出通过系统的最后的光强。

（12）Show Diffraction Limit　如果选中,则表示衍射极限响应的一条水平线将画在图中,对弥散斑的径向、X 或 Y 方向的 RMS,衍射极限是 F/#乘以波长再乘以 1.22(对多色光来说,波长用主色光),不考虑视场的话,衍射极限只随工作 F/#而变。整个图形中只使用单一值。对斯特列尔比率用 0.8,对波前 RMS 用 0.072 波长。这些仅仅是为方便而采用的近似值。

某光学系统的作为焦离量函数的均方根(RMS vs. Focus)图形窗口如图 12 – 66 所示。

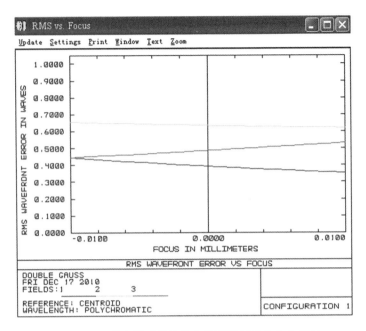

图 12 – 66　某光学系统的作为焦离量函数的均方根图

12. 8　包围圆能量(Encircled Energy)

包围圆能量(Encircled Energy)菜单包含四个子菜单,即衍射(Diffraction)、几何法(Geometric)、线性/边缘响应(Line/Edge Response)和扩展光源(Extended Source),如图12 – 67 所示。

12. 8. 1　衍射法(Diffraction)

该命令用来显示能量分布图。用衍射法(Diffraction)表示的某光学系统的能量分布图图形窗口如图 12 – 68 所示。用衍射法计算的包围能量图形窗口设置对话框(Encircled Energy Diagram Settings)如图 12 – 69 所示,该对话框中的项目功能说明如下。

(1)Sampling　详见 MTF 的描述。

(2)Type　规定包围圆能量计算形式,可以是包围圆(径向的)X 方向、Y 方向或矩形包围圈。

(3)Refer To　选择主光线或重心光线作为参考点。

(4)Wavelength　计算中所用的波长数目。

(5)Field　所要计算的视场个数。

(6)Max Distance　本设置将覆盖缺省的刻度,单位为微米,若选择缺省设置,则输入 0。

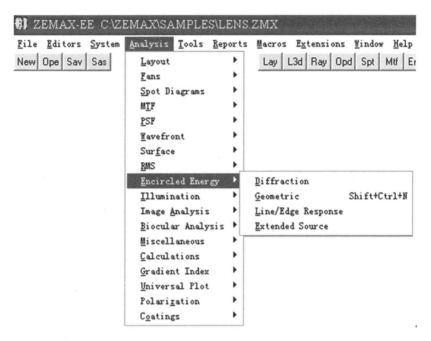

图 12 – 67　包围圆能量的子菜单及其路径

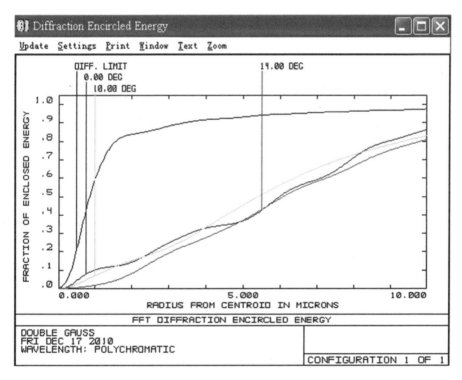

图 12 – 68　用衍射法计算某光学系统的能量分布图

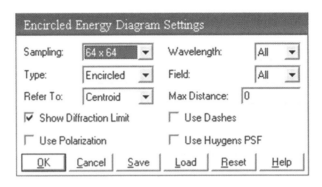

图 12-69　用衍射法计算的包围能量图设置对话框

(7) Show Diffraction Limit　如果选中,衍射极限结果将计算并显示。此时考虑了孔径,并用共轴的视场。

(8) Use Dashes　选择彩色(对彩色显示器或绘图仪)或虚线(对单色显示器或绘图仪)来表达。

(9) Use Polarization　若选中,对每一条所要求的光线进行偏振光追迹,由此可得出通过系统的最后的光强。

(10) Use Huygens PSF　如果选中,那么使用计算速度较慢但精度较高的惠更斯点扩散函数的方法计算 PSF。当像平面倾斜或主光线离像平面的法线较远时,必须选择本项。

衍射的包围圆能量计算的精度受到光程差(OPD)误差的大小和斜率以及抽样密度的限制。如果抽样密度不够,那么 ZEMAX 将显示"出错信息",表示该数据不够精确。为了提高精度,就得提高抽样密度或减少 OPD 误差。

衍射极限曲线是轴上无像差的包围圆能量分布。当轴上光线不能被追迹时(如在系统专门为离轴视场设计的情况下),在计算衍射极限的 MTF 响应时用第一个视场点代替。

12.8.2　几何法(Geometric)

该命令用光线与像平面交点的办法计算包围圆能量。用几何法(Geometric)计算的某光学系统(该系统与图 12-68 为同一个系统)的包围圆能量图形窗口如图 12-70 所示。用几何法计算的包围圆能量图形窗口设置对话框(Encircled Energy Diagram Settings)如图 12-71 所示,该对话框中的项目功能说明如下。

(1) Sampling　规定要追踪的光线的六角形环的数目。

(2) Type　规定包围圆能量计算形式,可以是包围圆(径向的)X 方向、Y 方向或矩形包围圈。

(3) Refer To　选择主光线或重心光线作为参考点。

(4) Wavelength　计算中所用的波长序号。

(5) Field　所要计算的视场序号。

(6) Max Distance　本设置将覆盖缺省的刻度,单位为微米,若选择缺省设置,则输入 0。

(7) Multiply by Diffraction Limit　如果选中,ZEMAX 通过用理论的衍射极限曲线换算几何数据的办法近似得出衍射的包围圆能量。ZEMAX 所用的衍射极限曲线是根据无遮挡的

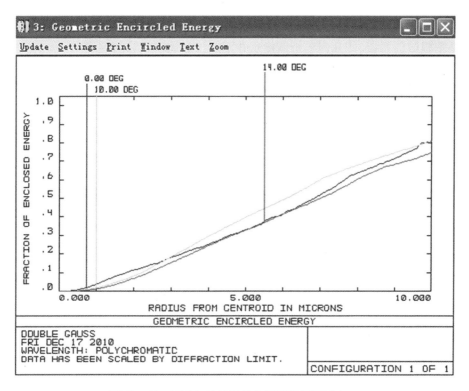

图 12 - 70 用几何法计算的包围圆能量图形窗口

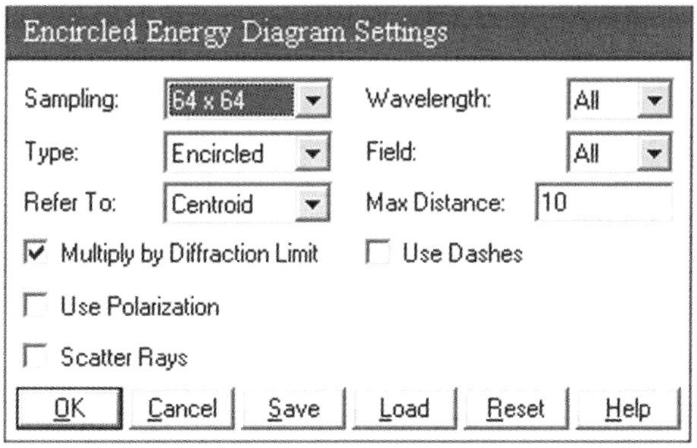

图 12 - 71 用几何法计算的包围圆能量图形窗口的设置对话框

圆形入瞳计算的。计算有遮挡的入瞳的方法是进行精确的衍射计算,此时就得用衍射的包围圆能量。衍射极限近似仅适用于无遮挡的入瞳系统和中等视场角,这是因为近似处理中忽略了由于视场引起的 F/#改变。

(8)Use Dashes 选择彩色(对彩色显示器或绘图仪)或虚线(对单色显示器或绘图仪)来表达。

(9)Use Polarization 若选中,对每一条所要求的光线进行偏振光追迹,由此可得出通过系统的最后的光强。

(10)Scatter Rays 若选中,则使用散射型光线。

单纯的 X 和 Y 方向的选择将计算包含正负号的特定距离范围内的部分光线,该距离是以主光线或像的重心为基准计算的。如果刻度大小为 10 μm,那么所包含区域是 20 μm。对接近衍射极限的系统,用几何包围圆能量并不能很好地表达它的性能。

12.8.3 线性/边缘响应(Line/Edge Response)

该命令可以用来对线状物体和边缘物体计算几何响应。某光学系统(该系统与图 12 – 68 为同一个系统)的线性/边缘响应图形窗口(Line/Edge Response)如图 12 – 72 所示。线性/边缘响应图形窗口的设置对话框如图 12 – 73 所示,该对话框中的项目功能说明如下。

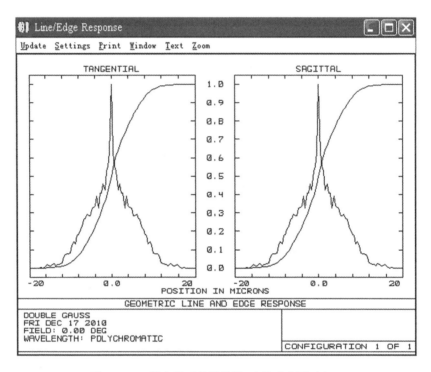

图 12 – 72　某光学系统的线性/边缘响应图形窗口

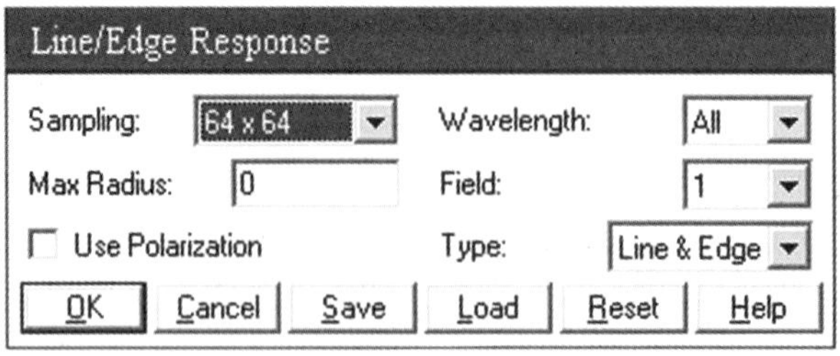

图 12 – 73　线性/边缘响应图形窗口的设置对话框

(1) Sampling　规定要追踪的光线的六角形环的数目。

(2) Max Radius　本设置将覆盖缺省的刻度,单位为微米,若选择缺省设置,则输入 0。

(3) Use Polarization　若选中,对每一条所要求的光线进行偏振光追迹,由此可得出通过系统的最后的光强。

（4）Wavelength　计算中所用的波长序号。

（5）Field　所要计算的视场序号。

（6）Type　规定包围圆能量计算形式,可以是包围圆(径向的)X 方向、Y 方向或矩形包围圈。

线响应函数(或线扩散函数 LSF)是一条直线物体的像密度分布的横切面表示。边缘响应函数(ERF)是一个边缘(半无限平面)的像密度分布的横切面表示。子午方向和弧矢方向的数据按直线或边缘的方向确定。

12.8.4　扩展光源(Extended Source)

该命令主要用来设置扩展光源包围能量的情况。这里着重介绍扩展光源包围能量图形窗口的设置对话框(Extended Source Encircled Energy Settings),如图 12 - 74 所示,该对话框中的项目功能说明如下。

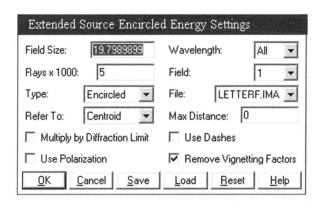

图 12 -74　扩展光源包围能量图设置对话框

（1）Field Size　设置视场大小。

（2）Rays × 1000　计算面光源照度时所追迹光线总数。

（3）Type　规定包围圆能量计算形式,可以是包围圆(径向的)X 方向、Y 方向或矩形包围圈。

（4）Refer To　参考基准,可选择主光线或重心光线。

（5）Multiply by Diffraction Limit　如果选中,ZEMAX 通过用理论的衍射极限曲线换算几何数据的办法近似得出衍射的包围圆能量。ZEMAX 所用的衍射极限曲线是根据无遮挡的圆形入瞳计算的。计算有遮挡的入瞳的方法是进行精确的衍射计算,此时就得用衍射的包围圆能量。衍射极限近似仅适用于无遮挡的入瞳系统和中等视场角,这是因为近似处理中忽略了由于视场引起的 F/#改变。

（6）Use Polarization　若选中,对每一条所要求的光线进行偏振光追迹,由此可得出通过系统的最后的光强。

（7）Wavelength　计算中所用的波长序号。

（8）Field　所要计算的视场序号。

(9)File 决定面光源形状的 IMA 文件的名称,可以选择字母、圆、文字、线对、采样和方形。

(10)Max Distance 设置图示横坐标的最大距离。

(11)Use Dashes 选择彩色(对彩色显示器或绘图仪)或虚线(对单色显示器或绘图仪)来表达。

(12)Remove Vignetting Factors 如选中则可快速清除渐晕因子。

12.9 照 度(Illumination)

照度(Illumination)命令包含四个子菜单,即相对照度(Relative Illumination)、渐晕图(Vignetting Plot)、XY 方向照度分布(Illumination XY Scan)和二维面照度(Illumination 2D Surface),如图 12–75 所示。

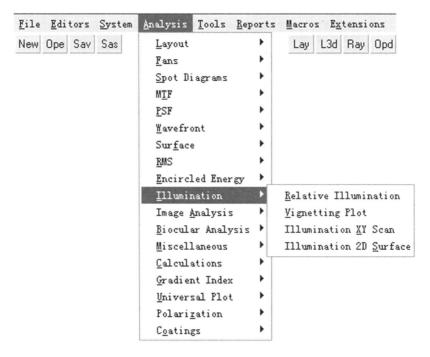

图 12–75 照度的子菜单及其路径

12.9.1 相对照度(Relative Illumination)

该命令可以对均匀照明的朗伯体以径向视场的坐标为函数计算出相对照度。相对照度图形窗口的设置对话框(Relative Illumination Settings)如图 12–76 所示,该对话框中的项目功能说明如下。

(1)Ray Density 沿方形列阵的一边的光线数目,用于出瞳照度的积分计算。密度越高,结果越精确,但计算时间越长。

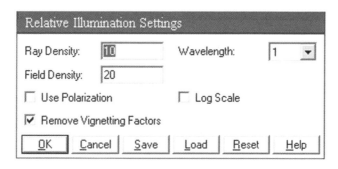

图 12 -76　相对照度图形窗口的设置对话框

（2）Field Density　沿着径向视场坐标计算相对照度的点数目。视场密度越大,所得曲线越光滑。

（3）Use Polarization　若选中,对每一条所要求的光线进行偏振光追迹,由此可得出通过系统的最后的光强。

（4）Log Scale　设置图形的比例。

（5）Remove Vignetting Factors　如选中则可快速清除渐晕因子。

本功能计算以径向视场坐标 Y 为函数的相对照度。相对照度是按照零视场的照度归一化后的像平面上的一个微小区域上的照度。计算时考虑了变迹、渐晕、孔径、像面上和瞳面上的像差、F/#的变化、色差、像面形状及入射角,若假定用非偏振光的话,还应考虑它的偏振效应。本方法假定光源是一个均匀的朗伯体,相对照度由从像点观察得到的出瞳有效面积的数值积分计算而得。求积时,利用像方余弦空间的均匀网格在方向余弦空间上执行。

注意相对照度计算一般不会得出余弦的四次方曲线。这是因为余弦四次方定律曲线的根据是无像差的薄透镜系统。对于包括远心光学系统、光瞳或像面有像差的系统或渐晕系统,相对照度可以用立体角的积分或从像方位置观察的出瞳上的有效面积积分求得。

12. 9. 2　渐晕图（Vignetting Plot）

渐晕图（Vignetting Plot）命令用来计算以视场角为函数的渐晕系数。渐晕图图形窗口的设置对话框（Vignetting Plot Settings）如图 12 -77 所示,该对话框中的项目功能说明如下。

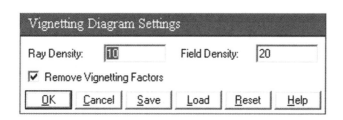

图 12 -77　渐晕图设置对话框

(1) Ray Density　光线密度,规定了被追迹的光线数目,该数目越大,结果越精确。

(2) Field Density　视场密度,是零视场和所规定的最大视场角之间的点数,中间值用插值法计算。

(3) Remove Vignetting Factors　如选中则可快速清除渐晕因子。

用分数表示的渐晕系数是入射光线中通过系统所有面的孔径与不被遮挡而落到像面的光线的百分比,并以相对瞳面积归一化(如果有渐晕的话)。由此得出的曲线图表示了分数渐晕是视场位置的函数。如果所用的光线太少,结果会不精确。当系统中有很多孔径和较大的视场时,更是如此。在计算中只用到主波长,因此它是一种几何计算,Y 方向只使用正的坐标,所以它只适用于旋转对称的镜头和视场。渐晕系数在此用来决定相对瞳面积。在计算中对光线溢出或全反射引起的出错,则考虑为渐晕。

12.9.3　XY 方向照度分布(Illumination XY Scan)

XY 方向照度分布(Illumination XY Scan)命令用来计算在像面上沿着横截线的曲面光源产生的照度。XY 方向照度分布设置(Illumination Surface/Scan Settings)对话框如图 12 – 78 所示,该对话框中的项目功能说明如下。

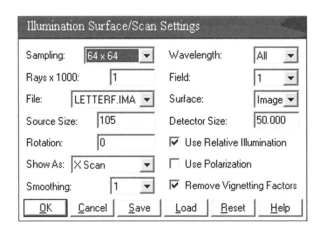

图 12 – 78　XY 方向照度分布图形窗口的设置对话框

(1) Sampling　选定网格尺寸以便将像面上的照度进行累加。抽样决定了在统计光线数据时有多少方格被使用。

(2) Rays × 1000　计算面光源照度时所追迹光线总数。

(3) File　决定面光源形状的 IMA 文件的名称,可选择字母、圆、文字、线对、采样和方形。

(4) Source Size　设置用视场单位表示的面光源的尺寸。

(5) Rotation　物空间中围绕着面光源中心的法线,面光源的旋转角度。

(6) Show As　选择 X 或 Y 方向扫描。

(7) Smoothing　消除由于抽样光线太少而引起的曲线上的突变点,通常采用邻近单元平均值的方法进行光顺操作。

(8) Wavelength　计算中所使用的波长数。

(9) Field　指出哪一个视场点用来作为面光源的中心参考点。

（10）Surface　扫描计算可以在任何一面进行,但是相对照度计算只在像平面上是精确的。

（11）Detector Size　用透镜单位表示的探测器的总宽度。探测器的大小被在抽样中规定的小方格数相除。

（12）Use Relative Illumination　如果选中,在 12.9.1 中所描述的相对照度计算结果被用来对视场中各点加权,以便精确地考虑出瞳辐射和立体角的影响。本设置如果选中,计算更精确,但更费时间。

（13）Remove Vignetting Factors　选中后将移除渐晕因子,即不考虑渐晕问题。

（14）Use Polarization　若选中,对每一条所要求的光线进行偏振光追迹,由此可得出通过系统的最后的光强。

X,Y 方向的照度扫描和相对照度功能相类似,只是加上了相对非均匀的面光源相对照度估计。对均匀照明的朗伯体来说,用相对照度功能计算更快更精确。然而对复杂光源系统,XY 的照度扫描可以通过蒙特卡罗光线追迹及常用的相对照度计算法进行估算。

12.9.4　二维面照度(Illumination 2D Surface)

二维面照度(Illumination 2D Surface)命令可以对二维面计算面光源的相对照度。某光学系统的二维面照度图形窗口如图 12 - 79 所示。二维面照度图形窗口的设置对话框如图 12 - 80 所示,该对话框中的项目功能说明如下。

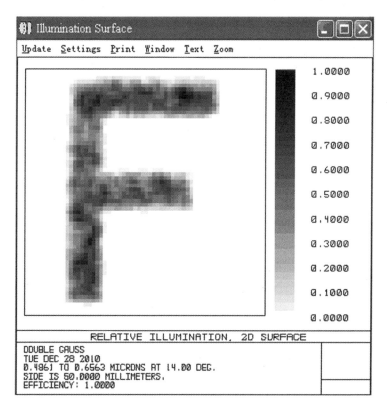

图 12 - 79　某光学系统的二维面照度图形窗口

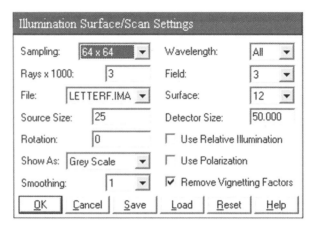

图 12 - 80   二维面照度图形窗口的设置对话框

该设置对话框的选项及其功能与 *XY* 方向照度分布(Illumination *XY* Scan)命令的图形窗口设置对话框一样,只是二维面照度的输出用轮廓图(Surface)、等高线(Contour)、灰度图(Grey Scale)或伪彩色(False Color)图形表示。

12.10   像分析(Image Analysis)

像分析的子菜单包含三个,即几何像分析(Geometric Image Analysis)、几何位图像分析(Geometric Bitmap Image Analys)和衍射像分析(Diffraction Image Analysis),如图 12 - 81所示。

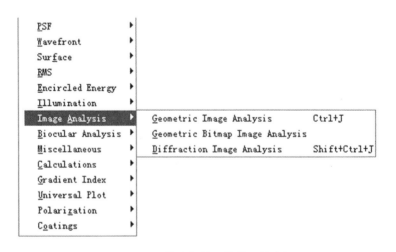

图 12 - 81   像分析的子菜单及其路径

12.10.1　几何像分析(Geometric Image Analysis)

本功能严格以几何光线的追迹为基础,以衍射为基础的分析功能见 12.10.3 部分。本功能中像的分析采用专门的 IMA 文件来描述将要成像的物体。某广角镜头的几何像分析(Geometric Image Analysis)图形窗口如图 12 - 82 所示,其设置对话框如图 12 - 83 所示,该对话框中的项目功能说明如下。

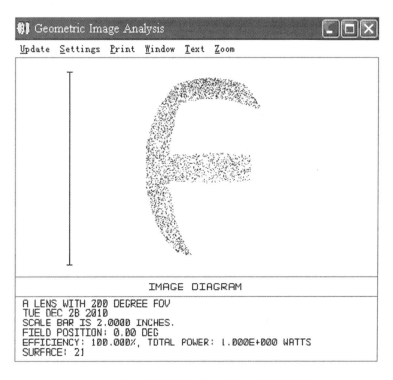

图 12 - 82　某广角镜头的几何像分析图形窗口

（1）Field Size　本数值定义了用视场坐标表示的正方形像的文件的宽度。根据当前对视场的定义(高度或角度),视场坐标可以是透镜单位,也可以是角度。

（2）Image Size　本数值设置了覆盖在像的图表上的比例条的大小,它对像的实际尺寸大小无影响,像的大小用物体的比例及系统的放大率和像差设定。缺省的设置可能与像面所需要分析的部分不符合。

（3）File　以".IMA"为后缀的文件名称。

（4）Rotation　旋转可以设置成任何角度(单位度)。本算法中,在光线追迹之前确实将物点旋转,所以本功能可以用于目标条块在子午方向和弧矢方向之间切换。

（5）Ray×1000　本设置大致决定了所追迹的光线数量。所追迹的光线数目约为所设置数量的 1 000 倍。之所以光线数量是近似的,是因为光线在小方格里的分布必须是均匀的。例如,如果在像文件中有 1 500 个小方格,那么至少有 1 500 条光线将被追迹(即使选择了数目 1),每一个波长中的光线分布与波长的权重成正比。

（6）Show　可选择"像方图表""表面图形"或"三维直方图"。像方图表与点列图相类似,显示百分效率。"表面图形"和"三维直方图"显示了落在探测器中间的光线的强度分

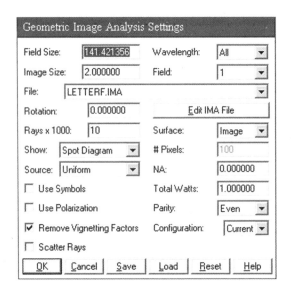

图 12 - 83　几何像分析设置对话框

布图。

（7）Source　光源可以是均匀或朗伯体。均匀光源的所有光线的权重因子都相等。朗伯体光线权重因子则按照光线与物面轴线之间夹角的余弦设置。

（8）Use Symbols　若选中,将用不同的标记(而不是用虚线)来表示每一个波长计算结果,这将帮助区分各种波长。

（9）Use Polarization　若选中,对每一条所要求的光线进行偏振光追迹,由此可得出通过系统的最后的光强。

（10）Remove Vignetting Factors　选中它,可以去除渐晕因素。

（11）Scatter Rays　选中则使用散射光线。

（12）Wavelength　用于计算的波长数序号。

（13）Field　像文件可以以任意定义的视场位置为中心,这使像条状小块一类的小目标可以移动到视场的任何地方,最后的像就以该视场的主光线坐标为中心。

（14）Edit IMA File　按下本按钮将触发 Windows Notepad 编辑器,这将允许校对当前所用的 IMA 文件。

（15）Surface　评价光线的面的序号,缺省时为像面,其他的面也可以选取,例如为在某一光学表面上研究光的痕迹时。

（16）NA　以数值孔径(定义为 nSinU)到达像面的光线,大于给定值的光线将忽略。缺省值为 0,这意味着所有光线都可被通过。

（17）Parity　偶数(Even)设置使物体按照从光轴向负 Z 轴方向观察时的面目出现。若设置为奇数(Odd),则将使物体上下颠倒。

（18）Configuration　选择所有结构、目前结构或 1/1 结构。

ZEMAX 支持两种不同的 IMA 文件格式,一种是 ASCII 码,一种是二进制码。不管哪一种格式,该文件的名称必须以".IMA"作为扩展名。ZEMAX 能自动地区别这两种文件类型。ASCII 码成像文件是一种文本文件,它的扩展名是".IMA",位于文件顶部,是一个表示文件大小的数字(用像素表示)。每一个字符代表一个像素,所有 IMA 文件是方块状排列着的,内含 $n \times n$ 个像素。例如,一个 7×7 代表字母为"F"的 IMA 文件,可写成以下形式:

```
0 1 1 1 1 1 0
0 1 0 0 0 0 0
0 1 0 0 0 0 0
0 1 1 1 1 1 0
0 1 0 0 0 0 0
0 1 0 0 0 0 0
0 1 0 0 0 0 0
```

每一个像素的光强度可以是 0 到 9 之间的任何数字,每个像素的光线条数和该数字的大小成正比。若数字为 0,该像素不发射任何光线。

视场大小决定了光学系统可以看到的成像文件的物理大小。例如,视场大小为 2 mm(在这里已假定视场大小是用物方或像方的高度来表示),使用 30×30 个像素的像文件,那么每一个像素所代表的区域是 67 μm × 67 μm。如果同样的像文件后来又用在全视场为 $40°$ 的系统中,那么视场大小就是 $40°$,每一个像素就代表 1.33°。

如果用量度单位来区别各个物体形式,同一个像文件可以应用于不同的场合,如图像文件"LETTERF. IMA"包含了 7×7 个像素网格,代表了大写字母 F,像的大小可以是 1 mm,然后是 0.1 mm,再是 0.01 mm,可以得出该光学系统能分辨出多小的字母,而不用修改 IMA 文件。

请注意:如果视场是由像高定义的,那么视场尺寸决定了像空间的物的大小,而不是物空间的物的大小。视场尺寸总是用视场的同一单位度量。同样对像高而言,视场大小决定了像高。物的大小由视场大小除以镜头的放大率得出。

视场位置的选择使得像质分析有很大的灵活性。例如,字母 F 的像文件,可以在视场的若干位置进行测试以便判断分辨率是否受到视场像差的影响。物的大小用字母的高度来设定,但以所选定的视场点的主光线的交点为中心。

在缺省情况下,光源是一个光线的均匀辐射体,在这里"均匀"是指在入瞳面上均匀,所有发出的光线都均匀地落在入瞳之内,它们的权重因子都相等。因为光线波长是按照波长权重的比例关系随机选择的,所以不需要一个明确的波长加权重因子。均匀设置通常对物距很大的小视场系统比较合适,光源也可以设定为朗伯体,这种光源的所有光线的权重因子是它们的余弦因子。

如果在计算中选择了"Use Polarization"这一设置的话,那么所计算的效率中就考虑到了光学系统中反射和透过的损失。它还考虑到了渐晕、光源分布、波长的权重和探测器的数值孔径。为了限制像接收直径(例如在光纤中),可在紧靠具有最大径向孔径的像面的前面放置一个圆形孔径。

本功能另一个普遍的用处是选择一个网格状的物体(例如 GRID. IMA 抽样文件),然后利用最后得到的像来评价畸变。本功能对把物高作为所选择的视场类型的系统特别有效,这是因为畸变是指整个物平面上的固定放大率的偏离,然而对用角度来定义视场的系统而言,像分析功能会产生虽然是正确的但容易引起误解的结果,这是因为在作像分析时,将把扩展的光源像文件分成等角度的小面积,而不是等高度。

例如,用 10 个像素宽的像文件来表达 10 mm 的视场宽度时,每平方毫米有一个像素;

同一个像文件用于视场为 10°的系统时,每个平方角度有一个像素。在这两种情况下,物的形状是完全不相同的,在这种场合应使用更广义的网格畸变图。

当观察面形图和三维直方图时,按下"Left""Right""Up""Down""Page Up"或"Page Down"键时可转动所显示的像,以得到不同的透视。

在像分析窗口中选择"Text"选项将产生并显示一个 ASCII 文件,文件中列出了光线数据。如果将"Show"这一选项设置成"Image Diagram",文件将有 9 列,第一列为光线序号,第二列和第三列分别为 X 和 Y 方向的视场坐标(用度或物高表示),第四、五列为归一化的瞳坐标 P_x 和 P_y,第六列为波长序号,第七列为光线的权重,它与光源的特性有关,第八、九列为以参考光线为基准的用透镜单位表示的像坐标,如果"Show"这一选项选择为"表面图"或"三维直方图",那么"Text"将列出每一像素中加权的光线数。使用"Esc"键可以中断像分析时的长时期的计算。

12.10.2 几何位图像分析(Geometric Bitmap Image Analys)

几何位图像分析命令主要是通过几何位图的形式分析像的质量。某光学系统的几何位图像分析图形窗口如图 12 - 84 所示,其设置对话框如图 12 - 85 所示。

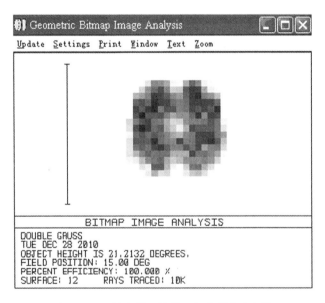

图 12 - 84 某光学系统的几何位图像分析图

12.10.3 衍射像分析(Diffraction Image Analysis)

衍射像分析(Diffraction Image Analysis)功能与几何像分析(Geometric Image Analysis)功能类似,只是它利用了复杂的光学传递函数(OTF)来计算像的轮廓。衍射像分析图形窗口和其设置对话框如图 12 - 86、图 12 - 87 所示。

本方法考虑了光束通过时的频谱限制和其他与衍射有关的实际光学系统对像构成的影响。衍射像分析功能使用专门的 IMA 文件来描述要成像的物的形状。衍射像分析图形窗口设置对话框中项目功能说明如下。

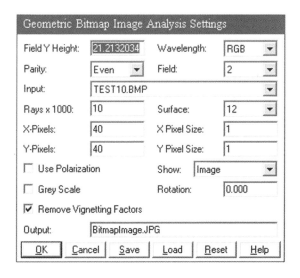

图 12 - 85　几何位图像分析设置对话框

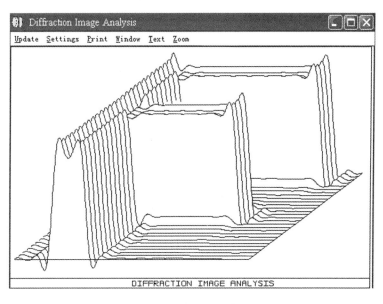

图 12 - 86　某光学系统的衍射像分析图形窗口

（1）Image Size　用透镜单位表示的由 IMA 文件定义的像的宽度。注意 IMA 文件总是正方形的。

（2）Oversampling　选择一个使 IMA 文件中像素抽样密度增加的因子,从而可以在不定义新 IMA 文件的情况下增加 IMA 文件中的有效分辨率。

（3）Zero Padding　通过在 IMA 文件的像素周围增加零强度值的像素的方法,确定其实际尺寸以计算衍射像,它可以使所显示的衍射像的尺寸增加而不改变无像差像的大小,这可使完善成像位置周围的衍射能量分布得到很好的研究。

（4）OTF Sampling　瞳面上抽样网格的大小。大的网格值可以得出较精确的系统的

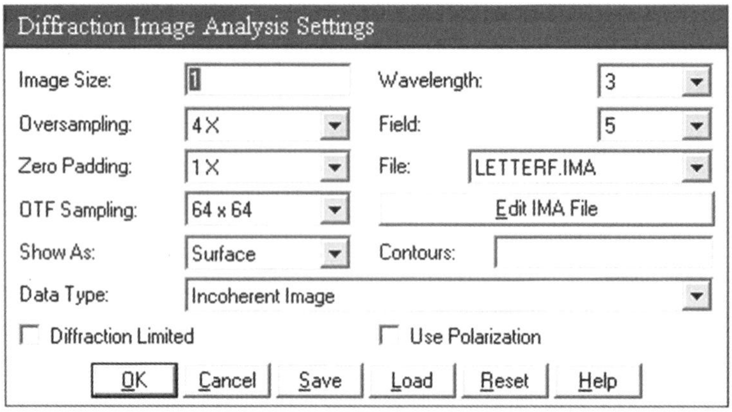

图 12－87　衍射像分析图形窗口设置对话框

OTF 值。本设置对衍射像的大小无影响,只对决定频率响应的精度有影响。

(5) Show As　可选择面形图、轮廓图、灰度图和伪彩色图。

(6) Data Type　可选择非相干成像、相干成像、自然成像、非相干传函、相干传函或自然成像的传递。

(7) Diffraction Limited　如果选择,忽略像差,只考虑孔径。

(8) Wavelength　用于计算的波长序号。

(9) Field　用于计算光学传递函数的视场位置的序号。

(10) File　IMA 文件的名称,该文件必须处于 ImaFile 子目录下。

(11) Use Polarization　若选中,对每一条所要求的光线进行偏振光追迹,由此可得出通过系统的光强。

本功能可以计算扩展光源的复杂衍射成像特征。它所包含的方法是建立在 Fourier 光学基础上的。一旦输入的像给定以后,该像就变换到频率空间中,乘以 OTF 值然后再变换到位置空间中去。该像由复数的 OTF 进行滤波,以得出衍射像。

请注意:衍射像分析功能对小的视场计算像的详细数据是很有效的。而几何像的分析功能则对计算大尺寸的像的成像数据是很有效的。

12.11　杂项(Miscellaneous)

杂项(Miscellaneous)命令包含的子菜单较多,也很常用,如场曲/畸变(Field Curv/Dist)、网格畸变(Grid Distortion)、光线痕迹图(Footprint Diagram)、纵向像差(Longitudinal Aberration)、横向色差(Lateral Color)、焦点色位移(Chromatic Focal Shift)、色散图(Dispersion Diagram)、玻璃图(Glass Map)、波长与透过率关系(Int. Transmission vs. Wavelength)和系统概要图(System Summary Graphic)等,如图 12－88 所示。

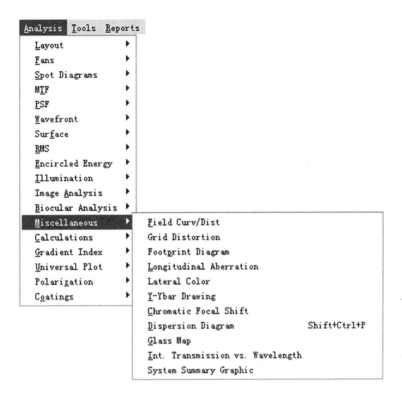

图 12 - 88　杂项命令子菜单

12.11.1　场曲和畸变(Field Curv/Dist)

本命令可以显示光学系统的场曲和畸变曲线图形窗口。某光学系统的场曲和畸变曲线图形窗口如图 12 - 89 所示,其图形窗口的设置对话框如图 12 - 90 所示,该对话框中的项目功能说明如下。

(1)Max Curvature　用透镜长度单位表示的场曲曲线图的最大场曲值,输入 0 代表自动设置。

(2)Max Distortion　用百分比表示的畸变曲线的最大值,输入 0 代表自动设置。

(3)Wavelength　用于计算的波长数目。

(4)Use Dashes　画图时选择颜色(对彩色屏幕和绘图仪而言)或虚线(对单色屏幕和绘图仪而言)。

(5)Do X-Scan　若选中,则沿着 X 视场的正方向计算,否则,沿着 Y 视场正方向计算。

场曲曲线显示作为视场坐标函数的当前的焦平面或像平面到近轴焦面的距离。子午场曲数据是沿着 Z 轴测量的从当前所确定的聚焦面到近轴焦面的距离,并且是在子午(YZ 面)上测量的。弧矢场曲数据是在与子午面垂直的平面上测量的距离,示意图中的基线是在光轴上,曲线顶部代表最大视场(角度或高度),在纵轴上不设置单位,这是因为曲线总是用最大的径向视场来归一化的。子午光线和弧矢光线的场曲是以用该光线确定的像平面到近轴焦点之间的距离定义的。在非旋转对称系统中,实际光线和主光线从不相交,因此数据是在最接近处理的点上得出的。

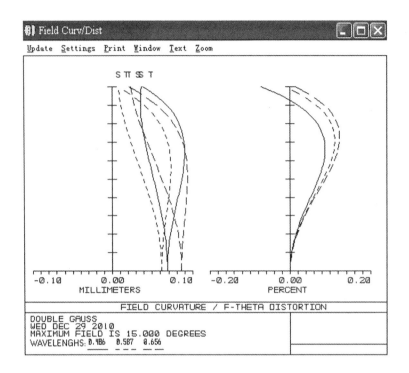

图 12 - 89　某光学系统的场曲和畸变曲线图形窗口

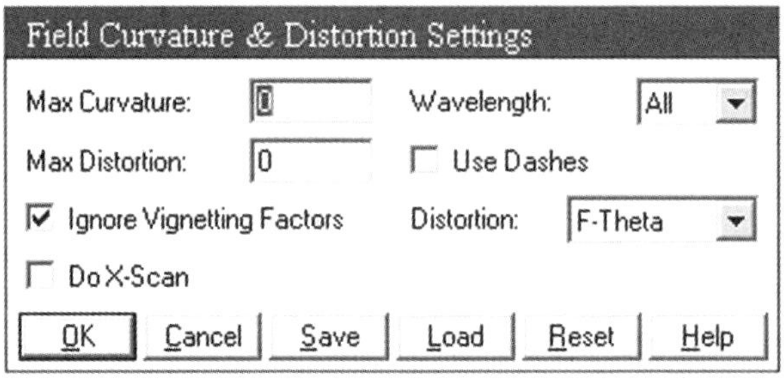

图 12 - 90　场曲和畸变曲线图形窗口的设置对话框

在缺省时视场扫描是沿 Y 轴的正方向进行的,如果选择"Do X-Scan",那么最大视场是沿着 X 轴的正方向,在这种情况下,子午场曲代表 XZ 平面,弧矢场曲代表 YZ 平面。初学者常问为什么零视场的场曲图并不总是从零开始的呢? 这是因为图中所显示的距离是从当前定义的像平面到近轴焦面的距离,而当前定义的像平面并不需要与近轴像平面重合。如果存在着任何离焦量,那么这两个平面之间是有位移的,由此可以解释场曲的数据为什么会是那样。

"标准(Standard)"型的畸变大小定义为实际主光线高度减去近轴主光线高度值,然后被近轴主光线相除,再乘以 100%。此时,近轴像高是用一条视场高度很小的实际光线求得的,然后按要求将结果按比例缩放。这一规则允许即使对不能用近轴光线很好描述的系统也能计算合理的畸变。

"F-Theta"型畸变并不用近轴主光线高度,而是用由焦距乘以物方主光线的夹角决定的高度。这种称为"F-Theta"高度的系统只有物在无穷远时才有意义,此时视场高度用角度来代替。一般"F-Theta"只适用于扫描系统,这些系统像高与扫描角需要呈线性关系。

"刻度标定(Calibrated)"型畸变与"F-Theta"型畸变类似,只是使用的是"最适焦距",而不是系统焦距,标定畸变用像高和视场角之间的非线性程度来衡量,不限制由"F-Theta"条件定义的线性。选择一个最适合该数据的焦距而不是系统焦距进行计算,最适焦距与系统焦距是非常接近的。在本功能中,标定焦距在本功能的文本(Text)中给出。

对于非旋转对称系统和只有弯曲的像平面系统,畸变很难确定,并且所得到的数据也可能是无意义的。对非旋转对称的系统而言,没有一个单一的数字可以在单一的视场点适当地描述畸变,作为替代可用"网格图"表示。

严格地说场曲和畸变图只对旋转对称并且具有平的像面的系统有效。然而 ZEMAX 采用了场曲和畸变的推广概念去描述某些(并非全部)非旋转对称系统的合理结果,在理解非旋转对称系统的相应图示时,必须注意。

在画场曲和畸变时,缺省情况下不考虑渐晕。渐晕系数可以改变主光线在光阑面上的位置,致使主光线不再通过光阑中心。

12.11.2 网格畸变(Grid Distortion)

本命令用来显示主光线交点的网格以表示畸变。某光学系统的网格畸变图形窗口(Grid Distortion)如图 12-91 所示,其图形窗口的设置对话框如图 12-92 所示,该对话框中的项目功能说明如下。

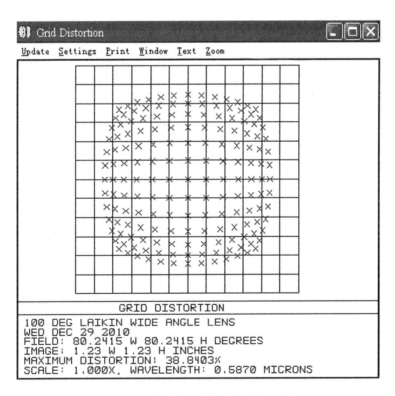

图 12-91 某光学系统的网格畸变图形窗口

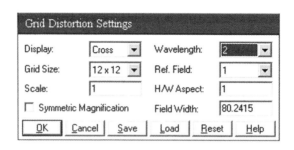

图 12 - 92 网格畸变图形窗口的设置对话框

(1)Display 可选择"Cross"用十字叉线表达交点,或"Vector"画出从理想像点到实际主光线像点的矢量。

(2)Grid Size 网格大小。

(3)Wavelength 用于计算的波长序号。

(4)Ref. Field 参考视场位置。

(5)Scale 若比例选定不为1,那么畸变网格上的 X 点将以所选定的比例因子扩大。

(6)H/W Aspect 若采用1,那么将选择正方形的视场,若系统是非对称的,那么输出的像可能不是正方形,但像方视场是正方形。若长宽比大于1,那么 Y 方向的视场将以所给定的因子被压缩。若长宽比小于1,那么 X 方向的视场将以所给定因子的倒数被压缩,最后得到的长宽比为 X 视场的尺寸被 Y 视场的尺寸所除,长宽比仅仅影响输入视场。像平面上的长宽比由光学系统的成像特征所决定。

(7)Symmetric Magnification 若采用,X 方向的放大率必须等于 Y 方向的放大率。这引起畸变以预定的对称网格而不是变形网格为参考点。

网格畸变命令用来显示或计算主光线网格的坐标,在一个无畸变的系统中,像平面的主光线坐标值和视场坐标之间遵守线性关系:

$$\begin{bmatrix} x_p \\ y_p \end{bmatrix} = \begin{bmatrix} A & B \\ C & D \end{bmatrix} \cdot \begin{bmatrix} f_x \\ f_y \end{bmatrix} \tag{12-2}$$

式中,x_p 和 y_p 是以参考像点为基准的像方坐标;f_x 和 f_y 是以参考物点为基准的物方线性坐标,对于以"角度"来定义视场的光学系统,f_x 和 f_y 为视场角的正切(视场坐标必须是线性的,因此用角度的正切而不是角度本身)。为了计算 **ABCD** 矩阵,ZEMAX 在以参考视场点为中心的很小区域中追迹光线。通常这是视场中心,ZEMAX 允许选择任何一个视场位置作为参考点。

12. 11. 3 光线痕迹图(Footprint Diagram)

本命令用来显示任何面上叠加的光束的痕迹,通常用于显示畸变效果和表面孔径。某光学系统的光线痕迹图图形窗口(Footprint Diagram)如图 12 - 93 所示,其图形窗口的设置对话框如图 12 - 94 所示,该对话框中的项目功能说明如下。

(1)Ray Density 决定通过入瞳一半的光线数量,设置为 10 将追迹 21 × 21 的网格的光线。

(2)Surface 要显示光束痕迹的表面。

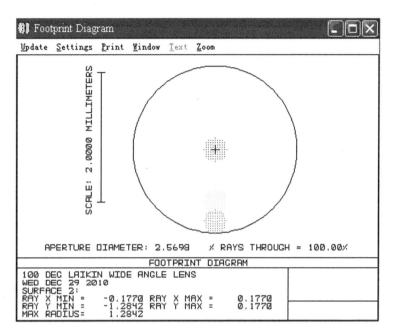

图 12 - 93　某光学系统的光线痕迹图图形窗口

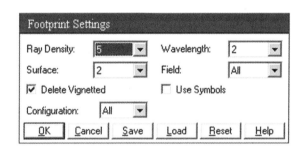

图 12 - 94　光线痕迹图图形窗口设置对话框

（3）Wavelength　用于计算的波长序号。

（4）Field　用于计算的视场序号。

（5）Delete Vignetted　若采用,被以后的面拦去的光线将不再显示,而被以前的面拦去的光线则更不会显示。

光线网格将由光线密度参数规定,光线可以采用任何或所有视场,任何或所有波长。若选定了"Delete Vignetted"选项,那么被该面及该面以后的面拦去的光线将不被显示出来。否则,它们将显示。

12.11.4　纵向像差(Longitudinal Aberration)

本命令用来显示每个波长的以入瞳高度为函数的纵向像差。某光学系统的纵向像差曲线图形窗口如图 12 - 95 所示,其图形窗口的设置对话框如图 12 - 96 所示,该对话框中的项目功能说明如下。

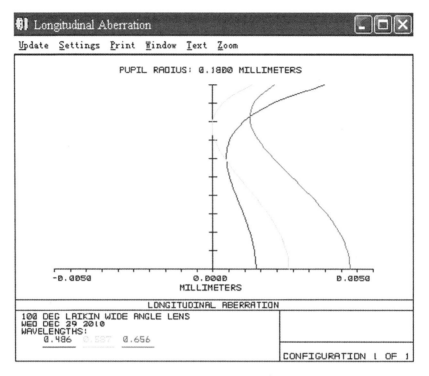

图 12-95　某光学系统的纵向像差曲线图形窗口

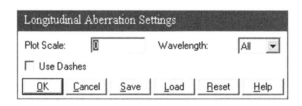

图 12-96　纵向像差曲线图形窗口的设置对话框

(1) Plot Scale　用透镜单位表示的最大刻度,输入 0 为自动设置。

(2) Wavelength　用于计算的波长数目。

(3) Use Dashes　选择颜色(对彩色显示屏和打印机)或虚线(黑白显示屏或打印机)来显示图形。

本设置计算从像平面到一条区域边缘光线聚焦点的距离。本计算只对轴上点进行,并且仅当区域子午边缘光线是光瞳高度函数时适用。图形的基点在光轴上,它代表像平面到光线与光轴交点的距离。

因为纵向像差用像平面到光线与光轴的交点距离来表示,所以对非旋转对称系统而言,本功能也许会产生一个无意义的结果。

12.11.5　横向色差(Lateral Color)

本命令用来显示作为视场高度函数的横向色差曲线。某光学系统的横向色差的图形窗口如图 12 - 97 所示,其图形窗口的设置对话框如图 12 - 98 所示。

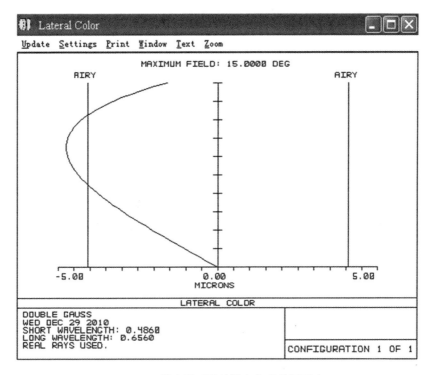

图 12 - 97　某光学系统的横向色差的图形窗口

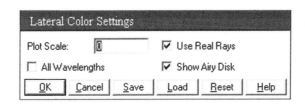

图 12 - 98　横向色差图形窗口的设置对话框

横向色差图形窗口的设置对话框中的项目功能说明如下。

(1)Plot Scale　定义图中的最大刻度(用透镜单位表示),输入 0 代表自动设置。

(2)Use Real Rays　可采用实际或近轴光线,缺省设置为近轴光线。若要采用实际光线则选中本设置。

(3)Show Airy Disk　如选中,则图形窗口中会显示 Airy Disk 线,图 12 - 97 中平行的两条竖线便是。

本设置计算的横向色差是指像平面上最短波长的主光线交点到最长波长的主光线交点之间的距离。图形的基点在光轴上,图形的顶点代表最大的视场半径,只使用正的视场角或 Y 方向的高度。垂直刻度经常用最大视场角或高度归一化,子午刻度用透镜单位表示,实际光线和近轴光线都可采用。对非旋转对称的系统而言,本功能会得出一个无意义的结果。

12.11.6 焦点色位移(Chromatic Focal Shift)

本命令用来显示色光的焦点偏移曲线。某光学系统的焦点色位移图形窗口如图 12-99 所示,该图形窗口的设置对话框如图 12-100 所示,该对话框中的项目功能说明如下。

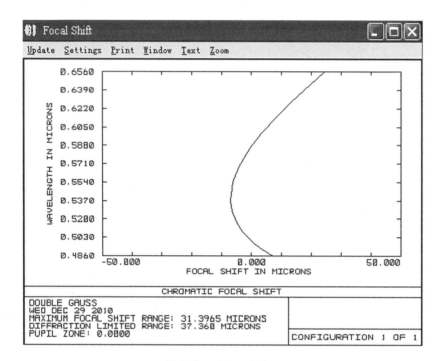

图 12-99　某光学系统的焦点色位移图形窗口

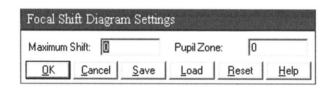

图 12-100　焦点色位移图形窗口的设置对话框

(1)Maximum Shift　用透镜单位表示的水平轴线的最大范围,垂直轴线刻度用所定义的波长范围来设定。

(2)Pupil Zone　用于计算后焦点的光瞳上的径向区域。缺省设置为 0,它代表利用近轴光线;设置成 0 到 1 之间的值代表采用入瞳面上相应高度的实际边缘光线来计算后焦点,1 代表光瞳边缘,即全孔径。

焦点色位移图形窗口代表了与主波长有关的后焦距的色位移。在每一个图示的波长,可使该种颜色的边缘光线到达近轴焦点所需要的像平面的位移被计算出来。对非旋转对称的系统本图示也许会失去意义。最大偏离的设置将覆盖缺省的设置。整个图形总是以主波长的近轴焦点为参考基准。

12.11.7 色散图(Dispersion Diagram)

本命令可以对玻璃目录中任何一种材料画出作为波长函数的折射率图。本命令在检查色散常数或其他色散公式数据在输入时是否正确是很有用的。

举例 K5牌号玻璃的色散图如图12－101所示,该图形窗口的设置对话框如图12－102所示,该设置对话框中的项目功能说明如下。

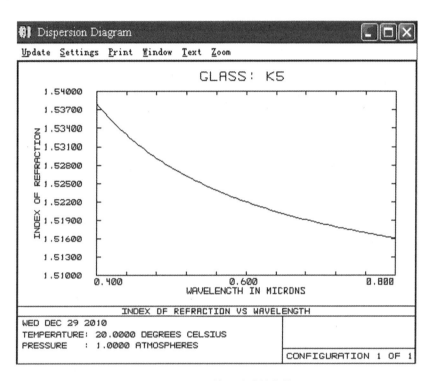

图 12－101　K5牌号玻璃的色散图

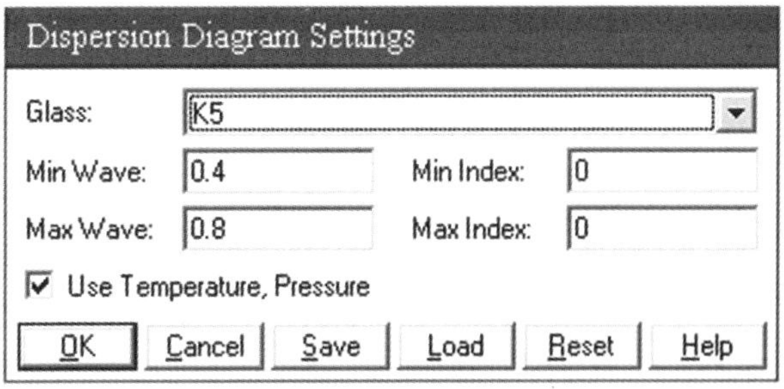

图 12－102　色散图图形窗口的设置对话框

(1) Min Wave　决定色散图中的 X 轴线的左边坐标。
(2) Max Wave　决定色散图中的 X 轴线的右边坐标。
(3) Min Index　决定色散图中 Y 轴线的底部坐标,输入 0 代表自动设置。

(4) Max Index　决定色散图中 Y 轴线的顶部坐标,输入 0 代表自动设置。

(5) Glass　所用材料的名称。

(6) Use Temperature,Pressure　如选中,那么由于温度压力所产生的折射率的变化将被考虑。

12.11.8　玻璃图(Glass Map)

本命令可以在玻璃图上给出折射率(Index Of Refraction)和阿贝数(Abbe Number,也称为色散系数,一般来说,阿贝数低的材料色散厉害)对应的玻璃名称。折射率和阿贝数是直接从玻璃库的入口中得到的,而并不是根据波长数据或色散系数计算出来的。

一般情况下,弹出的图形窗口稍小,看不清楚玻璃的名称。如果想看清楚玻璃的名称需要利用"Zoom"选项功能进行放大处理,或者利用"Text"选项来查看相关的文本信息。该图形窗口的横坐标是阿贝数,纵坐标是折射率,如图 12 - 103 所示。

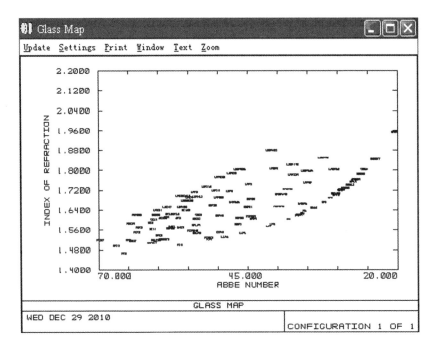

图 12 - 103　玻璃图窗口

玻璃图的设置对话框如图 12 - 104 所示,其中的项目功能说明如下。

(1) Min Abbe　决定图中的 X 轴线的左边坐标。

(2) Max Abbe　决定图中的 X 轴线的右边坐标。

(3) Min Index　决定图中 Y 轴线的底部坐标,输入 0 代表自动设置。

(4) Max Index　决定图中 Y 轴线的顶部坐标,输入 0 代表自动设置。

本功能对具有特定折射率和色散特性的玻璃定位是很有用的。

通常,玻璃图的阿贝数从左到右是逐渐下降的,这可以解释为什么最大和最小的阿贝数看上去是相反的。

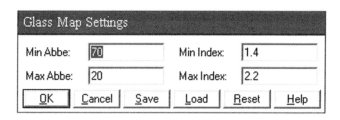

图 12 − 104 玻璃图的设置对话框

12.11.9 波长和透过率的关系(Int. Transmission vs. Wavelength)

本命令可以对玻璃库中任何一种材料画出波长和透过率的函数关系曲线图。

举例 BaK4 牌号玻璃的波长和透过率的函数关系曲线图形窗口如图 12 − 105 所示,该图形窗口的设置对话框如图 12 − 106 所示,该对话框中的项目功能说明如下。

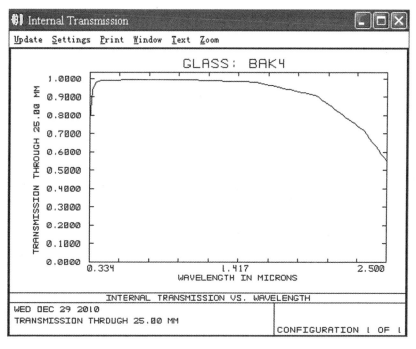

图 12 − 105 BaK4 牌号玻璃的波长和透过率的函数关系曲线图形窗口

(1)Min Wave 决定图中的 X 轴线的左边坐标。

(2)Max Wave 决定图中的 X 轴线的右边坐标。

(3)Min Tran 决定图中 Y 轴线的底部坐标。

(4)Max Tran 决定图中 Y 轴线的顶部坐标,输入 0 代表自动设置。

(5)Glass 所用材料的名称。

(6)Thickness 用毫米表示的玻璃厚度。

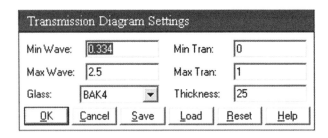

图 12 - 106　波长和透过率的函数关系曲线图形窗口的设置对话框

12.11.10　系统概要图(System Summary Graphic)

本命令旨在图形框内显示和系统数据报表的文本类似的系统概要文本数据,没有设置对话框窗口。

12.12　赛得系数(Seidel Coefficients)

本教材主要是简介共轴的光学系统在 ZEMAX 软件中的实现及其常用命令,所以并没有讲解所有的命令。下面介绍与赛得系数(Seidel Coefficients)有关的问题。

本命令用来显示赛得系数和波前系数。

赛得系数逐面排列,所列的系数主要有:球差(SPHA,S1)、彗差(COMA,S2)、像散(ASTI,S3)、场曲(FCUR,S4)、畸变(DIST,S5)、轴向色差(CLA,CL)和横向色差(CTR,CT)。它们的单位和系统的透镜单位相同,只是以波长为单位的系数除外。这些数据只对系统完全由标准面组成的情况有效。任何包含坐标折断、光栅、理想面或其他标准面的系统是不能用计算赛得系数的近轴光线适当地描述的。

横向像差系数也是逐面列出的,所列的系数主要有:横向球差(TSPH)、横向弧矢彗差(TSCO)、横向子午彗差(TTCO)、横向弧矢场曲(TSFC)、横向子午场曲(TTFC)、横向畸变(TDIS)和横向轴上色差(TLAC)。这些横向像差均以系统的透镜单位为计量单位,当出射光线处于接近平行状况时这些横向像差系数会变得很大,在光学空间中变得没有意义。

纵向像差系数所计算的内容包括:纵向球差(LSPH)、纵向像散(LAST)、纵向匹兹凡场曲(LFCP)、纵向弧矢场曲(LFCS)、纵向子午场曲(LFCT)和纵向轴上色差(LAXC)。纵向像差用透镜单位计量。当出射光线接近于平行时,纵向像差系数会变得很大,在光学空间中变得没有意义。

所列出的波前系数包括:球差(W040)、彗差(W131)、像散(W222)、匹兹凡场曲(W220P)、畸变(W311)、轴向色离焦项(W020)、轴向色倾斜(W111)、弧矢场曲(W220S)、平均场曲(W220M)和子午场曲(W220T)。所有这些波前系数以出瞳边缘的波长单位为单位。

第13章 工 具 菜 单

工具(Tools)菜单是 ZEMAX 软件中一个很重要的菜单,本菜单中有三十多个子菜单,如优化(Optimization)、全局优化(Global Search)、锤形优化(Hammer Optimization)、评价函数列表(Merit Function Listing)、消除所有的变量(Remove All Variable)、公差(Tolerancing)等子菜单。本章重点介绍一些常用的子菜单。工具菜单的特点是它可以改变镜头数据或对整个系统进行复杂的计算。

13.1 优 化 菜 单

ZEMAX 提供了三种优化方案,即优化(Optimization)、全局优化(Global Search)和锤形优化(Hammer Optimization),如图 13-1 所示。

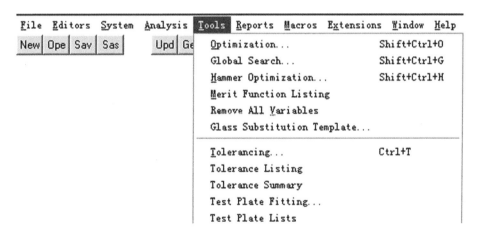

图 13-1 工具的子菜单

13.1.1 优化(Optimization)

优化的目的是提高或改进设计使它满足设计要求。评价函数用评价函数编辑器来定义。本优化方法是阻尼最小二乘法。ZEMAX 提供了超过 250 个优化操作数来定义评价函数。例如,常用 EFFL 控制焦距,用 PMAG 控制近轴放大率,用 SPHA 控制初级球差等。随着软件的不断升级,会有不断新增的操作数。常用的操作数介绍如下。

1. 一阶光学性能操作数

EFFL:透镜单元的有效焦距。

AXCL:透镜单元的轴向色差。

LACL:透镜单元的垂轴色差。

PIMH:规定波长的近轴像高。

PMAG:近轴放大率。

AMAG:角放大率。

ENPP:透镜单元入瞳位置。

EXPP:透镜单元出瞳位置。

PETZ:透镜单元的 PETZVAL 半径。

PETC:反向透镜单元的 PETZVAL 半径。

LINV:透镜单元的拉格朗日不变量。

WFNO:像空间 F/#。

POWR:指定表面的权重。

EPDI:透镜单元的入瞳直径。

ISFN:像空间 F/#（近轴）。

OBSN:物空间数值孔径。

EFLX:X 向有效焦距。

EFLY:Y 向有效焦距。

SFNO：弧矢有效 F/#。

2. 像差操作数

SPHA:在规定面处的波球差分布(为 0 时则计算全局)。

COMA:透过面彗差(3 阶近轴)。

ASTI:透过面像散(3 阶近轴)。

FCUR:透过面场曲(3 阶近轴)。

DIST:透过面波畸变(3 阶近轴)。

DIMX:畸变最大值。

AXCL:轴像色差(近轴)。

LACL:垂轴色差。

TRAR:径向像对于主光线的横向像差。

TRAX:X 向横向色差。

TRAY:Y 向横向色差。

TRAI:规定面上的径向横向像差。

TRAC:径向像对于质心的横向像差。

OPDC:主光线光程差。

OPDX:衍射面心光程差。

PETZ:透镜单元的 PETZVAL 半径。

PETC:反向透镜单元的 PETZVAL 半径。

RSCH:主光线的 RMS 光斑尺寸。

RWCH:主光线的 RMS 波前偏差。

RWCE:衍射面心的 RMS 波前偏差。

ANAR:像差测试。

RSRE:几何像点的 RMS 点尺寸(质心参考)。

RSRH:类同 RSRE(主光线参考)。

RWRE:类同 RSRE(波前偏差)。

TRCX:像面子午像差 X 向(质心基准)。

TRCY:像面子午像差 Y 向(质心基准)。

DISG:广义畸变百分数。

FCGS:弧矢场曲。

DISC:子午场曲。

OPDM:限制光程差,类同 TRAC。

BSER:对准偏差。

BIOC:集中对准。

BIOD:垂直对准偏差。

3. MTF 数据

MTFT:切向调制函数。

MTFS:径向调制函数。

MTFA:平均调制函数。

MSWT:切向方波调制函数。

MSWS:径向方波调制函数。

MSWA:平均方波调制函数。

GMTA:几何 MTF 切向径向响应。

GMTS:几何 MTF 径向响应。

GMTT:几何 MTF 切向响应。

4. 衍射能级

DENC:衍射包围圆能量。

DENF:衍射能量。

GENC:几何包围圆能量。

5. 透镜数据约束

TOTR:透镜单元的总长。

CVVA:规定面的曲率 = 目标值。

CVGT:规定面的曲率 > 目标值。

CVLT:规定面的曲率 < 目标值。

CTVA:规定面的中心厚度 = 目标值。

CTGT:规定面的中心厚度 > 目标值。

CTLT:规定面的中心厚度 < 目标值。

ETVA:规定面的边缘厚度 = 目标值。

ETGT:规定面的边缘厚度 > 目标值。

ETLT:规定面的边缘厚度 < 目标值。

COVA:圆锥系数 = 目标值。

COGT:圆锥系数 > 目标值。

COLT:圆锥系数 < 目标值。

DMVA:约束面直径 = 目标值。

DMGT:约束面直径 > 目标值。

DMLT:约束面直径 < 目标值。

TTHI:面厚度统计。

MNCT:最小中心厚度。

MXCT:最大中心厚度。

MNET:最小边缘厚度。

MXET:最大边缘厚度。

MNCG:最小中心玻璃厚度。

MXEG:最大边缘玻璃厚度。

MXCG:最大中心玻璃厚度。

MNCA:最小中心空气厚度。

MXCA:最大中心空气厚度。

MNEA:最小边缘空气厚度。

MXEA:最大边缘空气厚度。

ZTHI:控制复合结构厚度。

SAGX:透镜在 XZ 面上的面弧矢。

SAGY:透镜在 YZ 面上的面弧矢。

COVL:柱形单元体积。

MNSD:最小直径。

MXSD:最大直径。

XXET:最大边缘厚度。

XXEA:最大空气边缘厚度。

XXEG:最大玻璃边缘厚度。

XNET:最小边缘厚度。

XNEA:最小边缘空气厚度。

XNEG:最小玻璃边缘厚度。

TTGT:总结构厚度 > 目标值。

TTLT:总结构厚度 < 目标值。

TTVA:总结构厚度 = 目标值。

TMAS:结构总质量。

MNCV:最小曲率。

MXCV:最大曲率。

MNDT:最小口径与厚度的比率。

MXDT:最大口径与厚度的比率。

6. 参数数据约束

PnVA:约束面的第 n 个控制参数 = 目标值。

PnGT:约束面的第 n 个控制参数 > 目标值。

PnLT:约束面的第 n 个控制参数 < 目标值。

7. 附加数据约束

XDVA:附加数据值 = 目标值(1 ~ 99)。

XDGT:附加数据值 > 目标值(1 ~ 99)。

XDLT:附加数据值 < 目标值(1~99)。

8. 玻璃数据约束

MNIN:最小折射率。

MXIN:最大折射率。

MNAB:最小阿贝数。

MXAB:最大阿贝数。

RGLA:合理的玻璃。

9. 近轴光线数据

PARX:指定面近轴 X 向坐标。

PARY:指定面近轴 Y 向坐标。

REAZ:指定面近轴 Z 向坐标。

REAR:指定面实际光线径向坐标。

REAA:指定面实际光线 X 向余弦。

REAB:指定面实际光线 Y 向余弦。

REAC:指定面实际光线 Z 向余弦。

RENA:指定面截距处,实际光线同面 X 向正交。

RENB:指定面截距处,实际光线同面 Y 向正交。

RENC:指定面截距处,实际光线同面 Z 向正交。

RANG:同 Z 轴向相联系的光线弧度角。

OPTH:规定光线到面的距离。

RAIN:入射实际光线角。

10. 局部位置约束

CLCX:指定全局顶点 X 向坐标。

CLCY:指定全局顶点 Y 向坐标。

CLCZ:指定全局顶点 Z 向坐标。

CLCA:指定全局顶点 X 向标准矢量。

CLCB:指定全局顶点 Y 向标准矢量。

CLCC:指定全局顶点 Z 向标准矢量。

11. 变更系统数据

CONF:结构参数。

PRIM:主波长。

SVIG:设置渐晕系数。

12. 一般操作数

SUMM:两个操作数求和。

OSUM:合计两个操作数之间的所有数。

DIFF:两个操作数之间的差。

PROD:两个操作数值之间的积。

DIVI:两个操作数相除。

SQRT:操作数的平方根。

OPGT:操作数大于。

OPLT:操作数小于。

CONS:常数值。

QSUM:所有统计值的平方根。

EQUA:等于操作数。

MINN:返回操作数的最小变化范围。

MAXX:返回操作数的最大变化范围。

ACOS:操作数反余弦。

ASIN:操作数反正弦。

ATAN:操作数反正切。

COSI:操作数余弦。

SINE:操作数正弦。

TANG:操作数正切。

13. 多结构数据

CONF:结构。

ZTIH:复合结构某一范围面的全部厚度。

14. 高斯光束数据

CBWA:规定面空间高斯光束尺寸。

CBWO:规定面空间高斯光束束腰位置。

CBWZ:规定面空间光束 Z 坐标。

CBWR:规定面空间高斯光束半径。

15. 梯度率控制操作数

GRMN:最小梯度率。

GRMX:最大梯度率。

LPTD:轴向梯度分布率。

16. 像面控制操作数

RELI:像面相对亮度。

执行命令路径:Tools→Optimization 即可打开一个对话框"优化(Optimization)",如果左键点击"Opt"按钮或按下快捷键"Shift + Ctrl + O",可打开相同的对话框,如图 13 − 2 所示。

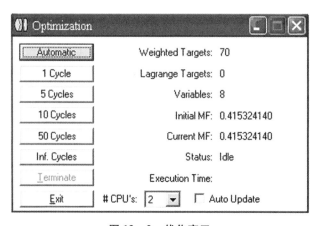

图 13 − 2 优化窗口

在图 13-2 中,可以看出参与优化过程的变量个数(Variables)为 8 个。初始的平均函数值(Initial MF)和当前值(Current MF)在优化过程中是不相等的,当前值会不停地闪烁变化,在图的左侧可以选择循环的次数,如果选中"Auto Update",即它的前方打上"√"的话,则会发现整个屏幕中的窗口在不停地闪烁,表示数据在更新,但更新速率很慢。

13.1.2　全局优化(Global Search)

1. 全局优化的概念

本功能用于启动一个全局优化,对于给定的评价函数和变量,利用本功能最有可能得到好的设计。优化分为局部优化和全局优化两种。所谓"局部优化"是指寻找函数最小点的过程,更具体来说,函数局部最小点是函数值小于或等于附近的点,但是它有可能大于较远距离的点;而全局最小点是函数值小于或等于所有的点,如图 13-3 所示。

图 13-3　局部最小点和全局最小点示意图

在 ZEMAX 软件中,局部优化是指通过改变系统结构参数的数值,如半径、厚度和光学玻璃材料等,从而计算出各个优化元的数值,然后构成整个优化函数的值的计算过程。该过程的思路是解决当前状态已经处于"V"形中的某个位置,迫使其落到"V"中间的最小位置。

在 ZEMAX 软件中,全局优化和局部优化不同之处在于,全局优化过程类似于一个搜索过程,这个搜索过程在结构参数限定的某个区域内进行优化,优化函数可能经历若干波峰和波谷(多个极值之间)。由于采用的方法不同,构成了多种全局优化算法。全局优化能够避开某个局部极值,寻找到更加优良的结构形式,使得光学设计距离完全自动化更进了一步。

当然,目前的各种算法都还有一定局限性,例如搜索能力强度、计算复杂程度等,由此影响计算速度、计算资源需求量以及误差累计造成的准确度等问题。但是不管怎么样,现有的几种光学设计软件基于现有的高度发达的计算机水平、光学设计水平和程序优化算法等,已经能够很好地满足具有一定光学设计经验知识的设计者们的需求了。

2. ZEMAX 的缺省优化函数结构

入门的光学设计者通常知道在进行结构优化时选用 Default 缺省的优化函数,然后加入少量的优化目标(例如焦距)来进行优化分析。但是对于这个缺省结构是怎么构成的常常缺乏深入分析,这在一定程度上限制了我们进一步充分利用软件优化能力的发挥。实际上,缺省函数的构成结构并不复杂,它和 ZEMAX 提供给设计人员的"Default Merit Function (缺省优化函数)"紧密相关,如图 13-4 所示。

第一行中的"Optimization Function and Reference(优化函数和参数方式)"的主要思想

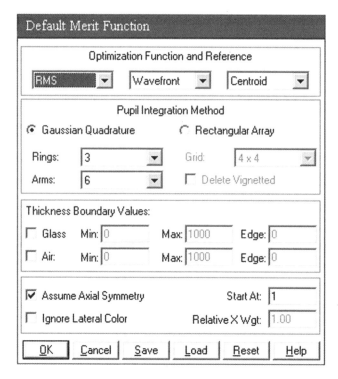

图 13 - 4　默认评价函数对话框

是:从某个视场代表物点发出若干条光线,在像面上有一个分布形式,按照各个像差的定义进行像差数值计算。

第一个框中有"RMS(均方根)"和"PTV(峰谷值)"。第二个框中有像差值计算的各种依据,包括"WaveFront(波前)""Spot Radius(像点尺寸)""Spot X(X 方向度量尺寸)""Spot Y(Y 方向度量尺寸)""Spot X + Y(X 和 Y 方向平均度量尺寸)"。第三个框中有"Cetriod(质心点)""Chief Ray(主光线)"和"Mean(平均值)"。

现在举例说明各自配合的含义。缺省状况一般是"均方根(RMS) + 波前(WaveFront) + 质心点(Cetriod)"组合。其优化的目标是,通过质心的光线到达像面时的相位与其他光线为该相位状态时所在的位置有一个位置差别,将这些位置差别减小到最少,即认为各种像差都可能趋近于零。从定义来看,这个组合适合于像差不是很大的场合,对于小像差系统其优化能力非常明显。对于较大像差的系统,采用"峰谷值(PTV) + 像点尺寸(Spot Radius) + 主光线(Chief Ray)"组合的效果更为明显,该组合以到达像面上的各条光线与主光线的差别来进行度量。当然,这两种组合方法对于畸变的校正能力是有限的,因此对于畸变要求较高的系统需要加入畸变这个优化目标元进行优化校正。

优化所使用的光线如何获得呢? 其实这些光线的分布形式也是从缺省函数中定义的,如图 13 - 4 所示。

软件提供了两种分布形式,一种是"高斯积分(Gaussian Quadrature)"形式,即将轴对称的入瞳面分为数个环和扇面,每一个扇面中选择中心光线作为代表进行计算,每一个视场所选用的光线数目都是两者的乘积;另一种是"矩阵模式(Rectangular Array)"形式,即它对于轴对称的入瞳按照正方形进行各种密度的抽样,一般而言,矩阵模式因为具有去渐晕的能力,在实际的设计中可能更贴近实际效果。

通常情况下,光线的数量越多,抽样越密,计算精确度越高,这主要取决于设计人员运用的实际系统和计算机资源。

以上设置构成了每一个视场对应点的优化结构,这些光线的具体分布与视场大小或者物面尺寸、入瞳直径或者相对孔径有关。显然,每一条光线的优化目标和所选择的参考光线的差别均为零,因此,在优化函数列表中可以看到"Target 值"都为零。这样构成的结构在优化函数列表中占据了空间的绝大部分。

通常在实际的设计过程中,由于工程实践需要对镜片的厚度、边缘厚度及空气间距进行设置,这些参数也常作为优化元进入优化函数,如操作数 MNCG,MNEA,MNEG,MXCG 及 MXCA 等,它们限制了镜片和空气的厚度。

3.需要自定义的优化目标元

从上面的分析可以知道,缺省的优化函数大体上解决了两个问题:一个是光线的集中性,即通过各种优化模式使物点发出的各条光线集中到像点上;另一个是工程问题,为了工程实现而限定镜片的厚度、空气厚度以及边缘厚度等,便于保证像质情况下留有固定镜片位置的余量。

由此可见,光学性能参数大部分是没有作为优化目标元的。例如焦距、入瞳或出瞳距离、渐晕系数,等等。对于像质的目标,由于缺省情况下度量的角度不一样,设计者对某种像差有严格要求的具体设计系统,仍然需要自行设置。因为缺省的光线评价计算出来的是一个总量,这个总量中各个像差的具体分布可能有很大的差别,例如场曲和彗差。另外,对于畸变有严格要求的系统也需要进行限制。

有一个问题需要关注,相互有关联的两个像差都作为目标元自行设置之后,会出现一定的冲突,也就是说优化效果不一定很明显,甚至于设计结构会恶化。这种情况下,需要设计人员进行干预。例如,目镜设计中对于彗差和畸变的校正,就容易出现反复的情况。解决这个问题,不能单靠软件功能,而需要设计经验和一定的理论基础。

13.1.3 锤形优化(Hammer Optimization)

当评价函数处于局部最小值时,本功能会自动重复一个优化过程,来脱离局部极值区域。

全局搜索(Global Search)旨在寻找新的设计形式,然后优化寻找最佳的 10 个设计形式,直到用户中断计算为止。锤形优化旨在寻找当前设计形式的较好形式,它往往用于设计的最后阶段,以确定最佳可能设计形式。锤形优化图形窗口如图 13-5 所示。

ZEMAX 软件支持多个 CPU 多通道的同时计算。任何分析的视窗可以自动更新,这样可以检测到更好的系统解决方案。Opt 一般情况下是在开始优化时使用,多数情况下是通过改变曲率、厚度等参数来使系统像质变好;而 Hammer 优化是通过玻璃替换来实现的,一般

图 13-5 锤形优化图形窗口

是在最后阶段才使用。DLS(Damped Least Squares)算法是所有光学设计软件中的基本优化算法,也称为阻尼最小二乘法。

13.2 评价函数列表

评价函数列表(Merit Function Listing)可产生一个可以被保存或打印的评价函数文本列表。需要注意的是,如图 13 – 4 所示,默认评价函数设置对话框有许多的项目和组合方式,当我们选择或设定不同的组合方式、玻璃和空气的边界值时,会出现不同的列表内容。

在评价函数列表中常见的字母组合的含义介绍如下。

EFFL:有效焦距长度。

MNCT:最小中心厚度。

MXCT:最大中心厚度。

MNET:最小边缘厚度。

MXET:最大边缘厚度。

MNCG:最小中心玻璃厚度。

MXEG:最大边缘玻璃厚度。

MXCG:最大中心玻璃厚度。

MNCA:最小中心空气厚度。

MXCA:最大中心空气厚度。

MNEA:最小边缘空气厚度。

MXEA:最大边缘空气厚度。

13.3 公　　差

13.3.1 公差(Tolerancing)

本命令用来设置容许的误差,其对话框如图 13 – 6 所示。

ZEMAX 软件的默认公差(Default Tolerance)对话框如图 13 – 7 所示。

13.3.2 公差列表(Tolerance Listing)

本命令可产生一个可以被保存或打印的公差文本列表。某光学系统的公差列表如图 13 – 8 所示。执行路径"Window→Save Text"可以保存公差列表的数据文本。

某光学系统的公差列表的数据文本如表 13 – 1 所示。

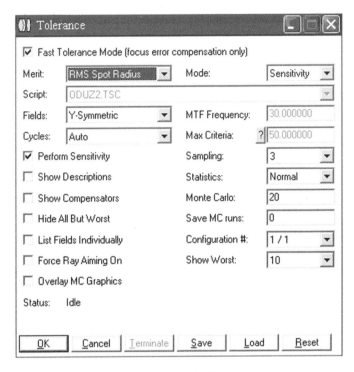

图 13 − 6　公差对话框

图 13 − 7　默认公差对话框

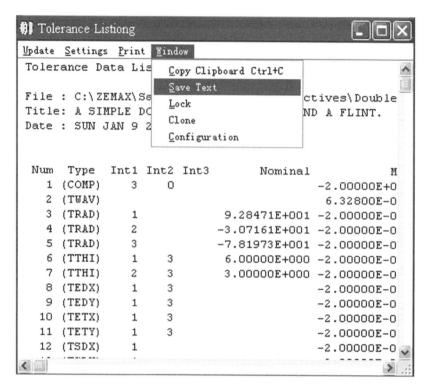

图 13－8　某光学系统的公差列表

表 13－1　公差列表的数据文本

Tolerance Data Listing

File ：C:\ZEMAX\Samples\Sequential\Objectives\Doublet. zmx

Title：A SIMPLE DOUBLET USING A CROWN AND A FLINT.

Date ：SUN JAN 9 2011

Num	Type	Int1	Int2	Nominal	Min	Max	Units
1	(COMP)	3	0		− 2.000E + 000	2	
2	(TWAV)				6. 328E − 001		Microns
3	(TRAD)	1		92. 847 1	− 2.000E − 001	0. 2	Millimeters
4	(TRAD)	2		− 30. 716 1	− 2.000E − 001	0. 2	Millimeters
5	(TRAD)	3		− 78. 197 3	− 2.000E − 001	0. 2	Millimeters
6	(TTHI)	1	3	6. 000 00	− 2.000E − 001	0. 2	Millimeters
7	(TTHI)	2	3	3. 000 00	− 2.000E − 001	0. 2	Millimeters
8	(TEDX)	1	3		− 2.000E − 001	0. 2	Millimeters
9	(TEDY)	1	3		− 2.000E − 001	0. 2	Millimeters
10	(TETX)	1	3		− 2.000E − 001	0. 2	Degrees
11	(TETY)	1	3		− 2.000E − 001	0. 2	Degrees

表 13 - 1(续)

Num	Type	Int1	Int2	Nominal	Min	Max	Units
12	(TSDX)	1			-2.000E-001	0.2	Millimeters
13	(TSDY)	1			-2.000E-001	0.2	Millimeters
14	(TIRX)	1			-2.000E-001	0.2	Millimeters
15	(TIRY)	1			-2.000E-001	0.2	Millimeters
16	(TSDX)	2			-2.000E-001	0.2	Millimeters
17	(TSDY)	2			-2.000E-001	0.2	Millimeters
18	(TIRX)	2			-2.000E-001	0.2	Millimeters
19	(TIRY)	2			-2.000E-001	0.2	Millimeters
20	(TSDX)	3			-2.000E-001	0.2	Millimeters
21	(TSDY)	3			-2.000E-001	0.2	Millimeters
22	(TIRX)	3			-2.000E-001	0.2	Millimeters
23	(TIRY)	3			-2.000E-001	0.2	Millimeters
24	(TIRR)	1			-2.000E-001	0.2	Fringes
25	(TIRR)	2			-2.000E-001	0.2	Fringes
26	(TIRR)	3			-2.000E-001	0.2	Fringes
27	(TIND)	1		1.516 74	-1.000E-003	0.001	Dimensionless
28	(TIND)	2		1.619 92	-1.000E-003	0.001	Dimensionless
29	(TABB)	1		64.170 00	-5.000E-001	0.5	Dimensionless
30	(TABB)	2		36.370 00	-5.000E-001	0.5	Dimensionless

13.3.3 公差汇总表(Tolerance Summary)

本命令可产生一个可以被保存或打印的公差文本列表。此表的格式比文本公差列表易读,不需要使用专门的变量记忆符,可以使制造者和对 ZEMAX 术语不熟悉的人也容易理解。某光学系统的公差汇总表(Tolerance Summary)数据文本如下。

Tolerance Data Summary

File：C:\ZEMAX\Samples\Sequential\Objectives\Doublet.zmx

Title：A SIMPLE DOUBLET USING A CROWN AND A FLINT.

Date：SUN JAN 9 2011

Radius and Thickness data are in Millimeters.

Power and Irregularity are in double pass fringes at 0.632 8 microns

Surface Total Indicator Runout (TIR) are in Millimeters.

Index and Abbe tolerances are dimensionless

Surface and Element Decenters are in Millimeters.

Surface and Element Tilts are in degrees.

SURFACE CENTERED TOLERANCES：

Surf	Radius	Tol Min	Tol Max	Power	Irreg	Thickness	Tol Min	Tol Max
1	92.847	−0.2	0.2		0.2	6	−0.2	0.2
2	−30.716	−0.2	0.2		0.2	3	−0.2	0.2
3	−78.197	−0.2	0.2		0.2	97.376	—	—
4	Infinity	—	—		—	0	—	—

SURFACE DECENTER/TILT TOLERANCES：

Surf	Decenter X	Decenter Y	Tilt X	Tilt Y	TIR X	TIR Y
1	0.2	0.2	—	—	0.2	0.2
2	0.2	0.2	—	—	0.2	0.2
3	0.2	0.2	—	—	0.2	0.2
4	—	—	—	—	—	—

GLASS TOLERANCES：

Surf	Glass	Index Tol	Abbe Tol
1	BK7	0.001	0.5
2	F2	0.001	0.5

ELEMENT TOLERANCES：

Ele#	Srf 1	Srf 2	Decenter X	Decenter Y	Tilt X	Tilt Y
1	1	3	0.2	0.2	0.2	0.2

13.4　样　　板

13.4.1　套样板(Test Plate Fitting)

本功能可以按厂家提供的样板表自动套半径样板。套样板(Test Plate Fitting)设置对话框窗口如图 13 −9 所示,各选项的功能说明如下。

(1)File Name　选择不同的样板列表。

(2)Method of Fit　根据套样板后对系统质量的影响大小选择套样板的顺序。此功能自动为镜头元件的半径套样板,它与厂家现有的加工条件相匹配。当前的评价函数用来作为拟合过程的数字指标。要给一个半径套样板,先使它在镜头数据编辑器中为变量。可以用任意多的半径同时去套样板。可供选择的套样板方式如下:

①Try All Method　尝试以下的方法,用其中能产生最小评价函数的方法。

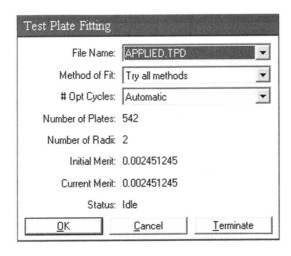

图 13 - 9　套样板设置对话框窗口

②Best to Worst　首先用最接近的半径(用光圈来衡量)套样板。

③Worst to Best　首先用最不接近的半径来套样板。

④Long to Short　首先用最大的半径来套样板。

⑤Short to Long　首先用最小的半径来套样板。

按"OK"键即可开始套样板。ZEMAX 通过搜索样板列表在所有的半径和样板之间寻找最接近(用光圈来衡量) 的匹配。样板必须有正确的形状(凸面的、凹面的或平面的) 和充足的直径来检验镜面的最大口径(如在主电子表格中由半口径决定的值)。若样板直径至少是镜片面最大口径的3/4,则样板就可以被认为有足够的直径。与某一个半径最匹配的样板半径代替该实际半径后,该半径的可变性被清除,镜头将再次被优化。由于这个原因,在优化中为了补偿套样板带来的改变,将间隔厚度以及未套样板的半径作为变量是很重要的。再优化将调整包括未套样板的半径的所有剩余变量。

注意:优化将使用当前的评价函数。优化后,如果还有许多未套样板的半径,上述过程将重复。半径通常不按其在镜头数据编辑器中的顺序套样板。套样板过程中,将显示未套样板的半径的序号和当前的评价函数。所有的半径都被套样板后,屏幕将显示报告。报告显示厂家身份信息和列出被改变的半径列表,还可以提供该半径的客商的 ID 信息。如果样板列表中有许多样板,各样板半径之间互相连续,间隔很小,则认为这个样板匹配是相当好的。

如果在套样板的过程中评价函数的增加是不可接受的,即使使用了不同厂家的样板表也无济于事,则需要修改设计或者一些镜片需要定做样板。通常,所有的样板数据由各自的厂家分别提供,不能保证提供精度和完整的数据。

13. 4. 2　样板列表(Test Plate Lists)

本命令用于在文本窗口中显示特定厂家的样板表。样板列表(Test Plate Lists)设置对话框如图 13 - 10 所示。

图 13 - 10 中各选项功能说明如下。

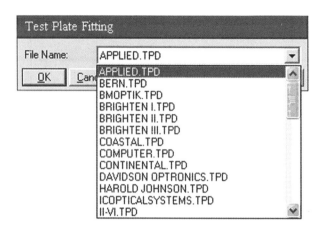

图 13-10　样板列表设置对话框

File Name　样板文件名。

报告中所有参量的单位用毫米表示。注意:CC 和 CX 列分别表示凹面和凸面样板。

13.5　库　文　件

13.5.1　玻璃库(Catalogs)

本命令用来提供玻璃库(Catalogs)。玻璃库设置对话框如图 13-11 所示。ZEMAX 软件提供了 20 多个玻璃库,每个玻璃库中又提供了很多种类的玻璃元件。

13.5.2　镜头库(Lens Catalogs)

本命令用来从镜头库(Lens Catalogs)中搜索、浏览已经给定的镜头数据或结构图形。镜头库对话框如图 13-12 所示。

镜头库对话框中各选项功能说明如下。

(1)Vendor　用来列出可利用的镜头库厂家。每个厂家的名字作为文件名,该文件中包括该厂家可利用的库存镜头,厂家文件必须放在库存镜头缺省目录下,该目录在环境对话框中设置。

(2)Use Focal length　若选取,将使用确定的焦距范围作为部分搜索标准,否则,将接受任意值。

(3)Use Focal length Min/Max　用毫米定义可接受的焦距范围。

(4)Use Diameter　若选取,将使用给定的入瞳直径范围作为部分搜索标准,否则,将接受任意值。

(5)Use Diameter Min/Max　用毫米定义可接受的入瞳直径范围"Equi-""Bi-"和"Plano-"。

(6)Meniscus　如果该选框中任何控件被选取,那么镜头在搜索时,将限制在至少符合

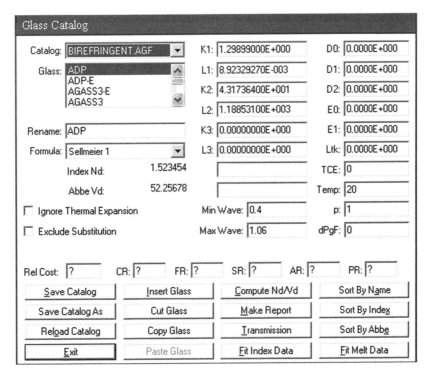

图 13 – 11　玻璃库设置对话框

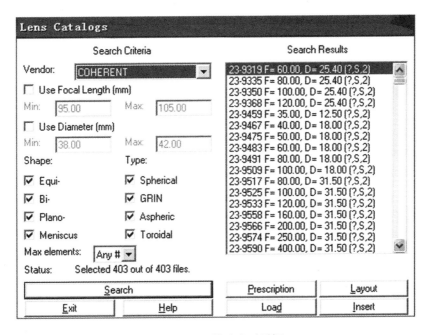

图 13 – 12　镜头库对话框

其中一个条件的范围。

　　(7) Aspheric,Toridal　如果该选框中任何控件被选取,那么镜头在搜索时,将限制在至少符合其中一个条件的范围。球面类系统被认为是不含有梯度折射率的非球面和环形元件的"其他"镜头。

(8)Max elements   在搜索时,选择满足条件但镜片数又不超过所给定的最大数目的镜头。若选择"Any#"则在搜索中对镜片数不限制。

(9)Search   按当前搜索标准,对某供货商产品目录下文件中的镜头进行搜索。

(10)Exit   关闭对话框。

(11)Search Results   列出与当前搜索标准匹配的给定目录下的所有镜头文件。

(12)Prescription   用来浏览选定镜头的性能数据报告。

(13)Layout   显示当前所选镜头文件的外形图(或非轴对称系统的 3D 图)。

(14)Load   将当前所选镜头文件装载到镜头数据编辑器中,更新装载镜头后的所有窗口和显示数据。

(15)Insert   把当前所选镜头文件添加到镜头数据编辑器,此时会出现添加文件提示行,如指定在镜头的哪一个面添加。

注意:"Search Results"表将列出符合搜索标准的指定供货商镜头的部件名称、焦距和直径。在直径后,列出 3 个部件代码,如(P,S,1)。第一项是形状代码,它可以是 E,B,P,M 或"?",分别表示 Equi-、Bi-、Plano-、Menisus 或其他(Other)。如果镜头是复合元件则使用 Other。第二项是 S,G,A 或 T,分别表示球形、梯度、非球形或环形。第三项是元件的序号。在安装时,ZEMAX 会在 ZEMAX 目录下建立一个名为 STOCKCAT 的子目录。在 STOCKCAT 目录下许多独立的文件用". ZMF"扩展名保存。每个". ZMF"文件都包含大量独立的 ZEMAX 镜头文件,每个镜头文件包含的文件表示从各种供货商取得的库存文件。

为寻找与镜头数据编辑器中的一个或多个面的性质相匹配的镜头文件,将鼠标放在镜头数据编辑器中的第一个面上,然后选择"Tools→Lens Catalogs"搜索时,将缺省焦距和直径范围设定得与要搜索的镜头相一致。ZEMAX 会按焦距和直径的 5% 误差定义缺省搜索范围。镜头搜索工具为从可得到的镜头中寻找合适的镜头提供了帮助。一旦选定,镜头文件可以被装载或添加到现有设计中。

13.6   镀 膜 文 件

13.6.1   编辑镀膜文件(Edit Coating File)

本命令用来产生在 Windows 下能用 NOTEPAD 编辑器来编辑的"COATING. DAT"文件。这个文件包括材料和镀膜说明等信息。

注意:如果"COATING. DAT"文件被编辑,ZEMAX 必须关闭或重新启动来更新新的镀膜数据。

13.6.2   给所有的面添加膜层参数(Add Coating to All Surface)

本命令用来为所有的空气 – 玻璃界限面加镀膜参数。

注意:当它被选择时,这个工具将提示所用的膜层名称。缺省的膜是"AR",它代表 1/4

波长的 MgF₂ 膜。所有从玻璃到空气界面都将使用镀膜,因此这个功能对于应用防反射膜是很重要的。

13.6.3　镀膜列表(Coating Listing)

本命令用来产生一个文本,它列出了包含在"COATING. DAT"文件中的材料和膜系。

13.7　孔　径　变　换

13.7.1　变换半口径为环形口径(Convert Semi-Diameter to Circular Apertures)

本命令用来将所有未给出表面通光口径的面转化成具有固定的半口径的面,其通光口径是与半口径相应的圆孔。本功能的主要目的是使渐晕影响的分析简单化。对于多数的光学设计,在优化期间使用渐晕因子是比较简单和快速的。然而,渐晕因子是近似的。本功能变换所有的半口径为面口径,然后渐晕因子被删除,光瞳被溢出,以便发现如何使光线能真正地通过系统。

13.7.2　变换半口径为浮动口径(Convert Semi-Diameter to Floating Apertures)

将所有未给出表面孔径的面转换为按半口径值渐晕的浮动口径。除了使用浮动口径而不是使用固定的环形口径外,本功能与 Convert Semi-Diameters to Circular Apertures 很相似。浮动口径将面的半口径值定为"自动"模式,动态地调整渐晕口径来匹配半口径值。注意:如果半口径"固定",则它们保持固定,渐晕将在每个面的确定半口径上产生。

13.8　镜头元件反转

将零件反向排列(Reverse Elements)命令可以用来将镜头元件或镜头组反向排列。其设置对话框窗口如图 13 – 13 所示,其中各选项功能说明如下。

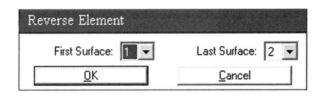

图 13 – 13　将零件反向排列设置对话框

(1)First Surface　被倒置的镜头组的第一面。

(2) Last Surface 被倒置的镜头组的最后一面。

注意:如果系统中包括镜面、坐标转折或其他非标准光学面,本功能将不能正确工作。

13.9 焦 距 变 换

13.9.1 镜头缩放(Scale Lens)

本命令可以用确定的因子缩放整个镜头。例如,将现有的设计缩放成一个新的焦距时,本功能很有用。但波长不会被缩放。缩放镜头功能也可以将单位从毫米变为英尺或其他组合单位。镜头缩放设置对话框如图 13 − 14 所示,其中各选项功能说明如下。

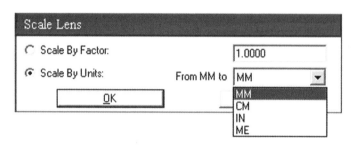

图 13 − 14 镜头缩放设置对话框

(1) Scale By Factor 常称为"镜头缩放因子"。若选取,则可以直接输入缩放因子 K,该因子 K 等于设计目标镜头的焦距与参考镜头的焦距之比。当输入完缩放因子后,按下"OK"键,则系统的焦距、曲率半径、厚度(间隔)和半口径等参数会随之改变。注意:系统的波长和视场、玻璃参数不会因此被缩放。

(2) Scale By Units 若选取,则镜头可以用所选单位替换现有单位。

13.9.2 生成焦距(Make Focal)

除了所要的焦距是直接输入的,生成焦距与缩放镜头也是相同的。整个镜头被缩放成焦距为给定值的镜头。

13.9.3 快速调焦(Quick Focus)

本命令可以通过调整后截距对光学系统进行快速调焦。其设置对话框如图 13 − 15 所示,其中各选项功能说明如下。

(1) Spot Size Radial 调焦时使像平面上的点列图的 RMS 为最佳。

(2) Spot Size X Only 调焦时使像平面 X 方向上的点列图的 RMS 为最佳。

(3) Wavefront Error 调焦时使像平面波前误差均方根最佳。

(4) Spot Size Y Only 调焦时使像平面 Y 方向上的点列图的 RMS 为最佳。

(5) Use Centroid 使所有的计算都以像平面上光线的重心为参照系(而不是以主光线为参照系),本选项的计算很慢,但对于彗差占主导作用的系统是很适合的。本功能调整像

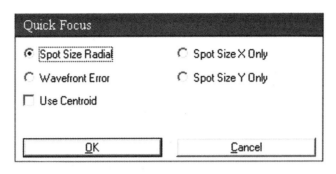

图 13 – 15　快速调焦设置对话框

平面前面的厚度。厚度是依照 RMS 像差最小化的原则选择的。最佳调焦位置与标准的选择有关。RMS 用定义的视场、波长和权重因子来计算整个视场的多色光的平均值。

13.10　添加折叠反射镜

添加折叠反射镜(Add Fold Mirror)命令用来为弯曲光束包括坐标转折插入一个转折镜。添加折叠反射镜的设置对话框窗口如图 13 – 16 所示,其中各选项功能说明如下。

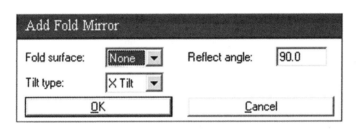

图 13 – 16　添加折叠反射镜的设置对话框窗口

(1)Fold surface　选择将成为转折镜的面。被选择的面是已定位在需要转折的位置的虚拟面。

(2)Reflect angle　入射和反射光线间的夹角。

(3)Tilt type　选择局部的 X 或 Y 轴倾斜作为倾斜基准。

本功能在转折面前后插入两个虚拟面。转折面成为反射镜面,两个被插入的相邻的新面被设置成与倾斜角相适合的坐标转折。第二个倾斜角设置为从前一个倾斜角拾取。由于是新的反射镜,随后的所有面的厚度和曲率都改变符号。如果被选择的转折面不是平面与空气中的标准型的虚拟面,本功能不能提供有用的或正确的结果。在使用本功能前,虚拟面应当被放在需要转折镜的位置。例如,在相距 100 mm 的两个透镜中间插入一个转折镜,虚拟面应当放在两个透镜之间,虚拟面前后的厚度被设为 50 mm。虚拟面随后被用作转折面。在多重结构数据镜头中,如果从转折面以后的任一面的厚度和玻璃种类发生改变,则本功能不能正常使用。

13.11 幻像发生器

幻像发生器(Ghost Focus Generator)命令用于幻像分析,也称为"鬼像分析"。其设置对话框窗口如图 13 - 17 所示,其中各选项功能说明如下。

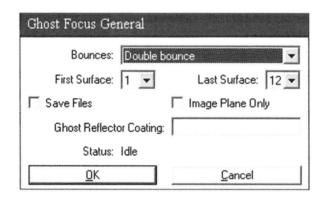

图 13 - 17 幻像发生器设置对话框

(1)Bounces 选择一次反射或二次反射分析。

(2)First Surface 被考虑反射的镜头组的第一面。

(3)Last Surface 被考虑反射的镜头组的最后一面。

(4)Save Files 若选取,用来计算幻像光线追迹的文件被保存。

(5)Image Plane Only 若选取,当计算两次反射幻像时只显示像面数据。

对于包括坐标转折、非标准面或多重结构数据的系统,本功能不能正确工作。本功能产生从当前镜头性能数据中获得的镜头文件。产生的文件在给定的面设置反射光线而不是折射光线。在新反射面之后的部分光学系统被复制,以便使光线能反向追迹。本分析的目的是检查是否有从光学面反射的光线会在其他元件或靠近焦平面形成幻像。这些影响在高功率的激光系统中是很重要的,反射聚焦会损坏光学系统性能。幻像也会减小对比度。本功能支持单个和两个反射。对于每一个幻像系统,边缘光线高度、近轴光线 F/#和轴上 RMS 点尺寸都被列出。同时也列出了具有内部聚焦的玻璃面。对于像面,当作二次反射幻影分析时,提供从像面到幻像面的距离和幻像系统的等效焦距。

含有非标准面或坐标转折的系统,或镜头在多重结构下,本功能不能正确工作。对多重结构系统进行幻像分析功能时,首先要选中系统中感兴趣的那一重结构,然后把其余的多重结构删除。不是所有的幻像反射形式都能被追迹,也有在整体内部全反射或光线溢出的偶然情况。若第一个反射面在光阑前,那么入瞳位置不能正确计算。在开始幻像聚焦前,使用下面的操作步骤可以很容易解决这个问题(只是为了分析幻像):

①记录入瞳位置和直径。

②在第一面设定一个虚拟面。

③这个新的虚拟面的厚度是所记录的入瞳位置的负值。

④将虚拟面作为光阑,让入瞳直径与所记录的入瞳直径相等。

⑤对有限的共轭距,用与虚拟面厚度相等的值增加物面厚度,这些步骤将在物空间给出一个实际的入瞳,当反射面在光阑前,光线可以正确追迹。在较复杂的系统中幻像聚焦很复杂,解释分析结果时要谨慎。

13.12 输出 IGES/STEP 文件

"Export IGES/STEP Solid"命令用来以 IGES 文件格式输出当前镜头数据。其设置对话框如图 13 - 18 所示,其中各选项功能说明如下。

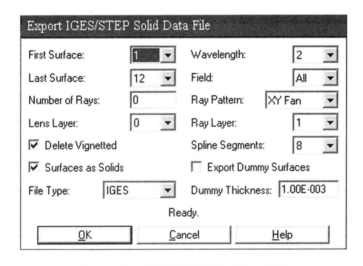

图 13 - 18 输出 IGES/STEP 文件对话框

(1)First/Last Surface 输出数据所包含的面范围。

(2)Wavelength 被输出的光线追迹使用的波长数目。

(3)Field 被输出的光线追迹使用的视场序号。

(4)Number of Rays 被追迹的光线数目,确切的含义依赖于"Ray Pattern"。

(5)Ray Pattern 选择输出的光线类型,本控制与 3D 外形图的定义相同。

(6)Lens/Ray Layer 选择被放置镜头和光线数据的输出文件的层次。

(7)IGES File 输出文件的路径和文件名。如果文件已经存在,则不给出警告。缺省文件是当前输出目录下的 EXPORT. IGS。

(8)Spline Segments 当样条曲线输出时使用的线段的数目。

第14章 报告菜单

报告菜单(Reports)包含四个子菜单,分别是表面数据(Surface Data)、系统数据(System Data)、规格数据(Prescription Data)和报告图形(Report Graphic 4/6),如图14-1所示。

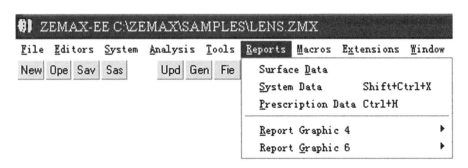

图14-1 报告菜单的子菜单

本章提供了ZEMAX软件支持的每个报告功能的详细说明。其中窗口的内容可以通过选择窗口菜单中"Print"选项将其打印出来。

每个窗口的设置(Settings)对话框中的选项允许计算时的默认参数值被改变。设置对话框有五个常用的按钮,分别如下:

(1)确定(OK) 使窗口在当前的选项下重新计算并显示数据。

(2)取消(Cancel) 使所有选项恢复到对话框使用前的状态,并且不会更新窗口中的数据。

(3)保存(Save) 将当前的选项保存为默认值,然后在窗口中重新计算并显示数据。

(4)装载(Loads) 装载最近保存的默认选项,但不退出对话框。

(5)复位(Reset) 将选项恢复到软件出厂时的缺省状态,但不退出对话框。

在报告窗口中双击鼠标左键,或点击"Update"按钮可以更新窗口,单击鼠标右键可以打开设置对话框。

14.1 表面数据(Surface Data)

表面数据用来显示指定的表面数据。例如,我们执行命令路径"C:\ZEMAX\Samples\Sequential\Objectives\Doublet.zmx",即可打开ZEMAX软件提供的案例"Doublet.zmx"文件。然后,我们先选中一个光学面,如含有"BK7"的一行(选中该行后2D或3D轮廓图中会出现红色,表示该面已被选中),再点击报告菜单中的表面数据子菜单,即可得到如下数据:

Surface 1 Data Summary

File：C：\ZEMAX\Samples\Sequential\Objectives\Doublet. zmx

Title：A SIMPLE DOUBLET USING A CROWN AND A FLINT.

Date：MON JAN 10 2011

Lens units：Millimeters

Thickness ：6

Diameter：30

Edge Thickness：

Y Edge Thick：0. 868 672

X Edge Thick：0. 868 672

Index of Refraction：

Glass：BK7

#	Wavelength	Index
1	0. 486 00	1. 522 385 894 3
2	0. 589 00	1. 516 740 120 5
3	0. 656 00	1. 514 330 847 4

Volume of Element（assuming squared edges）：

Volume in cc：2. 459 88

Surface Powers（as situated）：

Surf   1   ：   0. 005 565 5

Surf   2   ：   − 0. 003 359

Power 1 2 ：   0. 002 280 4

EFL   1 2 ：   438. 51

F/#   1 2 ：   14. 617

Surface Powers（in air）：

Surf   1   ：   0. 005 565 5

Surf   2   ：   0. 016 823

Power 1 2 ：   0. 022 018

EFL   1 2 ：   45. 417

F/#   1 2 ：   1. 513 9

Shape Facto ：   − 0. 502 83

为便于比较,我们选中最后一行,即像面"IMA"行,再点击报告菜单中的表面数据(Surface Data)子菜单,即可得到如下数据：

Surface 4 Data Summary

File ：C：\ZEMAX\Samples\Scquential\Objectives\Doublet. zmx

Title：A SIMPLE DOUBLET USING A CROWN AND A FLINT.

Date ：MON JAN 10 2011

Lens units：Millimeters

Thickness ：0

Diameter：0. 016 874 7   % 可以看出像面直径大小。

Edge Thickness：

Y Edge Thick：0

X Edge Thick：0

Index of Refraction：

Glass：

#	Wavelength	Index	
1	0.486 0	1.000 000 000 0	%这里的折射率均为1.0,因为其在空气中
2	0.589 00	1.000 000 000 0	
3	0.656 00	1.000 000 000 0	

Surface Powers（as situated）：

Surf 3 ：0.007 927 6

Surface Powers（in air）：

Surf 3 ：0

注意:我们选中的面不同,则会有不同的显示内容。当然,我们也可以通过设置(Settings)对话框的下拉菜单选项来选择要给出的内容是哪一个表面的数据,如图 14 - 2 所示。

图 14 - 2　表面数据设置对话框

此对话框产生一个显示表面特性数据的文本框,这些数据包括表面和光焦度、焦距、边厚、折射率和其他一些表面数据。如果表面的玻璃材料是典型玻璃,则 ZEMAX 将列出由典型玻璃参数计算出的每个定义波长的折射率,还列出了最适合的玻璃名称,此玻璃是在当前装载的目录下,折射率最接近典型玻璃的那种玻璃。对于特殊的玻璃,ZEMAX 软件会用方差公式计算出典型玻璃与实际玻璃的折射率均方差,此数值是在波长下定义的。对当前目录下的每一种玻璃都算出折射率误差,偏离 RMS 值最小的玻璃被认为是最适合的玻璃。

注意:最适合的玻璃与典型玻璃有不同的 N_d 值,这是因为在模拟玻璃色散时折射率是近似的。由于折射率是物理意义上的重要参数,因此折射率是选择玻璃的依据。当从典型的玻璃转变为实际的玻璃时,同样的运算法也可以用来选择实际的玻璃。

14.2　系统数据(System Data)

系统数据命令用来产生一个可列出与系统有关参数的数据文本,如光瞳位置与大小、焦距、倍率、F/#、光阑位置、主波长和数值孔径等信息。例如,我们再次执行命令路径"C:\ZEMAX\Samples\Sequential\Objectives\Doublet. zmx",即可打开 ZEMAX 软件提供的案例"Doublet. zmx"文件。然后,我们执行系统数据命令,即可得到如下数据:

System/Prescription Data

File：C：\ZEMAX\Samples\Sequential\Objectives\Doublet. zmx

Title：A SIMPLE DOUBLET USING A CROWN AND A FLINT.

Date ：MON JAN 10 2011

LENS NOTES：

       Notes...

GENERAL LENS DATA：

Surfaces ：4	% 表面面数
Stop ：1	% 光阑位置
System Aperture ：Entrance Pupil Diameter = 20	% 入瞳直径
Glass Catalogs ：schott	% 使用的玻璃库
Ray Aiming ：Off	
Apodization ：Uniform, factor = 0. 000 00E + 000	
Effective Focal Length ：100（in air）	% 有效焦距
Effective Focal Length ：100（in image space）	
Back Focal Length ：97. 376 05	% 后焦距
Total Track ：106. 376	% 总长度
Image Space F/# ：5	% 像空间 F 数
Paraxial Working F/# ：5	% 近轴 F 数
Working F/# ：5. 021 025	
Image Space NA ：0. 099 503 72	% 像空间数值孔径
Object Space NA ：1e − 009	% 物空间数值孔径
Stop Radius ：10	% 光阑半孔径
Paraxial Image Height ：0	
Paraxial Magnification ：0	
Entrance Pupil Diameter ：20	% 入瞳直径
Entrance Pupil Position ：0	% 入瞳位置
Exit Pupil Diameter ：20. 681 44	% 出瞳直径
Exit Pupil Position ：− 103. 407 2	% 出瞳位置
Field Type ：Angle in degrees	
Maximum Field ：0	% 最大视场
Primary Wave ：0. 589	% 主波长
Lens Units ：Millimeters	
Angular Magnification ：0	% 角放大率
Fields ：1	

Field Type：Angle in degrees

#	X-Value	Y-Value	Weight
1	0. 000 000	0. 000 000	1. 000 000

Vignetting Factors   % 渐晕因子

#	VDX	VDY	VCX	VCY	VAN
1	0. 000 000	0. 000 000	0. 000 000	0. 000 000	0. 000 000

Wavelengths ：3

Units：Microns   % 单位:微米

#	Value	Weight
1	0. 486 000	1. 000 000
2	0. 589 000	1. 000 000
3	0. 656 000	1. 000 000

14.3   规格数据(Prescription Data)

规格数据命令的功能是产生一列所有的表面和整个镜头系统数据。它的设置(Settings)对话框如图 14 - 3 所示。

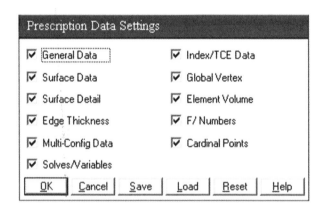

图 14 - 3   规格数据的设置对话框

规格数据的设置对话框中的项目功能说明如下。

(1)General Data   若选中,则显示出 F 数、光瞳大小、光瞳位置、倍率等参数。

(2)Surface Data   若选中,则显示出表面类型、半径、厚度、玻璃材料和半口径等参数。

(3)Surface Detail   若选中,则显示出表面详细参数。

(4)Edge Thickness   若选中,则显示出每个表面的 X 与 Y 边厚值。

(5)Multi-Config Data   若选中,则显示出一个多重结构操作数表格。

(6)Solves/Variables   若选中,则显示出解的类型、数值和变量。

(7)Index/TCE Data   若选中,则显示出每个表面各波长的折射率数据。

(8)Global Vertex   若选中,则显示出每个面顶点的全局坐标和该面系统旋转矩阵。

(9)Element Volume   若选中,则显示出球面光学的体积。

(10)F/Numbers   若选中,则显示出每一个视场和波长的 F/#列表。

(11)Cardinal Points   若选中,则显示出主点、节点、焦点和反主点的位置列表。

规格数据的设置对话框是一个包罗万象的文本产生器。该文件产生了镜头的许多详细资料,如光学特性、折射率、全局坐标和镜头体积等。

注意:当 ZEMAX 计算出镜头体积时,假设表面是标准球形或平面,边缘是最接近半口径的圆形。当计算镜头的密度时,玻璃的密度(单位:g/cm³)可从玻璃目录中得到。对梯度折射率表面,ZEMAX 常假定玻璃的密度是 3.6 g/cm^3,当然这种假定有可能正确也可能不正确。

以 ZEMAX 软件提供的"Doublet. zmx"文件为例,当我们选中规格数据设置对话框图14-3中的左侧全部选项时,即可得到如下数据:

System/Prescription Data

File:C:\ZEMAX\Samples\Sequential\Objectives\Doublet. zmx

Title:A SIMPLE DOUBLET USING A CROWN AND A FLINT.

Date:MON JAN 10 2011

LENS NOTES:

GENERAL LENS DATA:

Surfaces:4

Stop:1

System Aperture:Entrance Pupil Diameter = 20

Glass Catalogs:schott

Ray Aiming:Off

Apodization:Uniform,factor = 0.000 00E +000

Effective Focal Length:100(in air)

Effective Focal Length:100(in image space)

Back Focal Length:97.376 05

Total Track:106.376

Image Space F/#:5

Paraxial Working F/#:5

Working F/#:5.021 025

Image Space NA:0.099 503 72

Object Space NA:1e -009

Stop Radius:10

Paraxial Image Height:0

Paraxial Magnification:0

Entrance Pupil Diameter:20

Entrance Pupil Position:0

Exit Pupil Diameter:20.681 44

Exit Pupil Position:-103.407 2

Field Type:Angle in degrees

Maximum Field:0

Primary Wave:0.589

Lens Units:Millimeters

Angular Magnification:0

Fields：1

Field Type：Angle in degrees

#	X-Value	Y-Value	Weight
1	0. 000 000	0. 000 000	1. 000 000

Vignetting Factors

#	VDX	VDY	VCX	VCY	VAN
1	0. 000 000	0. 000 000	0. 000 000	0. 000 000	0. 000 000

Wavelengths：3

Units：Microns

#	Value	Weight
1	0. 486 000	1. 000 000
2	0. 589 000	1. 000 000
3	0. 656 000	1. 000 000

SURFACE DATA SUMMARY：

Surf	Type	Radius	Thickness	Glass	Diameter	Conic
OBJ	STANDARD	Infinity	Infinity		0	0
STO	STANDARD	92. 847 07	6	BK7	30	0
2	STANDARD	− 30. 716 09	3	F2	30	0
3	STANDARD	− 78. 197 31	97. 376 05		30	0
IMA	STANDARD	Infinity			0. 016 874 74	0

SURFACE DATA DETAIL：

Surface OBJ：STANDARD

Surface STO：STANDARD

Aperture：Floating Aperture

Maximum Radius：15

Surface 2：STANDARD

Aperture：Floating Aperture

Maximum Radius：15

Surface 3：STANDARD

Aperture：Floating Aperture

Maximum Radius：15

Surface IMA：STANDARD

COATING DEFINITIONS：

EDGE THICKNESS DATA：

Surf	Edge
STO	0. 868 672
2	5. 459 495
3	98. 828 199
IMA	0. 000 000

SOLVE AND VARIABLE DATA：

Curvature of 1 ：Variable

Semi Diameter 1：Fixed

Curvature of 2：Variable

Semi Diameter 2：Fixed

Curvature of 3：Solve，marginal ray exit angle ＝ －0. 100 00

Semi Diameter 3：Fixed

14.4　报告图形(Report Graphics 4/6)

报告图形命令可以产生一个能同时显示 4 ~ 6 幅分析图形的图形窗口,报告图形窗口的
设置对话框(Report Graphic 4 Settings)如图 14 - 4 所示。Report Graphic 6 Settings 对话框和
Report Graphic 4 Settings 相似,只不过是可以多显示两个图形窗口。

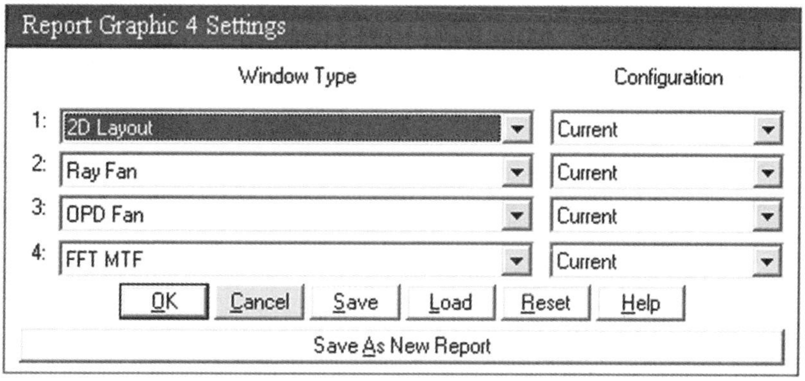

图 14 - 4　报告图形窗口的设置对话框

报告图形命令的主要优点是在一张纸上可打印多幅分析图形。报告图形窗口工作时同
其他分析窗口有些不同。如果从窗口菜单条中选择“Settings”选项,则将显示一个对话框,
此对话框允许选择显示在窗口每个位置的图形类型,被选中的图形可以像其他窗口一样被
保存为缺省值。

为了在窗口中改变个别图形的设置,可在无缩放状态下(如果现在处于缩放状态,则点
击“Zoom”选中“Unzoom”即可变为无缩放状态)在所需改变设置的窗口中任何地方单击鼠
标右键进行设置。

第三编 基于 ZEMAX 的光学设计实例

第 15 章 单透镜设计

15.1 设 计 任 务

设计一个焦距为 100 mm,相对孔径为 1/5 的单透镜系统,全视场 2ω 为 $10°$,物距为无限远,在可见光下工作,选用 K5 玻璃,光阑设置在入射光线遇到的透镜的第一个光学表面。

15.2 设 计 过 程

我们新建一个"LENS.ZMX"文件。点击菜单栏中的"文件(File)",将刚刚新建的文件另存为(Save As...)名为"单透镜设计"的文件,保存类型按默认设置,即文件名称的后缀为".ZMX"。在屏幕中有一个名为"透镜数据编辑(Lens Data Editor)"的窗口,如图 15 – 1 所示。

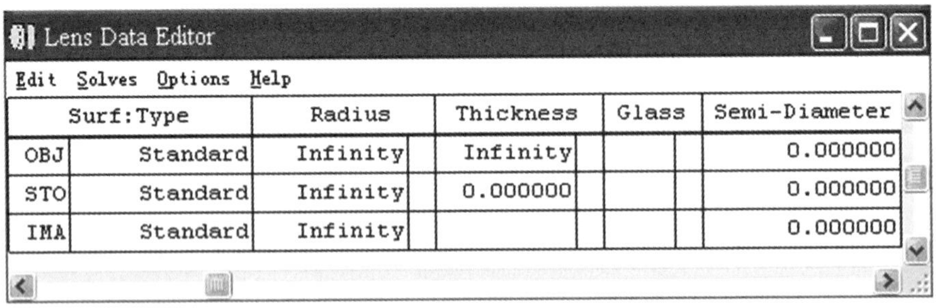

图 15 – 1 透镜数据编辑窗口

15.2.1 第一步:输入系统参数——入瞳直径值

点击"Gen"按钮,或执行命令"System→General...",或同时按下快捷键"Ctrl + G",可

以打开"General"窗口,如图 15 - 2 所示。因为系统的焦距为 100 mm,相对孔径为 1/5,所以入瞳直径(Entrance Pupil Diameter)的孔径值(Aperture Value)为 $100 \times 1/5 = 20$ mm。

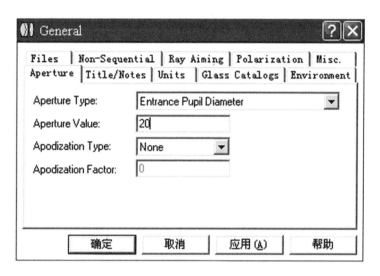

图 15 - 2　General 窗口

15.1.2　第二步:输入系统参数——视场

点击"Fie"按钮,或执行命令"System→Fields...",或同时按下快捷键"Ctrl + F",可以打开"Field Data"窗口,如图 15 - 3 所示。因为全视场 2ω 为 $10°$,所以 $\omega = 5°$,$0.707\omega = 3.535°$,$0.5\omega = 2.5°$,$0.3\omega = 1.5°$。

Field Data

	Angle (Deg)		Paraxial Image Height				
	Object Height		Real Image Height				

Use	X-Field	Y-Field	Weight	VDX	VDY	VCX	VCY	VAN
☑ 1	0	0	1.0000	0.00000	0.00000	0.00000	0.00000	0.00000
☑ 2	0	1.5	1.0000	0.00000	0.00000	0.00000	0.00000	0.00000
☑ 3	0	2.5	1.0000	0.00000	0.00000	0.00000	0.00000	0.00000
☑ 4	0	3.535	1.0000	0.00000	0.00000	0.00000	0.00000	0.00000
☑ 5	0	5	1.0000	0.00000	0.00000	0.00000	0.00000	0.00000

OK	Cancel	Sort	Help
Set Vig	Clr Vig	Save	Load

图 15 - 3　Fields 窗口

15.2.3　第三步:输入系统参数——波长范围

点击"Wav"按钮,或执行命令"System→Wavelengths",或同时按下快捷键"Ctrl + W",可

以打开"Wavelength Data"窗口,如图 15-4 所示。我们可以直接输入波长的数值,也可以选用"F,d,C [Visible]",点击"Select"按钮即可选中,再点击"OK"按钮确定。主波长(Primary)选中 0.587 561 80 μm。注意:可以在"X-Feild"列输入视场数据,也可以在"Y-Feild"列输入视场数据,但是最大视场值为半视场 ω,而不是全视场 2ω。

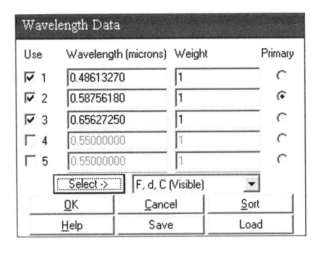

图 15-4　Wavelengths 窗口

15.2.4　第四步:输入"透镜数据编辑(Lens Data Editor)"窗口中的数据

如图 15-1 所示,系统中有三个表面(Surface),从上到下依次是 OBJ,STO 和 IMA。OBJ 就是物面(Object Plane)。STO 即孔径光阑(Aperture Stop)的意思,但 STO 不一定就是光照过来所遇到的第一个透镜,在设计一组光学系统时,STO 可选在任一透镜上。通常第一表面就是 STO,若不是如此,则可在 STO 这一栏上按下鼠标,可选择在前面插入(Insert Surface,或按下键盘中的"Insert"键)或在后面插入(Insert After,或同时按下快捷键"Ctrl + Insert")表面,于是 STO 就不再落在第一个透镜边框上了。如果要删除某个光学表面,可以点击键盘中的"Delete",或执行命令"Edit → Delete Surface"。IMA 就是像平面(Image Plane)。因为设计任务要求光阑设置在入射光线遇到的透镜的第一个光学表面,所以我们选中 STO 行,并在其后面插入一行,此时 OBJ 为第 0 个面,STO 为第 1 个面,IMA 为第 3 个面,光学表面类型(Surf:Type)为"Standard",即标准球面。在曲面半径(Radius)列从上到下依次输入"Infinity""100""-100"(这里的正、负号遵从应用光学中的符号规则)和"Infinity",单位为毫米,其中 Infinity 为无限大的意思,表示该曲面半径为无限大,即该表面为平面。在厚度、间距(Thickness)列依次输入"Infinity"(这是因为物距为无限远)、"5"和"100"(因为设计任务要求系统的焦距为 100 mm,透镜很薄,故初始结构设定最后一光学表面与像面的距离为 100 mm),单位为毫米。在玻璃(Glass)列和 STO 行的交叉单元格中输入"K5"。"半口径(Semi-Diameter)"列会由自动计算出来,如图 15-5 所示。

现在系统参量的数据已经基本输入完毕,接下来我们来检验设计是否达到要求。

Lens Data Editor
Edit Solves Options Help

Surf:Type		Radius	Thickness	Glass	Semi-Diameter
OBJ	Standard	Infinity	Infinity		Infinity
STO	Standard	100.000000	5.000000	K5	10.044244
2	Standard	-100.000000	100.000000		10.134166
IMA	Standard	Infinity			10.054212

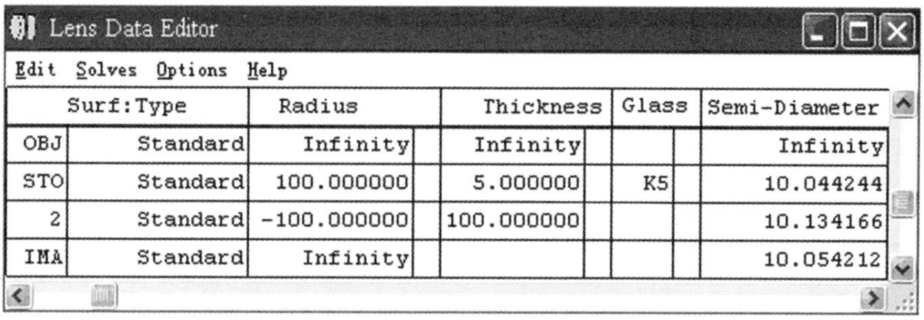

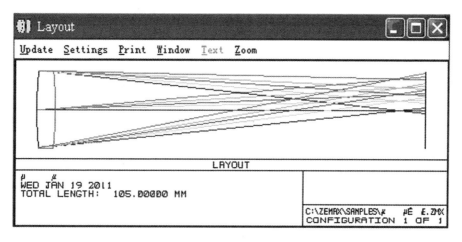

图 15－5　单透镜的 Lens Data Editor 窗口

15.2.5　第五步:查看外形轮廓图

点击“Lay”按钮,或执行命令“Analysis→Layout→2D Layout”,或同时按下快捷键“Ctrl + L”即可打开“Layout”图形窗口,如图 15－6 所示。

图 15－6　单透镜的二维轮廓图

从图 15－6 中可以看出,实际光线的焦平面并不与 IMA 相重合,而且不同视场的焦平面也并不相互重合,所以我们要进行优化以达到像质优良。

15.2.6　第六步:打开“Ray”图形窗口查看像差情况

点击“Ray”按钮,或执行命令“Analysis→Fans→Ray Aberration”,或同时按下快捷键“Ctrl + R”,即可打开“Ray Fan”图形窗口。在该图形窗口中可以看到五组(十个)图形,这是因为我们一开始设置了五个视场值,而每个视场又包含了子午曲线和弧矢曲线,所以共有五组(十个)图形。在该图形窗口中,“MAXIMUM SCALE: ±2000.000 MICRONS”表示图形的最大横坐标值为 ±2 000.000 μm,如图 15－7 所示。很显然,这个数值是不合理的,说明初始结构的像差太大了。

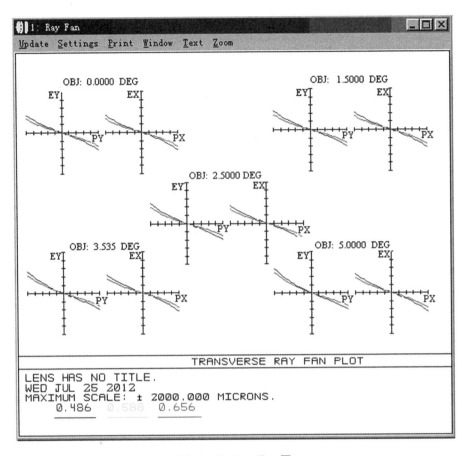

图 15 - 7　Ray Fan 图

15.2.7　第七步:打开"FFT MTF"图形窗口,查看像差情况

点击"MTF"按钮,或执行命令"Analysis→MTF→FFT MTF",或同时按下快捷键"Ctrl +
M",即可打开"FFT MTF"图形窗口,如图 15 - 8 所示。从图 15 - 8 可以看出,当横坐标的数
值为 10 lp/mm 时,即空间频率为 10 lp/mm 时的 FFT MTF 值不足 0.1,而且在 6 lp/mm 附近
的 FFT MTF 值几乎为零。图 15 - 8 中系统提示"ERROR",这说明单透镜的 FFT MTF 值不
合理,需要优化。

15.2.8　第八步:设定像质评价函数(Merit Function)

为了优化该系统,就要先设定像质评价函数(Merit Function)。执行命令"Editors→
Merit Function",或按下快捷键"F6",即可打开 Merit Function Editor 编辑窗口。在 Merit
Function Editor 编辑窗口中,我们执行命令"Tools→Default Merit Function",即可打开默认评
价函数(Default Merit Function)对话窗口,如图 15 - 9 所示。

在对话窗口(图 15 - 9)中,我们选择"PTV + Spot Radius + Chief Ray"组合方法。同
时设定玻璃(Glass)的边界条件(Thickness Boundary Values:)为"Min:2 mm,Max:20 mm",

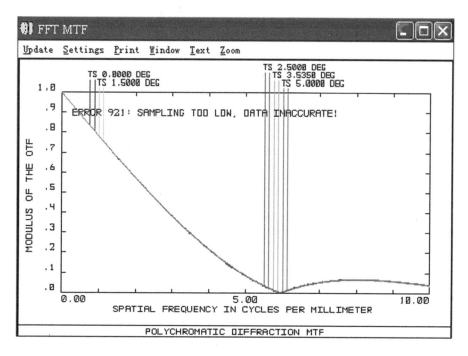

图 15 - 8　单透镜的 FFT MTF

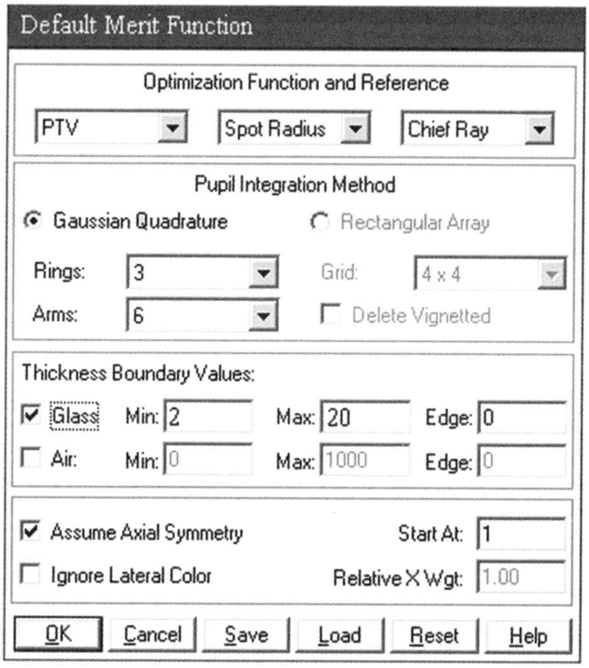

图 15 - 9　默认评价函数对话窗口

表示玻璃的边缘(对凸透镜而言,它是指凸透镜边缘厚度;对凹透镜而言,它是指凹透镜的中心厚度)最小厚度为 2 mm,最大厚度为 20 mm。边缘厚度(Edge)也可以限定。

当我们按图 15 -9 中的参数设置好后,点击"OK"键确定。这时系统会弹出一个较为复杂的窗口。在该窗口中,有一个黑色背景的单元格"DMFS",在本单元格中输入大写字母"EFFL(有效焦距值)",按"Enter"键后,在"EFFL"单元格的右侧显示"Wav#""2",这表示波长为"第 2 个"设定的波长,即"0. 587 561 80 μm",这是因为该波长被设定为"Primary(主波长)"。在"Target"单元格的下面输入"100",这是因为设计任务要求系统的焦距为 100 mm。在"Weight"单元格的下面输入"1. 0"。在"Value"下面的单元格中双击鼠标左键或点击"Update"即可显示出最右面两列的数据,如表 15 -1 所示。

表 15 -1　评价函数参数设置(部分)

Oper #	Type	Wave	Target	Weight	Value	% Contrib
1(EFFL)	EFFL	2	100. 000 000	1. 000 000	96. 523 968	99. 893 362

15. 2. 9　第九步:设定参与优化的变量

除了设定默认评价函数外,还要设定参与优化的变量。我们先选中"Lens Data Editor"窗口中的"Radius"列中的"100"单元格,然后按下快捷键"Ctrl + Z",或点击鼠标右键后在弹出的对话框中选择"Solve Type:Variable",那么在该单元格的右侧会出现一个字母"V",该字母表示其前面的单元格变量是参与优化过程中的,即是可变化的。按照相同的方法,可以设定"Radius"列中的" -100"单元格和"Thickness"列中的"100"单元格为可变化的,如图 15 -10、图 5 -11 所示。

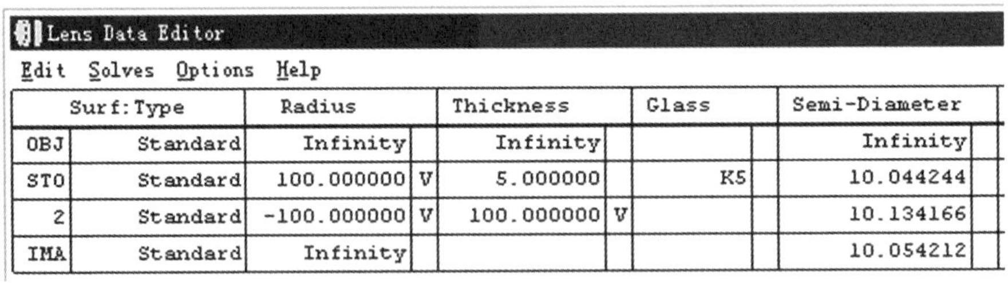

Surf:Type		Radius		Thickness		Glass		Semi-Diameter	
OBJ	Standard	Infinity		Infinity				Infinity	
STO	Standard	100.000000	V	5.000000		K5		10.044244	
2	Standard	-100.000000	V	100.000000	V			10.134166	
IMA	Standard	Infinity						10.054212	

图 15 -10　设置参与优化的变量窗口

15. 2. 10　第十步:优化系统参数

在我们设定好默认评价函数和参与优化的变量后,点击"Opt"按钮,或者执行命令"Tools→Optimization",或者同时按下快捷键"Shift + Ctrl + O",即可打开 Optimization 窗口,点击"Automatic(自动优化)"命令,当优化过程自动停止后关闭或退出对话框。

Surf:Type		Radius		Thickness		Glass		Semi-Diameter
OBJ	Standard	Infinity		Infinity				Infinity
STO	Standard	58.014415	V	5.000000		K5		10.077157
2	Standard	-510.199499	V	95.701148	V			10.063407
IMA	Standard	Infinity						8.857981

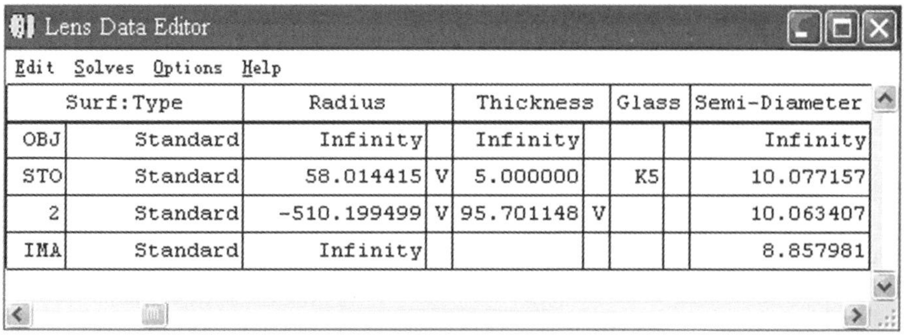

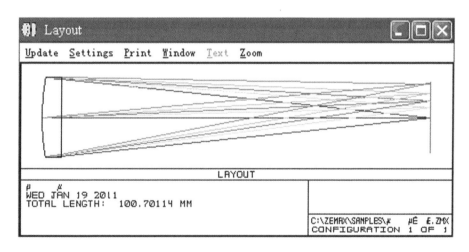

图 15－11　优化后的单透镜的透镜数据编辑窗口

15.3　设 计 结 果

设计结果的透镜数据编辑器窗口如图 15－11 所示。此时得到的系统二维轮廓图如图 15－12 所示。

图 15－12　优化后的单透镜的二维轮廓图

此时得到的 Ray Aberration 图形窗口显示“MAXIMUM SCALE: ±500.000 MICRONS”，表示图形的最大比例尺已经缩小到初始结构的 1/4，像差得到明显改善。此时得到的 FFT MTF 图形窗口如图 15－13 所示。从图 15－13 中可知，空间频率为 10 lp/mm 处的 FFT MTF 值已得到改善。我们还可以考察其他像质评价的图像窗口，如 Opd 图形窗口、Spt 图形窗口等。

从这些图形窗口中可以看出，虽然经过初次优化后的系统成像质量已经得到改善，但是仍然不能满足实用要求，需要进一步的优化。因为单个透镜很难做到像质优良，所以我们往往将系统复杂化，现在销售的相机镜头有的镜片数超过了十片。

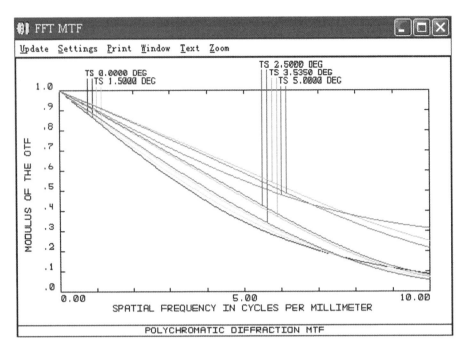

图 15-13　优化后的单透镜的 FFT MTF

15.4　设　计　练　习

请总结单透镜的设计过程和技巧,并自行完成如下设计任务。

设计一个焦距为 80 mm,相对孔径为 1/4 的单透镜系统,全视场 2ω 为 8°,物距为无限远,在可见光下工作,选用 K9 玻璃,光阑设置在入射光线遇到的透镜的第一个光学表面。

提示:"K9"是中国玻璃库的牌号,如果 ZEMAX 源程序中没有安装中国玻璃库文件,需要自行在网上查找中国玻璃库文件,解压该库文件后,把这些解压出来的库文件"复制→粘贴"到"C:\ZEMAX\Glasscat"路径的"Glasscat"文件夹中。

在"Len Data Editor"窗口中的"Glass"列中的相关单元格中输入"K9"后,按一下"Enter"键,会弹出一个窗口,该窗口会提示如下信息:

Error 971: Glass K9 could not be found in the current catalogs. However, it was found in the chineses catalog. Do you want to add this catalog to chis lens?

在上述英文提示下面会有三个按钮,分别是"是(Y)""否(N)"和"取消"。你只要用鼠标选中"是(Y)"按钮,并左键单击一下"是(Y)"按钮即可确保玻璃的牌号是"K9"。

第16章 双胶合设计

16.1 设计任务

本章的设计任务与第15章相似,不同点在于系统不是单镜片而是双胶合镜片,具体如下:设计一个焦距为100 mm,相对孔径为1/5的双胶合透镜系统,全视场2ω为10°,物距为无限远,在可见光下工作,玻璃的类型不限定,光阑设置在入射光线遇到的透镜的第一个光学表面。

16.2 设计过程

16.2.1 第一步:选择初始结构

本实例直接选用系统中提供的双胶合实例作为我们的设计初始结构。在光学设计实用手册中,或者在光学专利数据库中选择最接近设计任务的系统作为初始系统是目前光学设计工作常常采用的策略。所以,大家要多多积累光学设计实例。执行路径命令"C:\ZEMAX\Samples\Sequential\Objectives\Doublet.Zmx",即可打开系统提供的名为"Doublet.Zmx"的双胶合设计实例,以此作为我们的初始结构,如表16-1所示。为了不与系统中的实例相冲突,我们将其另存为名为"双胶合设计.ZMX"的文件。存储路径由读者自行设置。提醒大家的是,保存文件时会同时出现后缀为".SES"和".ZMX"的两个文件,这两个文件是一个整体,转移文件时必须两个都转移,否则无法正常打开系统数据。

表16-1 初始结构的透镜参数

Surf:Type		Radius		Thickness		Class	Semi-Diameter		Conic
OBJ	Standard	Infinity		Infinity			0.000 000		0.000 000
STO *	Standard	92.847 066	V	6.000 000		Bk7	15.000 000	U	0.000 000
2 *	Standard	−30.716 087	V	3.000 000		F2	15.000 000	U	0.000 000
3 *	Standard	−78.197 307	M	97.376 047	M		15.000 000	U	0.000 000
IMA	Standard	Infinity					0.008 437		0.000 000

16.2.2 第二步:比较初始结构与设计任务的数据

我们通过列表的方法,比较初始结构与设计任务的典型数据,如工作波长范围、全视场及入瞳直径等,如表16-2所示。

表 16 - 2 双胶合的初始结构与设计任务的数据比较

	初始结构	设计任务
工作波长范围	0.486 μm,0.589 μm,0.656 μm	F,d,C
全视场(2ω)	只有一个视场,即 0°视场	10°
入瞳直径(D)	20 mm	20 mm
焦距(f)	100 mm	100 mm
玻璃材料	BK7 和 F2	不限定

16.2.3 第三步:提出设计思路

通过分析表 16 - 2 可以得出:

(1)由于设计任务只提出工作于可见光波段,并没有提出具体的工作波段范围,因此我们根据常规处理原则,选取三个典型的特征波长 F 光、d 光和 C 光,即 0.486 132 70 μm、0.587 561 80 μm 和 0.656 272 50 μm。选取 d 光为主波长。

(2)增加初始结构的考察视场个数。因为全视场 2ω = 10°,所以我们选择两个比较典型的视场进行考察:0.0ω = 0°和 1.0ω = 5°。注意:在"Field"编辑窗口中输入的最大视场值为半视场值,不是全视场值;当然,可以再增加考察视场的个数,如 0.5ω 和 0.707ω 等。

(3)入瞳直径值不用修改,仍是 20 mm。

(4)焦距值不用修改。但是我们发现初始系统没有设定默认评价函数,更没有在"默认评价函数"中设定焦距(EFFL)的值。所以,按下快捷键"F6",打开 Merit Function Editor 编辑窗口,执行命令"Tools→Default Merit Function"打开 Default Merit Function 窗口,选择"RMS + Wavefront + Centroid"像质评价方法(当然也可以选择其他类型的像质评价方法)。暂且不限定玻璃的边缘厚度值。仿照第 15 章输入"EFFL""Target:100"和"Weight:1",并利用命令"Tools→Update"更新"Value"和"% Contrib"下面单元格的数据。将"Default Merit Function"窗口最小化即可。

(5)由于设计任务没有提出具体使用哪种材料,所以我们暂且选用初始结构使用的玻璃材料"BK7"和"F2"。

16.2.4 第四步:设定参与优化的变量

我们在 Lens Data Editor 编辑窗口中可以发现,在该窗口中有些数据的右侧有"V""M"或"U"字母,分别表示"参与优化过程的,即前面的参数是变量(Variable)""利用边缘光线角度限定的曲率半径(Marginal Ray Angle)"和"固定的(Fixed)"。由于我们已经在默认评价函数中限定了焦距(EFFL)的值为 100,所以可以利用快捷键"Ctrl + Z"在"97.376047"单元格的右侧添加"V"字母,使得该处的单元格为变量,即双胶合最右侧的光学表面与像面的距离在优化过程中是变量。

16.2.5 第五步:优化系统参数

点击"Opt"按钮,或者执行命令"Tools→Optimization",或者同时按下快捷键"Shift + Ctrl +

O"，即可打开"Optimization"窗口，点击"Automatic（自动优化）"命令，当优化过程自动停止后关闭或退出对话框。现在通过列表法比较系统优化先后的数据变化。

16.2.6 第六步：分析初次优化结果，判断优化结果是否满足要求

通过比较表 16 - 3 中的数据，我们可得出结论：

（1）Ray Fan 窗口的最大比例尺已经显著下降，但仍不能满足实用要求。

（2）OPD Fan 窗口的最大比例尺没有变化，仍不能满足实用要求。

（3）Spot Diagram 窗口的最大视场对应的"GEO RADIUS"已经下降，但"RMS RADIUS"较大，仍不能满足实用要求；仔细观察 Spot Diagram 图形窗口，我们发现其彗差较大，如图 16 - 1 所示（为节约版面，已经将其逆时针旋转了 90°）。

（4）FFT MTF 窗口的最小值（10 lp/mm）虽然已经由 0.165 28 提高到了 0.237 13，但仍太小，不能满足实用要求。

（5）Enc 图形窗口仍然提示"ERROR 921"错误。

（6）Lateral Color 的最大视场对应的值已经明显改善，这是因为正透镜产生负色差，负透镜产生正色差，正、负透镜组合在一起才有可能消除初级色差，但高级色差（如二级光谱）仍然存在且很难根除。Lateral Color 图形窗口显示，各色光曲线均在"AIRY"双竖线内时，满足了瑞利准则。

表 16 - 3　双胶合优化前后数据比较

	优化前	优化后
Ray Fan	MAXIMUM SCALE： ±500.00 MICRONS	MAXIMUM SCALE： ±200.00 MICRONS
OPD Fan	MAXIMUM SCALE： ±20.00 WAVES	MAXIMUM SCALE： ±20.00 WAVES
Spot Diagram	RMS RADIUS：3.464　92.145 GEO RADIUS：8.585　235.210	RMS RADIUS：42.769　53.126 GEO RADIUS：67.893　139.206
FFT MTF	Field：0 deg　10 lp/mm Tangential Sagittal 0.957 31　0.957 31 Field：10 deg　10 lp/mm Tangential Sagittal 0.242 37　0.165 28	Field：0 deg　10 lp/mm Tangential Sagitta 0.237 13　0.237 13 Field：10 deg　10 lp/mm Tangential Sagittal 0.290 92　0.762 77
Enc	ERROR 921	ERROR 921
Lateral Color	MAXIMUM Field 0.486 133　0.587 562　0.656 273 −1.491 9　0.000 0　8.248 5	MAXIMUM Field 0.486 133　0.587 562　0.656 273 −0.987 73　0.000 0　0.607 81

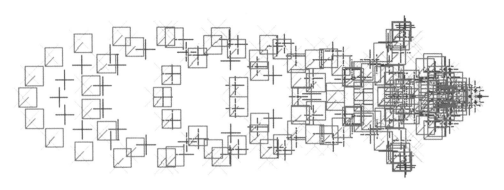

图 16 - 1   优化后的双胶合彗差较大

16. 2. 7   第七步:进一步优化以完善系统设计

鉴于初次优化后的系统仍不能满足实用要求,所以我们需要进一步进行优化。进一步优化系统的思路如下。

(1)增加参与优化的变量,如将"Thickness"列中原来为"Fixed"的单元格利用快捷键"Ctrl + Z"设定为变量,其标志是右侧有个"V"字母。

(2)将"Semi-Diameter"列中右侧有"U"字母的数据利用快捷键"Ctrl + Z"设定为自动求解状态(Automatic)。虽然这样做不能改善成像质量,但是可以缩小透镜的径向尺寸,进而节约玻璃材料的用量和系统加工制造成本。

(3)在曲率半径(Radius)、厚度间隔(Thickness)都参与优化时仍不能满足设计任务时,可以考虑更换玻璃材料,如下面的设计结果中使用了"SSK2"和"SF1"两种材料。

16. 3   设 计 结 果

File ：C：\ZEMAX\Samples\双胶合设计. ZMX

Title：A SIMPLE DOUBLET USING A CROWN AND A FLINT.

Date ：TUE JAN 25 2011

LENS NOTES：

GENERAL LENS DATA：

Surfaces ：4

Stop ：1

System Aperture ：Entrance Pupil Diameter = 20

Glass Catalogs ：schott

Ray Aiming ：Off

Apodization ：Uniform, factor = 0. 000 00E + 000

Effective Focal Length   ：100 (in air at system temperature and pressure)

Effective Focal Length   ：100 (in image space)

Back Focal Length ：67. 804 89

Total Track ：187. 039 3

Image Space F/# : 5

Paraxial Working F/# : 5

Working F/# : 4. 993 374

Image Space NA : 0. 099 503 72

Object Space NA : 1e − 009

Stop Radius : 10

Paraxial Image Height : 8. 748 866

Paraxial Magnification : 0

Entrance Pupil Diameter : 20

Entrance Pupil Position : 0

Exit Pupil Diameter : 55. 878 69

Exit Pupil Position : − 279. 121 2

Field Type : Angle in degrees

Maximum Field : 5

Primary Wave : 0. 587 561 8

Lens Units : Millimeters

Angular Magnification: 0. 357 918 2

Fields : 2

Field Type: Angle in degrees

#	X-Value	Y-Value	Weight
1	0. 000 000	0. 000 000	1. 000 000
2	0. 000 000	5. 000 000	1. 000 000

Vignetting Factors

#	VDX	VDY	VCX	VCY	VAN
1	0. 000 000	0. 000 000	0. 000 000	0. 000 000	0. 000 000
2	0. 000 000	0. 000 000	0. 000 000	0. 000 000	0. 000 000

Wavelengths : 3

Units: Microns

#	Value	Weight
1	0. 486 133	1. 000 000
2	0. 587 562	1. 000 000
3	0. 656 273	1. 000 000

SURFACE DATA SUMMARY:

Surf	Type	Radius	Thickness	Glass	Diameter	Conic
OBJ	STANDARD	Infinity	Infinity		0	0
STO	STANDARD	128. 496 8	99. 511 54	SSK2	20. 068 66	0
2	STANDARD	− 24. 698 73	19. 995 16	SF1	24. 619 55	0
3	STANDARD	− 61. 864 03	67. 532 63		26. 915 76	0
IMA	STANDARD	Infinity	17. 506 45			0

Ray Fan 图形窗口中的"MAXIMUM SCALE"为 ±50.00 MICRONS。

OPDFan 图形窗口中的"MAXIMUM SCALE"为 ±2.000 WAVES。

Spot Diagram 图形窗口中的"Listing of Spot Diagram Data"如下：

File : C:\ZEMAX\Samples\双胶合设计.ZMX

Title：A SIMPLE DOUBLET USING A CROWN AND A FLINT.

Date : THU JAN 20 2011

	X	Y
Field coordinate :	0.000 000 00E +000	0.000 000 00E +000
Image coordinate :	0.000 000 00E +000	0.000 000 00E +000
RMS Spot Radius :	6.833 597 67E +000	microns
RMS Spot X Size :	4.832 083 25E +000	microns
RMS Spot Y Size :	4.832 083 25E +000	microns
Max Spot Radius :	1.120 761 15E +001	microns
Field coordinate :	0.000 000 00E +000	5.000 000 00E +000
Image coordinate :	0.000 000 00E +000	8.721 086 34E +000
RMS Spot Radius :	1.691 231 40E +001	microns
RMS Spot X Size :	1.360 668 12E +001	microns
RMS Spot Y Size :	1.004 413 22E +001	microns
Max Spot Radius :	3.669 945 46E +001	microns

当然,彗差仍然显著但数值已经大大降低。

FFT MTF 图形窗口中的"Polychromatic Diffraction MTF"数据如下：

File : C:\ZEMAX\Samples\双胶合设计.ZMX

Title：A SIMPLE DOUBLET USING A CROWN AND A FLINT.

Date : THU JAN 20 2011

Data for 0.486 1 to 0.656 3 microns.

Spatial frequency units are cycles per mm .

Modulation is relative to 1.0.

Field：0.000 0 deg

Spatial frequency	Tangential	Sagittal
0.000 000	1.000 00	1.000 00
5.000 000	0.970 11	0.970 11
10.000 000	0.923 54	0.923 54
25.000 000	0.696 12	0.696 12
50.000 000	0.256 82	0.256 82
75.000 000	0.016 72	0.016 72
100.000 000	0.018 92	0.018 92

Field：5.000 0 deg

Spatial frequency	Tangential	Sagittal
0.000 000	1.000 00	1.000 00
5.000 000	0.962 46	0.921 55

10. 000 000	0. 903 54	0. 783 37
25. 000 000	0. 686 22	0. 386 75
50. 000 000	0. 442 26	0. 236 75
75. 000 000	0. 284 22	0. 166 81
100. 000 000	0. 155 99	0. 103 47

可见 FFT MTF 的最小值(10 lp/mm)已经由"0. 237 13"提高到了"0. 783 37",已经能满足实用要求。

Diffraction Encircled Energy 图形窗口中的"FFT Diffraction Encircled Energy"部分数据如下：

File ：C:\ZEMAX\Samples\双胶合设计. ZMX

Title：A SIMPLE DOUBLET USING A CROWN AND A FLINT.

Date ：THU JAN 20 2011

Wavelength：Polychromatic

Reference：Centroid

Reference coordinate units are Millimeters

Distance units are Microns.

Diff Limit

Reference Coordinates：X = 1. 410E − 005　Y = 1. 410E − 005

Radial distance	Fraction
10. 000 00	0. 947 0
15. 000 00	0. 969 6
20. 000 00	0. 985 5

Field：0. 000 0 deg

Reference Coordinates：X = 1. 989E − 005　Y = 1. 989E − 005

Radial distance	Fraction
10. 000 00	0. 875 6
15. 000 00	0. 963 6
20. 000 00	0. 980 1

Field：5. 000 0 deg

Reference Coordinates：X = 1. 307E − 004　Y = 8. 724E + 000

Radial distance	Fraction
10. 000 00	0. 621 8
15. 000 00	0. 791 8
20. 000 00	0. 919 0

Field Curv/Dist 图形窗口如图 16 − 2 所示。

Grid Distortion 图形窗口如图 16 − 3 所示。由该窗口可知系统存在桶形(也称鼓形)畸变。

Longitudinal Aberration 图形窗口如图 16 − 4 所示,而 Lateral Color 图形窗口如图 16 − 5 所示。

当然,经过多次优化后的双胶合系统的成像质量还存在着不少美中不足之处,还需要进一步完善。

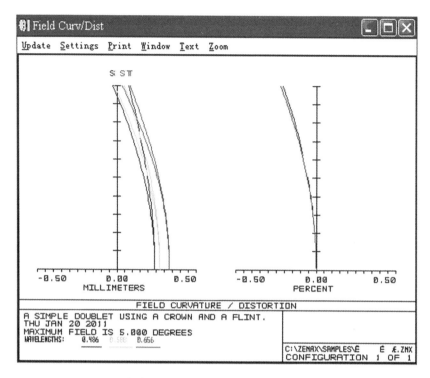

图 16 − 2　多次优化后的双胶合 **Field Curv/Dist** 图形窗口

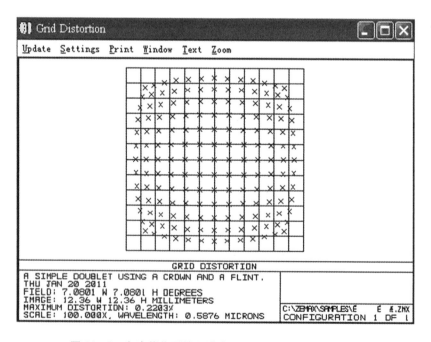

图 16 − 3　多次优化后的双胶合 **Grid Distortion** 图形窗口

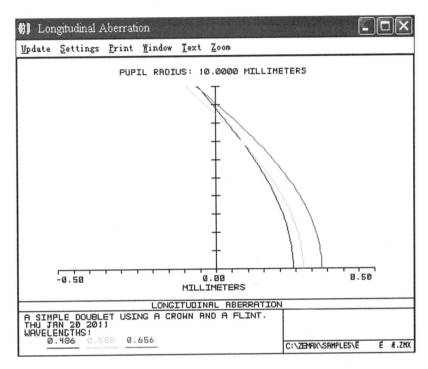

图 16-4　多次优化后的双胶合 Longitudinal Aberration 图形窗口

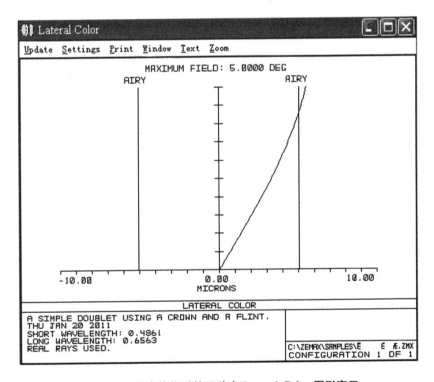

图 16-5　多次优化后的双胶合 Lateral Color 图形窗口

16.4　设　计　练　习

请总结一下双胶合系统的设计过程和技巧,并自行完成如下设计任务。

设计一个焦距为 80 mm,相对孔径为 1/4 的双胶合透镜系统,全视场 2ω 为 10°,物距为无限远,在 450 ~ 700 nm 工作,玻璃的类型由软件自行确定,光阑设置在入射光线遇到的透镜的第一个光学表面。

提示:"玻璃的类型由软件自行确定"的含义即找到"Lens Data Editor"窗口中"Glass"列相关的单元格,即初始系统中填写了玻璃牌号的两个单元格,然后分别让这两个单元格的右侧出现"V"字符(办法:选中单元格,按下"Ctrl + Z"),你会发现这两处的单元格不再是字母和数字构成的牌号,而是变成了两组数字,第一组数字是折射率(Index Nd),第二组数字是阿贝数(Abbe Vd),双击该单元格即可看到这些信息。点击"Opt"按钮让系统自行优化,在优化到一定程度后,重新选中这两个单元格,并分别按下"Ctrl + Z",又可以看到这两个单元格中出现了玻璃的牌号,这两个新出现的玻璃牌号是软件系统自行寻找到的最接近"折射率,阿贝数"的牌号,因为是"最为接近"并非完全一致,因此需要再点击"Opt"按钮让系统自行优化,优化以后的系统才是真的与牌号对应的成像质量较好的系统。

第17章 三片式照相物镜设计

17.1 设 计 任 务

本实例参照由黄一帆和李林编写的《光学设计教程》(北京理工大学出版社)中的案例,并进行了部分内容的修改完善。设计任务:系统焦距为 9 mm,F/# 为 4,全视场 2ω 为 $40°$。要求所有视场在 67.5 lp/mm 处时 MTF >0.3。

17.2 设 计 过 程

17.2.1 系统建模

为简化设计过程,从《光学设计手册》(北京理工大学出版社出版)中选取了一个三片式照相物镜作为初始结构,如表 17-1 所示。

表 17-1 初始系统结构参数

表面序号	半径/mm	厚度/mm	玻璃
1	28.25	3.7	ZK5
2	-781.44	6.62	
3	-42.885	1.48	F6
4	28.5	4.0	
5	光阑	4.17	
6	160.972	4.38	ZK11
7	-32.795		
$f' = 74.98, \text{F/\#} = 3.5, 2\omega = 56°$			

根据 ZEMAX 建模的步骤,首先是系统特性参数输入过程。

点击"Gen"按钮,在"General"系统通用数据对话框中设置孔径和玻璃库。在孔径类型(Aperture Type:)中选择"Image Space F#",并根据设计要求在"Aperture Value:"输入"4";在玻璃库(Glass Catalogs)里输入"CHINA",以便导入中国玻璃库。

点击"Fie"按钮,打开"Field Data"对话框设置五个视场($0\omega,0.3\omega,0.5\omega,0.7\omega$ 和 1.0ω 视场)。

点击"Wav"按钮,打开"Wavelength Data"对话框设置"Select→F,d,C[Visible]",自动输入三个特征波长。

接着在透镜数据编辑器(Lens Data Editor)中输入初始结构,如图 17-1 所示。

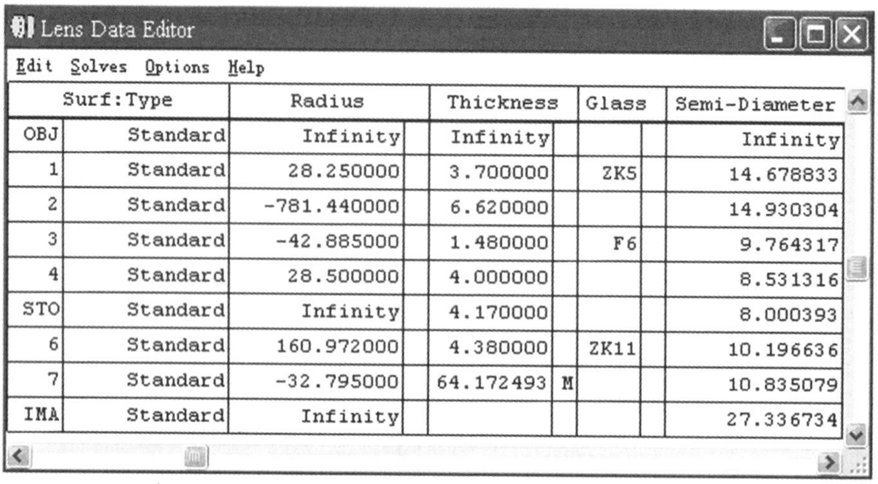

Surf:Type		Radius		Thickness		Glass		Semi-Diameter
OBJ	Standard	Infinity		Infinity				Infinity
1	Standard	28.250000		3.700000		ZK5		14.678833
2	Standard	-781.440000		6.620000				14.930304
3	Standard	-42.885000		1.480000		F6		9.764317
4	Standard	28.500000		4.000000				8.531316
STO	Standard	Infinity		4.170000				8.000393
6	Standard	160.972000		4.380000		ZK11		10.196636
7	Standard	-32.795000		64.172493	M			10.835079
IMA	Standard	Infinity						27.336734

图 17-1　三片式照相物镜初始结构参数

在表 17-1 中,第 7 面厚度为透镜组最后一面与像面之间的间距,但是表中并没有列出。为了将要评价的像面设为系统的焦平面,可以利用 ZEMAX 的求解(Solve)功能。该功能用于设定光学系统结构的参数,如 Curvature, Thickness, Glass, Semi-Diameter, Conic 和 Parameter 等操作数。

求解(Solve)功能使用方法如下。

用鼠标左键双击(或单击鼠标右键)需要设置"Solve"功能的单元格(即第 7 面所在的行和"Thickness"所在的列交叉的单元格),将弹出标题为"Thickness Solve on Surface 7"的对话框,如图 17-2 所示。

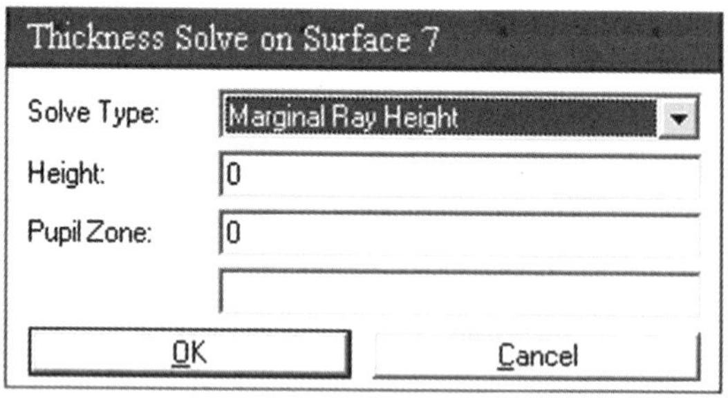

图 17-2　Thickness Solve on Surface 7 对话框

根据本系统的设计要求,在图 17-2 中,对话框"Solve Type"中选择"Marginal Ray Height",并将"Height:"值输入为"0",表示将像面设置在了边缘光线聚焦的像方焦平面上。对话框中的"Pupil Zone"定义了光线的瞳面坐标,用归一化坐标表示。"Pupil Zone"的值如果为 0,则表示采用近轴光线;如果为 -1 和 +1 之间的任意非零值,则表示采用所定义坐标上的实际光线进行计算。

单击"OK"后,系统会自动计算出最后一面与焦平面之间的距离值,并在单元格的右侧显示"M"字母,表示这一厚度采用了求解"Solve"方法。

初始结构参数输入后,由于系统焦距与设计要求并不相符,因此需要通过缩放功能进行调整。

初始结构参数的缩放功能使用方法如下。

执行命令"Tools→Scale Lens",即可打开名称为"Scale Lens"的对话框,如图 17 –3 所示。

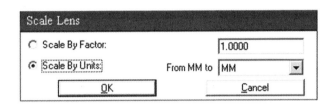

图 17 –3　焦距缩放对话框

由于系统现有的焦距为 74.98 mm,且设计任务要求将其变为 9 mm,因此缩放因子为 9/74.98 = 0.120 032。所以在"Scale By Factor(缩放因子)"后面输入"0.120032"。单击"OK"按钮后,Lens Data Editor 中的结构数据将发生变化,此时系统焦距 EFFL 已经调整为 9 mm。

调整后的系统可以通过工具栏上的"Lay"按钮查看系统二维结构图,如图 17 –4 所示。从"Layout"结构图中可以看出:第一个透镜的边缘不合理,出现前后两表面相交的情况,即第一光学表面边缘厚度为负值。很显然,这是不合理的。为了解决此问题,可以再次利用"Solve(求解)"功能,在"Thickness Solve on Surface 1"对话框中将第一面厚度的"Solve Type(求解类型)"选择为"Edge Thickness(边缘厚度)",并在"Thickness(厚度)"中输入"0.1",这表示第一面边缘厚度被控制为 0.1 mm。该值在优化过程中不会被改变。点击"Layout"结构图中的"Update(更新)"即可得到图17 –5。

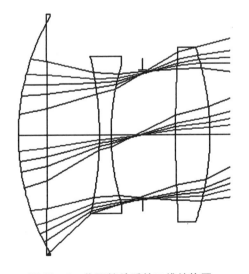

图 17 –4　焦距缩放后的二维结构图

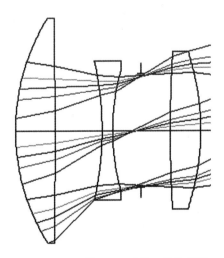

图 17 –5　设置 Solve 后的二维轮廓图

17.2.2 初始性能评价

系统结构调整完成后,可通过菜单"Spt""MTF"按钮分别显示系统的点列图和 MTF 图线。在 MTF 曲线图中,由于系统要求考察 67.5 lp/mm 处的 MTF 值,因此通过"Settings"对话框将采样频率(即空间频率)定为 68 lp/mm。

从"Spot Diagram"图形窗口中可以看出"Listing of Spot Diagram Data"如下:

Title:A SIMPLE COOKE TRIPLET.

Date :FRI JAN 21 2011

Field Type :Angle in degrees

Image units:Millimeters

Reference :Chief Ray

Wavelengths:Value　　　　　　Weight

　　　　　　0.486 133　　　　1.00

　　　　　　0.587 562　　　　1.00

　　　　　　0.656 273　　　　1.00

　　　　　　　　　　X　　　　　　　　　Y

Field coordinate :0.000 000 00E +000　0.000 000 00E +000

Image coordinate :0.000 000 00E +000　0.000 000 00E +000

RMS Spot Radius :3.973 221 11E +001 microns

RMS Spot X Size :2.809 491 59E +001 microns

RMS Spot Y Size :2.809 491 59E +001 microns

Max Spot Radius :5.552 328 88E +001 microns

Field coordinate :0.000 000 00E +000　6.000 000 00E +000

Image coordinate :0.000 000 00E +000　9.786 623 58E −001

RMS Spot Radius :3.950 339 24E +001 microns

RMS Spot X Size :2.863 658 96E +001 microns

RMS Spot Y Size :2.721 146 34E +001 microns

Max Spot Radius :5.722 565 02E +001 microns

Field coordinate :0.000 000 00E +000　1.000 000 00E +001

Image coordinate :0.000 000 00E +000　1.641 571 16E +000

RMS Spot Radius :3.873 935 32E +001 microns

RMS Spot X Size :2.935 707 08E +001 microns

RMS Spot Y Size :2.527 646 89E +001 microns

Max Spot Radius :5.821 746 22E +001 microns

Field coordinate :0.000 000 00E +000　1.400 000 00E +001

Image coordinate :0.000 000 00E +000　2.320 468 23E +000

RMS Spot Radius :3.691 302 97E +001 microns

RMS Spot X Size :2.982 008 68E +001 microns

RMS Spot Y Size :2.175 624 47E +001 microns

Max Spot Radius :5.861 079 77E +001 microns

Field coordinate :0. 000 000 00E +000   2. 000 000 00E +001

Image coordinate :0. 000 000 00E +000   3. 385 103 60E +000

RMS Spot Radius :3. 204 075 84E +001 microns

RMS Spot X Size : 2. 809 508 65E +001 microns

RMS Spot Y Size : 1. 540 377 61E +001 microns

Max Spot Radius : 5. 499 408 67E +001 microns

从 FFT MTF 曲线图(图 17 -6)可以看出系统成像质量较差,需要进一步优化。

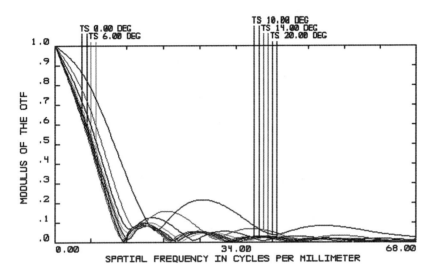

图 17 -6   FFT MTF 曲线图

17.2.3   优化

进行优化之前需要设置评价函数。从主窗口"Editors"中选择"Merit Function",在新打开的评价函数编辑器(Merit Function Editor)中选择"Tools→Default Merit Function...",在评价函数设置对话框中,选择默认评价函数中的"PTV + Wavefront + Centroid"评价方法。并将厚度边界条件设置为玻璃(Glass)厚度的最小值(Min)为 0. 5 mm,最大值(Max)为 10 mm;空气(Air)厚度最小值(Min)为 0. 1 mm,最大值(Max)为 100 mm。边缘厚度(Edge)都设置为 0. 1 mm,如图 17 -7 所示。

单击"OK"后,返回 Merit Function Editor 窗口。系统已经根据上述设置自动生成了一系列控制像差和边界条件的操作数。此时,需要加入 EFFL 以控制系统焦距目标值(Target)为 9 mm,权重(Weight)为 1。

再次返回 Lens Data Editor 编辑窗口,为系统结构设置变量。变量设置可以有不同选择。这里采用的方法是将系统各表面半径(光阑面除外)和第一、第二面的厚度设为变量。变量设置完成后,即可通过工具栏中的"Opt"按钮执行优化。参考设计结果的 Lens Data Editor 窗口如图 17 -8 所示。

如果曲率半径(Radius)和厚度间隔(Thickness)经反复优化都不能满足设计要求,此时可以考虑设置玻璃(Glass)为变量,以便更换玻璃。

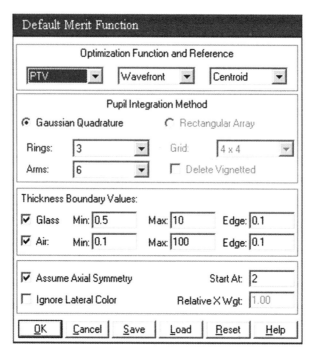

图 17 - 7　默认评价函数设置窗口

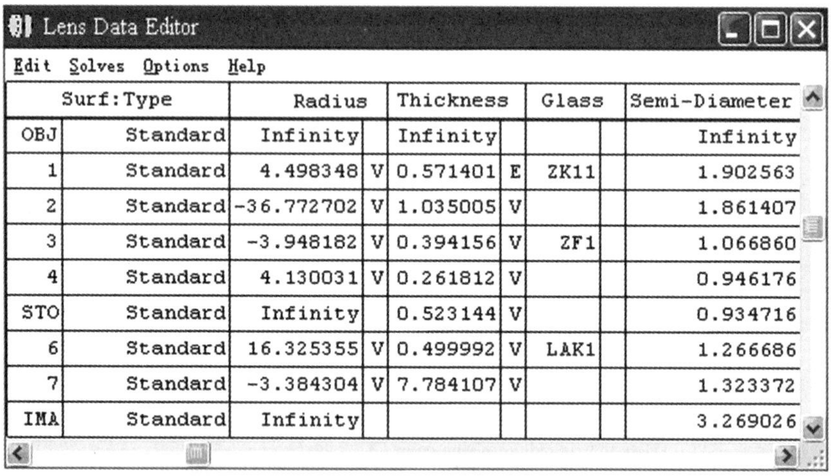

Surf:Type		Radius		Thickness		Glass		Semi-Diameter
OBJ	Standard	Infinity		Infinity				Infinity
1	Standard	4.498348	V	0.571401	E	ZK11		1.902563
2	Standard	-36.772702	V	1.035005	V			1.861407
3	Standard	-3.948182	V	0.394156	V	ZF1		1.066860
4	Standard	4.130031	V	0.261812	V			0.946176
STO	Standard	Infinity		0.523144	V			0.934716
6	Standard	16.325355	V	0.499992	V	LAK1		1.266686
7	Standard	-3.384304	V	7.784107	V			1.323372
IMA	Standard	Infinity						3.269026

图 17 - 8　参考设计结果的 Lens Data Editor 窗口

　　注意:当设置玻璃为变量时,单元格会出现两个数字并与逗号隔开,左侧是折射率值,右侧是阿贝数。

17.3 设 计 结 果

经过多次优化后的设计结果如下。

17.3.1 Lens Data Editor 结构参数(表 17 – 2)

表 17 – 2 Lens Data Editor 结构参数表

Surf：Type		Radius	Thickness	Class	Semi-Diameter	Conic
OBJ	Standard	Infinity	Infinity		Infinity	0.000 000
1	Standard	4.498 348	0.571 406	ZK11	1.902 573	0.000 000
2	Standard	– 36.772 702	1.035 005		1.861 416	0.000 000
3	Standard	– 3.948 182	0.394 156	ZF1	1.066 875	0.000 000
4	Standard	4.130 031	0.261 812		0.946 190	0.000 000
STO	Standard	Infinity	0.523 144		0.934 732	0.000 000
6	Standard	16.325 355	0.499 992	LAK1	1.266 694	0.000 000
7	Standard	– 3.384 304	7.784 107		1.323 380	0.000 000
IMA	Standard	Infinity			3.269 032	0.000 000

Image Space F/# = 4；Y-Field = 0,6,10,14,20；Waveleng 选用 F 光、d 光和 C 光；EFFL = 9 mm。

17.3.2 OPD Fan 图形窗口

为了能让图形中的文字清晰可见,并受篇幅所限,这里仅显示了最大视场的情况(图 17 – 9)。

17.3.3 Listing of Spot Diagram Data

File ：C:\ZEMAX\Samples\三片式照相物镜设计.ZMX

Title：A SIMPLE COOKE TRIPLET.

Date ：FRI JAN 21 2011

Field Type ：Angle in degrees

Image units：Millimeters

Reference：Chief Ray

Wavelengths：Value　　　Weight

　　　　　0.486 133　1.00

　　　　　0.587 562　1.00

　　　　　0.656 273　1.00

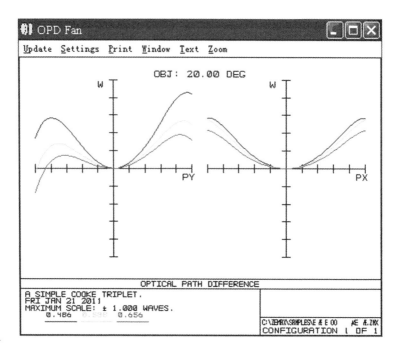

图 17 - 9 OPD Fan 图形窗口

	X	Y
Field coordinate :	0. 000 000 00E + 000	0. 000 000 00E + 000

Image coordinate : 0. 000 000 00E + 000   0. 000 000 00E + 000

RMS Spot Radius : 1. 252 743 22E + 000 microns

RMS Spot X Size : 8. 858 232 26E − 001 microns

RMS Spot Y Size : 8. 858 232 26E − 001 microns

Max Spot Radius : 2. 138 258 47E + 000 microns

Field coordinate : 0. 000 000 00E + 000   6. 000 000 00E + 000

Image coordinate : 0. 000 000 00E + 000   9. 410 968 95E − 001

RMS Spot Radius : 2. 797 409 88E + 000 microns

RMS Spot X Size : 1. 004 843 84E + 000 microns

RMS Spot Y Size : 2. 610 706 97E + 000 microns

Max Spot Radius : 8. 054 103 53E + 000 microns

Field coordinate: 0. 000 000 00E + 000   1. 000 000 00E + 001

Image coordinate : 0. 000 000 00E + 000   1. 578 853 22E + 000

RMS Spot Radius :3. 735 366 27E + 000 microns

RMS Spot X Size: 1. 481 060 29E + 000 microns

RMS Spot Y Size :3. 429 201 30E + 000 microns

Max Spot Radius :1. 124 652 54E + 001 microns

Field coordinate : 0. 000 000 00E + 000   1. 400 000 00E + 001

Image coordinate : 0. 000 000 00E + 000   2. 232 804 57E + 000

RMS Spot Radius ：4. 256 626 56E +000 microns

RMS Spot X Size ：1. 939 789 79E +000 microns

RMS Spot Y Size ：3. 788 942 49E +000 microns

Max Spot Radius ：1. 315 448 41E +001 microns

Field coordinate ：0. 000 000 00E +000   2. 000 000 00E +001

Image coordinate ：0. 000 000 00E +000   3. 262 804 63E +000

RMS Spot Radius ：5. 286 718 69E +000 microns

RMS Spot X Size ：2. 199 776 79E +000 microns

RMS Spot Y Size ：4. 807 325 30E +000 microns

Max Spot Radius ：1. 922 714 44E +001 microns

17. 3. 4 Polychromatic Diffraction MTF

File ：C：\ZEMAX\Samples\三片式照相物镜设计. ZMX

Title：A SIMPLE COOKE TRIPLET.

Date ：FRI JAN 21 2011

Data for 0. 486 1 to 0. 656 3 microns.

Spatial frequency units are cycles per mm.

Modulation is relative to 1. 0.

Field：Diffraction limit

Spatial frequency	Tangential	Sagittal
50. 000 000	0. 851 95	0. 851 95
60. 000 000	0. 822 48	0. 822 48
70. 000 000	0. 793 00	0. 793 00
80. 000 000	0. 763 53	0. 763 53
90. 000 000	0. 734 04	0. 734 04
100. 000 000	0. 704 91	0. 704 91

Field：0. 00 deg

Spatial frequency	Tangential	Sagittal
50. 000 000	0. 819 88	0. 819 88
60. 000 000	0. 778 26	0. 778 26
70. 000 000	0. 735 71	0. 735 71
80. 000 000	0. 692 80	0. 692 80
90. 000 000	0. 650 05	0. 650 05
100. 000 000	0. 608 43	0. 608 43

Field：6. 00 deg

Spatial frequency	Tangential	Sagittal
50. 000 000	0. 784 04	0. 828 99
60. 000 000	0. 736 00	0. 793 03
70. 000 000	0. 688 84	0. 757 30
80. 000 000	0. 643 14	0. 722 02

| 90. 000 000 | 0. 599 36 | 0. 687 33 |
| 100. 000 000 | 0. 558 15 | 0. 653 74 |

Field：10. 00 deg

Spatial frequency	Tangential	Sagittal
50. 000 000	0. 753 54	0. 799 38
60. 000 000	0. 702 10	0. 757 08
70. 000 000	0. 653 13	0. 716 34
80. 000 000	0. 606 89	0. 677 48
90. 000 000	0. 563 61	0. 640 56
100. 000 000	0. 523 39	0. 605 89

Field：14. 00 deg

Spatial frequency	Tangential	Sagittal
50. 000 000	0. 733 38	0. 725 42
60. 000 000	0. 684 50	0. 661 48
70. 000 000	0. 639 22	0. 600 36
80. 000 000	0. 597 01	0. 543 16
90. 000 000	0. 557 67	0. 490 43
100. 000 000	0. 520 78	0. 442 64

Field：20. 00 deg

Spatial frequency	Tangential	Sagittal
50. 000 000	0. 596 27	0. 688 53
60. 000 000	0. 502 96	0. 610 60
70. 000 000	0. 415 91	0. 535 50
80. 000 000	0. 338 77	0. 465 48
90. 000 000	0. 274 00	0. 402 20
100. 000 000	0. 222 03	0. 346 54

17. 3. 5　Listing of Field Curvature Data

File：C:\ZEMAX\Samples\三片式照相物镜设计. ZMX

Title：A SIMPLE COOKE TRIPLET.

Date ：FRI JAN 21 2011

Units are Millimeters.

Maximum Field is 20. 000 Degrees.

Data for wavelength ：0. 486 133 microns.

Y angle（deg）	Tan shift	Sag shift	Real Height	Ref. Height	Distortion
10. 000 000 00	0. 023 171 72	0. 004 761 50	1. 578 591 82	1. 578 507 34	0. 005 351 66%
20. 000 000 00	−0. 126 595 14	−0. 054 403 34	3. 262 946 53	3. 258 319 77	0. 141 998 46%

Data for wavelength ：0. 587 562 microns.

Y angle（deg）	Tan shift	Sag shift	Real Height	Ref. Height	Distortion
10. 000 000 00	0. 024 887 17	0. 003 970 09	1. 578 853 22	1. 578 826 00	0. 001 723 96%

| 20. 000 000 00 | −0. 101 061 31 | −0. 053 947 99 | 3. 262 804 63 | 3. 258 977 54 | 0. 117 432 19% |

Data for wavelength : 0. 656 273 microns.

Y angle（deg）	Tan shift	Sag shift	Real Height	Ref. Height	Distortion
10. 000 000 00	0. 032 466 13	0. 010 421 85	1. 578 902 84	1. 578 896 66	0. 000 391 27%
20. 000 000 00	−0. 083 463 05	−0. 046 891 15	3. 262 651 44	3. 259 123 40	0. 108 251 29%

17. 3. 6　Grid Distortion 图形窗口

从畸变(Grid Distortion)图形窗口(图 17 - 10)可以看出：

MAXIMUM DISTORTION：0. 117 4%（Scale：100%，Wavelength：0. 587 6 Microns），它属于正畸变,即枕形畸变,也称为马鞍形畸变。

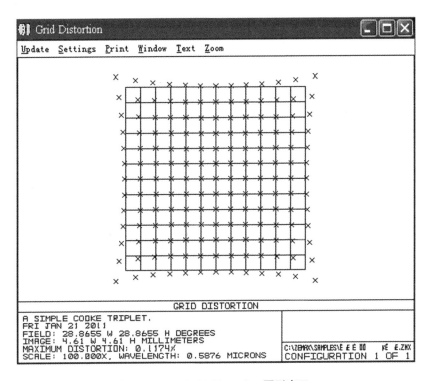

图 17 - 10　Grid Distortion 图形窗口

17. 3. 7　Listing of Longitudinal Aberration Data

File：C：\ZEMAX\Samples\三片式照相物镜设计. ZMX

Title：A SIMPLE COOKE TRIPLET.

Date：FRI JAN 21 2011

Units are Millimeters.

Rel. Pupil	0. 486 1	0. 587 6	0. 656 3
0. 500 0	2. 687E − 002	2. 315E − 002	2. 849E − 002
0. 600 0	2. 137E − 002	1. 627E − 002	2. 111E − 002

0.700 0	1.637E−002	9.547E−003	1.375E−002
0.800 0	1.288E−002	3.910E−003	7.321E−003
0.900 0	1.237E−002	7.238E−004	3.153E−003
1.000 0	1.695E−002	1.961E−003	3.169E−003

17.3.8 Listing of Lateral Color Data

File ：C:\ZEMAX\Samples\三片式照相物镜设计.ZMX

Title：A SIMPLE COOKE TRIPLET.

Date ：FRI JAN 21 2011

Units are Microns.

Real rays used.

Maximum Field ：20.000 000 Deg

Short Wavelength ：0.486 1 Microns

Long Wavelength ：0.656 3 Microns

Rel. Field	Lateral Color
0.500 0	3.110 2E−001
0.600 0	3.213 0E−001
0.700 0	2.899 2E−001
0.800 0	1.967 8E−001
0.900 0	1.395 7E−002
1.000 0	−2.950 9E−001

17.3.9 System Data

File ：C:\ZEMAX\Samples\三片式照相物镜设计.ZMX

Title：A SIMPLE COOKE TRIPLET.

Date ：FRI JAN 21 2011

GENERAL LENS DATA：

Surfaces ：8

Stop ：5

System Aperture ：Image Space F/# = 4

Glass Catalogs ：china

Ray Aiming ：Off

Apodization ：Uniform, factor = 0.000 00E+000

Effective Focal Length ：8.997（in air）

Effective Focal Length ：8.997（in image space）

Back Focal Length ：7.826 316

Total Track ：11.069 62

Image Space F/# ：4

Paraxial Working F/# ：4

Working F/# : 3. 989 688

Image Space NA : 0. 124 034 7

Object Space NA : 1. 124 625e − 010

Stop Radius : 0. 903 917 5

Paraxial Image Height : 3. 274 64

Paraxial Magnification : 0

Entrance Pupil Diameter : 2. 249 25

Entrance Pupil Position : 2. 559 517

Exit Pupil Diameter : 2. 206 157

Exit Pupil Position : − 8. 782 42

Field Type : Angle in degrees

Maximum Field : 20

Primary Wave : 0. 587 561 8

Lens Units : Millimeters

Angular Magnification: 1. 019 533

Fields : 5

Field Type: Angle in degrees

#	X-Value	Y-Value	Weight
1	0. 000 000	0. 000 000	1. 000 000
2	0. 000 000	6. 000 000	1. 000 000
3	0. 000 000	10. 000 000	1. 000 000
4	0. 000 000	14. 000 000	1. 000 000
5	0. 000 000	20. 000 000	1. 000 000

Vignetting Factors

#	VDX	VDY	VCX	VCY	VAN
1	0. 000 000	0. 000 000	0. 000 000	0. 000 000	0. 000 000
2	0. 000 000	0. 000 000	0. 000 000	0. 000 000	0. 000 000
3	0. 000 000	0. 000 000	0. 000 000	0. 000 000	0. 000 000
4	0. 000 000	0. 000 000	0. 000 000	0. 000 000	0. 000 000
5	0. 000 000	0. 000 000	0. 000 000	0. 000 000	0. 000 000

Wavelengths : 3

Units: Microns

#	Value	Weight
1	0. 486 133	1. 000 000
2	0. 587 562	1. 000 000
3	0. 656 273	1. 000 000

17.4　设　计　练　习

请总结一下三片式照相物镜设计的设计过程和技巧,并自行完成如下设计任务。

系统焦距为 10 mm,F/#为 5,全视场 2ω 为 38°,工作在可见光波段,玻璃材料只能有两种(注意设计实例中有三种),要求所有视场满足在 50 lp/mm 处 MTF >0.3。

提示:典型的三片式照相镜头也称为库克(COOKE)镜头,它只有三个镜片,因结构简单、造价低廉被广泛地应用在价格较低的照相机上。它的结构是,正透镜 + 负透镜 + 正透镜。三者之间相互分离。这种镜头的复杂化形式分为两类,一类是把前后两个正透镜中的一个分成两个分离的镜片(即由三个变成四个),目的是增大镜头的相对孔径;另一类是把前后两个正透镜中的一个或两个用双胶合透镜组代替,目的是在增加相对孔径的同时,增加全视场,并改善边缘视场的成像质量。

它的优化变量有如下几类:

(1)曲率半径(Radius)　有六个。

(2)厚度间隔(Thickness)　如果不把物距和像距算在内的话,有五个。

(3)玻璃材料(Glass)　和镜片的个数相同,有三个。

(4)二次曲面系数(Conic)　有六个,一般对于纯球面系统而言须将它们设为零。

虽然整个系统只有三个镜片,但是正是因为参与优化的变量超过十五个,所以可以校正大部分初级像差。

在优化过程中,光阑(STOP)的位置也是可以参与优化的。尤其是物方远心和像方远心光学系统中,光阑的位置对成像质量的影响很大。

在优化过程中,半口经(Semi-Diameter)不能参与优化,一般情况下,我们将其求解类型(Solve Type)设置为自动的(Automatic),而非固定的(Fixed)。当面光学表面与前面某一个光学表面的半口经(Semi-Diameter)大小一致时,"Pick Up"类型可以用来设置对称型的光学系统结构。"Maximum"类型是用来设置最大值的。

第18章　双高斯照相物镜设计

18.1　设　计　任　务

设计一个双高斯照相镜,入瞳直径 $D = 8$ mm,全视场 $2\omega = 30°$,工作波段 486 ~ 656 nm,焦距 $f' = 40$ mm;100 lp/mm 时的 MTF 值不应小于 0.5;成像质量满足瑞利准则。

18.2　设　计　过　程

由于双高斯光学系统属于对称式的光学系统,所以在完成上述设计任务之前,我们先来了解一下完全对称式系统的结构参数该如何设定的问题。

18.2.1　对称式系统结构参数设计方法

某完全对称式的光学系统的二维轮廓图如图 18 –1 所示。从图中可以看出其结构完全对称化。

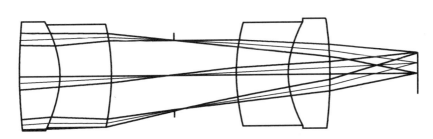

图 18 –1　某完全对称式的光学系统的二维轮廓图

现在我们打开 Lens Data Editor(透镜参数编辑器)窗口(图 18 –2)来查看它是如何设置的。

点击工具栏中的"Pre"按钮,可以打开 Prescription Data 窗口,在该窗口中我们能找出"SOLVE AND VARIABLE DATA:"如下:

Curvature of 1：Variable

Curvature of 2：Variable

Curvature of 3：Variable

Thickness of 4：Solve, pick up value from 3, scaled by 1.00000, plus 0.00000

Curvature of 5：Solve, pick up value from 3, scaled by – 1.00000

Thickness of 5：Solve, pick up value from 2, scaled by 1.00000, plus 0.00000

Glass of 5：Pick up from 2

Semi Diameter 5：Pickup from 3

Curvature of 6：Solve, pick up value from 2, scaled by – 1.00000

Lens Data Editor

Edit Solves Options Help

Surf:Type		Radius		Thickness		Glass		Semi-Diameter	
OBJ	Standard	Infinity		Infinity				Infinity	
1	Standard	21.550730	V	2.000000		KF3		2.566431	
2	Standard	-4.666801	V	2.500000		SF8		2.453230	
3	Standard	-9.935444	V	3.000000				2.399429	
STO	Standard	Infinity		3.000000	P			1.683229	
5*	Standard	9.935444	P	2.500000	P	SF8	P	2.399429	P
6*	Standard	4.666801	P	2.000000	P	KF3	P	2.453230	P
7*	Standard	-21.550730	P	4.262039	M			2.566431	P
IMA	Standard	Infinity						0.954777	

图 18－2　某完全对称式的光学系统的透镜参数设置

Thickness of 6 ：Solve, pick up value from 1, scaled by 1. 00000, plus 0. 00000

Glass of 6 ：Pick up from 1

Semi Diameter 6 ：Pickup from 2

Curvature of 7 ：Solve, pick up value from 1, scaled by －1. 00000

Thickness of 7 ：Solve, marginal ray height ＝ 0. 00000

Semi Diameter 7 ：Pickup from 1

下面具体说明一下“Radius”“Thickness”“Glass”和“Semi-Diameter”中求解功能的设置方法。

“Radius”列中右侧有“P”字母的从上至下的单元格求解功能设置方法如图 18－3 所示。“Thickness”列中右侧有“P”或“M”字母的从上至下的单元格求解功能设置方法如图 18－4 所示。“Glass”列中右侧有“P”字母的从上至下的单元格求解功能设置方法如图 18－5 所示。“Semi-Diameter”列中右侧有“P”字母的从上至下的单元格求解功能设置方法如图 18－6 所示。

18. 2. 2　双高斯型照相物镜设计过程

1. 选择初始结构

在 ZEMAX 软件中，系统提供了两个双高斯型系统示例，即“C:\ZEMAX\Samples\Sequential\Objective\Double Gauss 5 degree field. zmx”和“C:\ZEMAX\Samples\Sequential\Objective\Double Gauss 28 degree field. zmx”。

鉴于设计任务中规定：全视场为 $2\omega = 30°$，所以我们选择视场最接近的系统，即“C:\ZEMAX\Samples\Sequential\Objective\Double Gauss 28 degree field. zmx”作为我们的初始结构，其二维轮廓图如图 18－7 所示，从该图可以看出它有一定的对称性。

我们采用列表对比法来研究所选的初始结构与设计任务的差异，详细情况参见表18－1。

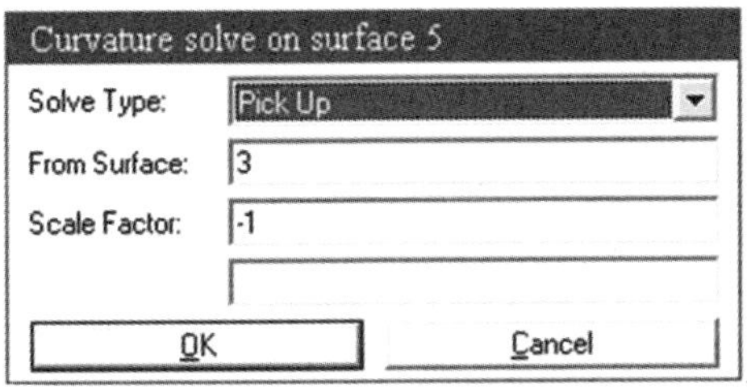

（a）

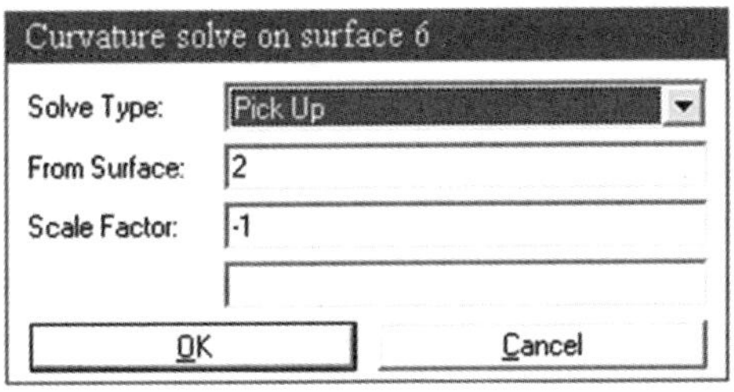

（b）

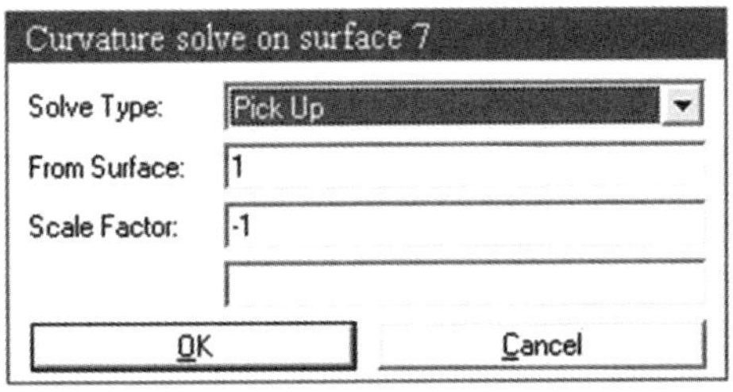

（c）

图 18－3　**Radius** 列求解功能设置对话框

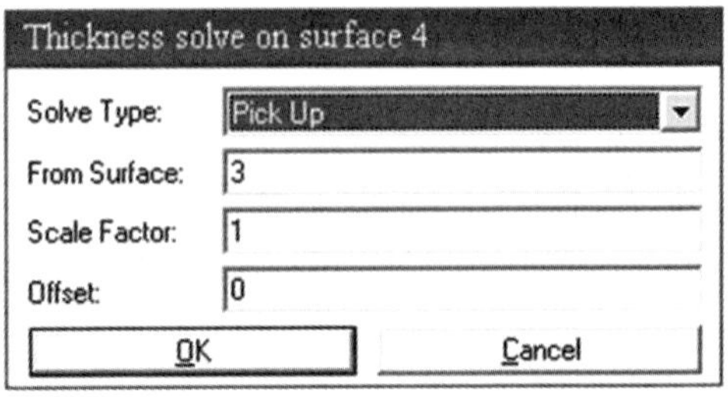

（a）

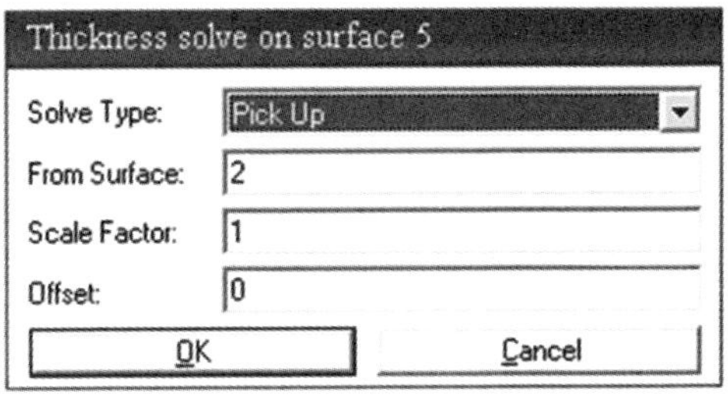

（b）

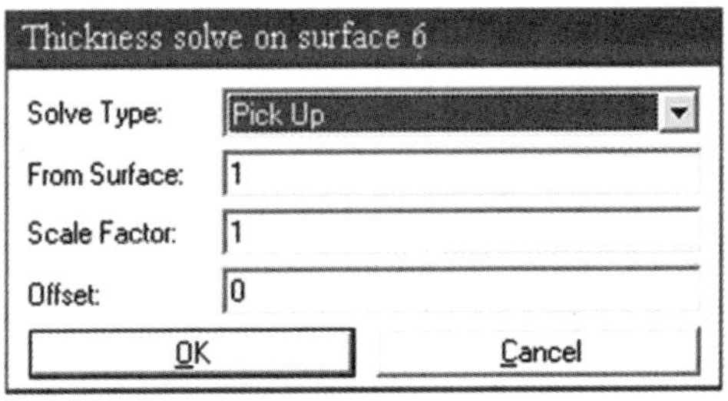

（c）

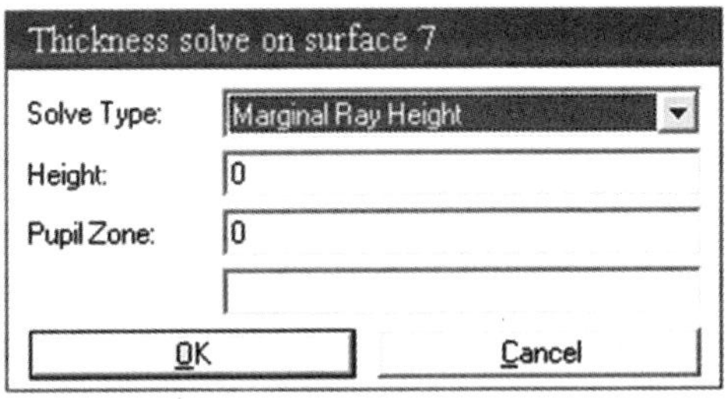

（d）

图 18－4　**Thickness** 列求解功能设置对话框

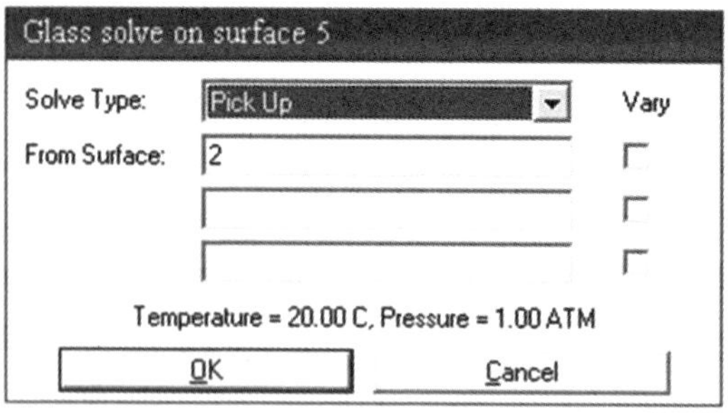

(a)

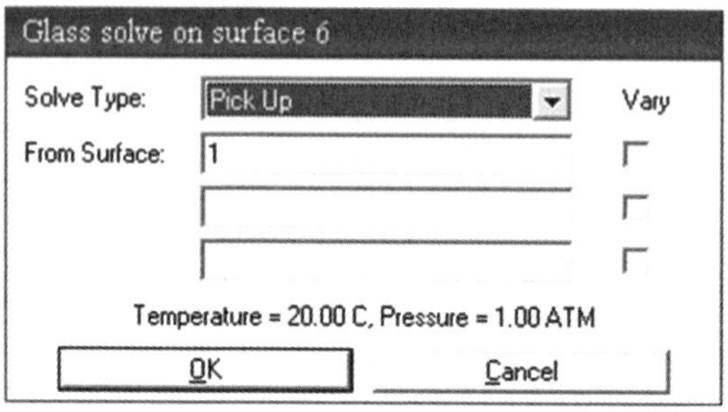

(b)

图 18－5　Glass 列求解功能设置对话框

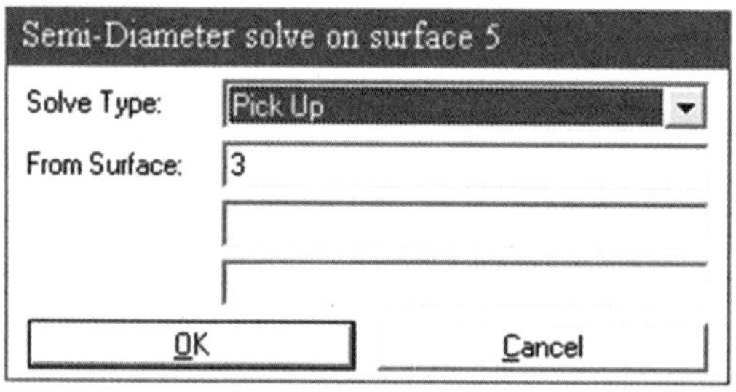

(a)

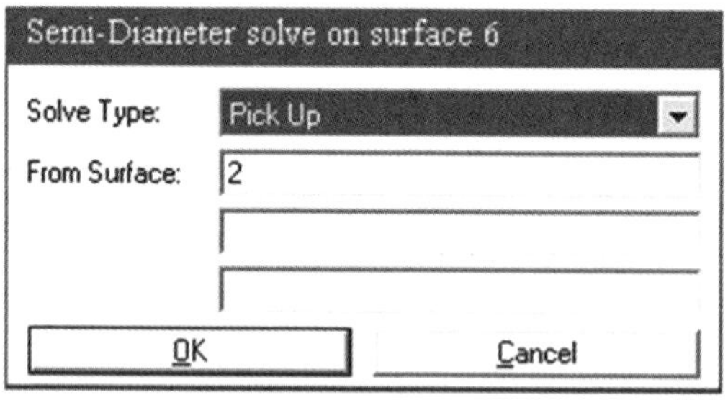

(b)

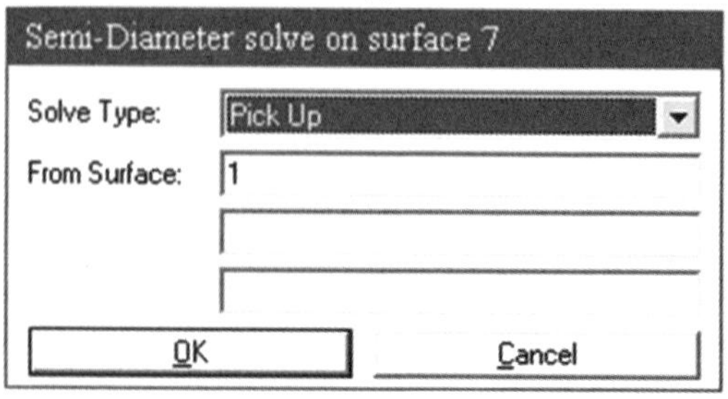

(c)

图 18－6　Semi-Diamete 列求解功能设置对话框

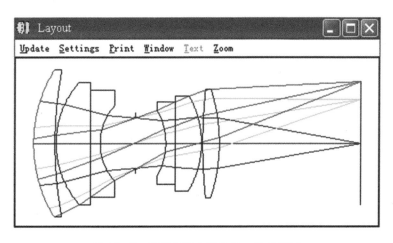

图 18 - 7　所选择的初始结构二维轮廓图

表 18 - 1　初始结构与设计任务比较

	初始结构	设计任务
工作波段	486. 1 nm,587. 6 nm,656. 3 nm	F 光,d 光,C 光
全视场	28°	30°
入瞳直径	33. 33 mm	8 mm
焦距	99. 500 68 mm	40 mm
Ray Fan	MAXIMUM SCALE：±50. 000 MICRONS	—
OPD Fan	MAXIMUM SCALE：±5. 000 WAVES	—
Spot Diagram	RMS RADIUS：8. 501,9. 816,11. 605 GEO RADIUS：16. 872,27. 012,37. 356 AIRY DIAM：4. 27	—
FFT MTF	Field 14. 00 deg Spatial Frequency Tangential Sagittal 　100　　　0. 041 53　0. 146 33	100 lp/mm 时的 MTF 值 不应小于 0. 5

2. 调整系统参数,优化初始结构

点击"Gen"按钮,将入瞳直径(Entrance Pupil Diameter)的孔径值(Aperture Value：)输入"8",单位是毫米。

点击"Fie"按钮,在"Field Data"窗口中的"Y-Field"列输入三个视场,即 0°,10. 605°和15°。其中 10. 605°是 0. 707ω 视场值。

点击"Wav"按钮,在 Wavelength Data 窗口中选中"Select - > F,d,C[Visible]",并点击"OK"确定。

根据表 18 - 1 可知,初始结构与设计任务的焦距相差很大,因此要进行焦距缩放。我们执行命令"Tools→Scale Lens",打开焦距缩放对话框"Scale Lens",选择"Scale By Factor",输入缩放因子值：40/99. 50068 ≈ 0. 402,如图 18 - 8 所示。

调出 Default Merit Function 对话框,因为初始系统的像差较大,所以选择"PTV + Spot Radius + Chief Ray"像质评价方法,并设定厚度边界值(Thickness Boundary Value)：玻璃的

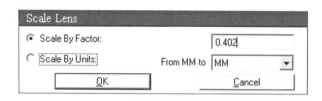

图 18 - 8   焦距缩放对话框

最小值(Min)为 0.5,最大值(Max)为 20,边缘值为 0.5;空气的最小值(Min)为 0.5,最大值(Max)为 100,边缘值缺省;在 Merit Function Editor 窗口输入"EFFL",按回车键,在"Target"单元格下面输入"40",在"Weight"单元格下面输入"1.0",并利用"Tools→Update"更新数据。将 Merit Function Editor 窗口最小化即可。

返回 Lens Data Editor(透镜数据编辑器)窗口设定合适的变量,每次参与优化的不用太多,尤其是"Thickness"列的变量不能太多,否则会出现厚度为负值的不合理情况。

点击"Opt"按钮,打开 Optimization 窗口进行优化。如果选中"Auto Update",则其前面出现"√"符号,那么在优化时会看到屏幕在不停地闪烁变化,表示优化时同步更新。

3. 像质评价,深入优化

当我们进行若干次优化后,要查看典型的像质评价图形窗口,如"Ray""Opd"和"Spt"等,进行像质评价以改进优化策略,如通过在默认评价函数中添加玻璃厚度边界值操作数、球差值操作数等来限定像差大小。记住:计算机只是个计算工具,具体的优化策略还是需要由人来完成的,因此一个好的光学设计者必须具有丰富的设计经验和扎实的理论功底。

18.3 设 计 结 果

18.3.1 System/Prescription Data

File ：C:\Documents and Settings\Administrator\桌面\双高斯照相物镜设计.ZMX

Title：DOUBLE GAUSS

Date ：FRI JAN 21 2011

LENS NOTES：

GENERAL LENS DATA：

Surfaces ：12

Stop ：6

System Aperture ：Entrance Pupil Diameter = 8

Glass Catalogs ：schott

Ray Aiming ：Off

Apodization ：Uniform, factor = 0. 000 00E + 000

Effective Focal Length ：40. 000 13 (in air)

Effective Focal Length ：40. 000 13 (in image space)

Back Focal Length ：24. 941 37

Total Track : 54. 030 84

Image Space F/# : 5. 000 017

Paraxial Working F/# : 5. 000 017

Working F/# : 4. 997 211

Image Space NA : 0. 099 503 39

Object Space NA : 4e − 010

Stop Radius : 2. 562 317

Paraxial Image Height : 10. 718

Paraxial Magnification : 0

Entrance Pupil Diameter : 8

Entrance Pupil Position : 20. 934 11

Exit Pupil Diameter : 9. 728 849

Exit Pupil Position : − 48. 632 18

Field Type : Angle in degrees

Maximum Field : 15

Primary Wave : 0. 587

Lens Units : Millimeters

Angular Magnification : 0. 822 296 7

Fields : 2

Field Type : Angle in degrees

#	X-Value	Y-Value	Weight
1	0. 000 000	0. 000 000	1. 000 000
2	0. 000 000	15. 000 000	1. 000 000

Vignetting Factors

#	VDX	VDY	VCX	VCY	VAN
1	0. 000 000	0. 000 000	0. 000 000	0. 000 000	0. 000 000
2	0. 000 000	0. 000 000	0. 000 000	0. 000 000	0. 000 000

Wavelengths : 3

Units : Microns

#	Value	Weight
1	0. 486 000	1. 000 000
2	0. 587 000	1. 000 000
3	0. 656 000	1. 000 000

SURFACE DATA SUMMARY :

Surf	Type	Radius	Thickness	Glass	Diameter①	Conic
OBJ	STANDARD	Infinity	Infinity		0	0
1	STANDARD	16. 347 29	3. 137 354	SK2	17. 805 45	0

---

① 注意:此处为全口径,而不是半口径(Semi-Diameter)。

2	STANDARD	30. 984 85	0. 460 083 6		16. 503 88	0
3	STANDARD	11. 108 13	3. 091 07 1	SK16	14. 525 51	0
4	STANDARD	30. 688 61	1. 484 672	F5	13. 168 13	0
5	STANDARD	7. 5478 39	6. 459 07		9. 908 598	0
STO	STANDARD	Infinity	6. 296 267		5. 365 634	0
7	STANDARD	− 8. 455 23	1. 484 672	F5	9. 908 598	0
8	STANDARD	− 83. 915 93	3. 091 071	SK16	13. 168 13	0
9	STANDARD	− 11. 661 14	0. 460 083 6		14. 525 51	0
10	STANDARD	184. 328 7	3. 137 354	SK16	16. 503 88	0
11	STANDARD	− 23. 186	24. 929 14		17. 805 45	0
IMA	STANDARD	Infinity			21. 070 67	0

COATING DEFINITIONS：
Coating AR, 1 layer(s)

| Material | Thickness | Absolute | Loop | Taper |
| MGF2 | 0. 250 000 | 0 | 0 | |

EDGE THICKNESS DATA：

Surf	Edge
1	1. 619 517
2	2. 044 236
3	1. 102 483
4	2. 623 626
5	4. 605 508
STO	4. 692 740
7	2. 829 506
8	0. 811 923
9	3. 182 727
10	1. 175 243
11	26. 706 452
IMA	0. 000 000

SOLVE AND VARIABLE DATA：

Curvature of 2 ：Variable

Thickness of 7 ：Solve, pick up value from 4, scaled by 1. 000 00, plus 0. 000 00

Semi Diameter 7 ：Pickup from 5

Thickness of 8 ：Solve, pick up value from 3, scaled by 1. 000 00, plus 0. 000 00

Semi Diameter 8 ：Pickup from 4

Thickness of 9 ：Solve, pick up value from 2, scaled by 1. 000 00, plus 0. 000 00

Semi Diameter 9 ：Pickup from 3

Thickness of 10 ：Solve, pick up value from 1, scaled by 1. 000 00, plus 0. 000 00

Semi Diameter 10 ：Pickup from 2

Semi Diameter 11 : Pickup from 1

INDEX OF REFRACTION DATA:

Surf	Glass	Temp	Pres	0. 486 000	0. 587 000	0. 656 000
0		20. 00	1. 00	1. 000 00 000	1. 000 000 00	1. 000 000 00
1	SK2	20. 00	1. 00	1. 614 870 08	1. 607 412 06	1. 604 146 46
2		20. 00	1. 00	1. 000 000 00	1. 000 000 00	1. 000 000 00
3	SK16	20. 00	1. 00	1. 627 568 72	1. 620 439 89	1. 617 282 37
4	F5	20. 00	1. 00	1. 614 632 24	1. 603 465 62	1. 598 760 93
5		20. 00	1. 00	1. 000 000 00	1. 000 000 00	1. 000 000 00
6		20. 00	1. 00	1. 000 000 00	1. 000 000 00	1. 000 000 00
7	F5	20. 00	1. 00	1. 614 632 24	1. 603 465 62	1. 598 760 93
8	SK16	20. 00	1. 00	1. 627 568 72	1. 620 439 89	1. 617 282 37
9		20. 00	1. 00	1. 000 000 00	1. 000 000 00	1. 000 000 00
10	SK16	20. 00	1. 00	1. 627 568 72	1. 620 439 89	1. 617 282 37
11		20. 00	1. 00	1. 000 000 00	1. 000 000 00	1. 000 000 00
12		20. 00	1. 00	1. 000 000 00	1. 000 000 00	1. 000 000 00

THERMAL COEFFICIENT OF EXPANSION DATA:

Surf	Glass	TCE $*10E-6$
0		0. 000 000 00
1	SK2	6. 000 000 00
2		0. 000 000 00
3	SK16	6. 300 000 00
4	F5	8. 000 000 00
5		0. 000 000 00
6		0. 000 000 00
7	F5	8. 000 000 00
8	SK16	6. 300 000 00
9		0. 000 000 00
10	SK16	6. 300 000 00
11		0. 000 000 00
12		0. 000 000 00

F/# DATA:

F/# calculations consider vignetting factors and ignore surface apertures.

#	Field	Wavelength: 0. 486 000		0. 587 000		0. 656 000	
		Tan	Sag	Tan	Sag	Tan	Sag
1	0. 00 deg:	4. 999 6	4. 999 6	4. 997 2	4. 997 2	4. 999 3	4. 999 3

2　15.00 deg：　5.133 5　5.091 7　5.134 5　5.089 3　5.137 8　5.091 3

18. 3. 2　**Listing of Ray Fan Data**

File：C:\Documents and Settings\Administrator\桌面\双高斯照相物镜设计.ZMX

Title：DOUBLE GAUSS

Date ：FRI JAN 21 2011

Units are microns.

Aberration data is measured in image plane local coordinates.

Tangential data is y aberration as a function of Py.

Sagittal data is x aberration as a function of Px.

Tangential fan, field number 1　= 0. 00 deg

Pupil	0. 486 0	0. 587 0	0. 656 0
− 1. 000	1. 661 8	2. 590 0	− 0. 064 9
− 0. 900	1. 395 6	2. 219 8	− 0. 144 2
− 0. 800	0. 961 9	1. 682 8	− 0. 400 5
− 0. 700	0. 496 0	1. 115 7	− 0. 694 4
− 0. 600	0. 086 8	0. 608 6	− 0. 934 3
− 0. 500	− 0. 213 8	0. 213 7	− 1. 066 5
0. 500	0. 213 8	− 0. 213 7	1. 066 5
0. 600	− 0. 086 8	− 0. 608 6	0. 934 3
0. 700	− 0. 496 0	− 1. 115 7	0. 694 4
0. 800	− 0. 961 9	− 1. 682 8	0. 400 5
0. 900	− 1. 395 6	− 2. 219 8	0. 144 2
1. 000	− 1. 661 8	− 2. 590 0	0. 064 9

Sagittal fan, field number 1　= 0. 00 deg

Pupil	0. 486 0	0. 587 0	0. 656 0
− 1. 000	1. 661 8	2. 590 0	− 0. 064 9
− 0. 900	1. 395 6	2. 219 8	− 0. 144 2
− 0. 800	0. 961 9	1. 682 8	− 0. 400 5
− 0. 700	0. 496 0	1. 115 7	− 0. 694 4
− 0. 600	0. 086 8	0. 608 6	− 0. 934 3
− 0. 500	− 0. 213 8	0. 213 7	− 1. 066 5
0. 500	0. 213 8	− 0. 213 7	1. 066 5
0. 600	− 0. 086 8	− 0. 608 6	0. 934 3
0. 700	− 0. 496 0	− 1. 115 7	0. 694 4
0. 800	− 0. 961 9	− 1. 682 8	0. 400 5

0.900	−1.395 6	−2.219 8	0.144 2
1.000	−1.661 8	−2.590 0	0.064 9

Tangential fan, field number 2 = 15.00 deg

Pupil	0.486 0	0.587 0	0.656 0
−1.000	1.538 7	4.095 3	2.015 6
−0.900	1.146 1	3.335 5	1.458 7
−0.800	0.647 6	2.486 4	0.806 5
−0.700	0.169 0	1.676 5	0.190 8
−0.600	−0.211 2	0.986 2	−0.305 6
−0.500	−0.451 7	0.457 7	−0.638 6
0.500	0.359 2	−0.436 1	0.734 2
0.600	−0.094 7	−0.954 9	0.488 2
0.700	−0.731 8	−1.638 6	0.088 7
0.800	−1.518 9	−2.453 4	−0.429 2
0.900	−2.391 5	−3.333 4	−0.998 0
1.000	−3.246 8	−4.173 8	−1.511 0

Sagittal fan, field number 2 = 15.00 deg

Pupil	0.486 0	0.587 0	0.656 0
−1.000	−5.982 9	−3.427 3	−5.460 1
−0.900	−3.669 8	−1.387 3	−3.192 9
−0.800	−2.154 0	−0.142 6	−1.730 8
−0.700	−1.197 1	0.547 2	−0.831 1
−0.600	−0.620 1	0.861 9	−0.311 8
−0.500	−0.291 7	0.933 3	−0.040 0
0.500	0.291 7	−0.933 3	0.040 0
0.600	0.620 1	−0.861 9	0.311 8
0.700	1.197 1	−0.547 2	0.831 1
0.800	2.154 0	0.142 6	1.730 8
0.900	3.669 8	1.387 3	3.192 9
1.000	5.982 9	3.427 3	5.460 1

18.3.3 Listing of OPD Data

File : C:\Documents and Settings\Administrator\桌面\双高斯照相物镜设计. ZMX

Title：DOUBLE GAUSS

Date ：FRI JAN 21 2011

Units are waves.

Tangential fan, field number 1 = 0.00 deg

Pupil	0.486 0	0.587 0	0.656 0
−1.000	0.044 7	0.112 1	−0.097 1
−0.900	0.012 9	0.070 8	−0.095 8
−0.800	−0.011 5	0.037 5	−0.091 8
−0.700	−0.026 5	0.013 7	−0.083 4
−0.600	−0.032 3	−0.000 9	−0.070 9
−0.500	−0.030 8	−0.007 7	−0.055 5
0.500	−0.030 8	−0.007 7	−0.055 5
0.600	−0.032 3	−0.000 9	−0.070 9
0.700	−0.026 5	0.013 7	−0.083 4
0.800	−0.011 5	0.037 5	−0.091 8
0.900	0.012 9	0.070 8	−0.095 8
1.000	0.044 7	0.112 1	−0.097 1

Sagittal fan, field number 1 = 0.00 deg

Pupil	0.486 0	0.587 0	0.656 0
−1.000	0.044 7	0.112 1	−0.097 1
−0.900	0.012 9	0.070 8	−0.095 8
−0.800	−0.011 5	0.037 5	−0.091 8
−0.700	−0.026 5	0.013 7	−0.083 4
−0.600	−0.032 3	−0.000 9	−0.070 9
−0.500	−0.030 8	−0.007 7	−0.055 5
0.500	−0.030 8	−0.007 7	−0.055 5
0.600	−0.032 3	−0.000 9	−0.070 9
0.700	−0.026 5	0.013 7	−0.083 4
0.800	−0.011 5	0.037 5	−0.091 8
0.900	0.012 9	0.070 8	−0.095 8
1.000	0.044 7	0.112 1	−0.097 1

Tangential fan, field number 2 = 15.00 deg

Pupil	0.486 0	0.587 0	0.656 0
−1.000	0.013 6	0.173 6	−0.002 1
−0.900	−0.013 0	0.113 2	−0.027 5
−0.800	−0.030 6	0.065 9	−0.043 9
−0.700	−0.038 5	0.032 3	−0.051 1
−0.600	−0.037 9	0.010 9	−0.050 1
−0.500	−0.031 1	−0.000 6	−0.043 0

0.500	−0.053 8	−0.001 1	−0.040 3
0.600	−0.056 7	0.010 0	−0.049 4
0.700	−0.048 9	0.030 9	−0.053 7
0.800	−0.027 0	0.064 0	−0.051 4
0.900	0.011 4	0.111 0	−0.041 0
1.000	0.067 0	0.172 3	−0.022 6

Sagittal fan, field number 2 = 15.00 deg

Pupil	0.486 0	0.587 0	0.656 0
−1.000	−0.219 5	0.026 7	−0.124 0
−0.900	−0.123 4	0.065 7	−0.060 4
−0.800	−0.065 6	0.077 6	−0.024 3
−0.700	−0.032 5	0.073 5	−0.005 7
−0.600	−0.014 6	0.061 3	0.002 5
−0.500	−0.005 7	0.046 0	0.004 9
0.500	−0.005 7	0.046 0	0.004 9
0.600	−0.014 6	0.061 3	0.002 5
0.700	−0.032 5	0.073 5	−0.005 7
0.800	−0.065 6	0.077 6	−0.024 3
0.900	−0.123 4	0.065 7	−0.060 4
1.000	−0.219 5	0.026 7	−0.124 0

18.3.4　**Listing of Spot Diagram Data**

File : C:\Documents and Settings\Administrator\桌面\双高斯照相物镜设计.ZMX

Title：DOUBLE GAUSS

Date ：FRI JAN 21 2011

Field Type ：Angle in degrees

Image units：Millimeters

Reference ：Chief Ray

Wavelengths：Value　　　　Weight

　　　　0.486 000　1.00

　　　　0.587 000　1.00

　　　　0.656 000　1.00

　　　　　　　　　　　X　　　　　　　　Y

Field coordinate : 0.000 000 00E +000　0.000 000 00E +000

Image coordinate : 0.000 000 00E +000　0.000 000 00E +000

RMS Spot Radius : 1.216 884 93E +000 microns

RMS Spot X Size : 8.604 675 85E −001 microns

RMS Spot Y Size : 8. 604 675 85E – 001 microns

Max Spot Radius : 2. 590 030 51E + 000 microns

Field coordinate : 0. 000 000 00E + 000   1. 500 000 00E + 001

Image coordinate : 0. 000 000 00E + 000   1. 053 123 78E + 001

RMS Spot Radius : 1. 911 166 49E + 000 microns

RMS Spot X Size : 1. 605 617 57E + 000 microns

RMS Spot Y Size : 1. 036 604 83E + 000 microns

Max Spot Radius : 5. 986 506 63E + 000 microns

18. 3. 5　**Polychromatic Diffraction MTF**

File : C : \Documents and Settings\Administrator\桌面\双高斯照相物镜设计. ZMX

Title : DOUBLE GAUSS

Date : FRI JAN 21 2011

Data for 0. 486 0 to 0. 656 0 microns.

Spatial frequency units are cycles per mm.

Modulation is relative to 1. 0.

Field : 0. 00 deg

Spatial frequency	Tangential	Sagittal
50. 000 000	0. 801 23	0. 801 23
60. 000 000	0. 761 44	0. 761 44
70. 000 000	0. 722 18	0. 722 18
80. 000 000	0. 683 95	0. 683 95
90. 000 000	0. 646 81	0. 646 81
100. 000 000	0. 610 42	0. 610 42
200. 000 000	0. 289 86	0. 289 86
300. 000 000	0. 061 27	0. 061 27
400. 000 000	0. 000 07	0. 000 07
411. 752 349	0. 000 00	0. 000 00

Field : 15. 00 deg

Spatial frequency	Tangential	Sagittal
50. 000 000	0. 791 73	0. 794 27
60. 000 000	0. 750 74	0. 753 88
70. 000 000	0. 710 51	0. 714 05
80. 000 000	0. 671 44	0. 675 24
90. 000 000	0. 633 33	0. 637 44
100. 000 000	0. 596 09	0. 600 36
200. 000 000	0. 261 16	0. 273 13
300. 000 000	0. 044 61	0. 048 75
400. 000 000	0. 000 00	0. 000 13
411. 752 349	0. 000 00	0. 000 00

其他像质评价图形窗口请自行输入结构参数查看。

18.4　设　计　练　习

请总结一下双高斯型照相物镜设计的设计过程和技巧,并自行完成如下设计任务。

设计一个双高斯型照相物镜,入瞳直径 $D = 8$ mm,全视场 $2\omega = 40°$,工作波段 480 ~ 650 nm,焦距 $f' = 40$ mm;50 lp/mm 时的 MTF 值应不小于 0.5;成像质量满足瑞利准则;且左右两边的结构完全对称;总镜片数小于 10 片。

第19章　反射式望远物镜设计

反射式望远物镜在空间光学系统中有着广泛的应用,如1990年发射使用的"哈勃"望远镜,它是主镜为2.4 m的两反射镜系统。对于空间光学系统而言,由于其物距很大,而探测器的像元尺寸有限,如果想得到较高的分辨率,就需要增大系统的焦距,有的系统要求焦距达到数十米。由于焦距太长,要达到一定的相对孔径,物镜的口径就必须很大,有的系统要求口径达到数米。这样大的口径对于透射式系统来说,是非常难以加工制造的,因此大多数空间光学系统采用反射式。

反射式物镜的优点是:完全没有色差;工作波段宽,可以在紫外线到红外线很大波长范围内工作;反射镜的材料比透射镜的材料种类广泛。反射式物镜的缺点是:反射面加工精度要求较高,表面变形对像质影响较大。一般空间光学系统要求的视场比较小,被观察物体基本上位于光轴上,当然也有离轴系统。反射式望远物镜主要有三种基本形式:牛顿系统(由抛物面主镜和与光轴成45°的平面镜组成)、格里高里系统(由抛物面主镜和椭球面副镜组成)和卡塞格林系统(由抛物面主镜和双曲面副镜组成)。

上述三种基本形式的望远物镜对轴上点来说成像较为理想,但对轴外点来说,却有很大的彗差等像差。为了获得较大的视场,常常在系统中加入透镜或透镜式视场校正器以改善轴外视场的像差,因此出现了折反射混合式望远物镜系统。它也有三种基本形式:施密特物镜、马克苏托夫物镜和同心系统。

19.1　两反射镜式望远物镜设计

本着由简单到复杂的认知规律,我们先来了解一下只有两个反射镜的望远物镜系统是如何在 ZEMAX 软件中设计的问题。

执行命令"C:\ZEMAX\Sample\Sequential\Telescopes\ Cassegrain – type Ritchie Cretien. zmx",打开名为" Cassegrain – type Ritchie Cretien. zmx"示例。在该示例中其实存在着一个透镜(SK11),我们将这个透镜删除。删除方法是用鼠标选择"4 *"行中的任一单元格,点击键盘上"Delete"按键,则会发现含有"SK11"的行已经被删除了,下面的一行(即原来的"5 *"行)更新为"4 *"行,按照相同的方法继续删除新的"4 *"行。此时系统就变成了只有两个反射镜的系统了。现在我们来考察该系统是如何设计的。整理透镜数据编辑器(Lens Data Editor),得到表 19 – 1。通过表 19 – 1可以看出:

(1)反射镜与透射镜的设置方法差异主要在于玻璃(Glass)列。如果是透射镜则输入的是玻璃材料的牌号(如SK11),如果是反射镜则统一输入"MIRROR"字母。

(2)"Conic(二次曲面系数)"列中的数据有两个不为零,这表示这两个反射镜面为非标准球面。如果该值为零则表示该面为标准球面。如果该值在 0 和 ±1 之间,则表示该面是椭球面;如果该值为 ±1,则表示该面是抛物面;如果该值大于1或小于 − 1,则表示该面为双曲面。

表 19 – 1　数据整理表

Surf：Type		Radius	Thickness	Class	Semi-Diameter	Conic
OBJ	Standard	Infinity	Infinity		0. 000 000	0
1 *	Standard	Infinity	265. 000 000		26. 000 000	0
STO *	Standard	– 742. 857 201	– 260. 000 00	MIRROR	78. 000 000	– 1. 046 192
3	Standard	– 290. 232 796	471. 717 084	MIRROR	22. 565 773	– 2. 915 001
IMA	Standard	Infinity			0. 386 82	0

当然,该示例由于只设置了一个视场和一个工作波长,所以没有实用价值,但是该示例清晰地说明了共轴反射式系统的反射镜在 ZEMAX 软件中是如何设置的。

19.2　离轴反射式望远物镜设计

离轴反射式望远物镜的优点是克服了共轴反射式望远物镜的一个缺点,即不存在中心挡光现象。执行命令“C：\ZEMAX\Sample\Sequential\Telescopes\Unobscured Gregorian. zmx”,打开名为“Unobscured Gregorian. zmx”的示例。

我们先来了解一下该示例的轮廓图,点击“L3d”按钮,调出“3D Layout”图形窗口,合理设置后会得到图 19 – 1。

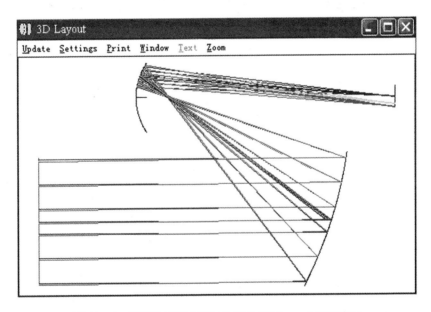

图 19 – 1　某离轴反射式望远物镜的 3D Layout 图形窗口

整理透镜数据编辑器(Lens Data Editor)得到表 19 – 2。从表 19 – 2 可以看出在第 3 面右侧有一个“Coord Break”标志,它表示光轴从这里开始断开,不再共轴的意思,其设置方法如图 19 – 2 所示。第 4 * 面为双曲面,第 5 * 面为椭球面。反射面所在的行与“Glass”列交叉的单元格输入的是"MIRROR"字母。

表 19－2 数据整理表

Surf：Type		Radius	Thickness	Class	Semi-Diameter	Conic
OBJ	Standard	Infinity	Infinity		Infinity	0
1	Standard	Infinity	200.000 000		51.347 415	0
STO	Standard	Infinity	60.000 000		0	0
3	Coord Break		0	—	0	
4 *	Standard	− 304.259 800	− 178.590 000	MIRROR	0	− 1.008 697
5 *	Standard	47.127 300	26.702 000	MIRROR	28.000 000	− 0.568 372
6	Standard	Infinity	189.140 889		0	0
IMA	Standard	Infinity			8.761 240	0

当然,该示例的成像质量并不是很好,需要进一步完善。

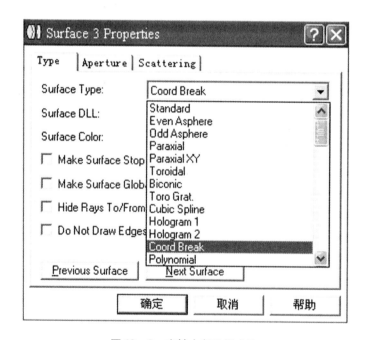

图 19－2　光轴中断设置方法

19.3　折反射混合式望远物镜设计

19.3.1　设计任务

设计一个工作于可见光波段的空间光学系统,全视场为 1.5°,入瞳直径为 100 mm,焦距为 530 mm,采用折反射混合型,100 lp/mm 时的 MTF 值不能小于 0.5,满足瑞利准则。

19.3.2　设计思路

依据设计任务在光学专利数据库中或光学设计手册中或者根据积累的光学设计案例选择一个较为接近的初始结构,然后输入并设定"入瞳直径""视场""工作波段""默认评价函数""厚度边界条件""有效焦距""选择优化变量""增加或删除面"和"更换玻璃材料"等。经反复修改优化操作数,最后就可以得到较为理想的光学设计结果。

19.3.3　参考设计结果

1. System/Prescription Data

File：C:\Documents and Settings\Administrator\桌面\折反射式. ZMX

GENERAL LENS DATA：

Surfaces：10

Stop：2

System Aperture：Entrance Pupil Diameter = 100

Glass Catalogs：Schott ohara corning infrared misc hoya birefringent i_line sumita oharav schottv schott_2000 ohara_2002 rad_hard hikari

Ray Aiming：Off

Apodization：Uniform, factor = 0. 000 00E + 000

Effective Focal Length：530（in air）

Effective Focal Length：530（in image space）

Back Focal Length：13. 249 47

Total Track：249. 808 8

Image Space F/#：5. 3

Paraxial Working F/#：5. 3

Working F/#：5. 299 321

Image Space NA：0. 093 922 59

Object Space NA：5e − 009

Stop Radius：50

Paraxial Image Height：9. 812 487

Paraxial Magnification：0

Entrance Pupil Diameter：100

Entrance Pupil Position：95

Exit Pupil Diameter：23. 674 85

Exit Pupil Position：− 125. 476 7

Field Type：Angle in degrees

Maximum Field：1. 060 66

Primary Wave：0. 587 561 8

Lens Units：Millimeters

Angular Magnification：4. 223 891

Fields : 4

Field Type：Angle in degrees

#	X-Value	Y-Value	Weight
1	0. 000 000	0. 000 000	1. 000 000
2	0. 250 000	0. 250 000	1. 000 000
3	0. 500 000	0. 500 000	1. 000 000
4	0. 750 000	0. 750 000	1. 000 000

Vignetting Factors

#	VDX	VDY	VCX	VCY	VAN
1	0. 000 000	0. 000 000	0. 000 000	0. 000 000	0. 000 000
2	0. 000 000	0. 000 000	0. 000 000	0. 000 000	0. 000 000
3	0. 000 000	0. 000 000	0. 000 000	0. 000 000	0. 000 000
4	0. 000 000	0. 000 000	0. 000 000	0. 000 000	0. 000 000

Wavelengths : 3

Units：Microns

#	Value	Weight
1	0. 486 133	1. 000 000
2	0. 587 562	1. 000 000
3	0. 656 273	1. 000 000

SURFACE DATA SUMMARY：

Surf	Type	Radius	Thickness	Glass	Diameter ①	Conic
OBJ	STANDARD	Infinity	Infinity		0	0
1	STANDARD	Infinity	95		103. 517 5	0
STO	STANDARD	− 298. 778 1	− 82. 390 45	MIRROR	100. 155 4	− 1
3	STANDARD	− 187. 938 8	138. 216 7	MIRROR	48. 288 81	− 3
4	STANDARD	− 155. 880 8	3. 677 577	K4	31. 273 69	0
5	STANDARD	− 87. 206 82	21. 698 7		31. 241 81	0
6	STANDARD	− 394. 983 3	25. 614 61	BAF8	26. 459 52	0
7	STANDARD	3 896. 305	28. 724 71		23. 808 14	0
8	STANDARD	− 31. 272 39	6. 017 454	K4	19. 390 11	0
9	STANDARD	− 52. 980 58	13. 249 47		20. 152 36	0
IMA	STANDARD	Infinity			19. 820 25	0

SURFACE DATA DETAIL：

Surface OBJ　　 : STANDARD

Surface　1　　 : STANDARD

---

① 注意:此处为口径,而不是半口径(Semi-Diameter)。

Surface STO   : STANDARD

Surface   3   : STANDARD

Surface   4   : STANDARD

Surface   5   : STANDARD

Surface   6   : STANDARD

Surface   7   : STANDARD

Surface   8   : STANDARD

Surface   9   : STANDARD

Surface IMA   : STANDARD

COATING DEFINITIONS：

EDGE THICKNESS DATA：

Surf	X-Edge	Y-Edge
1	90. 803 280	90. 803 280
STO	− 79. 732 047	− 79. 732 047
3	138. 968 724	138. 968 724
4	3. 053 397	3. 053 397
5	22. 887 527	22. 887 527
6	25. 854 417	25. 854 417
7	27. 165 738	27. 165 738
8	6. 591 239	6. 591 239
9	14. 216 476	14. 216 476
IMA	0. 000 000	0. 000 000

INDEX OF REFRACTION DATA：

Surf	Glass	Temp	Pres	0. 486 133	0. 587 562	0. 656 273
0		20. 00	1. 00	1. 000 000 00	1. 000 000 00	1. 000 000 00
1		20. 00	1. 00	1. 000 000 00	1. 000 000 00	1. 000 000 00
2	MIRROR	20. 00	1. 00	1. 000 000 00	1. 000 000 00	1. 000 000 00
3	MIRROR	20. 00	1. 00	1. 000 000 00	1. 000 000 00	1. 000 000 00
4	K4	20. 00	1. 00	1. 525 242 74	1. 518 951 98	1. 516 201 67
5		20. 00	1. 00	1. 000 000 00	1. 000 000 00	1. 000 000 00
6	BAF8	20. 00	1. 00	1. 633 053 43	1. 623 740 07	1. 619 782 62
7		20. 00	1. 00	1. 000 000 00	1. 000 000 00	1. 000 000 00
8	K4	20. 00	1. 00	1. 525 242 74	1. 518 951 98	1. 516 201 67
9		20. 00	1. 00	1. 000 000 00	1. 000 000 00	1. 000 000 00
10		20. 00	1. 00	1. 000 000 00	1. 000 000 00	1. 000 000 00

THERMAL COEFFICIENT OF EXPANSION DATA：

Surf	Glass	TCE *10E−6
0		0. 000 000 00
1		0. 000 000 00
2	MIRROR	0. 000 000 00
3	MIRROR	0. 000 000 00
4	K4	7. 300 000 00
5		0. 000 000 00
6	BAF8	7. 000 000 00
7		0. 000 000 00
8	K4	7. 300 000 00
9		0. 000 000 00
10		0. 000 000 00

F/# DATA：

F/# calculations consider vignetting factors and ignore surface apertures.

Wavelength:		0. 486 133		0. 587 562		0. 656 273	
#	Field	Tan	Sag	Tan	Sag	Tan	Sag
1	0. 000 0, 0. 000 0 deg:	5. 298 9	5. 298 9	5. 299 3	5. 299 3	5. 299 7	5. 299 7
2	0. 250 0, 0. 250 0 deg:	5. 309 1	5. 309 1	5. 309 5	5. 309 5	5. 309 9	5. 309 9
3	0. 500 0, 0. 500 0 deg:	5. 340 9	5. 340 9	5. 341 2	5. 341 2	5. 341 5	5. 341 5
4	0. 750 0, 0. 750 0 deg:	5. 397 4	5. 397 4	5. 397 5	5. 397 5	5. 397 7	5. 397 7

ELEMENT VOLUME DATA：

Values are only accurate for plane and spherical surfaces.

Element volumes are computed by assuming edges are squared up
to the larger of the front and back radial aperture.

Single elements that are duplicated in the Lens Data Editor
for ray tracing purposes may be listed more than once yielding
incorrect total mass estimates.

				Volume cc	Density g/cc
Element surf	4 to 5	2. 585 322		2. 630 000	6. 799 396
Element surf	6 to 7	14. 151 377		3. 670 000	51. 935 554
Element surf	8 to 9	2. 027 656		2. 630 000	5. 332 736
Total Mass:					64. 067 686

CARDINAL POINTS：

Object space positions are measured with respect to surface 1.

Image space positions are measured with respect to the image surface.

The index in both the object space and image space is considered.

	Object Space	Image Space
W = 0. 486 133		
Focal Length :	− 530. 046 015	530. 046 015
Principal Planes :	− 1 626. 948 279	− 530. 034 495

Nodal Planes：	− 1 626. 948 279	− 530. 034 495
Focal Planes：	− 2 156. 994 294	0. 011 520
Anti-Nodal Planes：	− 2 687. 040 309	530. 057 535

W ＝ 0. 587 562（Primary）

Focal Length：	− 529. 999 999	529. 999 999
Principal Planes：	− 1 613. 662 164	− 529. 999 999
Nodal Planes：	− 1 613. 662 164	− 529. 999 999
Focal Planes：	− 2 143. 662 163	− 0. 000 000
Anti-Nodal Planes：	− 2 673. 662 162	529. 999 999

W ＝ 0. 656 273

Focal Length：	− 529. 995 155	529. 995 155
Principal Planes：	− 1 607. 957 594	− 529. 997 859
Nodal Planes：	− 1 607. 957 594	− 529. 997 859
Focal Planes：	− 2 137. 952 750	− 0. 002 704
Anti-Nodal Planes：	− 2 667. 947 905	529. 992 451

2. Listing of Ray Fan Data

File： C:\Documents and Settings\Administrator\桌面\折反射式. ZMX

Date： SAT JAN 22 2011

Units are microns.

Aberration data is measured in image plane local coordinates.

Tangential data is y aberration as a function of Py.

Sagittal data is x aberration as a function of Px.

Tangential fan, field number 4 ＝ 0. 750 0, 0. 750 0 deg

Pupil	0. 486 1	0. 587 6	0. 656 3
− 1. 000	2. 020 7	2. 410 9	2. 428 6
− 0. 900	1. 263 7	1. 736 0	1. 812 1
− 0. 800	0. 949 1	1. 446 3	1. 555 6
− 0. 700	0. 852 0	1. 326 8	1. 448 4
− 0. 600	0. 823 3	1. 237 6	1. 354 8
− 0. 500	0. 777 5	1. 101 9	1. 201 9
0. 500	2. 590 3	2. 204 6	2. 216 0
0. 600	3. 126 8	2. 881 0	2. 976 5
0. 700	3. 253 7	3. 227 6	3. 442 3
0. 800	2. 599 3	2. 886 4	3. 261 3
0. 900	0. 668 1	1. 376 6	1. 959 5
1. 000	− 3. 180 3	− 1. 925 1	− 1. 079 2

Sagittal fan, field number 4 ＝ 0. 750 0, 0. 750 0 deg

Pupil	0. 486 1	0. 587 6	0. 656 3
− 1. 000	2. 020 7	2. 410 9	2. 428 6
− 0. 900	1. 263 7	1. 736 0	1. 812 1

−0.800	0.949 1	1.446 3	1.555 6
−0.700	0.852 0	1.326 8	1.448 4
−0.600	0.823 3	1.237 6	1.354 8
−0.500	0.777 5	1.101 9	1.201 9
0.500	2.590 3	2.204 6	2.216 0
0.600	3.126 8	2.881 0	2.976 5
0.700	3.253 7	3.227 6	3.442 3
0.800	2.599 3	2.886 4	3.261 3
0.900	0.668 1	1.376 6	1.959 5
1.000	−3.180 3	−1.925 1	−1.079 2

3. Listing of OPD Data

File ：C:\Documents and Settings\Administrator\桌面\折反射式.ZMX

Date ：SAT JAN 22 2011

Units are waves.

Tangential fan, field number 4 = 0.750 0, 0.750 0 deg

Pupil	0.486 1	0.587 6	0.656 3
−1.000	0.143 4	0.156 1	0.148 4
−0.900	0.113 4	0.124 3	0.119 3
−0.800	0.093 1	0.099 9	0.096 0
−0.700	0.076 4	0.078 3	0.075 1
−0.600	0.060 7	0.058 3	0.055 4
−0.500	0.045 6	0.039 8	0.037 4
0.500	−0.108 5	−0.056 9	−0.046 8
0.600	−0.163 0	−0.097 0	−0.083 4
0.700	−0.224 3	−0.145 5	−0.128 9
0.800	−0.281 2	−0.194 5	−0.176 9
0.900	−0.314 4	−0.229 6	−0.215 0
1.000	−0.293 9	−0.227 8	−0.223 4

Sagittal fan, field number 4 = 0.750 0, 0.750 0 deg

Pupil	0.486 1	0.587 6	0.656 3
−1.000	0.143 4	0.156 1	0.148 4
−0.900	0.113 4	0.124 3	0.119 3
−0.800	0.093 1	0.099 9	0.096 0
−0.700	0.076 4	0.078 3	0.075 1
−0.600	0.060 7	0.058 3	0.055 4
−0.500	0.045 6	0.039 8	0.037 4
0.500	−0.108 5	−0.056 9	−0.046 8
0.600	−0.163 0	−0.097 0	−0.083 4
0.700	−0.224 3	−0.145 5	−0.128 9
0.800	−0.281 2	−0.194 5	−0.176 9

| 0.900 | −0.314 4 | −0.229 6 | −0.215 0 |
| 1.000 | −0.293 9 | −0.227 8 | −0.223 4 |

4. Listing of Spot Diagram Data

File ：C:\Documents and Settings\Administrator\桌面\折反射式.ZMX

Field Type ：Angle in degrees

Image units：Millimeters

Reference ：Centroid

Data ：Ray Coordinates

Wavelengths：	Value	Weight
	0.486 133	1.00
	0.587 562	1.00
	0.656 273	1.00

	X	Y

Field coordinate ：0.000 000 00E +000　　0.000 000 00E +000

Image coordinate ：−5.239 990 68E −021　3.929 993 01E −021

RMS Spot Radius ：1.038 987 19E +000 microns

RMS Spot X Size ：7.346 748 84E −001 microns

RMS Spot Y Size ：7.346 748 84E −001 microns

Max Spot Radius ：1.671 549 98E +000 microns

Field coordinate ：2.500 000 00E −001　2.500 000 00E −001

Image coordinate ：2.314 920 30E +000　2.314 920 30E +000

RMS Spot Radius ：9.875 886 40E −001 microns

RMS Spot X Size ：6.983 306 25E −001 microns

RMS Spot Y Size ：6.983 306 25E −001 microns

Max Spot Radius ：3.544 960 45E +000 microns

Field coordinate ：5.000 000 00E −001　5.000 000 00E −001

Image coordinate ：4.644 833 95E +000　4.644 833 95E +000

RMS Spot Radius ：1.208 661 87E +000 microns

RMS Spot X Size ：8.546 530 04E −001 microns

RMS Spot Y Size ：8.546 530 04E −001 microns

Max Spot Radius ：5.691 911 43E +000 microns

Field coordinate ：7.500 000 00E −001　7.500 000 00E −001

Image coordinate ：7.006 052 48E +000　7.006 052 48E +000

RMS Spot Radius ：1.336 102 77E +000 microns

RMS Spot X Size ：9.447 673 26E −001 microns

RMS Spot Y Size ：9.447 673 26E −001 microns

Max Spot Radius ：4.507 609 68E +000 microns

5. Polychromatic Diffraction MTF

File ：C:\Documents and Settings\Administrator\桌面\折反射式.ZMX

Date ：SAT JAN 22 2011

Data for 0. 486 1 to 0. 656 3 microns.

Spatial frequency units are cycles per mm.

Modulation is relative to 1. 0.

Field：Diffraction limit

Spatial frequency	Tangential	Sagittal
50. 000 000	0. 803 67	0. 803 67
60. 000 000	0. 764 54	0. 764 54
70. 000 000	0. 725 46	0. 725 46
80. 000 000	0. 686 97	0. 686 97
90. 000 000	0. 648 76	0. 648 76
100. 000 000	0. 611 05	0. 611 05

Field：0. 750 0, 0. 750 0 deg

Spatial frequency	Tangential	Sagittal
50. 000 000	0. 774 60	0. 774 60
60. 000 000	0. 727 77	0. 727 77
70. 000 000	0. 682 11	0. 682 11
80. 000 000	0. 638 51	0. 638 51
90. 000 000	0. 596 75	0. 596 75
100. 000 000	0. 557 28	0. 557 28

6. FFT Diffraction Encircled Energy

File ：C:\Documents and Settings\Administrator\桌面\折反射式. ZMX

Date ：SAT JAN 22 2011

Wavelength：Polychromatic

Reference：Centroid

Reference coordinate units are Millimeters

Distance units are Microns.

Field：0. 750 0, 0. 750 0 deg

Reference Coordinates：X ＝ 7. 006E ＋000 Y ＝ 7. 006E ＋000

Radial distance	Fraction
15. 000 00	0. 966 1
16. 000 00	0. 969 1
17. 000 00	0. 971 9
18. 000 00	0. 976 0
19. 000 00	0. 978 5
20. 000 00	0. 980 5

7. Listing of Longitudinal Aberration Data

File ：C:\Documents and Settings\Administrator\桌面\折反射式. ZMX

Date ：SAT JAN 22 2011

Units are Millimeters.

Rel. Pupil	0.4861	0.5876	0.6563
0.500 0	2.489E − 002	1.690E − 002	1.575E − 002
0.600 0	2.658E − 002	2.019E − 002	1.974E − 002
0.700 0	2.526E − 002	2.078E − 002	2.116E − 002
0.800 0	1.924E − 002	1.700E − 002	1.837E − 002
0.900 0	6.563E − 003	6.917E − 003	9.430E − 003
1.000 0	− 1.502E − 002	− 1.170E − 002	− 7.886E − 003

8. Listing of Lateral Color Data

File ：C:\Documents and Settings\Administrator\桌面\折反射式.ZMX

Date ：SAT JAN 22 2011

Units are Microns.

Maximum Field ：1.060 660 Deg

Short Wavelength ：0.486 1 Microns

Long Wavelength ：0.656 3 Microns

Rel. Field	Lateral Color
0.500 0	7.317 9E − 003
0.600 0	− 3.381 6E − 002
0.700 0	− 9.831 4E − 002
0.800 0	− 1.901 7E − 001
0.900 0	− 3.134 2E − 001
1.000 0	− 4.721 4E − 001

其他像质评价图形窗口及其数据请输入结构参数后查看。

19.4　平面镜在 ZEMAX 中的设定

现在来研究一下平面镜在 ZEMAX 软件中的设定问题。在本书附送的源程序中找到"含平面反射镜的系统.zmx"，用 ZEMAX 软件打开。

整理该示例的透镜数据编辑器(Lens Data Editor)可得到表 19 – 3。

表 19 – 3　数据整理表

Surf：Type		Radius	Thickness	Class	Semi-Diameter	Conic
OBJ	Standard	Infinity	Infinity		Infinity	
STO	Standard	Infinity	10		5	
2 *	Standard	50.000 000	5	N15	8	
3 *	Standard	− 50.000 000	15		8	
4	Corrd Bread		0	—	0	0
5	Standard	Infinity	− 10	MIRROR	5.229 340	

表 19-3(续)

Surf:Type		Radius	Thickness	Class	Semi-Diameter	Conic
6	Corrd Bread		0	—	0	-45.000 000
7	Standard	Infinity	0	MIRROR	3.661 841	
8	Corrd Bread		23.758 724	—	0	-45.000 000
IMA	Standard	Infinity			1.299 635	

点击"L3d"按钮,可打开三维轮廓图,如图 19-3 所示。

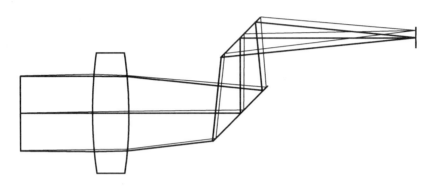

图 19-3 含平面反射镜系统的 3D Layout

注意:该示例的入瞳直径(Entrance Pupil Diameter) = 10,Field Data 窗口输入的数据是 "X-Field = 0,1"和"Y-Field = 0,1""Wavelength Data = 0.486,0.587,0.656",平面镜的曲率半径(Radius)为无穷大(Infinity),平面镜的玻璃(Glass)为"MIRROR"。光轴的中断设置方法如图 19-4 所示。

图 19-4 光轴的中断设置方法对话框

表 19 - 3 中的第 4、6 和 8 的光轴中断设置方法相同。"Tilt About X"列中的"- 45"两个单元格是用来控制第 5 和 7 行代表的两个平面反射镜的旋转角度的,顺时针为正,逆时针为负。当然,可以根据设计需要合理设置旋转平面镜的角度。

19.5　棱镜在 ZEMAX 中的设定

因为反射棱镜的反射工作面可以等效为平面反射镜,所以我们现在来研究棱镜在 ZEMAX 软件中是如何设定的问题。用 ZEMAX 软件打开本书附送的源程序"含直角棱镜的系统"。整理该示例的透镜数据编辑器(Lens Data Editor)可得到表 19 - 4。点击"L3d"可打开三维轮廓图,如图 19 - 5 所示。

表 19 - 4　数据整理表

Surf:Type		Radius	Thickness	Class	Semi-Diameter	Tilt About X
OBJ	Standard	Infinity	Infinity		Infinity	
1	Standard	Infinity	20		35	
2 *	Standard	Infinity	20	BK7	35	
3 *	Standard	- 191. 321 035	1		35	
STO *	Standard	191. 321 035	20	BK7	35	
5 *	Standard	Infinity	50		35	
6 *	Standard	Infinity	50	BK7	50	
7	Corrd Bread		0	—	0	45
8 *	Standard	Infinity	0	MIRROR	50	
9	Corrd Bread		- 50	—	0	45
10 *	Standard	Infinity	- 50		50	
IMA	Standard	Infinity			33. 406 082	

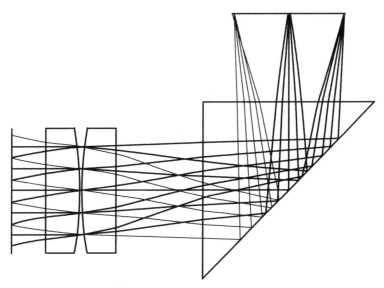

图 19 - 5　含直角棱镜系统的 3D Layout

19.6　设　计　练　习

本章涉及的光学系统类型比较多,且没有提供十分详细的设计过程,这些系统的成像质量也不是很好,请读者自行在 ZEMAX 软件中录入本章提到的光学系统参数,并体会这些光学系统的结构特点和在 ZEMAX 软件中的设置方法。学有余力的读者可以尝试设计一个折反射式的远红外天文望远镜系统,设计参数自行酌情处理。

第 20 章　变焦距照相物镜设计

20.1　变焦距理论基础

目前,变焦距镜头已经成为照相机和摄影机不可缺少的部分。变焦距镜头可以在一定范围内变换焦距,从而得到不同宽窄的视场角、不同大小的影像和不同景物的范围,因此它非常有利于画面构图。由于一个变焦距镜头可以担当起若干个定焦镜头的作用,外出旅游时不仅减少了携带摄影器材的数量,也节省了更换镜头的时间,所以它已成为时尚产品。变焦距镜头的重要优点在于其具有变焦距能力,包括光学变焦距(Optical Zoom)与数码变焦距(Digital Zoom)两种。这两者虽然都有助于望远拍摄时放大远方物体,但是只有光学变焦距可以支持图像主体成像后会增加更多的像素,让主体不但变大的同时也相对更清晰,而数码变焦距放大后常有马赛克模糊现象。

光学变焦距是利用系统中两个或两个以上透镜组的移动的,改变系统的组合焦距,而同时保持最后像面位置基本不变,使系统在变焦距过程中获得连续清晰的像。也就是说,摄像机的光学变焦距是依靠光学镜头结构内部组件的相对移动来实现变焦距的,即通过镜片移动来使要拍摄的景物放大或缩小。一般来说,光学变焦距倍数越大越能拍摄较远的景物。

由于光学变焦距物镜是利用改变透镜组之间的相对位置而改变焦距的,且在变焦距过程中,像面位置会发生移动,而光学底片或图像传感器(目前主要有 CCD 和 CMOS 两种)的位置是固定的,所以需要对像面的移动给予补偿。按补偿组的性质,分为光学补偿和机械补偿两种。但变焦距物镜不论是哪种补偿方式,通常都是由前固定组(调焦组)、变焦距组和后固定组三个部分组成的。

变焦距镜头像差校正原则:通常首先校正变焦距部分(包括前固定组、变倍组和补偿组),使其像质尽可能不随焦距的变化而有明显的变化,然后单独考虑后固定组,使之很好地与变焦距部分相匹配,最后将二者组合在一起进行微量校正。

变焦距镜头像差优化步骤:先进行曲率半径的优化,再进行透镜的厚度或间距的优化,再调换部分玻璃材料使其一般不多于三种。待系统成像质量满足要求后,将曲率半径依据光学加工企业现有制造条件将其标准化,并对透镜的厚度间距取有效位数,再进一步反复优化以完善成像质量。

变焦距范围的两个极限焦距,即长焦距和短焦距之比称为变倍比,俗称“倍率”。例如,某相机标志其有三倍光学变焦距功能,这就意味着该相机镜头的最大焦距是最小焦距的三倍。如果变焦距物镜按系统中变焦距透镜组的个数,以及正透镜组和负透镜组的位置来进行分类,主要有“负 - 负”型、“负 - 正”型和“正 - 负 - 正”型三种。

数码变焦距是通过数码相机内的处理器,把图片内的每个像素面积增大,从而达到放大的目的。这种手法如同用图像处理软件把图片的局部面积进行放大,只不过程序是在数码相机内进行罢了。即它是将 CCD 影像感应器上的像素用插值算法把局部画面放大到整个画面。例如,有四个小点没有充满整个画面,通过数值运算使这四个小点都分别变大以充满整个画面。也就是说,由于数码变焦距并没有改变镜头的焦距,通过数码变焦距拍摄的景物虽然被放大了,但它的清晰度却下降了。因此,数码变焦距是以牺牲分辨率和图像质量为代价的变焦距方法。

20.2 变焦距照相物镜设计示例

打开 ZEMAX 提供的一个变焦距系统示例,命令路径为"C:\ZEMAX\Samples\Sequential\Zoom systems\Zoom lens.zmx"。我们以此系统为初始结构进行设计。在该示例中,光阑(STO)的位置不妥,因为它位于透镜的内部。我们不妨将"STO"的"Thickness"值设为"2.0"。

点击"Gen"按钮打开 General 窗口,可以看到孔径类型(Aperture Type)为"Image Space F/#(像方 F/#)",且其孔径值(Aperture Value)为5,我们沿用该设置。

点击"Fie"按钮打开 Field Data 窗口,可以看到其"Y-Field"值有三个,分别为0°,4.1°和5.8°。为了设计简单并起到示意作用,只设置两个"Y-Field"值,分别为0°和5°。

点击"WAV"打开 Wavelength Data 窗口,选用"F,d,C[Visible]"。

按下快捷键"F6",打开 Merit Function Editor 窗口,执行"Tools→Default Merit Function"命令,打开 Default Merit Function 窗口,选择"RMS + Spot Radius + Centroid"评价方法,并设置适当的厚度边界值(Thickness Boundary Values)。

在 Lens Data Editor 窗口设定参与优化的变量。点击"Opt"开始优化。经多次修改优化变量和操作数后,参考设计结果如下所述。

1. System/Prescription Data

File : C:\Documents and Settings\Administrator\桌面\变焦距系统.ZMX

Title: Zoom lens, 29 – 78 mm, embodiment 4, 4 936 661

Date : SUN JAN 23 2011

Configuration 1 of 3

LENS NOTES:

GENERAL LENS DATA:

Surfaces : 16

Stop : 1

System Aperture : Image Space F/# = 5

Glass Catalogs : old_ohar schott Sumita

Ray Aiming : Off

Apodization : Uniform, factor = 0.000 00E +000

Effective Focal Length : 33.111 55 (in air at system temperature and pressure)

Effective Focal Length : 33.111 55 (in image space)

Back Focal Length : 4.516 74

Total Track : 2.064 67

Image Space F/# : 5

Paraxial Working F/# : 5

Working F/# : 4. 977 031

Image Space NA : 0. 099 503 72

Object Space NA : 3. 311 155e − 010

Stop Radius : 3. 311 155

Paraxial Image Height : 5

Paraxial Magnification : 0

Entrance Pupil Diameter : 6. 622 31

Entrance Pupil Position : 0

Exit Pupil Diameter : 3. 531 376

Exit Pupil Position : − 17. 609 84

Field Type : Paraxial Image height in Millimeters

Maximum Field : 5

Primary Wave : 0. 587 561 8

Lens Units : Millimeters

Angular Magnification : 1. 875 278

Fields : 2

Field Type: Paraxial Image height in Millimeters

#	X-Value	Y-Value	Weight
1	0. 000 000	0. 000 000	1. 000 000
2	0. 000 000	5. 000 000	1. 000 000

Vignetting Factors

#	VDX	VDY	VCX	VCY	VAN
1	0. 000 000	0. 000 000	0. 000 000	0. 000 000	0. 000 000
2	0. 000 000	0. 000 000	0. 000 000	0. 000 000	0. 000 000

Wavelengths : 3

Units: Microns

#	Value	Weight
1	0. 486 133	1. 000 000
2	0. 587 562	1. 000 000
3	0. 656 273	1. 000 000

SURFACE DATA SUMMARY:

Surf	Type	Radius	Thickness	Glass	Diameter	Conic
OBJ	STANDARD	Infinity	Infinity		0	0
STO	STANDARD	Infinity	2		6. 622 31	0
2	STANDARD	− 15. 222 37	1. 6	LAH66	7. 099 58	0
3	STANDARD	− 23. 732 49	0. 5		7. 745 141	0
4	STANDARD	15. 709 67	7. 644 62	LLF6	8. 321 283	0

5	EVENASPH	− 30. 899 09	1		8. 787 734	0
6	STANDARD	− 35. 619 33	1	TIH6	8. 778 826	0
7	STANDARD	52. 749 85	2	BK4	8. 932 137	0
8	EVENASPH	− 13. 789 2	9. 48		9. 101 75	0
9	EVENASPH	1260. 198	3. 370 342	BK4	8. 206 194	0
10	STANDARD	187. 498 5	2. 5		7. 921 516	0
11	STANDARD	− 11. 200 72	0. 7	LLF6	7. 734 801	0
12	STANDARD	− 118. 95	2	TIH6	7. 977 785	0
13	STANDARD	− 16. 651 49	3		8. 235 567	0
14	STANDARD	− 10. 377 46	0. 8	LAH66	7. 945 621	0
15	STANDARD	− 42. 704 97	4. 469 706		8. 354 224	0
IMA	STANDARD	Infinity	10. 116 7			0

EDGE THICKNESS DATA：

Surf	Edge
STO	1. 580 317
2	1. 701 596
3	1. 379 067
4	6. 808 428
5	1. 003 721
6	1. 460 891
7	1. 058 639
8	10. 273 994
9	3. 370 148
10	1. 769 308
11	1. 321 952
12	1. 549 722
13	2. 726 609
14	1. 385 791
15	4. 674 486
IMA	0. 000 000

MULTI-CONFIGURATION DATA： % 多重结构

Configuration 1：
  1 Aperture : 5
  2 Thickness 8 : 9. 48
  3 Thickness 15 : 4. 469 706
Configuration 2：
  1 Aperture : 6. 2
  2 Thickness 8 : 4. 48
  3 Thickness 15 : 21. 21

Configuration　　3：

　1 Aperture　　：7. 8

　2 Thickness　　8：2

　3 Thickness　　15：43. 81

INDEX OF REFRACTION DATA：

Surf	Glass	Temp	Pres	0. 486 133	0. 587 562	0. 656 273
0		20. 00	1. 00	1. 000 000 00	1. 000 000 00	1. 000 000 00
1		20. 00	1. 00	1. 000 000 00	1. 000 000 00	1. 000 000 00
2	LAH66	25. 00	1. 00	1. 783 372 13	1. 772 499 09	1. 767 797 97
3		20. 00	1. 00	1. 000 000 00	1. 000 000 00	1. 000 000 00
4	LLF6	20. 00	1. 00	1. 539 352 77	1. 531 719 11	1. 528 448 53
5		20. 00	1. 00	1. 000 000 00	1. 000 000 00	1. 000 000 00
6	TIH6	25. 00	1. 00	1. 827 761 91	1. 805 180 53	1. 796 101 85
7	BK4	20. 00	1. 00	1. 505 709 35	1. 500 478 16	1. 498 134 95
8		20. 00	1. 00	1. 000 000 00	1. 000 000 00	1. 000 000 00
9	BK4	20. 00	1. 00	1. 505 709 35	1. 500 478 16	1. 498 134 95
10		20. 00	1. 00	1. 000 000 00	1. 000 000 00	1. 000 000 00
11	LLF6	20. 00	1. 00	1. 539 352 77	1. 531 719 11	1. 528 448 53
12	TIH6	25. 00	1. 00	1. 827 761 91	1. 805 180 53	1. 796 101 85
13		20. 00	1. 00	1. 000 000 00	1. 000 000 00	1. 000 000 00
14	LAH66	25. 00	1. 00	1. 783 372 13	1. 772 499 09	1. 767 797 97
15		20. 00	1. 00	1. 000 000 00	1. 000 000 00	1. 000 000 00
16		20. 00	1. 00	1. 000 000 00	1. 000 000 00	1. 000 000 00

2. 3D Layout

注意：要想得到图 20 - 1 所示的图形窗口，需要选中"Hide Lens Edges"，并将"Rotation"和"Offset Y"都设定为"15. 0"（该值只要能将三个结构图分开看清楚即可），并将"Configuration："设定为"All"。

3. Listing of OPD Data

File ：C:\Documents and Settings\Administrator\桌面\变焦距系统. ZMX

Title：Zoom lens, 29 - 78 mm, embodiment 4, 4 936 661

Date ：SUN JAN 23 2011

Configuration 1 of 3

Units are waves.

Tangential fan, field number 1 ＝ 0. 000 0

Pupil	0. 486 1	0. 587 6	0. 656 3
－1. 000	－0. 029 4	0. 061 8	－0. 151 3
－0. 900	－0. 078 8	－0. 001 7	－0. 169 7

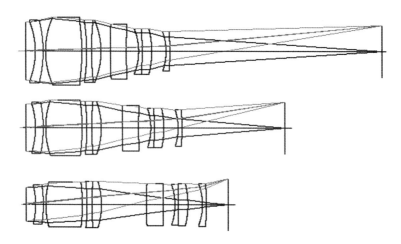

图 20 −1　变焦距系统的 3D Layout

−0. 800	−0. 108 5	−0. 043 7	−0. 172 4
−0. 700	−0. 119 0	−0. 065 7	−0. 161 1
−0. 600	−0. 112 9	−0. 070 9	−0. 138 8
−0. 500	−0. 094 8	−0. 063 7	−0. 109 3
0. 500	−0. 094 8	−0. 063 7	−0. 109 3
0. 600	−0. 112 9	−0. 070 9	−0. 138 8
0. 700	−0. 119 0	−0. 065 7	−0. 161 1
0. 800	−0. 108 5	−0. 043 7	−0. 172 4
0. 900	−0. 078 8	−0. 001 7	−0. 169 7
1. 000	−0. 029 4	0. 061 8	−0. 151 3

Sagittal fan, field number 1　= 0. 000 0

Pupil	0. 486 1	0. 587 6	0. 656 3
−1. 000	−0. 029 4	0. 061 8	−0. 151 3
−0. 900	−0. 078 8	−0. 001 7	−0. 169 7
−0. 800	−0. 108 5	−0. 043 7	−0. 172 4
−0. 700	−0. 119 0	−0. 065 7	−0. 161 1
−0. 600	−0. 112 9	−0. 070 9	−0. 138 8
−0. 500	−0. 094 8	−0. 063 7	−0. 109 3
0. 500	−0. 094 8	−0. 063 7	−0. 109 3
0. 600	−0. 112 9	−0. 070 9	−0. 138 8
0. 700	−0. 119 0	−0. 065 7	−0. 161 1
0. 800	−0. 108 5	−0. 043 7	−0. 172 4
0. 900	−0. 078 8	−0. 001 7	−0. 169 7

1. 000	− 0. 029 4	0. 061 8	− 0. 151 3

Tangential fan, field number 2　= 5. 000 0

Pupil	0. 486 1	0. 587 6	0. 656 3
− 1. 000	− 0. 729 0	0. 074 6	0. 167 5
− 0. 900	− 0. 760 4	− 0. 032 8	0. 079 2
− 0. 800	− 0. 742 9	− 0. 094 6	0. 027 9
− 0. 700	− 0. 686 0	− 0. 119 8	0. 005 5
− 0. 600	− 0. 600 5	− 0. 118 3	0. 003 2
− 0. 500	− 0. 497 2	− 0. 099 5	0. 012 4
0. 500	0. 302 4	− 0. 055 2	− 0. 263 8
0. 600	0. 384 3	− 0. 049 5	− 0. 316 2
0. 700	0. 491 2	− 0. 023 1	− 0. 355 3
0. 800	0. 632 0	0. 031 4	− 0. 374 3
0. 900	0. 816 6	0. 123 1	− 0. 365 3
1. 000	1. 057 3	0. 262 9	− 0. 318 4

Sagittal fan, field number 2　= 5. 000 0

Pupil	0. 486 1	0. 587 6	0. 656 3
− 1. 000	− 0. 565 8	− 0. 394 0	− 0. 563 7
− 0. 900	− 0. 509 7	− 0. 367 7	− 0. 500 8
− 0. 800	− 0. 446 0	− 0. 330 4	− 0. 431 7
− 0. 700	− 0. 375 2	− 0. 283 3	− 0. 357 9
− 0. 600	− 0. 299 8	− 0. 229 6	− 0. 282 2
− 0. 500	− 0. 223 7	− 0. 173 1	− 0. 208 2
0. 500	− 0. 223 7	− 0. 173 1	− 0. 208 2
0. 600	− 0. 299 8	− 0. 229 6	− 0. 282 2
0. 700	− 0. 375 2	− 0. 283 3	− 0. 357 9
0. 800	− 0. 446 0	− 0. 330 4	− 0. 431 7
0. 900	− 0. 509 7	− 0. 367 7	− 0. 500 8
1. 000	− 0. 565 8	− 0. 394 0	− 0. 563 7

4. Listing of Spot Diagram Data

File ：C:\Documents and Settings\Administrator\桌面\变焦距系统. ZMX

Title：Zoom lens, 29 − 78 mm, embodiment 4, 493 666 1

Date ：SUN JAN 23 2011

Configuration 1 of 3

Field Type ：Paraxial Image height in Millimeters

Image units：Millimeters

Reference：Chief Ray

Data : Ray Coordinates

Wavelengths:	Value	Weight
	0. 486 133	1. 00
	0. 587 562	1. 00
	0. 656 273	1. 00

		X	Y
Field coordinate	:	0. 000 000 00E + 000	0. 000 000 00E + 000
Image coordinate	:	0. 000 000 00E + 000	0. 000 000 00E + 000
RMS Spot Radius	:	2. 008 128 34E + 000 microns	
RMS Spot X Size	:	1. 419 961 16E + 000 microns	
RMS Spot Y Size	:	1. 419 961 16E + 000 microns	
Max Spot Radius	:	4. 362 431 84E + 000 microns	
Field coordinate	:	0. 000 000 00E + 000	5. 000 000 00E + 000
Image coordinate	:	0. 000 000 00E + 000	5. 050 017 04E + 000
RMS Spot Radius	:	4. 741 436 26E + 000 microns	
RMS Spot X Size	:	2. 317 883 17E + 000 microns	
RMS Spot Y Size	:	4. 136 258 62E + 000 microns	
Max Spot Radius	:	1. 412 618 18E + 001 microns	

Configuration 2 of 3

Field Type : Paraxial Image height in Millimeters

Image units: Millimeters

Reference : Chief Ray

Data : Ray Coordinates

Wavelengths:	Value	Weight
	0. 486 133	1. 00
	0. 587 562	1. 00
	0. 656 273	1. 00

		X	Y
Field coordinate	:	0. 000 000 00E + 000	0. 000 000 00E + 000
Image coordinate	:	0. 000 000 00E + 000	0. 000 000 00E + 000
RMS Spot Radius	:	1. 948 402 95E + 000 microns	
RMS Spot X Size	:	1. 377 728 94E + 000 microns	
RMS Spot Y Size	:	1. 377 728 94E + 000 microns	
Max Spot Radius	:	3. 332 342 56E + 000 microns	
Field coordinate	:	0. 000 000 00E + 000	5. 000 000 00E + 000
Image coordinate	:	0. 000 000 00E + 000	5. 007 756 46E + 000
RMS Spot Radius	:	5. 361 368 66E + 000 microns	
RMS Spot X Size	:	3. 201 295 60E + 000 microns	
RMS Spot Y Size	:	4. 300 695 34E + 000 microns	
Max Spot Radius	:	1. 314 545 49E + 001 microns	

Configuration 3 of 3

Field Type：Paraxial Image height in Millimeters

Image units：Millimeters

Reference：Chief Ray

Data：Ray Coordinates

Wavelengths：	Value	Weight
	0.486 133	1.00
	0.587 562	1.00
	0.656 273	1.00

		X	Y
Field coordinate	：	0.000 000 00E + 000	0.000 000 00E + 000
Image coordinate	：	0.000 000 00E + 000	0.000 000 00E + 000
RMS Spot Radius	：	4.126 047 50E + 000 microns	
RMS Spot X Size	：	2.917 556 16E + 000 microns	
RMS Spot Y Size	：	2.917 556 16E + 000 microns	
Max Spot Radius	：	1.037 523 63E + 001 microns	
Field coordinate	：	0.000 000 00E + 000	5.000 000 00E + 000
Image coordinate	：	0.000 000 00E + 000	5.017 183 53E + 000
RMS Spot Radius	：	4.573 678 35E + 000 microns	
RMS Spot X Size	：	3.189 699 31E + 000 microns	
RMS Spot Y Size	：	3.277 857 83E + 000 microns	
Max Spot Radius	：	9.541 939 07E + 000 microns	

5. Polychromatic Diffraction MTF

File：C:\Documents and Settings\Administrator\桌面\变焦距系统.ZMX

Title：Zoom lens, 29 − 78 mm, embodiment 4, 493 666 1

Date：SUN JAN 23 2011

Configuration 1 of 3

Data for 0.486 1 to 0.656 3 microns.

Spatial frequency units are cycles per mm.

Modulation is relative to 1.0.

Field：0.000 0

Spatial frequency	Tangential	Sagittal
10.000 000	0.960 27	0.960 27
20.000 000	0.918 22	0.918 22
30.000 000	0.874 76	0.874 76
40.000 000	0.830 95	0.830 95
50.000 000	0.787 38	0.787 38
60.000 000	0.744 47	0.744 47
70.000 000	0.702 44	0.702 44

80. 000 000	0. 661 95	0. 661 95
90. 000 000	0. 623 26	0. 623 26
100. 000 000	0. 586 14	0. 586 14
200. 000 000	0. 289 49	0. 289 49
413. 322 963	0. 000 00	0. 000 00

Field: 5. 000 0

Spatial frequency	Tangential	Sagittal
10. 000 000	0. 938 91	0. 950 34
20. 000 000	0. 847 12	0. 881 10
30. 000 000	0. 738 44	0. 796 70
40. 000 000	0. 621 98	0. 703 00
50. 000 000	0. 504 10	0. 606 18
60. 000 000	0. 389 57	0. 511 92
70. 000 000	0. 282 35	0. 424 79
80. 000 000	0. 186 22	0. 348 24
90. 000 000	0. 106 65	0. 283 78
100. 000 000	0. 060 59	0. 231 29
200. 000 000	0. 125 84	0. 101 99
413. 322 963	0. 000 00	0. 000 00

Configuration 2 of 3

Data for 0. 486 1 to 0. 656 3 microns.

Spatial frequency units are cycles per mm.

Modulation is relative to 1. 0.

Field: 0. 000 0

Spatial frequency	Tangential	Sagittal
10. 000 000	0. 950 45	0. 950 45
20. 000 000	0. 896 65	0. 896 65
30. 000 000	0. 840 07	0. 840 07
40. 000 000	0. 782 80	0. 782 80
50. 000 000	0. 726 56	0. 726 56
60. 000 000	0. 672 61	0. 672 61
70. 000 000	0. 622 34	0. 622 34
80. 000 000	0. 575 51	0. 575 51
90. 000 000	0. 532 48	0. 532 48
100. 000 000	0. 492 44	0. 492 44

Field: 5.000 0

Spatial frequency	Tangential	Sagittal
5.000 000	0.972 71	0.972 27
10.000 000	0.940 23	0.938 42
20.000 000	0.863 91	0.856 44
30.000 000	0.780 96	0.764 06
40.000 000	0.698 92	0.669 53
50.000 000	0.621 85	0.579 07
60.000 000	0.551 55	0.497 04
70.000 000	0.489 12	0.426 51
80.000 000	0.433 81	0.367 57
90.000 000	0.385 60	0.320 16
100.000 000	0.343 44	0.282 49

Configuration 3 of 3

Data for 0.486 1 to 0.656 3 microns.

Spatial frequency units are cycles per mm.

Modulation is relative to 1.0.

Field: 0.000 0

Spatial frequency	Tangential	Sagittal
0.000 000	1.000 00	1.000 00
5.000 000	0.967 76	0.967 76
10.000 000	0.931 83	0.931 83
20.000 000	0.852 07	0.852 07
30.000 000	0.767 39	0.767 39
40.000 000	0.682 68	0.682 68
50.000 000	0.601 97	0.601 97
60.000 000	0.528 73	0.528 73
70.000 000	0.464 06	0.464 06
80.000 000	0.407 97	0.407 97
90.000 000	0.359 15	0.359 15
100.000 000	0.316 93	0.316 93

Field: 5.000 0

Spatial frequency	Tangential	Sagittal
0.000 000	1.000 00	1.000 00
10.000 000	0.924 00	0.928 64
20.000 000	0.824 93	0.844 29

30. 000 000	0. 716 87	0. 760 11
40. 000 000	0. 608 67	0. 682 70
50. 000 000	0. 504 23	0. 613 06
60. 000 000	0. 406 10	0. 550 53
70. 000 000	0. 315 47	0. 493 58
80. 000 000	0. 233 59	0. 441 29
90. 000 000	0. 160 93	0. 392 64
100. 000 000	0. 098 48	0. 347 61
200. 000 000	0. 035 08	0. 034 37

6. Listing of Longitudinal Aberration Data

File ：C:\Documents and Settings\Administrator\桌面\变焦距系统. ZMX

Title：Zoom lens, 29 – 78 mm, embodiment 4, 4 936 661

Date ：SUN JAN 23 2011

Configuration 1 of 3

Units are Millimeters.

Rel. Pupil	0. 486 1	0. 587 6	0. 656 3
0. 500 0	2. 166E – 002	1. 391E – 002	4. 128E – 002
0. 600 0	1. 037E – 002	1. 772E – 003	2. 901E – 002
0. 700 0	– 1. 092E – 003	– 1. 079E – 002	1. 627E – 002
0. 800 0	– 1. 191E – 002	– 2. 301E – 002	3. 818E – 003
0. 900 0	– 2. 122E – 002	– 3. 408E – 002	– 7. 575E – 003
1. 000 0	– 2. 815E – 002	– 4. 320E – 002	– 1. 713E – 002

Configuration 2 of 3

Units are Millimeters.

Rel. Pupil	0. 486 1	0. 587 6	0. 656 3
0. 500 0	– 2. 529E – 003	– 1. 318E – 002	5. 523E – 002
0. 600 0	– 1. 909E – 002	– 3. 280E – 002	3. 589E – 002
0. 700 0	– 2. 743E – 002	– 4. 573E – 002	2. 301E – 002
0. 800 0	– 2. 500E – 002	– 4. 999E – 002	1. 842E – 002
0. 900 0	– 1. 051E – 002	– 4. 498E – 002	2. 250E – 002
1. 000 0	1. 576E – 002	– 3. 186E – 002	3. 385E – 002

Configuration 3 of 3

Units are Millimeters.

Rel. Pupil	0. 486 1	0. 587 6	0. 656 3
0. 500 0	– 8. 449E – 002	– 1. 435E – 001	– 2. 078E – 002
0. 600 0	– 6. 006E – 002	– 1. 246E – 001	2. 378E – 003
0. 700 0	– 3. 224E – 002	– 1. 078E – 001	2. 300E – 002

0.800 0	$-1.187E-002$	$-1.065E-001$	$2.701E-002$
0.900 0	$-1.132E-003$	$-1.265E-001$	$7.820E-003$
1.000 0	$1.157E-002$	$-1.614E-001$	$-2.931E-002$

其他像质评价图形窗口及其数据,请自行查看。

20.3　设　计　练　习

请读者根据提供的设计示例重新设计一个三倍光学变焦距系统,设计要求如下:

(1)使用中国光学玻璃库的材料,且玻璃的种类不能多于四种;

(2)选用的玻璃材料的物理和化学特性都比较好,且价格不贵;

(3)如果有两个光学面的曲率半径非常接近,那么就用 Pick Up 求解功能把它们变成一致的数。这样做可节省研发磨具的时间和成本;

(4)透镜的边缘厚度和中心厚度大小合理,加工时不易破碎。

(5)至少有三个位置的像面的成像质量良好。

第四编　典型光学系统设计的优化方法

第 21 章　光学系统初始结构的选定

光学系统的初始结构选定通常有代数法（也称解析法、PW 法）和缩放法。代数法是根据初级像差理论来求解满足成像质量要求的初始结构的方法；缩放法是根据已有光学技术资料和专利文献，选择其光学特性与所要求的相接近的结构作为初始结构，这是一种简单且实用、流行、易成功的方法。

21.1　代　数　法

首先来看看 PW 法表示的初级像差系数。为了使初级像差系数和系统的结构有紧密的关系，把初级像差系数变换成以参量 P 和 W 表示的形式。

为了导出 PW 形式的初级像差系数，假设

$$\begin{cases} P = ni(i-i')(i'-u) \\ W = (i-i')(i'-u) \end{cases} \tag{21-1}$$

式（21-1）中，i 为入射角；i' 为折射角；u 为入射光线与光轴的孔径角（u' 为折射光线与光轴的孔径角）。

令 $\Delta u = u' - u$；$\Delta \dfrac{1}{n} = \dfrac{1}{n'} - \dfrac{1}{n}$；$\Delta \dfrac{u}{n} = \dfrac{u'}{n'} - \dfrac{u}{n}$，则

$$\begin{cases} P = \left(\dfrac{\Delta u}{\Delta \dfrac{1}{n}} \right)^2 \cdot \Delta \dfrac{u}{n} \\[4mm] W = -\dfrac{\Delta u}{\Delta \dfrac{1}{n}} \cdot \Delta \dfrac{u}{n} \end{cases} \tag{21-2}$$

由此可得以 P, W 表示的按折射面分布的初级像差系数表达式。

初级球差系数（也称第一赛得和数）为

$$\sum S_1 = \sum hP \tag{21-3}$$

初级彗差系数（也称第二赛得和数）为

$$\sum S_{II} = \sum h_z P + J \sum W \tag{21-4}$$

初级像差系数(也称第三赛得和数)

$$\sum S_{III} = \sum \frac{h_z^2}{h} P + 2J \sum \frac{h_z}{h} W + J^2 \sum \frac{1}{h} \Delta \frac{u}{n} \tag{21-5}$$

初级场曲系数(也称第四赛得和数)

$$\sum S_{IV} = J^2 \sum \frac{n'-n}{n'nr} \tag{21-6}$$

初级畸变系数(也称第五赛得和数)

$$\sum S_V = \sum \frac{h_z^3}{h^2} P + 3J \sum \frac{h_z^2}{h^2} W + J^2 \sum \frac{h_z}{h} \left(\frac{3}{h} \Delta \frac{u}{n} + \frac{n'-n}{n'nr} \right) - J^3 \sum \frac{1}{h^2} \Delta \frac{1}{n^2} \tag{21-7}$$

简化后的薄透镜系统的初级像差系数公式如下:

$$\begin{cases} -2n'u'^2 \delta L' = \sum S_I = \sum hP \\ -2n'u'K'_s = \sum S_{II} = \sum h_z P + J \sum W \\ -n'u'^2 (x'_t - x'_s) = \sum S_{III} = \sum \frac{h_z^2}{h} P + 2J \sum \frac{h_z}{h} W + J^2 \sum \Phi \\ -2n'u'^2 x'_p = \sum S_{IV} = J^2 \sum \mu \Phi \\ -2n'u' \delta Y'_z = \sum S_V = \sum \frac{h_z^3}{h} P + 3J \sum \frac{h_z^2}{h} P + J^2 \sum \frac{h_z}{h} \Phi(3+\mu) \end{cases} \tag{21-8}$$

式(21-8)中,Φ 为薄透镜组的光焦度,$\mu = 1/n$(折射率的倒数)。

令 $\bar{P} = \dfrac{P}{(h\Phi)^3}$,$\bar{W} = \dfrac{W}{(h\Phi)^2}$,则初级像差可表示为

$$\begin{cases} \sum S_I = \sum h^4 \Phi^3 \bar{P} \\ \sum S_{II} = \sum h^3 h_z \Phi^3 \bar{P} + J \sum h^2 \Phi^2 \bar{W} \\ \sum S_{III} = \sum h^2 h_z^2 \Phi^3 \bar{P} + 2J \sum h h_z \Phi^2 \bar{W} + J^2 \sum \Phi \\ \sum S_{IV} = J^2 \sum \mu \Phi \\ \sum S_V = \sum h h_z^3 \Phi^3 \bar{P} + 3J \sum h_z^2 \Phi^2 \bar{W} + J^2 \sum \frac{h_z}{h} \Phi(3+\mu) \\ \sum C_I = h^2 \Phi \sum \bar{C}_I \\ \sum C_{II} = h h_z \Phi \sum \bar{C}_I \end{cases} \tag{21-9}$$

一个双胶合薄透镜的结构参数包括:三个折射球面的曲率半径、两种玻璃材料的折射率以及玻璃的平均色散系数。假设三个曲率半径分别为 r_1,r_2 和 r_3,第一个透镜的折射率和平均色散系数分别为 n_1 和 v_1,第二个透镜为 n_2 和 v_2,第一个和第二个透镜的光焦度分别为 φ_1 和 φ_2。在归一化条件下,由于 $\varphi_1 + \varphi_2 = 1$,因此 φ_1 和 φ_2 之间只有一个是独立变量,即只要确定其中一个另一个也就确定了。

又由于

$$\begin{cases} \varphi_1 = (n_1 - 1)\left(\dfrac{1}{r_1} - \dfrac{1}{r_2}\right) \\[3mm] \varphi_2 = (n_2 - 1)\left(\dfrac{1}{r_2} - \dfrac{1}{r_3}\right) \end{cases} \qquad (21-10)$$

所以,当 n_1 和 n_2,φ_1 和 φ_2 都确定时,如果 r_2 是已知量,则 r_1 和 r_3 都可求解,即 r_1,r_2 和 r_3 之间只有两个是独立变量。

令 $Q = \dfrac{1}{r_2} - \varphi_1$ (阿贝不变量,也称为形状系数,即透镜的弯曲形状由 Q 来决定)。

经验证明,双胶合薄透镜的全部独立结构参量为 6 个,即 n_1,v_1,n_2,v_2,φ_1 和 Q。由这些结构参数可求得三个球面曲率半径分别为

$$\begin{cases} \dfrac{1}{r_1} = \rho_1 = \dfrac{n_1 \varphi_1}{n_1 - 1} + Q \\[3mm] \dfrac{1}{r_2} = \rho_2 = \varphi_1 + Q \\[3mm] \dfrac{1}{r_3} = \rho_3 = \dfrac{n_2 \varphi_1}{n_2 - 1} + Q - \dfrac{1}{n_2 - 1} \end{cases} \qquad (21-11)$$

双胶合透镜组的结构参数和基本像差参量的关系式为

$$\begin{cases} \bar{P}^\infty = A(Q - Q_0)^2 + P_0 \\[2mm] \bar{W}^\infty = K(Q - Q_0) + W_0 \\[2mm] Q_0 = -\dfrac{B}{2A} \\[2mm] P_0 = C - \dfrac{B^2}{4A} \\[2mm] K = \dfrac{A + 1}{2} \\[2mm] W_0 = \dfrac{A + 1}{2} Q_0 - \dfrac{1 - \varphi_1 - B}{3} \end{cases} \qquad (21-12)$$

在式(21-12)中,有

$$\begin{cases} A = 1 + \dfrac{2\varphi_1}{n_1} + \dfrac{2\varphi_2}{n_2} \\[3mm] B = \dfrac{3}{n_1 - 1}\varphi_1^2 - \dfrac{3}{n_2 - 1}\varphi_2^2 - 2\varphi_2 \\[3mm] C = \dfrac{n_1}{(n_1 - 1)^2}\varphi_1^3 + \dfrac{n_2}{(n_2 - 1)^2}\varphi_2^3 + \dfrac{n_2}{n_2 - 1}\varphi_2^2 \end{cases} \qquad (21-13)$$

通常 A 取均值 2.35,此时 $K = 1.67$,且有

$$\begin{cases} \bar{P}^\infty = P_0 + 0.85(\bar{W}^\infty + 0.1)^2 & \text{冕牌玻璃在前时} \\[2mm] \bar{P}^\infty = P_0 + 0.85(\bar{W}^\infty + 0.2)^2 & \text{火石玻璃在前时} \end{cases} \qquad (21-14)$$

当 $\varphi_1 = 1$,$\varphi_2 = 0$,$n_1 = n$ 时,单透镜可作为双胶合透镜组的特例,其中 P_0,Q_0 和 W_0 分别满足以下关系式,且根据该三个参数可在《光学仪器设计手册》中查找到合适的玻璃材料:

$$
\begin{cases}
P_0 = \dfrac{n}{(n-1)^2}\left[1 - \dfrac{9}{4(n+2)}\right] \\[3mm]
Q_0 = -\dfrac{3n}{2(n-1)(n+2)} \\[3mm]
W_0 = -\dfrac{1}{2(n+2)}
\end{cases}
\tag{21-15}
$$

【设计示例】[①] 设计一个全视场角为 $1.56°$,焦距为 $1\,000$ mm,且相对孔径为 $1:10$ 的双胶合望远物镜,要求像高为 $y' = 13.6$ mm。

1. 选型

由于该物镜的全视场角较小,所以其轴外像差不太大,主要校正的像差有球差、正弦差和位置色差(也称为轴向色差、沿轴色差)。又因为其相对孔径较小,所以选用双胶合即可满足设计要求。说明一点:双胶合透镜组分为紧贴型和间隙型两种,间隙型比紧贴型可优化变量多,一般在紧贴型无法满足设计要求的情况下,可以选择采用间隙型,但间隙型装调难度大精度要求高。本示例采用紧贴型双胶合透镜组,且孔径光阑与物镜框相重合。

2. 确定基本像差参量

根据设计要求,假设初级像差值为零,即球差 $\delta L_0' = 0$;正弦差 $K_{s0}' = 0$;位置色差 $\delta l_{FC0}' = 0$。那么按初级像差公式可得 $\sum S_\mathrm{I} = \sum S_\mathrm{II} = \sum C_\mathrm{I} = 0$,由此可得基本像差参量为 $\bar{P}^\infty = \bar{W}^\infty = \bar{C}_\mathrm{I} = 0$。

3. 求 P_0

根据式(21-14)可得

$$
P_0 = \begin{cases}
\bar{P}^\infty - 0.85(\bar{W}^\infty + 0.1)^2 & \text{冕牌玻璃在前时} \\[2mm]
\bar{P}^\infty - 0.85(\bar{W}^\infty + 0.2)^2 & \text{火石玻璃在前时}
\end{cases}
$$

因为没有指定玻璃的种类,故暂选用冕牌玻璃进行计算,即 $P_0 = -0.008\,5$。

4. 选定玻璃组合

鉴于 K9 玻璃的性价比较好,所以选择 K9 作为其中一块玻璃。现在根据附表[②]查找与 $P_0 = -0.008\,5$ 最为接近的玻璃组合。我们会发现当 $C_\mathrm{I} = 0.000$ 时,与 $P_0 = -0.008\,5$ 最接近的组合是 K9 与 ZF2 组合,此时对应的 $P_0 = 0.038$。

同时我们会发现 K7 与 ZF3 组合对应的 $P_0 = 0.012$ 也很接近 $P_0 = -0.008\,5$。在选定玻璃组合时,不仅要看其光学性能是否满足设计要求,还要考虑玻璃的价格、供应量、运输成本、工艺性能、采购时限等多种因素。

本例我们选定 K9 与 ZF2 组合。查表[③]可得如下数据:

K9 的折射率 $n_1 = 1.516\,3$,ZF2 的折射率 $n_2 = 1.672\,5$,$P_0 = 0.038\,319$,$Q_0 = -4.284\,074$,$W_0 = -0.060\,99$,$\varphi_1 = 2.009\,404$,$A = 2.44$,$K = 1.72$。

5. 求形状系数 Q

一般情况下,先利用下式求解出两个 Q 的值:

---

① 参考《光学设计》,刘钧、高明编著,国防工业出版社,2012 年 1 月第 1 版,81~84 页。

② 参考《光学设计》,刘钧、高明编著,国防工业出版社,2012 年 1 月第 1 版,275 页:附表 A-1。

③ 参考《光学设计》,刘钧、高明编著,国防工业出版社,2012 年 1 月第 1 版,277 页:附表 A-2(本表中有一处错误:"K7(花牌玻璃在前)",经查证此错误应修改为"K9(冕牌玻璃在前)")。

$$Q = Q_0 \pm \sqrt{\frac{\overline{P^\infty} - P_0}{A}} \qquad (21-16)$$

再与利用式(21-17)求得的 Q 值相比较,取其最相近的一个值:

$$Q = Q_0 + \frac{2(\overline{W^\infty} - W_0)}{A+1} \qquad (21-17)$$

因为 $\overline{P^\infty} \approx P_0$,所以可近似为 $Q = Q_0 = -4.284\ 074$,$\overline{W^\infty} = W_0 = -0.060\ 99$。

6. 求归一化条件下的透镜各面的曲率

$$\begin{cases} \dfrac{1}{r_1} = \rho_1 = \dfrac{n_1 \varphi_1}{n_1 - 1} + Q = \dfrac{1.516\ 3 \times 2.009\ 404}{1.516\ 3 - 1} + (-4.284\ 074) = 1.617\ 26 \\[3mm] \dfrac{1}{r_2} = \rho_2 = \varphi_1 + Q = 2.009\ 404 + (-4.284\ 074) = -2.274\ 67 \\[3mm] \dfrac{1}{r_3} = \rho_3 = \dfrac{n_2 \varphi_1}{n_2 - 1} + Q - \dfrac{1}{n_2 - 1} = -0.773\ 70 \end{cases}$$

7. 求球面曲率半径

$$\begin{cases} r_1 = \dfrac{f'}{\rho_1} = \dfrac{1\ 000}{1.617\ 26} = 618.330 \\[3mm] r_2 = \dfrac{f'}{\rho_2} = \dfrac{1\ 000}{-2.274\ 67} = -439.624 \\[3mm] r_3 = \dfrac{f'}{\rho_3} = \dfrac{1\ 000}{-0.773\ 70} = -1\ 292.491 \end{cases}$$

8. 整理透镜系统结构数据

视场 $\tan \omega = -0.013\ 6$(负号表示入射光线从光轴左下方射向右上方),物距 $L = -\infty$(表示物体在透镜组左侧无穷远处),入瞳半径 $h = 50$ mm,光阑在透镜框上,即入瞳距第一折射面的距离为 0。数据整理表如表 21-1 所示。

表 21-1 数据整理表

r/mm	d/mm	玻璃牌号
$r_1 = 618.33$	——	——
$r_2 = -439.624$	$d_1 = 0$	K9
$r_3 = -1\ 292.491$	$d_2 = 0$	ZF2

表中的 d 之所以为零,是因为我们为了计算方便,在一开始时就假定了该透镜组为没有厚度的薄透镜组。经验证该薄透镜组的像差较小,适宜作为初始结构。

9. 求厚透镜组各面的球面曲率半径

考虑到任何实际的透镜组总有一定的厚度,因此需要把薄透镜组转换成厚透镜组。

根据设计要求 $f' = 1\ 000$ mm,$D/f' = 1/10$,则通光口径 $D = 100$ mm。

我们选用压圈方式固定透镜组,该方式所需余量可由《光学仪器设计手册》查得为 3.5 mm,由此可求得透镜组的外径为 103.5 mm。

假设 d 为光学元件的中心厚度,t 为光学元件的最小边缘厚度。为保证透镜在加工过程中不易变形,其中心厚度与边缘最小厚度以及透镜外径之间必须满足一定的比例关系。

对凸透镜而言：

高精度　$3d + 7t \geq D$；

中精度　$4d + 14t \geq D$。

其中，还必须满足 $d \geq 0.05D$。

对凹透镜而言：

高精度　$8d + 2t \geq D$ 且 $d \geq 0.05D$；

中精度　$16d + 4t \geq D$ 且 $d \geq 0.03D$。

根据上述经验公式，求凸透镜和凹透镜的厚度。

对于凸透镜而言：假设 x_1，x_2 分别为球面矢高，r 为折射球面曲率半径，D 为透镜外径，如图 21 - 1 所示，则

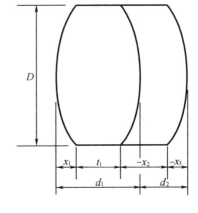

**图 21 - 1　双胶合透镜组
参数示意图**

$$x = r \pm \sqrt{r^2 - \left(\frac{D}{2}\right)^2} \qquad (21 - 18)$$

由式（21 - 18）可求得 $|x_1| = 2.17$，$|x_2| = 2.67$。

由 $|x_1| = 2.17$，$|x_2| = 2.67$ 求得凸透镜最小边缘厚度 t_1：

$$t_1 = \frac{D - 3(|x_1| + |x_2|)}{10} = \frac{103.5 - 3 \times 4.84}{10} = 8.9 \text{ mm} \qquad (21 - 19)$$

进而可求得凸透镜的最小中心厚度 d_1：

$$d_1 = |x_1| + |x_2| + t = 4.84 + 8.9 = 13.74 \text{ mm} \qquad (21 - 20)$$

对于凹透镜而言：先求得 $|x_3| = 1.03$，再求得凹透镜最小边缘厚度 t_2 为

$$t_2 = \frac{D + 8(|x_2| - |x_3|)}{10} = \frac{103.5 - 8 \times (2.67 - 1.03)}{10} = 11.66 \text{ mm} \qquad (21 - 21)$$

进而可求得凹透镜的最小中心厚度 d_2：

$$d_2 = t - |x_2| + |x_3| = 11.66 - 2.67 + 1.03 = 10.02 \text{ mm} \qquad (21 - 22)$$

在最小中心厚度基础上，根据工艺条件，可适当加厚些。值得提醒的是，把薄透镜变换成厚透镜时，需要在保持 u 和 u' 不变的条件下进行。

21.2　缩　放　法

代数法求解光学系统的初始结构参数需要设计者熟悉像差计算公式，而且计算量庞大，即使是利用计算机也会面临繁杂的程序编译输入工作。考虑到光学设计专利中镜头库文件已经十分巨大，又从方法学的角度讲，借鉴和利用已有的知识来解决未知的问题是一种省时、省力，且容易成功的快捷办法，所以现代的光学设计者们往往在设计复杂的光学系统时会从专利文献中选取最接近设计任务的初始结构，在此基础上进一步优化设计以达到设计任务的要求。由于初始结构与设计任务的焦距等参数往往不一致，在两者相差很小时或许可以利用软件优化出局部最佳方案来，如果两者相差很大，那么直接用软件进行优化时，经验证明软件往往会提示出错并终止优化过程，因此需要将系统焦距等参数进行按比例的缩放，所以该方法被称为比例缩放法，简称为缩放法。

值得一提的是，目前大多数专利文献和光学设计手册中光学系统的焦距是1（即归一化

后的焦距为 1,单位默认为毫米/英寸),而实际光学系统的焦距绝大多数都不是 1,因此要求缩放系统结构参数。

该方法在选择和确定初始结构参数时一般有以下几个过程:

(1)选择类型;

(2)缩放焦距;

(3)更换玻璃;

(4)限定边界;

(5)估算像差。

21.2.1 选择类型

选择类型是利用缩放法进行光学设计的关键问题,这就好比如果行驶的方向出现错误,那么就会南辕北辙,或会钻进牛角尖。在选型时,首先要了解各种结构的基本光学特性及其所能承担的最大相对孔径和视场角,然后进行像差分析,在同类结构中选择高级像差小的结构。

根据经验,物镜的焦距越长,对于同样结构类型的物镜,成像质量优良的光学系统的相对孔径也越小,且视场角越小。相同焦距、相同结构类型的物镜,相对孔径也越大,所能提供的视场角也越小,反之视场角越大,相对孔径也越小。例如,双胶合透镜组的视场角一般不超过 10°(视场角超过 10°后,光学系统的像差会很大)。如果把双胶合透镜组当作广角镜头的初始结构,是无论如何也不会得到好的设计结果的。试想,如果两个镜片就能设计出一个成像质量良好的广角镜头,那么为何在市场上销售的广角镜头的镜片数动辄是七八片,甚至是十三四片呢? 总之,选型时物镜设计的出发点,选型是否合适关系到设计的成败。

21.2.2 缩放焦距

正如上文所述,结构类型选好之后,其焦距很多时候不能完全符合设计的要求,因此必须缩放焦距。假设已有结构的焦距为 f',所要设计的焦距为 f'',则缩放比(缩放因子 K)为

$$K = \frac{f''}{f'} \tag{21-23}$$

则缩放后的结构参数为

$$\begin{cases} r'' = r'K = r'\dfrac{f''}{f'} \\ d'' = d'K = d'\dfrac{f''}{f'} \end{cases} \tag{21-24}$$

式(21-24)中,r' 为已有结构的曲率半径,r'' 为缩放后结构的曲率半径,d' 为已有结构的透镜厚度或间隔,d'' 为缩放后结构的透镜厚度或间隔。

如果已有结构的焦距为 1,则缩放后的结构参数只要用设计焦距乘以缩放前的结构参数即可获得。

下面介绍如何在 ZEMAX 软件中缩放镜头参数。

先按路径"C:\ZEMAX\Samples\Sequential\Objectives\Doublet.zmx"打开示例,点击"Sys"按钮查看"System Data",可查到:

Effective Focal Length：100　　　　　% 这说明该系统的焦距为 100

Lens Units：Millimeters　　　　　　% 这说明单位为毫米

原来系统的结构参数如表 21－2 所示。

表 21－2　原来系统的结构参数表

Surf：Type	Radius	Thickness	Glass	Semi-Diameter
OBJ	Infinity	Infinity		0.000 000
STO ∗	92.847 066	6.000 000	BK7	15.000 000
2 ∗	−30.716 087	3.000 000	F2	15.000 000
3 ∗	−78.197 307	97.376 047		15.000 000
IMA	Infinity			0.008 437

现假定所要设计的系统的焦距为 80 mm，则缩放因子为 $K = 80/100 = 0.8$。

在 ZEMAX 软件的"Tools"菜单中选择"Scale Lens"即可打开一个对话框，如图 21－2 所示。

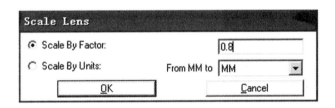

图 21－2　缩放焦距对话框

在图 21－2 中，默认情况下选中的是"Scale By Units"，该命令可以变化单位的制式（mm，cm，in 和 me）。在缩放焦距时，我们选中第一条"Scale By Factor"，并在其右侧输入"0.8"，0.8 为缩放因子。点击"OK"后，缩放后的结构参数如表 21－3 所示。

表 21－3　缩放后的结构参数表

Surf：Type	Radius	Thickness	Glass	Semi-Diameter
OBJ	Infinity	Infinity		0.000 000
STO ∗	74.277 653	4.800 000	BK7	12.000 000
2 ∗	−24.572 869	2.400 000	F2	12.000 000
3 ∗	−62.557 846	77.900 838		12.000 000
IMA	Infinity			0.006 750

再次查看"System Data"，可查到：

Effective Focal Length：80　　　　　%这说明该系统的焦距已经变为 80

Lens Units：Millimeters　　　　　　%这说明单位为毫米

我们发现在"Scale Lens"对话框中输入"0.8"后，"Radius""Thickness"和"Semi-

Diameter"均发生了变化。但是玻璃的牌号是不变的,即 Glass 列的参数不会改变。

21.2.3　更换玻璃

更换玻璃的原因主要有三个方面:

(1)玻璃的牌号在国际上主要有三套,中国牌号、德国牌号和日本牌号。尤其是国外的光学镜头专利文献中,使用的玻璃牌号大都是非中国牌号,需要变换成对应的中国玻璃牌号。在满足设计性能要求的情况下,选用国产的玻璃会降低采购成本和采购时间。

(2)有些高性能的光学系统大都采用镧系玻璃,这类玻璃的价格昂贵,不利于降低成本。

(3)迫于使用场合要求,比如已有光学系统是由非耐辐射玻璃(P 系列)组成的系统,而所要设计的系统可能是在卫星上使用的系统,因此就需要把非耐辐射玻璃(P 系列)转换成耐辐射玻璃(N 系列)。

更换玻璃时应该尽可能保持色差不变或变化很小,且保证玻璃的光谱是适配的。

为了保持色差不变或变化很小,在更换玻璃时,应尽量选用色散系数 v_d(也称阿贝数)接近的玻璃。正透镜尽量选用高折射率的冕牌玻璃,它可减小系统的高级像差。对于双胶合透镜在变换玻璃时,应尽量使得胶合面两边的折射率之差变化不太大,这样可使得原有系统的像差不会发生太大的变化。

玻璃更换好之后,还应对更换过玻璃的透镜的曲率半径进行相应修改,以保证该透镜的光焦度不变。要注意:根据薄透镜的光焦度公式,想要保持各折射面的光焦度不变,新的折射率 n^*、新的曲率半径 r^* 和原来的折射率 n、原来的曲率半径 r 之间应该符合以下关系:

$$r^* = r\frac{n^* - 1}{n - 1} \tag{21-25}$$

如果更换玻璃之后,单色像差较好,但色差不好,需要想办法进一步校正色差。为了使得两种色差(即轴向色差和垂轴色差,也即位置色差和倍率色差)都能同时得到校正,应根据两种色差的大小和符号来决定进一步更换哪一块玻璃。

建议:如果 0.707 孔径的位置色差较大,而全视场的倍率色差较小,则应更换靠近光阑的那块玻璃。这是因为越靠近光阑 h_z 越小,因此倍率色差也较小。反之,则应更换远离光阑的那块玻璃。如果两种色差符号相反,则应更换光阑前边那块透镜的玻璃,这是因为在光阑前 h 和 h_z 符号恰好相反,所以 C_1 和 C_{II} 正负相反。

21.2.4　限定边界

在进行像差校正之前一定要检查边界条件,因为经过缩放以后的结构往往会出现透镜的中心厚度变薄、边缘变尖的情况,因此在设计时要随时检查。对正透镜而言,主要检查边缘厚度是否变尖,如图 21-3(a)所示,甚至是出现交叉现象,如图 21-3(b)所示。对负透镜而言,主要检查中心厚度是否太薄,如图 21-3(c)所示,此外还要注意工作距离是否满足要求。

限定边界条件的办法具体可见《在 ZEMAX 软件中如何处理透镜边缘交叉错误问题》一文(黄振永,载于《光电产品与资讯》2011 年第 6 期,25~26 页)。其简介如下。

方法之一:利用求解(Solves)功能

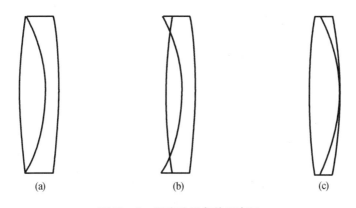

图 21 - 3　限定边界条件示意图

(a)凸透镜边缘太尖;(b)凸透镜边缘交叉;(c)凹透镜中央太薄

查看是哪个光学面的位置出现了错误,在"Lens Data Editor"窗口中选中"Thickness"列与相应光学面对应的单元格,点击鼠标右键,会弹出一个对话框,如图 21 -4(a)所示。在图 21 -4(a)中,选中"Edge Thickness"后会弹出一个对话框,如图 21 - 24(b)所示。在图 21 - 24(b)中的"Thickness:"的右侧输入"0. 2",该数值表示凸透镜的边缘厚度值被限定为 0. 2 mm。当然,也可以依实际情况而限定为其他数值。

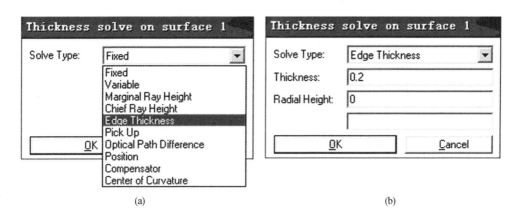

图 21 - 4　求解(Solves)对话框

方法之二:利用默认评价函数(Default Merit Function)

使用快捷键"F6"可以快速打开一个对话框,在该对话框中选中"Tools"中的"Default Merit Function",如图 21 - 5 所示,此时即可打开"Default Merit Function"对话框,如图 21 - 6 所示。

在图 21 - 6 中的"Thickness Boundary Values"功能区的"Glass"和"Air"行中可以限定玻璃和空气厚度(间隔)的最小值、最大值和边缘值。注意:当"Glass"和"Air"的左侧复选框中无"√"时,则无法设定右侧的数值,只有处于"☑"时才可以设定右侧的数值。

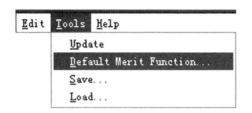

图 21 - 5　默认评价函数调出路径

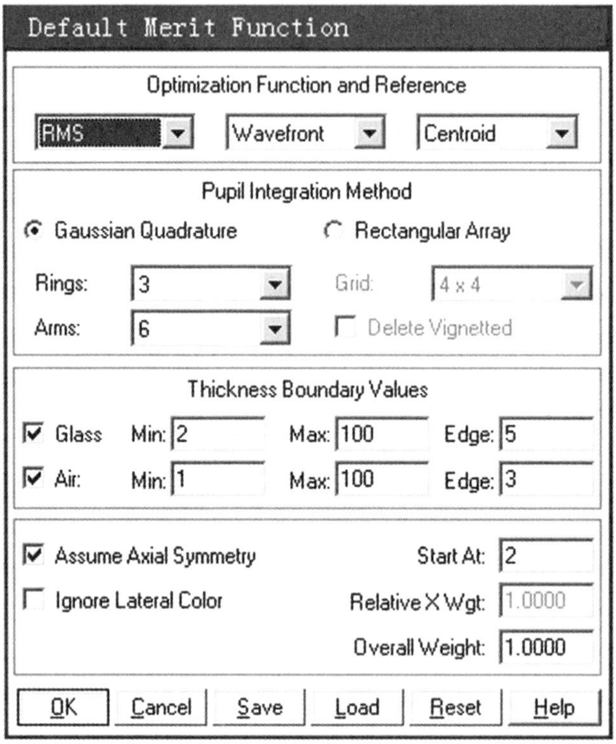

图 21 - 6　默认评价函数对话框

方法之三:利用操作数

MNCG:用来限定玻璃的"Min"值;

MXCG:用来限定玻璃的"Max"值;

MNEG:用来限定玻璃的"Edge"值;

MNCA:用来限定空气的"Min"值;

MXCA:用来限定空气的"Max"值;

MNEA:用来限定空气的"Edge"值。

21.2.5　估算像差

在专利文献中,已有结构的像差基本上是经过校正的,成像性能优良。但在缩放焦距和更换玻璃时会增多原始系统的像差,我们需要先校正初级像差,当初级像差得到校正后,再来估算高级像差。通常需要计算的 16 种高级像差有 $\delta L'_m$，$\delta L'_{0.707h}$，SC'_m，$SC'_{0.707h}$，K'_{Tm}，$K'_{T0.707h}$，$K'_{T0.707y}$，K'_{Sm}，x'_{tm}，$x'_{t0.707y}$，x'_{sm}，$x'_{s0.707y}$，$\delta L'_T$，$\delta L'_s$，$\delta y'_{zm}$ 和 $\delta y'_{z0.707y}$。

通过估算这些高级像差值，就可以预测经过像差平衡以后剩余像差的大小以及成像质量。这些高级像差公式具体参见《光学设计》（国防工业出版社）一书。

下面介绍如何在 ZEMAX 软件中查看光学系统的像差值。

按照图 21 - 7 中的路径执行命令后即可打开一个窗口。在该窗口中可以查找到"Seidel Aberration Coefficients:""Transverse Aberration Coefficients:"和"Longitudinal Aberration Coefficients:"等信息区。

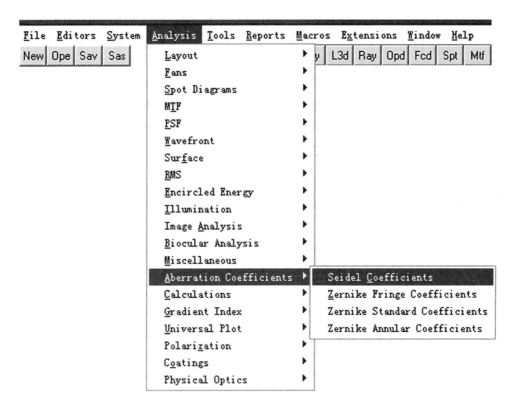

图 21 - 7 查看像差的路径

并且可以在"Seidel Aberration Coefficients:"信息区查找到"SPHA S1""COMA S2""ASTI S3""FCUR S4""DIST S5""CLA（CL）"和"CTR（CT）"，它们分别表示球差、彗差、像散、场曲、畸变、位置色差和倍率色差。而另外两个区中的"TSPH""LSPH"等表示的是高级像差。读者可自行在网上查阅这些高级像差的含义。

鉴于初始结构参数对应的像差究竟要校正到什么样的程度，目前业界尚无统一定论，而且初始结构参数的优化和最终设计结构参数的优化过程往往是紧密衔接在一起的，很难区分。所以在选择确定初始结构参数时，建议设计者妥善处理好选择类型、缩放焦距、更换玻璃、限定边界和估算像差等问题。

第22章　照相物镜设计的优化方法

22.1　照相物镜的光学特性参数

照相物镜的基本光学性能主要有三个参数:焦距、相对孔径和视场角。

22.1.1　焦距 f'

照相物镜的焦距决定了所成像的大小,这是因为当物体位于有限距离时,像高为

$$\begin{cases} y' = (1 - \beta)f'\tan \omega \\ \beta = \dfrac{y'}{y} = \dfrac{l'}{l} \end{cases} \tag{22-1}$$

对于大多数照相机来说,通常物距在 1 m 以上,即物镜 l 大都比较大,而镜头的焦距一般只有几十毫米,因此像平面非常靠近像方焦平面,即

$$\begin{cases} l' \approx f' \\ \beta = \dfrac{y'}{y} \approx \dfrac{f'}{l} \end{cases} \tag{22-2}$$

当物体位于无穷远时

$$\begin{cases} \beta = \dfrac{y'}{y} \approx \dfrac{f'}{l} = 0 \\ y' = (1 - \beta)f'\tan \omega = f'\tan \omega \end{cases} \tag{22-3}$$

由式(22-3)可知,焦距越大,则像高越大,需要使用的 CCD(或感光胶片)的尺寸越大。

22.1.2　相对孔径 D/f'

照相物镜的相对孔径主要决定了两个方面:受衍射限制的分辨率和像面光照度。

照相物镜的作用是将外界物体成像在感光胶片(或 CCD)上。照相物镜的分辨率一般以像平面上每毫米内能分辨开的黑白线条的对数 N 表示。

令 $F = f'/D$,称为物镜的光圈数。根据理想衍射分辨率公式可得

$$N = \frac{1}{1.22\lambda F} = \frac{D/f'}{1.22\lambda} \tag{22-4}$$

式(22-4)中,如果取波长为 555 nm,则

$$N = \frac{1\,500}{F} = 1\,500D/f' \quad (\text{单位:lp/mm}) \tag{22-5}$$

式(22-5)就是照相物镜的目视分辨率公式。由式(22-5)可知,相对孔径越大,则光圈数越小,分辨率越高。微缩物镜和制版物镜对分辨率要求较高,而目前大多数照相物镜使用 CCD 作为像接收器,鉴于 CCD 本身的分辨率相比感光胶片的分辨率不高,所以对数码照相镜头的分辨率要求不是很高。

【问】　对某一镜头,$F/2.8$ 挡和 $F/8$ 挡相比较,哪个挡的分辨率较高?

【答】　"$F/2.8$"表示光圈数为 2.8,即 $F = 2.8$。同理,"$F/8$"表示光圈数为 8,即 $F = 8$。由式(22-5)可知 $F/2.8$ 挡的分辨率较高。

下面介绍几个与照相物镜有关的分辨率。

(1)照相物镜的理想分辨率　用像平面上每毫米能分辨开黑白线条的对数表示,计算公式为

$$N_o = \frac{1\,500}{F} \quad (单位:lp/mm) \tag{22-6}$$

由于实际照相物镜存在像差,所以实际分辨率通常比理想分辨率低。

(2)目视分辨率　是指直接用显微镜来观察分辨率板通过照相物镜所成的像而测量的分辨率。

(3)照相分辨率　是指用显微镜来观察分辨率板通过照相物镜拍摄的底片而测量的分辨率。

假如照相分辨率用 N_a 表示,它由照相物镜本身的分辨率 N_o 和底片分辨率 N_n 共同决定,三者之间的经验公式如下

$$\frac{1}{N_a} = \frac{1}{N_o} + \frac{1}{N_n} \tag{22-7}$$

式中,N_a 为照相分辨率,N_o 为照相物镜本身的分辨率,N_n 为底片分辨率。

对大多数数码镜头而言,提高相对孔径并不是主要为了提高物镜的分辨率,而是为了提高像面的光照度。

$$E' = \frac{\pi\tau L}{4}\left(\frac{D}{f'}\right)^2 = \frac{\pi\tau L}{4F^2} \tag{22-8}$$

式(22-8)就是照相物镜的像面光照度公式。由式(22-8)可知,相对孔径越大,则光圈数 F 会越小,像面的光照度也就越大。这就是当把相机从明亮的室外带进灰暗的室内后需要降低光圈数 F 的依据,光圈数 F 越小,通光口径越粗,像面照度越大,以防曝光不足。

光圈数 F 值通常会刻在镜头上,常见的刻度规格有 1,1.4,2,2.8,4,5.6,8,11,16,22,32。

光圈刻度的调节规律是从 $F/8$ 挡调到 $F/11$ 挡时像面光照度会降低一半,即像面光照度相邻挡之间是 2 倍关系。换句话说,$F/2$ 更适用于弱光环境下或高速情况下,而 $F/22$ 更适用于强光环境下。

由于不同类型的镜头的透光率不同,因此在更换镜头时,根据式(22-8)可知,单反相机的像面光照度会发现变化,这容易造成曝光错误。为了避免透光率对像面光照度的影响,近来业界实行了一种 T 制光圈(为了与前文提到的光圈相区别,称前文提到的光圈为 F 制光圈)。更换 T 制光圈时,不用考虑透光率的影响。两种制式光圈的关系为

$$\left(\frac{D}{f'}\right)_T^2 = \tau\left(\frac{D}{f'}\right)_F^2 \quad 或 \quad \left(\frac{D}{f'}\right)_T = \sqrt{\tau}\left(\frac{D}{f'}\right)_F \tag{22-9}$$

曝光量 H 与像平面光照度 E 之间的关系为

$$H = Et \quad (单位:lx \cdot s) \tag{22-10}$$

注意:为了确保底片曝光正确,要求光圈下降一挡时,如从 $F/8$ 挡调到 $F/11$ 挡时,像平面的光照度 E 会减小一半,欲获得相同的曝光量 H,就必须把曝光时间增加一倍。

值得一提的是,在光电对抗中,我方发射强光弹,可瞬间提高敌方光学镜头的像面光照

度,使其曝光错误甚至是烧坏 CCD 图像传感器,从而达到让敌方光学镜头瞬间致盲(损坏)的目的。

设计经验:

弱光环境　相对孔径小于 1∶9;

普通环境　相对孔径的范围为 1∶9 ~ 1∶3.5;

强光环境　相对孔径的范围为 1∶3.5 ~ 1∶1.4;

超强光环境　相对孔径的范围为 1∶1.4 ~ 1∶0.6。

22.1.3　视场角

照相物镜的视场角决定了其在接收器上成清晰像的空间范围。按视场角的大小照相机可分为小视场角物镜(30°以下,划分数据界限并不统一,下同)、中视场角物镜(30° ~ 60°)、广角物镜(60° ~ 90°)、超广角物镜(90° ~ 180°)和鱼眼物镜(180°以上)。

在设计照相物镜时,要注意:一般照相物镜没有专门的视场光阑,其视场大小被接收器本身的有效接收面积所限制,即通常以接收器的边框作为视场光阑。在物镜的相对孔径最大时,物镜中的某些透镜会遮挡掉一些离主光线较远的轴外斜光束,视场角越大的边缘光线的遮挡越严重。这种光线遮挡的现象称为渐晕,该现象会导致轴外点成像的有效相对孔径比中心点成像的有效相对孔径小。

由式(22 - 3)可得

$$\omega = \arctan \frac{-y'}{f'} \qquad (22 - 11)$$

由式(22 - 11)可知,当相机的幅面一定时,也就是像高一定时,只要焦距确定,那么视场角也就确定了。物镜的焦距越长,则视场角越小;物镜的焦距越短,则视场角越大。所以广角镜头也称为短焦距镜头,长焦镜头也称为窄角镜头。

在使用式(22 - 11)时要注意:y' 是画幅对角线的一半。

在图 22 - 1 中,虚线矩形框(有些 CCD 的光敏面尺寸为正方形)表示 CCD 的光敏面范围。圆形区域表示实际照相时有效的光敏区域。实线矩形框表示由照相机输出的矩形照片显示区。虚线矩形框内排除圆形的区域为没有感光的区域,自然该区域无法成像。圆形内排除实线矩形框的区域内的特点是虽然感光但并不输出显示出来。我们平时看到的相片大都是矩形的,这个矩形就是实线矩形框限定的,因此把实线矩形框称为有效成像区。

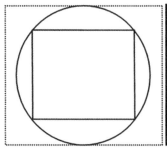

图 22 - 1　视场角示意图

照相物镜的上述三个光学性能参数的关系是相互关联、相互制约。这三个参数共同决定了照相物镜的光学性能。经验证明,企图同时提高这三个参数是困难的,甚至是不可能的。只能根据不同的使用要求,在侧重提高一个参数指标的同时,相应地降低其余两个参数的指标。比如,长焦距物镜的相对孔径和视场角均不能太大;而广角物镜的相对孔径和焦距也不能太大。这三个光学性能参数之间的关系用经验公式可求得

$$\frac{D}{f'} \cdot \tan\omega \cdot \sqrt{f'} = C_m \qquad (22-12)$$

对于大多数照相物镜来说,C_m 差不多是个常数,约为 2.4。

$$f' \cdot \frac{D}{f'} \cdot \tan\omega = 2h\tan\omega = 2J \qquad (22-13)$$

在式(22-13)中,h 为入瞳半径;J 为拉赫不变量,它可以表征一个物镜总的性能指标。对于同一种结构类型,如果相对孔径和视场不变,增加系统的焦距,相当于把整个系统按比例放大了,显然,系统的剩余像差也将按比例增加。为了保证成像质量,减小剩余像差,只能减小系统的相对孔径或视场。

22.2　照相物镜的像差校正要求

与目视光学系统相比,照相物镜同时具有大相对孔径和大视场,因此,为了使整个像面都能得到清晰的、并与物平面相似的像,需要校正所有初级像差。但是并不要求这些像差都校正得与目视光学系统一样完善。这主要是由于照相物镜的接收器,无论是感光底片、CCD 还是摄像管,它们的分辨率都不高。由于接收器的这种特性决定了照相物镜是大像差系统,波像差在 $2\lambda \sim 10\lambda$ 之间仍然有比较好的成像质量。当然,这是对大多数照相物镜而言的,如果以超微粒感光底片为接收器的微缩物镜和制版物镜,则要求它们的像差校正应与目视光学系统一样完善。

照相物镜的分辨率是相对孔径和像差残余量的综合反映。在相对孔径确定后,制定一个既能满足使用要求,又易于实现的像差最佳校正方案,则是非常必要的。为此,首先必须有一个正确的像质评价方法。在像差校正过程中,为方便起见,往往采用弥散圆半径来衡量像差的大小,最终则以光学传递函数对成像质量作出评价。

我们把照相物镜的像差校正分为三个阶段来进行。

22.2.1　第一个阶段:校正"基本像差"

在照相物镜设计中所谓"基本像差"一般是指那些全视场和全孔径的像差,如:

(1)轴上点孔径边缘光线的球差和正弦差。

(2)边缘视场像点的细光束子午场曲和弧矢场曲。

(3)轴上点的轴向色差和全视场的垂轴色差。在照相物镜中一般对 g 光(435.83 nm)和 C 光(656.28 nm)消色差,而不像目视光学仪器那样对 F 光(486.13 nm)和 C 光消色差。这主要是因为感光材料对短波比人眼对短波更敏感。

(4)畸变只对摄影测量等特殊用途的物镜才作为基本像差在一开始时就加以校正,对于一般情况下使用的照相物镜在设计之初不必加以校正。

22.2.2 第二个阶段:校正剩余像差(高级像差)

在完成参加第一阶段校正的基础上,全面分析系统像差的校正情况,查找出最重要的高级像差作为第二阶段的校正对象。值得注意的是:在第一阶段中已经加以校正的像差在第二阶段必须继续校正。对剩余像差(高级像差)的校正可采取逐步收缩公差的方式进行,使其校正得尽可能小。在校正过程中,我们也会发现某些本来不大的高级像差可能会增大起来,这时必须把它们也加以校正,或者在无法同时校正的情况下采取某种折中方案,使各种高级像差得到兼顾。如果系统无法使得各种高级像差校正到允许的公差范围之内,只能舍弃所选的原始系统,重新选择一个高级像差较小的原始系统。

22.2.3 第三个阶段:像差平衡

在完成了第二校正阶段后,各种高级像差已满足要求。根据系统在整个视场和整个光束孔径内像差的分布规律,改变基本像差的目标值,重新进行基本像差的校正,使得整个视场和整个光束孔径内获得尽可能好的成像质量,这就是"像差平衡"。

对大多数照相物镜来说,一般允许视场边缘像点的像差比中心的像差适当加大,同时允许子午光束的宽度小于轴上像点的光束宽度,即允许视场边缘存在渐晕。因此在此阶段可以把轴外光束在子午方向上截去一部分像差过大的光线,即使得这些会产生大像差的光线不能通过光线系统到达像面并成像,这就是"渐晕"。

下面讨论照相物镜像差的公差限定问题。

1. 轴上球差的公差

目视光学系统球差的公差通常以波像差小于 $\lambda/4$ 为公差标准。而对照相物镜来说,其波像差小于 $\lambda/2$ 即可视为像质优良,因此常把波像差小于 $\lambda/2$ 作为照相物镜轴上球差的公差标准。

2. 轴外单色像差的公差

正如图 22 - 1 所示,照相幅面一般为长方形或正方形。照相物镜的视场一般按对角线视场来计算,图中的圆形相当于 0.707 视场,整个画面的绝大多数面积被包含在 0.707 视场的圆内。因此评价照相物镜的轴外像差主要是在 0.707 视场内,而 0.707 视场以外的视场成像质量允许略有下降。评价照相物镜的轴外像差时,一般直接根据子午和弧矢垂轴像差曲线对轴外点进行综合评价。前文已经给出了轴上点球差的公差标准,在评价轴外点的像差时,首先要画出轴上点和轴外点的子午和弧矢垂轴像差曲线,再把轴上点的垂轴像差作为评价轴外点垂轴像差的标准,而且重点是考查 0.707 视场以内的像差。

注意:对垂轴像差曲线一般应从两个方面来考查。一方面是看其最大值,它代表了最大弥散范围;另一方面是看光能是否集中,如果大部分光线的像差比较小,光能也比较集中,即使有少量光线的像差比较大,也是允许的。当然,轴外像点的像差不可能校正得和轴上像点的像差一样好,只要整个光束中有 85% 左右的光线的像差和轴上点的相当,就可以视为是较好的设计结果了。

在 ZEMAX 中,某光学系统的"Spot Diagram"图如图 22 - 2 所示。

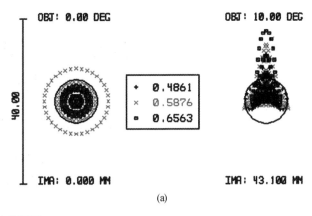

(a)

```
DOUBLE GAUSS
FRI FEB 1 2013   UNITS ARE MICRONS.
FIELD     :        1        2
RMS RADIUS :     3.418    4.880
GEO RADIUS :     7.945   16.989
AIRY DIAM :  10.53              REFERENCE  : CHIEF RAY
```

(b)

图 22 - 2　某光学系统的"Spot Diagram"图

(a)中央区域显示的图样;(b)左下角区域显示的信息

下面对图 22 - 2 进行说明。

DOUBLE GAUSS	% 双高斯,光学系统的名称
FRI FEB 1 2013	% 2013 年 2 月 1 日,星期五
	(这是设计者显示"Spot Diagram"图的时间)
UNITS ARE MICRONS	% 单位是毫米
FIELD:　　　1　　2	% 表示有两个视场
RMS RADIUS:3.418　4.880	% 表示弥散斑的均方根半径值
GEO RADIUS:7.945　16.989	% 表示弥散斑的几何半径
ARIY DIAM:10.53	% 表示衍射中央亮斑(艾里斑)的直径
REFERENCE:CHIEF RAY	% 表示参考光线是主光线

从图 22 - 2 中可以看到,虽然艾里斑(在图中是黑色圆形)并没有包含所有的弥散点,且有些光线的像差较大(左图说明球差较大,右图说明彗差较大),但整个弥散斑有 80% 左右的弥散点在艾里斑圆圈内,就可以视为是较好的设计结果了。

3. 色球差的公差

照相物镜一般会把轴上点指定孔径光线的色差校正得较好,如 0.707 孔径的光线,但是色球差是不可能完全校正的。而且在不同类型的物镜中差别也很大,比如在双高斯物镜中色球差很小,而在反摄远物镜中色球差却比较大。由色球差形成的近轴和边缘色差最好不超过边缘球差 $\delta L'_m$ 的公差标准。

4. 垂轴色差的公差

垂轴色差对成像质量的影响也较大,应尽可能严格校正,一般要求在 0.707 视场内的垂轴色差不能超过 0.01,边缘的垂轴色差不能超过 0.02。如果色差较大就会出现图 22 - 3 的现象——紫边。

5.畸变的公差

一般照相物镜要求相对畸变量小于 2% ~ 3%。在 ZEMAX 软件中,有两个地方可以考察畸变。

第一处的考察路径是 "Analysis → Miscellaneous→Field Curv/Dist"。在图 16 - 2 中,右侧图形就是畸变曲线图。对图 16 - 2 的右图而言,横坐标为相对畸变的百分比,横坐标就好比一把量尺,用来测量相对畸变的大小。如果说从图形中无法准确读得数值,我们可以选择

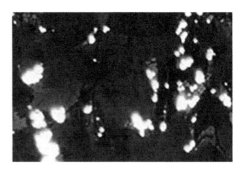

图 22 - 3　色差——紫边示意图

"Field Curv/Dist"图形窗口中的"Text"菜单后可打开一个文本窗口,在该文本窗口中可以查找到畸变(Distortion)的数据信息。

第二处的考察路径是"Analysis→Miscellaneous→Grid Distortion"。在"Grid Distortion"图形窗口中的左下角可以查找到"MAXIMUM　DISTORTION:",该数据有正有负,如果为负号,则表示畸变为筒形畸变(也称为鼓形畸变),如图 22 - 4 所示;如果为正号,则表示畸变为枕形畸变(也称为马鞍形畸变),如图 22 - 5 所示(此为简化图)。

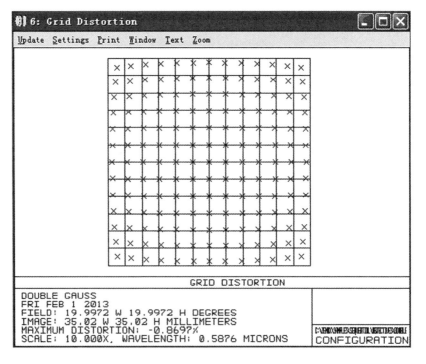

图 22 - 4　负畸变示意图

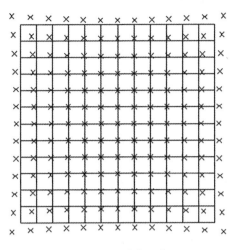

图 22 - 5　正畸变示意图

22.3　照相物镜的类型及优化方法

22.3.1　三片型物镜及其演化

三片型照相物镜的视场角 $2\omega = 40° \sim 50°$，相对孔径 $D/f' = 1/5 \sim 1/4$，是具有中等光学特性的照相物镜中结构最简单、成像质量较好的一种类型，该类型被广泛应用在比较廉价的 135# 和 120# 相机中，例如国产的海鸥、天鹅相机中。

三片型照相物镜在国外也称为"Cooke（音：库克）三片式镜头"。Cooke 物镜是 1893 年英国库克公司的光学设计师丹尼斯·泰洛设计的。丹尼斯·泰洛的基本设想是这样的：把同等度数的单凸透镜和单凹透镜紧靠一起，结果自然度数为零，像场弯曲也是零。但是镜头的像场弯曲和镜片之间的距离无关，因此把这两片原来紧靠一起的同等度数的单凸透镜和单凹透镜拉开距离，像场弯曲仍旧是零，但是总体度数不再是零，而是正数。这样不对称的镜头自然像差很大，于是把其中的单凸透镜一分为二，各安置在单凹透镜的前后一定距离处，形成大体对称式的设计，这就是 Cooke 三片型镜头。

Cooke 物镜的结构特点和像差校正介绍如下。

该物镜由三片透镜组成，共有八个变量，即六个曲率半径和两个间隔。在满足焦距要求后还有七个变量，这七个变量正好用来校正七种初级像差。为了校正 Ptzval 场曲（也称为匹兹万场曲），应该使正、负透镜分离。考虑到校正垂轴像差，即彗差、畸变和倍率色差的需要，应该把镜头做成对称式的，所以这三个镜片应该按照"正 - 负 - 正"的次序安排各组透镜，并且在负透镜附近设置孔径光阑，如图 22 - 6 所示。

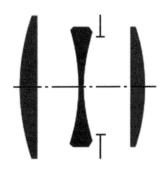

图 22 - 6　Cooke 物镜示意图

为了使设计过程简化,最好用对称的观点设计 Cooke 物镜。把中间的负透镜用一个平面分开,便可将整个系统视为两个半部结构,每个半部结构都是由一个正透镜和一个平凹透镜组成的。这个半部系统只有四个变量,即两个光焦度、一个弯曲和一个间隔。然而,必须在光焦度一定的条件下,同时校正四种初级像差,即球差、色差、像散和场曲。为了使方程有解,必须把玻璃材料的选择视为一个变量。

经验表明,负透镜的材料选用色散较大的火石玻璃时,各组透镜的光焦度都减小,会有利于轴上点和轴外点的校正,但是必须注意正、负透镜的玻璃匹配,否则透镜间的间隔加大了,轴外光束在透镜上的入射高度增大,会影响轴外像差的校正。

22.3.2 天塞物镜、海利亚物镜和松纳物镜的演化

照相物镜进一步复杂化的目的是或增大相对孔径,或提高边缘视场的成像质量。

天塞(Tessar)物镜和海利亚(Heliar)物镜都是 Cooke 物镜演化而来的。Cooke 物镜的剩余像差中以轴外正球差最严重,若把最后一片正透镜改为双胶合透镜组,就构成了天塞物镜,如图 22 - 7 所示。该镜头可适当增加视场,常见的技术指标:相对孔径 $D/f' = 1/3.5 \sim 1/2.8$,视场角 $2\omega = 55°$。该镜头已被广泛应用到海鸥、长城和西湖等相机中。

如果把 Cooke 物镜中的正透镜全部变为胶合透镜组,就构成了海利亚物镜,如图 22 - 8 所示。海利亚物镜的轴外成像质量得到了进一步改善,它更适合视场较大的场合,常用来进行航空摄影。

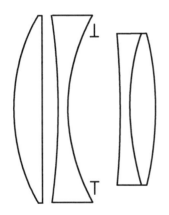

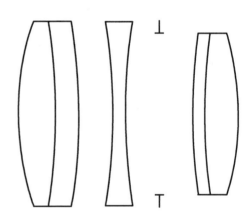

图 22 - 7 天塞(Tessar)物镜示意图　　　图 22 - 8 海利亚(Heliar)物镜示意图

松纳(Sonnar)物镜也可以认为是在 Cooke 物镜的基础上演化而来的,它是一种大孔径和小视场的照相物镜。在 Cooke 物镜前面的(左侧的)两块透镜中间引入一块厚弯月型正透镜,如图 22 - 9 所示,光束在进入负透镜之前就得到了收敛,这样就减轻了负透镜的负担,减小了高级像差,增大了相对孔径。但是由于引入了一个正透镜,场曲(S_{IV})变大了,并且破坏了系统结构的对称性,这使得垂轴像差的校正变得非常困难。

经验表明,松纳物镜的轴外像差随视场的增大急剧增大,尤其是色彗差的校正变得极为严重,于是松纳物镜不得不降低使用要求,该物镜所适用的视场为 $2\omega = 20° \sim 30°$。

22.3.3　双高斯型物镜及其演化

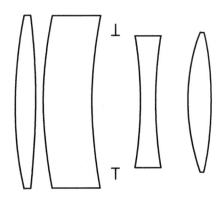

双高斯型(Double Gauss)物镜是一种中等视场大孔径的摄影物镜,它的常见光学性能指标: $2\omega = 40°, D/f' = 1/2$。双高斯物镜是以厚透镜校正匹兹万场曲的光学系统,如图 22 − 10 所示。

由于双高斯物镜是个对称但非完全对称的系统,垂轴像差比较容易校正。这是因为前半部结构的垂轴像差和后半部结构的垂轴像差的正负号恰好相反,整个系统的垂轴像差叠加在一起后会相互抵消,残留的垂轴像差也会很小。

图 22 − 9　松纳(Sonnar)物镜示意图

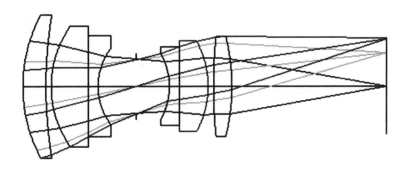

图 22 − 10　双高斯型(Double Gauss)物镜示意图

经验表明,在设计这种类型的光学系统时,只需要考虑球差、色差、场曲和像散的校正问题。在双高斯物镜中,依靠厚透镜的结构变化可以校正场曲 S_{IV};利用薄透镜的弯曲可以校正球差 S_{I};改变两块厚透镜间的距离可以校正像散 S_{III};在厚透镜中引入一个胶合面可以校正色差 C_{I}。

双高斯物镜的半部结构是由厚透镜演变而来的,该厚透镜的特点:弯月形,两个球面的半径相同,已经校正了匹兹万场曲。演化后的结构特点:一个两球面半径不等的厚透镜和一个正光焦度的薄透镜组成了双高斯物镜的半部结构。这个半部系统在接收无限远物体的光线时,可用薄透镜的弯曲来校正球差。由于从厚透镜射出的轴上光线近似地平行于光轴,所以薄透镜越向后弯曲,越接近于平凸透镜,其所产生的球差及高级像差越小。但是,该透镜上轴外光线的入射状态不好,随着透镜向后弯曲,轴外光线的入射角就会增大,于是产生了较大的像散。为了平衡像散 S_{III},需要把光阑尽量地靠近厚透镜,使光阑进一步偏离厚透镜前表面的球心,用该光学面上产生的正像散来平衡像散 S_{III}。与此同时,轴外光线在前表面上的入射角急剧增大,产生的轴外球差及其高级像差也会增加。从而引出了球差校正及其高级像差减小时,像散的高级像差和轴外球差增大的后果。相反,如果把光阑离开厚透镜,使之趋向于厚透镜前表面的球心,轴外光线的入射状态就能大大地好转,轴外球差就会很快地下降,此时厚透镜前表面产生的正像散会减小。为了平衡像散 S_{III},薄透镜应该向前弯曲,这样一来,球差及其高级像差就会增大。

上述分析表明,进一步提高双高斯物镜的光学性能指标,将受到一对矛盾的限制,即球

差和像散的矛盾。解决这对矛盾的方法如下:

其一,选用高折射率低色散的玻璃作为正透镜,使它的球面半径加大;

其二,把薄透镜分成两个镜片,使得每个镜片负担的光焦度减小,同时使薄透镜的半径加大;

其三,在两个半部系统中间引进无光焦度的校正板,使它产生畸变 S_V 和像散 S_{III},实现加大中间间隔的目的,确保轴外光束可以有更好的入射状态。这种方法可使得视场角的大小增大到 $2\omega = 50° \sim 60°$。

22.3.4　广角物镜及其演化

1. 托卜岗(Topogonlens)照相物镜

如图 22 – 11 所示,该物镜是一种较早使用的广角物镜,其视场角可达到 $2\omega = 90°$,相对孔径为 1:6.5,主要用于大幅面的航空摄影的相机上。它的复杂化目的是为了减小剩余畸变,或增大相对孔径,可达到 1:5.6。

2. 鲁沙(Pyccap)照相物镜

如图 22 – 12 所示,该物镜的视场角可达 $2\omega = 50° \sim 60°$,相对孔径可达 1:8,主要用于航测相机中。它的进一步复杂化的目的:其一是增大相对孔径,但视场角会有所降低;其二是更好地校正像差,以获得更高的成像质量。

3. 达哥(Dagor)照相物镜

如图 22 – 13(a)所示,该物镜是一种视场稍大($2\omega = 60°$),但相对孔径较小(1:8)的物镜。把中间两个胶合面修改为分离的曲面,如图 22 – 13(b)所示,可提高光学性能,视场角可提高到 $2\omega = 70°$,相对孔径可提高到 1:4.5。

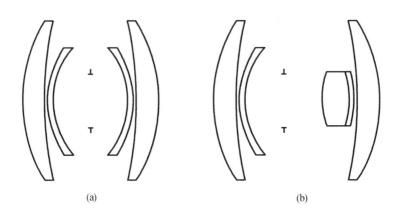

(a)　　　　　　　　　　　　　　(b)

图 22 – 11　托卜岗(Topogonlens)照相物镜示意图

4. 鱼眼镜头

"鱼眼镜头"是一种超广角镜头的俗称。以 135 mm 单反相机镜头为例,鱼眼镜头是一种焦距范围一般为 6～16 mm,并且视角在 180°左右的短焦距、超广角摄影镜头。为了让镜头达到最大的摄影视角,这种摄影镜头的前镜片直径很短,且呈抛物状向镜头前部凸出,因为和鱼的眼睛很相似,因此才有了"鱼眼镜头"的说法。

　　鱼眼镜头的视觉效果：由于其特点是视角很大，多在 180°以上，有些甚至达到 230°，而且桶形弯曲畸变很大，画面边缘的直线都被弯曲，只有通过中心部分的直线能够保持原来的直线状态。

　　鱼眼镜头又可以分成两种：全圆形和全幅面。

　　全圆形鱼眼镜头的视角达到 180°以上，在画面上只能看到圆形部分，这种镜头将画面的四角全遮挡住了。这类镜头的外形特征是镜头前端第一片透镜很大，向前明显凸出来。

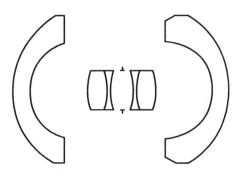

图 22 - 12　鲁沙（Pyccap）照相物镜示意图

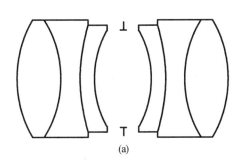

(a)

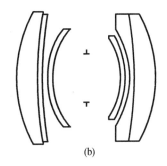

(b)

图 22 - 13　达哥（Dagor）照相物镜示意图

　　当把全圆形鱼眼镜头举到齐眼的高度并向正前方拍摄时，这只镜头会拍摄下你面前半球形空间内的一切，甚至包括你自己的鞋子。这种影像通常会在画幅内形成一个圆形，而并不是充满矩形画幅，如图 22 - 14 所示。显然，鱼眼镜头是一种特殊效果镜头，其失真度极大，透视线条沿各个方向从中心向外辐射，画面内除通过中心的直线仍保持平直外，其他部分的直线十分弯曲。

　　全幅面鱼眼镜头也叫"对角线鱼眼镜头"，其特点是整个画面并不出现遮角现象，是完整的 24 mm×36 mm 画幅，但画面的几何图形仍具有集中于画面中部的鱼眼视觉效果。代表镜头有尼康 AF16/2.8D 鱼眼镜头。

　　鱼眼镜头常用在门上以观看室外的景象。拍摄时，会出现"近大远小"的丑化效果。

22.3.5　摄远型与反摄远型物镜及其演化

　　为了适应远距离摄影的需要，往往要求物镜具有较长的焦距，如高空航拍相机的焦距可达 3 m，以确保远处的物体在像面上有较大的像。然而，由于系统的焦距很长，这就使得系统的结构必然会很庞大，这不利于航拍使用或在卫星上使用。因此，设计很长焦距的光学系统面临的第一个主要问题就是如何有效地缩短镜筒长度，缩小系统体积。随着焦距的增大，物镜的球差和二级光谱都会大大增大。因此，设计很长焦距的光学系统面临的第一个主要问题就是选用特殊的玻璃材料，或晶体材料，或特殊的结构类型以校正二级光谱。

　　一点经验：负透镜可选用低折射率和低色散的玻璃或晶体，如特种火石玻璃、氟化钙

图 22 – 14　鱼眼镜头及其拍摄效果示意图

(因在自然条件下会发出荧光而俗称萤石,有低毒性)等;为避免色差和二级光谱的产生,还可以采用反射系统类型。摄远型和反摄远型物镜的特点比较,如表 22 – 1 所示。

表 22 – 1　摄远型与反摄远型物镜的比较

项目	摄远型物镜	反摄远型物镜
前组	光焦度为正;承担了较大的光焦度	光焦度为负
后组	光焦度为负;承担了较小的光焦度	光焦度为正
特点	透镜组的长度 L 可缩减到焦距 f' 的 2/3 左右;前组比后组结构复杂;常用双胶合组或双分离镜组,并使负镜组弯向光阑,这样有利于像差的校正	后工作距离比一般的物镜长得多
视场	20°	80°
相对孔径	1:8	1:2

表 22 −1（续）

项目	摄远型物镜	反摄远型物镜
演化改进	用两个分离的薄透镜代替双胶合后组,可校正畸变,使得全视场达到 30°;当相对孔径要求较大时,前组宜选用三片或四片透镜	将双胶合紧贴型修改为间隙型,可利用空气间隙多产生两个参量,即一个曲率半径和一个很小的间距,可校正大视场的像差
典型图样	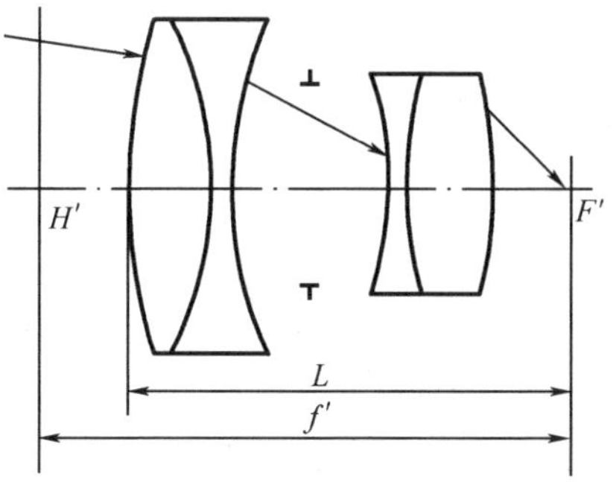 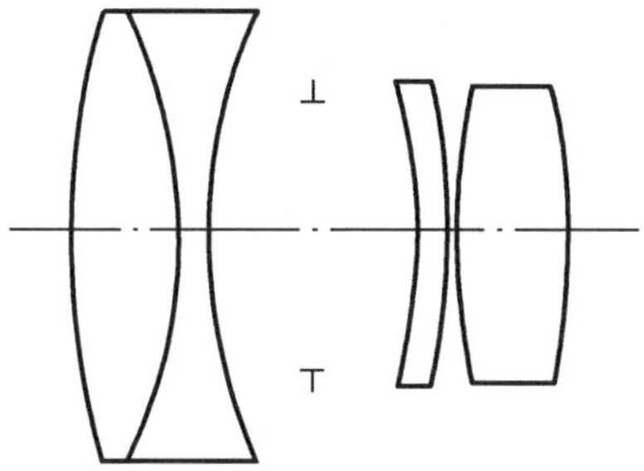	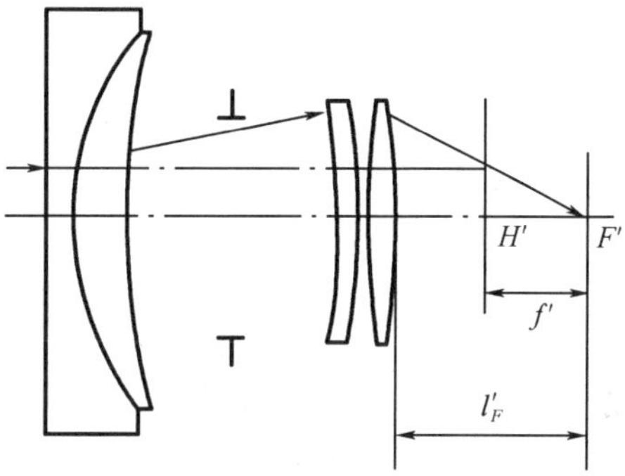
优化建议	采用非球面元件、衍射元件来校正像差*	

注:* 韩莹,王肇圻,杨新军,等. 8 ~12 μm 波段折/衍混合反摄远系统消热差设计[J]. 光子学报,2007, 36(1): 77 −80.

22.3.6 折反射照相物镜及其演化

对于照相物镜来说,折反射式系统主要用在长焦距系统中。其目的是利用反射镜折叠光路,或者是为了减小系统的二级光谱色差。目前在折反射照相物镜中,使用较多的是类似图 22 −15 所示的系统。在该系统中前部的校正透镜的结构决定了它的相对孔径值。一般在离最后像面不是很远的会聚光束中,还要加入一组校正透镜,以校正系统的轴外像差,增大系统的视场。

这类系统普遍存在的问题是:由于像面和主反射镜接近,因此主反射镜上的开孔要略大于幅面的对角线。增加系统的视场必须扩大开孔大小,这样就增加了中心遮光比(即中心遮光部分的直径和最大通光直径之间的比值),所以在这类系统中,幅面一般只有反射镜直径的 1/3 左右,中心遮光比通常大于 50%。此外,在这类系统中,为了防止外界景物的光线不经过主反射镜而直接到像面,往往需要设置遮光罩,如图 22 −16 所示。

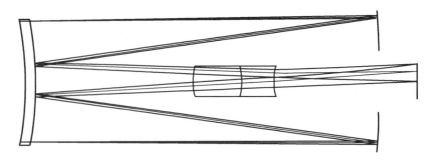

图 22 – 15　折反射照相物镜示意图

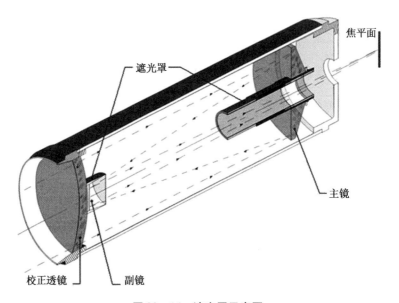

图 22 – 16　遮光罩示意图

　　折反射式光学系统的视场角往往比较小,为了扩大视场,除了要增加主反射镜的中心开孔以外,还要增加中心遮光罩(筒)的长度,这样会使得中心遮光比增加,而且会使得倾斜光束的渐晕严重。在计算系统的外形尺寸时必须考虑到这些因素,否则会由于杂光遮挡效果不好而造成系统根本无法使用。即使光线不能直接到达像面,通过镜筒内壁反射的杂光也会比一般透射式光学系统严重。因此,在这种光学系统中镜筒内壁的消光问题也应该受到特别重视。

　　为了解决折反射式光学系统的光线遮挡问题,第一种方法是建议采用两次成像的原理构成折反射式光学系统,即景物先经过前部校正透镜、主镜、副镜成一次中间像,该中间像再经过后部校正透镜成二次像,并被 CCD 接收器接收到,如图 22 – 17 所示。第二种方法是建议采用离轴(折)反射式光学系统,其中折射透镜组的主要作用是校正像差(值得一提的是,反射式光学系统不产生色差和二级光谱),如图 22 – 18 所示。

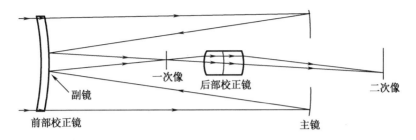

图 22 – 17　利用两次成像原理的折反射式光学系统示意图

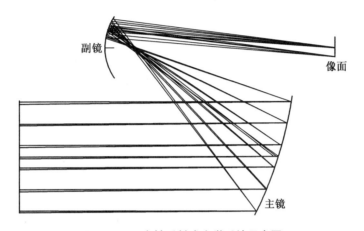

图 22 – 18　离轴反射式光学系统示意图

22.3.7　变焦距照相物镜及其演化

变焦距照相物镜是一种利用系统中某些镜组的相对位置移动来连续改变焦距的物镜,特别适宜于电影或电视摄影,能达到良好的艺术效果。

变焦距照相物镜在变焦过程中需满足三个条件:其一是像面位置不变(或变化不大);其二是相对孔径不变(或变化不大);其三是必须使得各挡焦距均有满足要求的成像质量。

光学镜头变焦距或变倍率的原理基于成像的一个简单性质——物像交换原则,透镜要满足一定的共轭距可有两个位置,这两个位置的放大率分别为 β 和 $1/\beta$,很显然这两个位置的放大率的乘积为1,且一个成放大的像,另一个成缩小的像。

如果物面位置一定,当透镜从一个位置向另一个位置移动时,由于物距发生了变化,因此像距也会发生变化,即像面位置也将要发生移动,这就造成了成像模糊的现象。在变焦距的过程中,如果采取补偿措施确保像面位置不变,这就构成了一个变焦距光学系统,如图 22 – 19 所示。

变焦距光学系统有光学补偿和机械补偿两种:其一是"前后固定组 + 双组联动 + 中间固定组"构成的光学补偿变焦距系统,使像面位置的变化量大为减小;其二是"前固定组 + 线性运动的变倍组 + 非线性运动的补偿组 + 后固定组"构成的机械补偿变焦距系统,各运动组的运动必须由精密的机构来控制。

实际的变焦距物镜,为了满足各焦距的成像质量要求,根据变焦比的大小,应该对多个焦距校正好像差,所以各镜组都需要由多片透镜组成,结构变得相当复杂。目前,由于光学

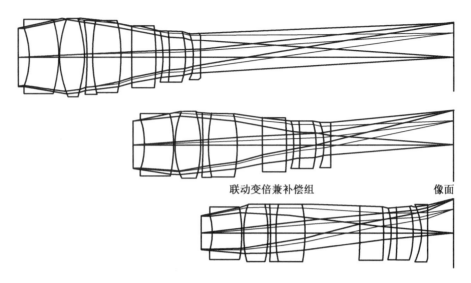

图 22 - 19 变焦距光学系统示意图

设计工具的改善和水平的提高、光学玻璃的创新发展、光学塑料及非球面加工工艺的创新发展,变焦距物镜的成像质量已经可以与定焦距物镜的成像质量相媲美。目前,照相机中或摄像机中多采用二组元、三组元、四组元的全动型变焦距的光学系统。

目前,变焦距物镜的种类主要有三类:"负 - 负"型、"负 - 正"型和"正 - 负 - 正"型。鉴于本书主要是面向光学设计的初学者编写的,又因作者的光学设计技能有限,因此建议对变焦距镜头设计十分感兴趣的读者自行查找相关文献学习。

为了帮助各位读者熟悉和掌握如何使用 ZEMAX 软件进行光学系统的设计,在第 21 章中给出了一些设计实例,这些设计实例都是在作者多年的教学过程中使用的,希望能对您有所帮助。如果需要设计案例的源文件,请联系作者索要。

第 23 章 望远物镜设计的优化方法

鉴于照相物镜中有长焦距物镜的类型,而望远物镜自然也是长焦距物镜的类型,两者有相似之处,因此本章主要介绍望远物镜设计的优化方法。

23.1 望远镜系统的特性参数

望远镜系统一般由物镜、转像系统(透镜式和棱镜式)及目镜构成,是用来观察远距离目标的一种目视光学系统。由于通过望远镜系统所成的像对眼睛的张角大于物体本身对眼睛的直视张角,因此会给人一种"好像远处的物体被拉近了"的感觉。

望远镜系统是一个将无限远物体成像在无限远的无焦系统。换言之,对望远镜系统而言,入射光束是平行光(物距视为无穷远),出射光也是平行光(相距为无穷远),但是物镜的像方焦平面与目镜的物方焦平面重合,如图 23 – 1 所示。

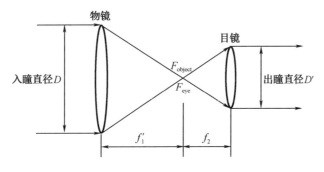

图 23 – 1 望远镜系统示意图

为什么要求望远镜系统的出射光束为平行光束呢? 很多读者在学习应用光学时,常常不是很明白。这个问题的答案其实很简单。望远镜系统是一种目视光学系统,它满足目视光学系统的两个最基本的要求:其一是该目视光学系统能够扩大视角(须大于目标对人眼的直视张角);其二是出射光束为平行光束(说到底这是由人的眼睛的结构决定的,即平行光入射进人眼中后,像面刚好位于视网膜上;如果进入人眼的光束不是平行光,那么像面自然不在视网膜上,这时需要人眼通过肌肉调节来确保像面在视网膜上,因此长时间使用该目视光学系统时人眼会比较疲劳、痛苦,所以要求目视光学系统的出射光束为平行光束)。

在图 23 – 1 中,物镜框常被当作孔径光阑,也就是入射光瞳。出射光瞳常位于目镜像方焦点的右侧,观察者可在出射光瞳处或附近观察无穷远处目标的像。而系统的视场光阑常设置在物镜的像方焦平面上,即物镜和目镜的公共焦平面上。而入射窗和出射窗分别位于系统的物方和像方的无穷远,各自与物平面和像平面相互重合。

设 f_1' 和 f_2' 分别为物镜和目镜的像方焦距,则

望远镜系统的垂轴放大率为

$$\beta = -\frac{f'_2}{f'_1} \tag{23-1}$$

望远镜系统的角放大率为

$$\gamma = -\frac{f'_1}{f'_2} = \frac{1}{\beta} \tag{23-2}$$

望远镜系统的轴向放大率为

$$\alpha = \left(\frac{f'_2}{f'_1}\right)^2 \tag{23-3}$$

设人眼通过望远镜观察物体时,物体的像对人眼的张角为 ω',正常视力的人眼不通过任何目视光学系统(如眼镜)观察物体时,物体对人眼的张角为 ω,则

望远镜的目视放大率为

$$\Gamma = \frac{\tan \omega'}{\tan \omega} \tag{23-4}$$

按角放大率的定义得

$$\gamma = \frac{\tan \omega'}{\tan \omega} = \Gamma \tag{23-5}$$

设入瞳直径为 D,出瞳直径为 D',如图 23-1 所示,则

望远镜的目视放大率的测量公式为

$$\Gamma = -\frac{D}{D'} \tag{23-6}$$

在望远镜的前面垂直光轴放置一个标准尺,如选择 10 mm 为物高 D,在望远镜的出瞳位置测量出对应的像高大小 D',根据式(23-6)就可测量出望远镜的目视放大率了。负号表示系统成倒立的像。

综上可得

$$\Gamma = \gamma = \frac{1}{\beta} = -\frac{D}{D'} = -\frac{f'_1}{f'_2} \tag{23-7}$$

由式(23-7)可知,欲增大系统的目视放大率,即 $|\Gamma| > 1$,必须满足

$$|f'_1| > |f'_2| \tag{23-8}$$

根据经验,望远镜应该具备的最小目视放大率(也称正常放大率,它相当于出射光瞳直径为 2.3 mm 时望远镜所具有的目视放大率)为

$$|\Gamma| \geqslant \frac{D}{2.3} \tag{23-9}$$

注意:业界还有一个放大率,叫"工作放大率"。引入原因是由于人眼的分辨极限角是 $60''$,因此如果按正常放大率设计望远镜,必须在观察时注意力十分集中。为了减轻观察者的眼睛疲劳,在设计望远镜时,建议采用一个 1.5 ~ 2 倍的正常放大率的值,即"工作放大率"作为望远镜的目视放大率,以确保望远镜所能分别的极限角以大于 $60''$ 的视角成像在眼前。

望远镜压线、单线瞄准方式的瞄准精度为

$$\Delta\alpha = \frac{60''}{|\Gamma|} \tag{23-10}$$

望远镜双线、叉线、对线瞄准方式的瞄准精度为

$$\Delta\alpha = \frac{10''}{|\Gamma|} \tag{23-11}$$

根据式(23-7)可得

$$\begin{cases} 物镜焦距 & f_1' = |\Gamma| f_2' \\ 入瞳直径 & D = |\Gamma| D' \end{cases} \tag{23-12}$$

由式(23-12)可知,当望远镜系统的目视放大率的数值越大时(目镜先选定后,其焦距也确定了),物镜焦距就会越大,且入瞳直径也会越大。这就导致望远镜系统的体积和质量越大,这是军用仪器、航天航空仪器增大目视放大率的障碍。考虑到大气抖动现象的影响,一般望远镜系统的目视放大率小于 30 倍,尤其是处于震动状态使用的望远镜,其目视放大率更小。

23.2　望远物镜设计的特点

望远物镜设计特点一:相对孔径较小,一般小于 1/6。

由于在望远镜系统中,入射的平行光束经过系统后仍为平行光束,因此物镜的相对孔径(D/f_1')和目镜的相对孔径(D'/f_2')相等。而目镜的相对孔径主要由出瞳直径 D'(目前大多数观察望远镜的出瞳直径 D' 为 4 mm 左右)和出瞳距离 l_z'(一般要求设计为 20 mm 左右)决定,为了保证出瞳距离,目镜的焦距 f_2' 一般不能小于 25 mm,因此目镜的相对孔径为 $\frac{D'}{f_2'} = \frac{4}{25} < \frac{1}{6}$,即望远物镜的相对孔径小于 1/6。

望远物镜设计特点二:视场角较小,一般小于 10°。

根据式(23-4)可得 $\tan\omega = \dfrac{\tan\omega'}{\Gamma}$。鉴于目前常用的目镜的视场角大多小于 70°,对于手持式 8 倍望远镜而言,望远物镜的视场角 $2\omega < 10°$。

望远物镜设计特点三:要求校正的像差少。

由于望远物镜的相对孔径和视场都比较小,因此它的结构类型相对其他类型的光学镜头来说比较简单,要求校正的像差也比较少,一般主要校正的像差有:轴向边缘球差 $\delta L_m'$、轴向色差 $\delta L_{FC}'$ 和边缘孔径的正弦差 SC_m'(正弦差也称相对彗差),而不需要特意校正像散 x_{ts}'、场曲、畸变 $\delta y_z'$ 和垂轴色差 $\delta y_{FC}'$ 等。此外,由于望远物镜需要和目镜、转像系统组合在一起后使用,所以在设计望远物镜时,应该考虑望远物镜与其他部门的像差补偿关系,即望远物镜需要校正的像差常常不是要求校正到零,而是根据像差补偿的原理校正到一定的数值。

棱镜的像差一般需要物镜的像差来补偿。棱镜中的反射面并不产生像差,棱镜的像差等于展开以后的玻璃平板的像差。又由于玻璃平板的像差和它的位置无关,因此不论物镜光路中有几块棱镜,也不论它的相对位置如何,只要它们所用的玻璃材料相同,就可以合成为一块玻璃平板来计算像差。

如果在望远系统中装有分划镜,则要求通过望远系统能够看清目标和分划镜上的分划线,因此分划镜前后两部分光学系统应该尽可能分别消除像差。

值得注意的是:由于望远镜是目视光学系统,所以在设计时一般要求对 F 光(486.13 nm)和 C 光(656.28 nm)计算和校正轴向色差,并要求对 d 光(589.30 nm)校正单色像差,如球

差等。

对于长焦距系统来说,一般要求校正二级光谱色差(有时简称二级光谱)。对于大多数光学设计者来说,二级光谱色差是比较难以校正的,属于高级像差。首先解释一下何谓"二级光谱"。前文中,我们介绍到采用 F 光和 C 光的像点位置之差表示光学系统的色差。当 F 光和 C 光校正了色差以后,F 光和 C 光的像点便相互重合在一起(称为 F 光和 C 光消色差),该公共像点记作 A'_{FC}。但是其他颜色的光线(如 d 光)的像点 A'_d 并不与 A'_{FC} 重合,因此系统中依然有色差存在,这样的色差称为二级光谱色差,用 A'_{FC} 与 A'_d 之间的位置之差 $\Delta L'_{FCd}$ 表示,计算公式为

$$\Delta L'_{FCd} = \frac{\delta L'_F - \delta L'_C}{2} - \delta L'_d \qquad (23-13)$$

在式(23-13)中,$\delta L'_F$,$\delta L'_C$ 和 $\delta L'_d$ 分别表示在同一个入射孔径高度 h 时的轴向球差值。

二级光谱色差产生的主要原因是冕牌玻璃和火石玻璃的折射率随着波长的变化规律不一致。下面以双胶合物镜(BAK7 + ZF2)为例来进行说明。

$$\text{BAK7}: \frac{n_F - n_d}{n_F - n_C} = 0.7064 \qquad \text{ZF2}: \frac{n_F - n_d}{n_F - n_C} = 0.7174$$

很显然,0.7064 与 0.7174 不相等,这就意味着两种玻璃的相对色散 $\frac{n_F - n_d}{n_F - n_C}$ 不同。如果想要消除二级光谱色差就必须使得两种玻璃的相对色散值相等。但是玻璃的相对色散值与阿贝数 V_d 近似成比例,因此,当相对色散相等时,阿贝数 V_d 也近似相等。而前文已经说过,两种阿贝数 V_d 相同的玻璃是不能消色差的,如果想消色差就必须使得两块玻璃的阿贝数 V_d 相差越多越好。换言之,想消初级色差就要选阿贝数 V_d 相差较大的两种(折射率 n 不同)玻璃;想消二级光谱色差就要选阿贝数 V_d 相同的两种玻璃。很显然这是一对矛盾,因此任何光学系统都无法根除二级光谱色差。对于二级光谱色差要求不高的光学系统,在设计时只要使其被控制在合理的公差范围内就可以了。而对于二级光谱色差要求不高的光学系统,如高倍率望远镜或复消色差显微镜而言,校正二级光谱色差的策略是选用阿贝数 V_d 差异较大,但相对色散值差异很小的特殊玻璃对,不过目前这类系统一般很昂贵。

二级光谱色差与焦距的比值近似为一个常数,焦距越大时色差越大,即

$$\Delta L'_{FCd} \approx \frac{f'}{2\,500} \quad (\text{焦距的单位:mm}) \qquad (23-14)$$

23.3　望远物镜的类型及优化方法

23.3.1　折射式物镜

1. 双胶合式物镜

双胶合式物镜是一种最常用的望远镜物镜,由一个正透镜和一个负透镜相互胶合而成,如图 23-2(a)所示。这种物镜的特点是结构简单、安装方便。由于望远物镜的相对孔径较小、视场也较小,所以如果能够恰当地选择玻璃组合,那么该物镜可以校正球差、彗差(前文提到的是正弦差,其实正弦差也称为相对彗差)和轴向色差。但是由于双胶合物镜不

能校正像散和场曲,所以其视场角一般不超过 10°。

考虑到双胶合物镜后面会有棱镜倒像系统,而棱镜的像散和物镜的像散符号恰好相反,因此棱镜的像散可以抵消一部分物镜的像散,这样的系统的视场可达到 15°~20°。

由于双胶合物镜无法控制孔径的高级球差,因此它的可用相对孔径也受限制。又考虑到如果透镜的直径过大时,胶合就会变得不牢固,同时当温度改变时,胶合面上可能产生内应力,并使得成像质量变差,甚至严重时胶合面可能脱胶分离。所以,对于直径过大的双胶合透镜组,往往并不进行胶合,而是在胶合面的中间用很薄的空气层隔开,空气层两边的曲率半径仍确保相等。这种有空气间隙层的物镜从像差性质来说实际上和双胶合物镜完全相同(见刘钧、高明编写的《光学设计》,国防工业出版社)。

2. 双分离式物镜

双分离式物镜同样也是由一块正透镜和一块负透镜组成的,但是这两个透镜中间有一个空气间隔,如图 23-2(b)所示。它和双胶合物镜相比较具有的优点是:

① 物镜的口径不受限制,换言之,大口径的物镜通常采用双分离式的,而不采用胶合式的。

② 能够利用空气间隔层来校正高级球差以增大相对孔径。在焦距为 100~150 mm 时,相对孔径可达 1:3~1:2.5。

它和双胶合物镜相比较具有的缺点是光能损失增加,安装调整较困难,两透镜的共轴性不易保证。

3. 双-单式物镜与单-双式物镜

如果想让设计的望远物镜的相对孔径大于 1/3,建议采用一个双胶合和一个单透镜组合的系统。根据单透镜的位置关系,分为两种:双-单式物镜,如图 23-2(c)所示;单-双式物镜,如图 23-2(d)所示。如果合理分配双胶合透镜和单透镜的光焦度,并合理选用双胶合玻璃材料,那么与孔径有关的高级球差和色球差都有可能比较小,相对孔径可达到 1:2。

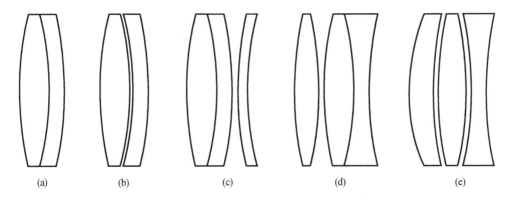

图 23-2　折射式物镜示意图

(a)双胶合式物镜;(b)双分离式物镜;(c)双-单式物镜;(d)单-双式物镜;(e)三分离式物镜

4.三分离式物镜

顾名思义,这种望远物镜由三个单透镜构成,如图 23 - 2(e)所示。它与 Cooke 三片式镜头的区别就在于这种望远物镜的三个镜片之间的距离不如 Cooke 镜头大。这种类型的望远物镜能很好地校正高级球差和色球差,因此其相对孔径可达到 1∶2。其缺点是,装配调整较为困难,各元件的共轴性难以保障,光能损失和杂光影响会随着光学面数的增加而增大。

5.对称式物镜

对于焦距比较短但视场比较大(30° > 2ω > 20°)的望远物镜,建议采用两个双胶合组合而成,如图 23 - 3 所示,其中(a)代表的物镜可以增加相对孔径到 1∶3 ~ 1∶2.5;(b)代表的物镜可以使视场增加到 30°。

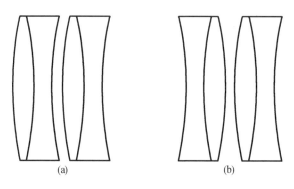

(a)   (b)

图 23 - 3   对称式物镜示意图

6.摄远式物镜

该物镜由一个正透镜组和一个负透镜组构成,换言之,前组的光焦度为正,后组的光焦度为负,如图 23 - 4 所示。

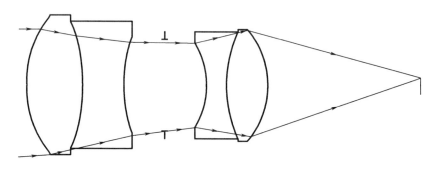

图 23 - 4   摄远式物镜示意图

摄远式望远物镜的特点如下:

其一,系统的总长度(如图 23 - 4 所示,从最左侧光学表面的顶点算起到像面的距离)小于焦距,一般可达到焦距的 3/4 ~ 2/3;

其二,因为具备正透镜组和负透镜组,能校正球差和彗差、场曲以及像散,所以它的视场角可达 15° ~ 20°。

其三,系统的相对孔径比较小。如果前组选用双胶合结构,则系统的相对孔径一般可达 1∶8 左右;如果前组选用双分离式结构,则系统的相对孔径一般可达 1∶5 左右。一点经验:如果想要增大整个系统的相对孔径,就必须使得前组复杂化,如把双胶合结构变成双分离式结构,即"双 - 单""单 - 双"结构,或三分离式结构。

23. 3. 2　反射式物镜

反射式望远物镜主要应用在空间光学系统中。对于空间光学系统而言,由于其物距非常大,而探测器的光敏面尺寸和像元数量有限,因此要获得一定的分辨率,就需要增加光学系统的焦距。如果按照透射式光学系统来设计的话,由于焦距很大,因此物镜的口径也会很大,有的物镜口径甚至要求高达数米。很显然,这么粗大的透镜的制造和装配是极其困难的,其体积和质量也是巨大的,这不适合用于空间光学系统。因此空间光学系统通常采用的是反射式的,最起码主镜和副镜是反射式的。反射式物镜的主要特点如下:

①纯反射式光学系统完全没有色差。

②工作范围很宽,从紫外波段到红外波段都适用。

③反射镜的材料比透镜的材料种类多。

④反射面的加工精度比折射面的要求高很多,温度等因素造成反射镜表面变形对成像质量影响较大。

⑤有中央挡光现象。

下面采用列表(表 23 - 1)对比法来介绍三种典型的反射式望远物镜的结构及其特点。

表 23 - 1　三种反射式望远物镜

类型	主镜	副镜	特点
牛顿系统 Newton System	抛物面	平面	平面镜与光轴成 45°;无限远处轴上的物点发出平行光束,经主镜反射后,在主镜的焦点成一个理想的像点 A',该像点再经副镜反射后同样得到一个理想的像点,即系统的像点 A''
格里高里系统 Gregory System	抛物面	椭球面	成正立的像,系统较长;由于主镜的焦点与副镜的左焦点 f' 重合,所以无限远处轴上的物点发出平行光束,经主镜反射后,在主镜的焦点 f' 处成一个理想的像点 A',该像点再经副镜成像于副镜的右焦点 f'' 处,系统的像点 A'' 与焦点 f'' 重合
卡塞格林系统 Cassegrain System	抛物面	双曲面	成倒立的像,系统较短;由于系统的长度短,且主镜和副镜的场曲符号恰好相反,所以有利于扩大视场角($2\omega = 1°$ 左右);由于主镜的焦点与副镜的左虚焦点 f' 重合,所以无限远处轴上的物点发出平行光束,经主镜反射后,在副镜的左虚焦点成一个理想的像点 A',该像点再经副镜成像于副镜的右实焦点 f'' 处,系统的像点 A'' 与焦点 f'' 重合

上述三种反射式望远镜对轴上物点来说成像是理想的,但是对轴外物点来说,有很大的彗差和像散,因此系统的有效视场有限。为了获得较大的视场角,建议在像面附近加入透射式视场校正器(简单地说就是透镜组),因此出现了折反射式望远物镜。

23.3.3 折反射式物镜

为了避免非球面制造的困难,以及改善轴外物点的成像质量,建议采用球面反射镜作主镜,校正透镜用作校正球面镜产生的像差。根据校正透镜类型的差异,折反射望远镜有三种,如表 23 - 2 所示。

表 23 - 2 折反射望远镜类型及特点

类型	特点
施密特校正板式 Schmidt Correcting Plate	在球面反射镜的球心上放置一个非球面施密特校正板,其作用是校正球面反射镜的球差,作为整个系统的入瞳,使球面不产生太大的彗差和像散;相对孔径 1:1 ~ 1:2;全视场 20°;由于系统长度约等于主反射镜焦距的两倍,所以系统体积较大。该校正板加工制造困难
马克苏托夫式 Maksutov	它是由两个曲率半径大小不同但正负号相同的球面构成的弯月形透镜,也能校正球面反射镜的球差和彗差,但是不能较好地校正整个系统的球差,只能校正边缘球差,因此残余球差较大,也不能校正像散;相对孔径一般小于 1:4;全视场小于 3°
同心式 Homocentric	同心透镜的特点是两个折射光学面的球心重合,各处边厚相同,如图 23 - 5 所示。同心透镜的球心恰与主反射镜的球心重合,既能校正主反射镜的初级球差,又不产生轴外像差,但系统因为存在残余球差和少量的色差,因此系统的相对孔径一般不大于 1:4 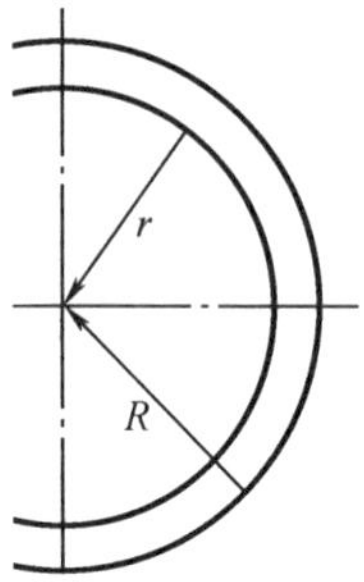 图 23 - 5

常见的双胶合望远物镜的焦距与相对孔径的合理匹配如表 23 - 3 所示。

表 23 - 3 常见的双胶合望远物镜的焦距与相对孔径的合理匹配表

焦距	50	100	150	200	300	500	1 000
相对孔径	1:3	1:3.5	1:4	1:5	1:6	1:8	1:10

第 24 章　显微物镜设计的优化方法

显微镜是用来帮助人观察近距离微小细节的一种目视光学系统,它由显微物镜和目镜组合而成。显微镜和放大镜的作用相同,都是把近处的微小物体通过显微系统后成一个放大的像以利人观察,因此显微镜可视为一种复杂化的放大镜。两者之间的差别是显微镜成的是实像,放大镜成的是虚像。

24.1　放大镜的工作原理

鉴于显微镜可视为一种复杂化的放大镜,所以我们先来了解一下放大镜的工作原理。设放大镜的焦距为 f',物体通过透镜所成的像对人眼的张角 ω_i 满足

$$\tan \omega_i = \frac{y}{f'} \qquad (24-1)$$

设人眼直接观察物体时,物体对人眼的张角 ω_e 满足

$$\tan \omega_e = \frac{-y}{l} \qquad (24-2)$$

放大镜的视放大率为

$$\Gamma = \frac{\tan \omega_i}{\tan \omega_e} = \frac{y/f'}{-y/l} = -\frac{l}{f'} \qquad (24-3)$$

通常取 $l = -250 \text{ mm}$,即物距等于人眼的明视距离,则

$$\Gamma = \frac{\tan \omega_i}{\tan \omega_e} = \frac{250}{f'} \qquad (24-4)$$

由式(24-4)可知,只有当放大镜的焦距小于明视距离时,放大镜的目视放大率才会大于 1,即系统才能起到放大视角的作用。鉴于在一定的通光口径下,单个透镜的焦距不可能做得太短,所以放大镜的视放大率不会太大,一般小于 5 倍。

24.2　显微镜的工作原理

由于单个放大镜的视放大率一般较低,鉴于用放大镜观察的是放在焦平面上的物体,所以如果把更微小的物体先用一个放大镜成一个放大的像,该像位于放大镜的焦平面上,再通过另一个放大镜来观察这个放大的像,这样通过两级放大后就可以观察到更微小的物体了。其中,把放大被观察物体尺寸的放大镜称为显微物镜,把扩大视角的且靠近人眼的放大镜称为显微目镜。

显微镜的工作原理:物体 y 首先经过显微物镜在目镜的物方焦平面上形成一个放大的实像 y',该实像 y' 再经过目镜成像于无穷远处,如图 24-1 所示。

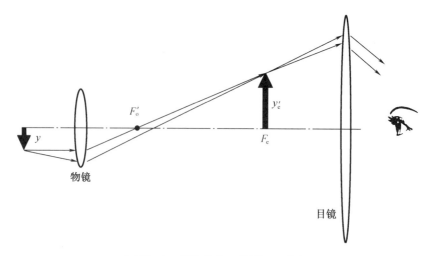

图 24 - 1 显微镜的工作原理示意图

设光学筒长为 Δ,即从物镜像方焦点到目镜物方焦点之间的距离为 Δ,f_o 为物镜的焦距;f_e 为目镜的焦距;Γ_e 为目镜放大率。则显微镜的视放大率为

$$\Gamma = \frac{\tan \omega_i}{\tan \omega_e} = \frac{-250\Delta}{f'_o f'_e} = \frac{-\Delta}{f'_o} \frac{250}{f'_e} = \beta_o \Gamma_e = \frac{250}{f'} \quad (24-5)$$

在式(24 - 5)中,$\beta_o = \dfrac{y'}{y} = \dfrac{-\Delta}{f'_o}$;$\Gamma_e = \dfrac{250}{f'_e}$;$f' = -\dfrac{f'_o \cdot f'_e}{\Delta}$。对比式(24 - 4)和式(24 - 5)可知,它们的形式一致,这说明显微镜可视为一个复杂化的放大镜。

24.3 显微镜的光学特性参数

显微镜的光学特性参数主要有视放大率、线视场、出瞳直径、出瞳距离和工作距离等。下面依次介绍这些参数。

24.3.1 视放大率

由式(24 - 5)可知,显微镜的总的视放大率为 $\Gamma = \beta_o \Gamma_e$。

当前国际范围内显微镜的物镜和目镜的放大倍数都是系列化的,即按优先数系组成,见表 24 - 1 所示。

表 24 - 1 显微镜的倍率优先数系

项目	数值
物镜倍率	1.6 2.5 4 6.3 10 16 25 40 63 100
目镜倍率	5 6.3 8 10 12.5 16 20 25
显微镜倍率	8 10 12.5 16 20 25 32 40 50 63 80 100 125 160 200 250 320 400 500 630 800 1 000 1 250 1 600

显微镜的视放大率与物镜的数值孔径密切相关,两者成正比例

$$\varGamma = 500\,\frac{NA}{D'} \tag{24-6}$$

式(24-6)中,D' 是系统的出瞳直径。而数值孔径 NA 又与显微物镜的衍射分辨率有关,也与照明条件有关。

显微物面上能分开的两个物点的最短距离,即衍射分辨率为

$$\sigma = \frac{0.61\lambda}{NA} \tag{24-7}$$

在倾斜照明条件下,显微镜对不发光物体的分辨率为

$$\sigma = \frac{0.5\lambda}{NA} \tag{24-8}$$

在垂直相干光照明条件下,显微镜对不发光物体的分辨率为

$$\sigma = \frac{\lambda}{NA} \tag{24-9}$$

由式(24-7)可知 $\sigma = \dfrac{305\lambda}{D'\varGamma}$,即显微镜的总视放大率越大,出瞳直径越大,工作波长越小,则可以分辨开的两个物点间的最小距离就越小,即分辨能力就越高。

为了使人眼观察时比较舒适,显微镜的总视放大率与物镜的数值孔径之间的关系是

$$500NA < |\varGamma| < 1\,000NA \tag{24-10}$$

24.3.2　线视场

线视场是指被观察物体的最大尺寸,它用来表示显微镜的观察范围。线视场由目镜物方焦平面上的视场光阑 L' 的大小所确定。视场光阑 L' 的大小与目镜的性能有关,比如 5 倍率目镜的线视场为 20 mm,25 倍率目镜的线视场为 6 mm。鉴于一般显微目镜的线视场不超过 20 mm,所以显微镜的最大线视场 L 为

$$L = \frac{L'}{\beta_\circ} \leqslant \frac{20}{\beta_\circ} \tag{24-11}$$

由式(24-11)可知,提高显微镜线视场的方法是降低显微物镜的垂轴放大率,或提高目镜的视场光阑。

24.3.3　出瞳直径与出瞳距离

由式(24-6)可得

$$D' = 500\,\frac{NA}{\varGamma} \tag{24-12}$$

由式(24-12)可知,系统的出瞳直径 D' 的大小与视放大率 $\varGamma$ 成反比,与数值孔径 NA 成正比。通常显微镜的出瞳直径比较小,一般小于眼瞳的直径。

为避免人眼睫毛碰到目镜的光学面,一般要求出瞳距离不小于 10 mm,对于处于震动状态使用的望远镜,如坦克上的望远镜或装甲车上的望远镜,一般要求出瞳距离不少于 20 mm。为了满足戴眼镜的观察者的使用要求,系统的出瞳距离一般要大于 20 mm。

24.3.4 工作距离

显微镜的工作距离是指物镜的第一个光学表面顶点到被观察标本之间的距离(无盖玻片时)。它与物镜的垂轴放大率和数值孔径密切相关。对于低倍率、小数值孔径的物镜的工作距离可达到 15 ~ 20 mm;而高倍率、大数值孔径的物镜的工作距离却很小,可以小到 0.1 mm 左右。因此对高倍率的显微物镜的设计而言,这是一个重要的约束因素。

由于 $NA = n\sin U$,因此根据式(24 −7)可知,提高物镜的数值孔径可以提高系统的分辨能力和视放大率。而提高数值孔径的方法包括:其一增大物方孔径角 U;其二增大物方介质的折射率 n,即鉴于一般液体的折射率比空气的折射率大,所以通常把物体浸在高折射率的液体中。

24.4   显微物镜的像差校正要求

对显微镜物镜的像差要求主要是校正近轴区的球差 $\delta L'$、轴向色差 $\Delta L'_{FC}$ 和正弦差 SC'。对于不同倍率的显微镜,要求校正的像差有所不同,例如对于视场较大的物镜还必须校正轴外像差;对于用作显微照相等特殊用途的物镜和平像场、复消色差的高倍率显微镜来说,除了要校正近轴区的三种像差外,还要求校正场曲、像散、垂轴色差以及二级光谱色差。

24.5   显微物镜的类型及优化方法

本小节采用列表对比法介绍显微物镜的类型及其特点和优化方法,如表 24 − 2 所示。

表 24 − 2   显微物镜类型及特点

类型	倍率	数值孔径	特点
低倍率	$3^× \sim 4^×$	0.1 ~ 0.15	对应的相对孔径约为 1∶4,鉴于其相对孔径不大,视场也较小,只要求校正球差、彗差和轴向色差,所以建议采用双胶合组。其设计方法和一般的双胶合望远镜的设计方法相似,但物面不是在无穷远处,而是在一个近距离处。
中倍率 (李斯特型)	$8^× \sim 12^×$	0.2 ~ 0.3	由于数值孔径增加了,对应的相对孔径也增加了,与孔径有关的高级球差也大大增加了,所以建议采用两对双胶合组,这两对胶合组之间通常有较大的空气间隔。这样做除有利于校正球差、彗差和轴向色差外,还可以校正像散、垂轴色差,以提高轴外物点的成像质量。

表 24 - 2(续)

类型	倍率	数值孔径	特点
高倍率 (阿米西型)	$40^\times \sim 60^\times$	$0.6 \sim 0.8$	该物镜是在李斯特型物镜的基础上复杂化而来的。在系统的前部加入了一个或两个由基本上无球差、无彗差的折射面构成的会聚透镜组。这些会聚透镜的加入基本上不产生球差和彗差,但是系统的数值孔径和倍率可以得到有效提高。 一般情况下,该会聚透镜组由一个等明光学面 * 和一个平面构成,类似于一个平凸透镜。其中,等明光学面基本上不产生球差和彗差,但是在使用时,物镜和物平面之间由于留有一定的空气间隙,所以在物镜的第一个光学面上就会产生少量的球差和彗差,这些像差会被后面的两对胶合组进行适当的补偿消减。
浸液型 (阿贝型)	$3^\times \sim 4^\times$	$1.2 \sim 1.4$	目前非浸液型的显微物镜的数值孔径最大值小于 0.9。为了进一步增大数值孔径,常把成像物体浸在液体中,这时物空间的介质折射率就等于液体的折射率,因此可以大大地提高显微物镜的数值孔径,该类型的物镜称为浸液物镜,也称为阿贝型物镜。浸液的另一个目的是使得物镜的第一个光学面基本上不产生像差,且光能损失很小。
复消色差型	$100^\times$	$0.5 \sim 1.4$	主要用于高分辨率的显微照相镜头中。在设计这类物镜时,要求严格地校正轴上点的色差、球差和正弦差,并能校正二级光谱色差,但是倍率色差需要利用目镜来补偿消减。 为了校正二级光谱色差,业内通常采用萤石($v = 95$, $n = 1.433$)等特殊的光学材料,它和一些重冕牌玻璃有相同的相对色散,同时又具有足够的 Δv。
平像场型	$40^\times \sim 160^\times$	$0.5 \sim 1.4$	对于某些特殊用途的显微镜而言,如显微照相、显微摄影等,除了要求校正轴上点的像差(球差、轴上色差和正弦差)以及二级光谱色差外,还要求严格地校正场曲。 平像场消色差物镜的倍率色差一般不太大,不必用特殊的目镜来补偿像差;但是平像场复消色差物镜则必须用目镜来补偿像差。建议多加入几个弯月形厚透镜。

表 24 - 2(续)

类型	倍率	数值孔径	特点
折反射型	$40^{\times} \sim 50^{\times}$	$0.5 \sim 1.4$	这类物镜主要是用于紫外或红外波段的系统中。这是由于能够透过紫外或红外波段的光学材料十分有限,且物理和化学特性不是很好,且较昂贵,所以想要设计出高性价比的紫外和红外波段的光学系统,只能借助于反射或折反射式系统。 在这类系统中,起到主要汇聚作用的是反射镜(含主镜和副镜),而透镜组主要用来校正反射镜的像差和自身的像差。 使用折反射式的另一目的是为了增加显微镜的工作距离,这是因为反射镜能够折叠光路,因此能构成一种工作距离长、倍率高、简长和一般显微物镜的简长近似相等的系统。

注: * 等明光学面,也称为齐明面。对于一个折射球面而言,如果物距为 $L = \dfrac{n+n'}{n}r$,那么其像距 $L' = \dfrac{n+n'}{n'}r$。这对不产生球差的共轭点都在折射球面的同一边,且都在球心之外,其功能既可使实物成虚像,又可以使虚物成实像。这一对共轭点常称为不晕点,或齐明点,或等明点。在光学设计中,常利用齐明点的特性来制作齐明透镜,以增大物镜的孔径角,常用于显微物镜或照明系统中。

第 25 章　目镜设计的优化方法

目镜是用来观察前方光学系统所成图像的目视光学系统,是望远镜、显微镜等目视光学仪器的重要组成部分。目镜的作用其实相当于放大镜。它把物镜所成的像再次放大后成像在人眼的远点位置(正常视力的人眼的远点在无穷远处),以便人眼舒适地观察。一般要求物镜的像方焦平面与目镜的物方焦平面重合。

25.1　目镜的光学特性参数

目镜的光学特性参数主要有五个:像方视场角、相对出瞳距离、工作距离、镜目距和出瞳大小。

25.1.1　像方视场角($2\omega'$)

设目镜的焦距为f'_e,则目镜的视放大率为

$$\Gamma_e = \frac{\tan \omega'}{\tan \omega} = \frac{250}{f'_e} \qquad (25-1)$$

根据式(25-1)可知:

(1)要使得目镜有足够大的放大率,必须减小目镜的焦距;一般在望远镜系统中,目镜的焦距为 10 ~ 40 mm,相对孔径比较小,一般为 1:5 ~ 1:4;在显微镜系统中,目镜的焦距更短,甚至是只有几毫米。

(2)当望远镜的视放大率Γ已知,且物镜的视场角ω也确定时,那么目镜的视场角ω'也就被限定了。从另一个角度来说,无论是想要提高望远镜的视放大率还是视场角,都需要相应地提高目镜的视场角。注意:望远镜的视放大率和物镜的视场角是相互制约的,在目镜的视场角为一定数值时,它们不可以同时都很大或同时都很小。常见的配对见表25-1 所示。

表 25-1　望远镜的视放大率与物镜的视场角(当目镜的视场角为 45°时)

视放大率	4$^\times$	6$^\times$	8$^\times$	10$^\times$	20$^\times$
物镜视场角	12°	8°	6°	4.8°	2.4°

根据目镜的视场角的大小,目镜被分为一般目镜(40° ~ 50°)、广角目镜(60° ~ 80°)和超广角目镜(>90°)。目前双眼仪器上的目镜的视场角一般不大于75°。增大目镜的视场角的主要矛盾是轴外物点的像差变得不容易校正了。目前广角和超广角目镜的像差并不很理想,使用场合受到限制。

25.1.2 相对出瞳距离(l'_z/f'_e)

目镜的相对出瞳距离的定义:目镜的出瞳距离 l'_z 与目镜的焦距 f'_e 之间的比值。

望远镜的出瞳是望远镜的孔径光阑在望远镜的像空间所成的像,它与系统的入瞳是共轭的关系。而在一般情况下,望远镜的孔径光阑恰好与物镜框相互重合。

对于一定类型的目镜,目镜的出瞳距离 l'_z 与目镜的焦距 f'_e 之比近似地为一个常数,目前目镜的相对出瞳距离 l'_z/f'_e 为 0.5 ~ 0.8,个别目镜会超过 1.0。

望远镜的总长度 L 等于目镜和物镜的焦距之和,即

$$L = f'_o + f'_e = f'_e(1 - \Gamma) \qquad (25-2)$$

由式(25-2)可知,望远镜的总长度 L 和目镜的焦距 f'_e 成正比。

出瞳距离 l'_z 往往是设计任务已经限定好的。当出瞳距离 l'_z 为某个定值时,相对出瞳距离 l'_z/f'_e 的数值越大,则说明目镜的焦距 f'_e 越小,望远镜系统的总长度 L 越小。所以说,目镜的相对出瞳距离会影响仪器的外形尺寸和质量。

此外,当目镜视场角 ω' 为一定值时,相对出瞳距离 l'_z/f'_e 的数值越大,则光线在目镜上的投射高度就会增加,因此像差也就会增加。要想得到满意的成像质量,目镜的结构势必会随着相对出瞳距离 l'_z/f'_e 的增加而变得更加复杂化。

提高目镜的相对出瞳距离的效果是使得目镜的像方主平面向后移了一定的距离。

25.1.3 工作距离(S)

目镜的工作距离的定义:指目镜的第一个光学面的顶点到物方焦平面的距离。鉴于工作距离与视度调节密切关联,下面介绍一下与视度调节有关的问题。

目视光学仪器为了适应近视眼和远视眼的情况,要求光学仪器的视度是可调的。一般情况下,目镜的视度调节范围一般为 ±5 视度。

当要求视度的调节范围 SD 为 ±5 视度时,目镜的轴向移动量 x 为

$$x = -\frac{SD \cdot f'^2_e}{1\,000} = -\frac{\pm 5 f'^2_e}{1\,000} = \begin{cases} \text{正,视度 } SD \text{ 为负时} \\ \text{负,视度 } SD \text{ 为正时} \end{cases} \qquad (25-3)$$

根据式(25-3)可知,当要求视度为负值时,目镜的轴向移动量 x 为正值,表示目镜必须移近物镜的像平面。注意:为了保证在调节负视度时,目镜的第一光学面不致与装在物镜像平面上的分划板相碰撞,要求目镜的工作距离 S 大于目镜调节视度时所需的最大轴向移动量 x。

25.1.4 镜目距(p')

镜目距的定义:指出瞳到目镜最后一面顶点的距离,也是观察使用时眼睛的瞳孔的位置。镜目距大小通常为 6 ~ 8 mm;对于军用目视光学仪器需要加防毒面具或眼罩,因此通常镜目距不小于 20 mm。

与相对出瞳距离相似,对于一定类型的目镜,镜目距与焦距的比值 p'/f'_e(称为相对镜目距)近似地等于常数。

25.1.5 出瞳大小(d)

目镜的出瞳大小受到眼瞳限制,大多数光学仪器的出瞳直径与眼瞳直径相当,即出瞳直径为 2~4 mm,但是军用仪器的出瞳直径比较大,一般为 4 mm。

25.2 目镜的像差校正要求

对于目镜而言,目镜的焦距越短,则对应的视场角就可以越大,同时目镜的视放大率也会越大。根据目镜的光学特性可知,目镜是一种焦距较短、视场角较大、相对孔径较小的光学系统。目镜的这些光学特性决定了目镜的像差特点。

目镜的轴上物点的像差不太大,无须严格地校正球差和轴向色差(位置色差)。但是由于目镜的视场角比较大,出瞳又远离透镜组,所以轴外物点的像差,如彗差、像散、场曲、畸变和倍率色差都比较大,为了校正这些轴外物点的像差,会迫使目镜的结构比较复杂。

但是由于受到目镜结构的限制,目镜的场曲不容易校正,并可用像散来补偿部分场曲,再加上人眼具有自动调节的能力,所以对场曲的要求可以适当降低。而畸变因不影响成像的清晰度,所以一般不做严格校正,但是对超广角目镜而言则需要校正。

因此,对于目镜而言,需要重点校正的像差有球差、色差、彗差、像散和畸变。

25.3 目镜的类型及优化方法

25.3.1 惠更斯型

1. 结构特点

如图 25-1 所示,惠更斯型目镜是由两块间隔为 d 的平凸透镜组成的,这两块平凸透镜好比两个大肚子的人面向物镜前后按直线排列。其中,口径较大的平凸透镜靠近物镜的一方,称为场镜;口径较小的平凸透镜靠近眼睛的一方,称为接目镜。

场镜的作用是把物镜所成的像再一次成像于两平凸透镜中间,并且使从物镜射来的轴外光束不过于分散而折向后面的接目镜,成像位置是接目镜的物方焦平面,中间像再由接目镜成像在无穷远处。

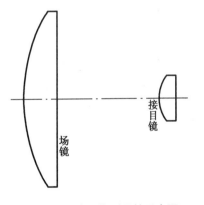

图 25-1 惠更斯型目镜示意图

2. 工作原理

待观察的物体被物镜所成的放大像 y 位于场镜和接目镜的中间,对于场镜来说,该放大像 y 是一个虚物,它被场镜成一个实像 y',位于接目镜的物方焦平面处。

该类型的场镜和接目镜通常选用同一种光学材料,如果两者的间隔 d 满足 $d = \dfrac{f'_1 + f'_2}{2}$ (场镜和接目镜的焦距分别为 f'_1 和 f'_2),则该类目镜可校正垂轴色差。

3. 视场光阑的位置

视场光阑位于接目镜的物方焦平面上。相应的出射窗位于无穷远处。在视场光阑的位置一般不安装分划板,这是由于物镜产生的轴外像差太大。

视场角45°左右,相对镜目距1:3左右。

因系统不能安装分划板,此类型目镜常用于观察显微镜和天文望远镜中。

25.3.2 冉斯登型

1. 结构特点

如图25-2所示,冉斯登型目镜的结构与惠更斯型目镜相似,也是由两块相隔一定间距的平凸透镜组成,场镜和接目镜的两个大肚子正对着排列,场镜的大肚子朝向眼睛,接目镜的大肚子朝向物镜。

2. 工作原理

目镜的物方焦点 F 在场镜之前,接目镜的焦点 F_2 在 F 之前,视场光阑位于目镜的物方焦平面处。经物镜所成的实像 y 在目镜的焦平面 F 上,y 再经过场镜成一个虚像 y',该虚像位于接目镜的物方焦点 F_2 处,再经接目镜呈现在无穷远处。

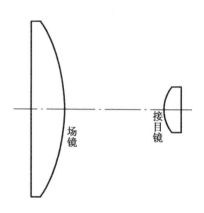

图 25 – 2　冉斯登型目镜示意图

视场角为30°~40°,相对镜目距为1:3左右。

由于该类型的目镜有实像面,所以可以在视场光阑的位置安装分划板,换言之,该类型的目镜能够用于测量类目视光学仪器中。

25.3.3 凯涅尔型

凯涅尔型目镜是冉斯登目镜的演变类型,与冉斯登目镜的差异之处在于用双胶合透镜组替换了冉斯登目镜中的接目镜,如图25-3所示,目的是除了能校正彗差、像散以外,还能校正垂直色差和场曲。这样有利于缩短系统的结构。

视场角为40°~50°,相对镜目距为1:2左右。

凯涅尔型目镜出瞳距离比冉斯登型目镜大,适用于对出瞳距离要求较高的军用目视光学仪器中。

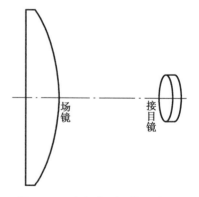

图 25 – 3　凯涅尔型目镜示意图

25.3.4 对称型

对称型目镜是一种应用比较多的、中等视场、成像质量较好的目镜类型。

它由两个双胶合透镜组成,如图 25 – 4 所示。为了加工方便,大多数对称式目镜的两个胶合透镜组采用完全相同的结构。

由薄透镜系统的消色差条件可知,如果这两个双胶合透镜组可以分别消色差,那么整个系统可以同时消除轴向色差和垂轴色差。它还能校正彗差、像散和场曲。该类型的目镜结构更紧凑,但出瞳距离比较大。

视场角为 40° 左右,相对镜目距为 1∶1.3 左右。

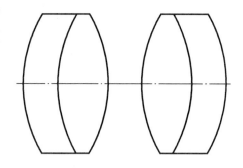

图 25 – 4　对称型目镜示意图

25.3.5　无畸变型

无畸变型目镜是由一组三胶合透镜组和一个平凸型的接目镜构成的,如图 25 – 5 所示。三胶合透镜组的作用如下:

(1)用来补偿接目镜产生的像散和彗差。

(2)当三胶合透镜组与接目镜密接时,可以减小场曲和增大出瞳距离。

(3)三胶合透镜的两个胶合面可以用来校正球差、彗差和垂轴色差等。

(4)把三胶合透镜的最后一个曲率半径用来调整目镜的光瞳位置。

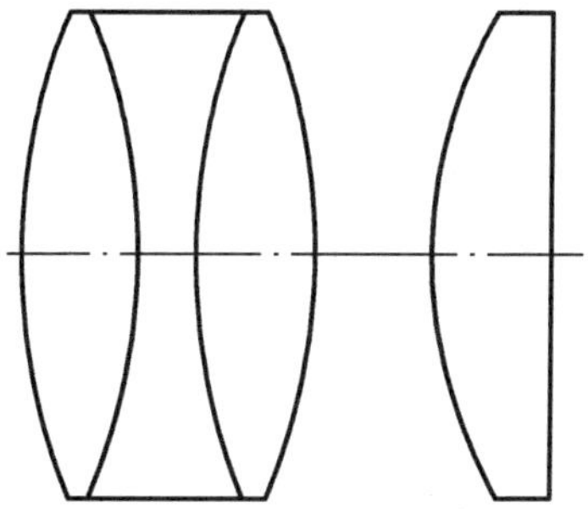

图 25 – 5　无畸变型目镜示意图

其特点是接目镜所成的像恰好落在三胶合透镜组的第一个面的球心和等明点(齐明点)之间,有利于校正整个系统的像差,它的畸变比一般目镜小(3% ~4%)。接目镜的入瞳常位于接目镜前方1/2焦距处。

视场角为 40° 左右,相对目镜距为 1∶0.8 左右。

无畸变型目镜属于一种具有较大出瞳距离的中等视场的目镜,广泛应用于大地测量仪器和军用目视仪器中。

25.3.6　广角型

广角型目镜的视场角一般大于 60°。这种类型的目镜的接目镜一般由两组透镜组成,分为两种类型。

Ⅰ型的接目镜属于"三胶合 + 单透镜 + 单透镜"类型,如图 25 – 6 所示。后面的两个单透镜构成了接目镜,三胶合的作用是用来校正像差,三胶合中间的负透镜是为了减小场曲。

如果把Ⅰ型演变为"单透镜 + 单透镜 + 三胶合"类型,如图 25 – 7 所示,则演变后的结构的相对出瞳距离可以达到 1.37∶1,但视场角一般不大于 40°,属于一种长出瞳距离的目镜,适用于在震动状态下使用的军用光学仪器中。

Ⅰ型视场角为 60° ~ 80°,相对镜目距为 1∶1.5 ~1∶1。

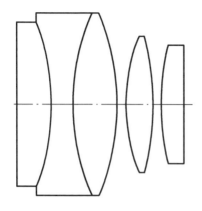

图 25-6　广角型 I 型目镜示意图(Ⅰ)

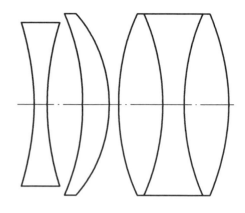

图 25-7　广角型 I 型目镜示意图(Ⅱ)

Ⅱ型的接目镜属于"双胶合 + 单透镜 + 双胶合"类型,后面的单透镜和双胶合构成了接目镜,而另一个胶合透镜即前面的胶合透镜是用来补偿整个系统像差的。它适用于大视场、大出瞳距离的情况,应用很广泛,也称为艾尔弗型目镜,如图 25-8 所示。Ⅱ型视场角 65° ~ 75°,相对镜目距 1:0.75。

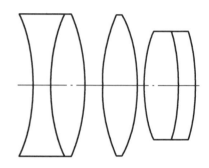

图 25-8　广角型 Ⅱ 型目镜示意图

目前,目镜的类型有很多种,在设计和使用时,首先要满足光学性能(如视场角、出瞳距离及出瞳大小等)的要求,还要求成像质量优良,同时也要充分考虑到结构的简单性、加工工艺的成本等问题。

目镜的设计步骤如下:

(1)选定目镜的类型　根据目镜的视场角和出瞳距离以及出瞳大小的指标要求,选定合理的目镜类型。例如,假如出瞳距离要求很大,则应选择相对出瞳距离较大的类型,否则会因目镜的焦距过大而增加仪器的体积和质量。

(2)确定焦距　选定了目镜的类型后,由相对出瞳距离和出瞳距离确定目镜的焦距。

25.4　目镜的设计原则

在设计目镜时,业内通常按反向光路来计算像差,即假定物平面位于无穷远处,目镜对无穷远的目标成像,并在目镜的像方焦平面(正向光路中的物方焦平面按反向光路设计时为像方焦平面)上衡量系统的成像质量。

至于目镜的光瞳位置,可以按两种方式设定。

方式一:把实际系统的出瞳当作反向光路时目镜的入瞳,并给出入瞳距离 p,而入瞳的直径 D 等于系统要求的出瞳直径。在校正目镜像差的过程中,要求确保边缘视场的主光线通过正向光路中物镜的出瞳中心(即正向光路中目镜的入瞳中心)。而其他视场的光线,由于存在光阑球差,并不能够通过同一点,这样计算出来的像差和实际成像光束的像差虽不能完全相同,但是两种方向的像差差异很小,可以视为相同,如图 25 - 9 所示。

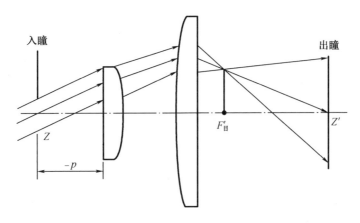

图 25 - 9　反向光路图

方式二:如果像差的计算程序能够在给出实际光阑后自动地求出入瞳位置,并用调整主光线位置的方法确保不同视场的主光线通过实际光阑的中心,这时可以把正向光路时物镜的出瞳作为目镜的实际光阑,这样计算出来的像差和实际成像光束的情况比较相符。

在目镜的实际设计中,主要校正像散、垂轴色差和彗差三种像差,而目镜的球差和轴向色差一般不能完全校正,需要由物镜来补偿。

25.5　目镜的设计示例

25.5.1　设计任务要求

设计一种目镜,视场角为 60°,焦距为 20 mm,相对孔径为 1∶8,出瞳直径为 3 ~ 4 mm,出瞳距离为 10 mm。

25.5.2　初始结构选择

选择《光学设计》(国防工业出版社出版)一书 136 页的表 8 - 7 的数据作为设计的初始结构(表 25 - 2)。

表 25 - 2　初始结构

Surf:Type		Radius	Thickness		Glass		Semi-Diameter		Conic
OBJ	Standard	Infinity	Infinity				Infinity		0.000 000
STO	Standard	Infinity	10.000 000				1.750 000	U	0.000 000
2 *	Standard	- 26.354 590	2.865 591		ZF7		8.813 685	U	0.000 000
3 *	Standard	131.761 917	7.750 566		ZK7		11.798 674	U	0.000 000
4 *	Standard	- 18.196 771	0.100 000				13.052 925	U	0.000 000

表 25 – 2(续)

Surf：Type		Radius	Thickness	Glass	Semi-Diameter		Conic
5 ∗	Standard	43.341 322	8.985 305	ZK1	19.057 854	U	0.000 000
6 ∗	Standard	– 64.538 241	0.100 000		19.232 728	U	0.000 000
7 ∗	Standard	25.853 122	10.613 757	ZBAF3	19.122 604	U	0.000 000
8 ∗	Standard	Infinity	4.113 707		18.268 070	U	0.000 000
9 ∗	Standard	– 112.389 511	1.702 532	ZK7	16.032 750	U	0.000 000
10 ∗	Standard	21.225 634	8.500 000		19.900 055	U	0.000 000
IMA	Standard	Infinity			14.051 343		0.000 000

25.5.3　设计过程

1. 输入初始结构的参数

在《光学设计》(国防工业出版社出版)一书中,查不到入瞳直径的直接数值,按照反向光路的设计思路,考虑到目镜的出瞳直径为 3 ~ 4 mm,取"Entrance Pupil Diameter"的值为 4 mm,即在 ZEMAX 软件的 General 窗口中,在"Aperture Type："中选择"Entrance Pupil Diameter",在"Aperture Value："中输入"4",点击"确定"。

在 Field Data 窗口中,选中"Angle(Deg)",在"X-Field"列从上到下依次输入"0""28"和"41",在"Y – Field"列从上到下依次输入"0""28"和"41",点击"OK"。

在 Wavelength Data 窗口中,用"Select –>"选中"F,d,C(Visible)"后点击"OK",即可输入三个波长:0.486 132 70,0.587 561 80(主光线)和 0.656 272 50,单位 μm。

利用"Merit Function Editor"设定"EFFL"的值为"20 mm"。

在 Lens Data Editor 窗口中输入表 25 – 2 中的数据。

2. 查看初始结构的光学特性

当我们点击"Lay"或执行命令路径"Analysis→Layout→2D Layout",或使用快捷键"CTRL + L"时发现结构并不理想,如图 25 – 10 所示。

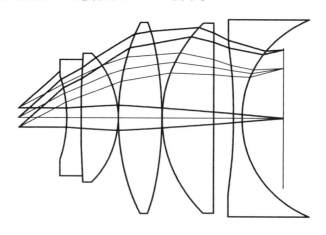

图 25 – 10　初始结构的二维结构图

现在把"Semi-Diameter"列中的"U"去掉。去掉"U"后,初始结构的二维结构图在更新后如图 25 – 11 所示。

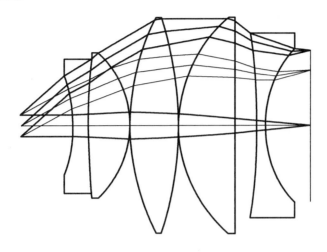

图 25 – 11　去掉"U"并更新后的初始结构的二维结构图

点击"Mtf"后,系统的"FFT MTF"图如图 25 – 12 所示,该图中的黑色线为衍射线。该图的横坐标的最大值为 40 lp/mm,该图中的上方提示有"ERROR 921:"错误。

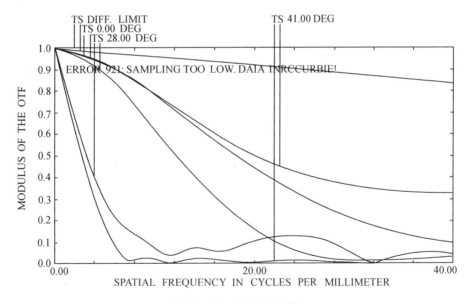

图 25 – 12　FFT MTF 图

3. 人工调整结构参数时应该遵循的原则

像差平衡是一项通过反复修改结构参数以逐步逼近最佳结果的工作。在人工调整结构参数以校正像差的过程中需要遵守以下几个原则。

原则一:入射角很大的一面弯向光阑,以使得主光线的偏角尽量小,以减小轴外像差。

原则二:选择对像差变化比较敏感的光学面,改变其曲率半径,以调整该曲面对光线行进方向的控制。

原则三:像差不可能得到完全校正,合理的像差贵在有合理的匹配。换言之,就是要尽可能地确保各个视场的轴外物点的像差与轴上物点的像差一致。最起码要确保轴上点和近轴点的像差基本一致,且与轴外像差差异不大。然而要使得整个视场内的成像质量很均匀几乎是不可能的。我们主要考查的是 0.707 视场以内的成像质量,为了确保 0.707 视场以内有很好的成像质量,必要时必须放弃最大视场的成像质量。

原则四:连续改变每个结构参数,计算其像差的变化量和变化趋势,从而分析各结构参数对各种像差的影响。然后再决定哪些结构参数是敏感参数,应该决定这些敏感参数的改变量和方向,再计算出新结构的像差。多次重复前面的工作直到整个系统的成像质量达到设计的要求。

原则五:利用透镜自身的特殊像差或透镜处于特殊位置时的像差性质。例如,处于光阑位置或其附近的透镜主要用来改变球差和彗差;远离光阑位置的透镜主要用来改变像散、畸变和倍率色差;在像面或其附近的场镜主要用来校正场曲。

原则六:在保证技术指标的前提条件下,要满足视度调节及结构安装要求,同时要求透镜的加工工艺性好。所谓加工工艺性好,意思是说,透镜的边缘厚度或中心厚度要合适,曲率半径要与企业现有模具的曲率半径系列相匹配,材料的种类一般不多于四种。

4.设计参考结果

在"Y-Field"列从上到下依次输入"0""21.21"和"30",点击"OK"。经反复优化,设计参数数据和典型像质评价如下。

设计参考结果的 Lens Data Editor 窗口的数据如表 25-3 所示。

表 25-3　设计参考结果的透镜数据

Surf:Type		Radius		Thickness		Glass	Semi-Diameter		Conic	
OBJ	Standard	Infinity		Infinity			Infinity		0.000 000	
STO	Standard	Infinity		10.000 000			2.000 000		0.000 000	
2	Standard	-42.412 804	V	9.027 466	V	ZF7	7.398 102		0.000 000	
3	Standard	32.989 436	V	8.062 700	V	K9	11.974 931		0.000 000	
4	Standard	-17.304 589	V	0.973 914	V		11.974 931	P	0.000 000	
5	Standard	34.830 624	V	8.995 521	V	PK3	17.430 171		0.000 000	
6	Standard	-47.426 557	V	1.000 330	V		17.471 735		0.000 000	
7	Standard	17.856 692	V	7.330 617	V	K9	15.462 360		0.000 000	
8	Standard	24.947 515	V	6.387 561	V	ZF7	15.462 360	P	0.000 000	
9	Standard	12.563 095	V	8.500 000			9.941 904		0.000 000	
IMA	Standard	Infinity					9.479 169		0.000 000	

设计参考结果的二维结构图如图 25-13 所示。设计参考结果的"FFT MTF"图如图 25-14 所示。

遗憾的是,本设计结果的相对畸变量约为 -18%,需要进一步优化设计。请感兴趣的读者自行进一步优化设计。

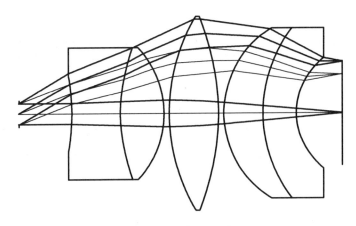

图 25 – 13　设计参考结果的二维结构图

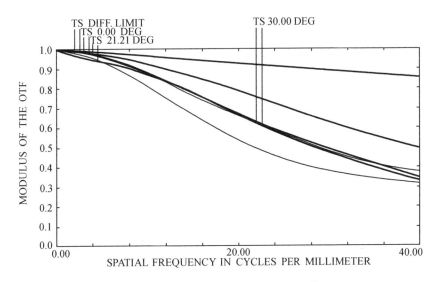

图 25 – 14　设计参考结果的"FFT MTF"图

第 26 章　照明光学系统设计的优化方法

照明光学系统是投影仪和电影放映机等光学仪器的重要组成部分。这些光学仪器利用光源把物体(如电影胶片、三维实物等)照亮,再通过透镜系统将物体进行成像,为了提高光源光能的利用率和充分发挥成像光学系统的作用,一般需要在光源和被照明物体之间加入一套聚光照明系统。

26.1　照明光学系统的设计要求

设计照明光学系统时,一般需要满足以下几个方面的要求:
(1)被照明物面要有足够大的光照度,其均匀性好;
(2)照明系统的渐晕系数与成像系统的渐晕系数一致性好;
(3)系统杂散光少,以防降低像面的对比度;
(4)对于高精度的光学仪器,为避免温度造成的影响,要求光源和被照明物面以及决定精度的关键零部件不能靠得太近。

26.2　照明方式分类及其特点

照明方式一般分为两类:光源直接照明方式和采用聚光镜的照明方式。

26.2.1　光源直接照明方式

光源直接照明方式是一种最简单的照明方式,即把光源点亮后直接照射被照明物面,如图 26 –1 所示。

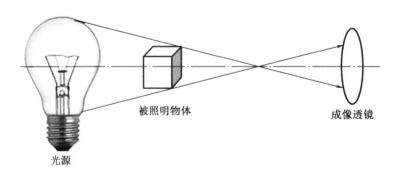

图 26 –1　光源直接照明方式示意图

该照明方式的特点如下：

（1）对光源的尺寸要求很大；

（2）要让光源远离被照明物体；

（3）为了确保照明均匀，需要光源的发光面积足够大，或者在被照明物体的前面加入一块毛玻璃，毛玻璃虽能提高照明均匀性，但是会因毛玻璃的散射而降低光能的利用率，同时还伴随有杂散光，毛玻璃只能用在对光能利用率不高的目视系统中；

（4）为了提高光能的利用率，需要在光源的一侧加反射镜，反射镜的表面还要涂上冷光膜，使红外光透射，使可见光反射回来照亮被照明物体；

（5）照明方式简单，结构较紧凑。

26.2.2　采用聚光镜的照明方式

采用聚光镜的照明方式要求在光源和被照明物体之间加一个透射式聚光镜，光源发出的光线经聚光镜后照射在被照明物体上，有助于提高光源的利用率，如图 26 – 2 所示。

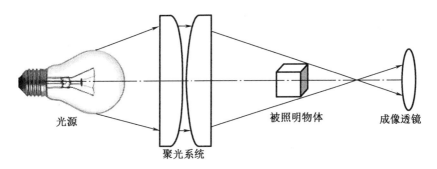

光源　　　　　　　聚光系统　　　　被照明物体　　　成像透镜

图 26 – 2　采用聚光镜的照明方式示意图

该照明方式的特点如下：

（1）光源的尺寸较小，有利于实现小面积光源照明大面积的物体；

（2）光能的利用率较高；

（3）光源与被照明物体的间距较大，用来安装聚光系统；

（4）也可以在光源的另一侧加上反光镜以提高光能的利用率。

26.3　照明光学系统的像差校正要求

对于一般的照明系统，只要求物面和光瞳获得均匀照明即可，因此对像差的要求并不严格，这是因为它不影响投影物平面的成像质量，但会影响像面的光照度。主要校正的像差有两种：球差和色差。

在柯勒照明系统中，如果照明系统有较大的球差，当某一个视场角的主光线正好通过物镜光瞳中心时，其他视场的主光线就不能通过光瞳中心，这就会使得成像透镜产生渐晕现象。为了减小球差的影响，一般要求把成像物镜的入瞳和边缘视场的主光线聚焦重合，而不是和发光体的近轴像面重合。

在临界照明系统中,像差会引起光源像的扩散,使得视场边缘部分不均匀,因此有效的均匀照明范围就缩小了。由于发光体的尺寸通常不太大,而照明的孔径角比较大,因此对照明系统来说,主要的像差是球差,但是对球差的要求也并不十分苛刻,即不需要完全校正,只需要控制在适当的范围就行了。

26.4　照明光学系统的结构类型

照明系统的结构是由光束的最大偏转角,即像方孔径角 U' 和物方孔径角 U 之差($\Delta U = U' - U$)决定的。ΔU 越大,则结构就会越复杂。这是因为光线在光学系统中的偏转是由透镜的各个光学面折射产生的,在透镜的个数一定的情况下,光束的总偏转角越大时,透镜的每个光学面分担的偏转角也就越大,这就要求增大光线在透镜光学面的入射角,这将产生以下两个方面的不良后果:

(1)光线的入射角越大,则会引起球差变大。在照明系统中,虽然不要求完全校正球差,但是前文已经介绍过,过大的球差将会使得成像透镜产生渐晕,从而使得像面照度不是很均匀。

(2)孔径边缘的入射角增大,就会使得这些光线在透镜光学面的反射损失严重,这会导致在柯勒照明系统中,像面照度不均匀;也会导致在临界照明系统中,像面的光照度下降。

综上所述,在照明系统中一般采用限制光线最大入射角的方法来达到控制系统的球差和保证照明的均匀性要求。

解决措施:随着光线偏转角的增加而增多透镜的个数,这样透镜的每个光学面分担的偏转角不至于过大。

参考指标:每个光学面的偏转角最好不超过 $10°$。

一点经验:当 $\Delta U < 20°$ 时,单个凸透镜就可以满足设计要求了;当 $20° < \Delta U < 35°$ 时,需要两个镜片来满足偏转角的分担要求;当 $35° < \Delta U < 50°$ 时,需要三个镜片来满足偏转角的分担要求;当 $50° < \Delta U < 60°$ 时,需要四个镜片来满足偏转角的分担要求。

为了简化照明系统的结构,并能很好地校正球差,可以使用非球面,如密螺纹透镜,如图 26 - 3 所示。

图 26 - 3　密螺纹透镜示意图

反射式聚光镜和透射式聚光镜相比较,前者的优点是能更有效地利用光能,并能有效地提高物方孔径角 $U(>90°)$,同时也不随孔径角的增大而增加光能损失,如图 26 - 4 所示。

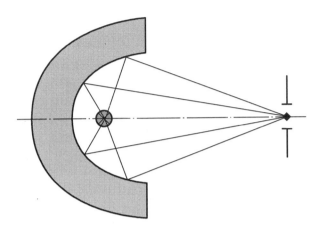

图 26 - 4　反射式聚光镜示意图

26.5　聚光照明系统的作用

聚光照明系统的作用大致有以下四个方面:
(1)确保照明光束能够充满整个成像透镜的孔径(瞳径);
(2)提高光源的利用率;
(3)减小成像物镜的口径;
(4)使得成像物平面的照明很均匀。

26.6　聚光照明系统的分类及其特点

本小节采用列表对比法介绍聚光照明系统的分类及其定义和特点。

表 26 - 1　两类聚光照明系统

第一类:柯勒照明系统	第二类:临界照明系统
定义:是指把发光体成像在投影物镜的光瞳上或其附近的照明系统。	定义:是指把发光体成像在投影物平面或其附近的照明系统。
其工作原理图如图 26 - 5 所示。	其工作原理图如图 26 - 6 所示。

表 26 - 1(续)

第一类:柯勒照明系统	第二类:临界照明系统
特点: ①聚光镜的口径由物平面的大小决定,为了缩小聚光镜的口径,应该尽量让聚光镜和投影物平面靠近。 ②投影物镜的视场角决定了聚光镜的像方孔径角。为了尽可能提高光能利用率,应尽量增大聚光镜的物方孔径角。然而,增加物方孔径角方面会导致聚光镜的结构复杂化;另一方面在聚光镜口径一定的条件下,光源和聚光镜之间的距离会缩短,这就要求光源的体积更小,反而限制了聚光镜物方孔径角的增加。 ③设聚光镜的物方孔径角为 U,像方孔径角为 U',则聚光镜的放大率为 $$\beta = \frac{\sin U}{\sin U'} \qquad (26-1)$$ ④投影物镜的光瞳直径一般是根据像面照度要求确定的。当投影物镜的口径确定之后,根据聚光镜的放大率就可以求解出充满投影物镜的光瞳所需要的发光体的尺寸。假定投影物镜的口径为 D',则所需要的发光体的尺寸为 $$D = \frac{D'}{\beta} \qquad (26-2)$$ 式(26-2)可用来作为选择光源的依据。	特点: ①在本类系统中,要求聚光镜的像方孔径角 U' 大于投影物镜的物方孔径角。 ②为了充分利用光源的光能,同样要求增大聚光镜的物方孔径角 U。 ③根据投影物平面的大小,利用放大率公式可求得发光体的尺寸 $$\beta = \frac{\sin U}{\sin U'} = \frac{y'}{y} \qquad (26-3)$$ 式(26-3)可作为该类系统选择光源的功率和型号的依据。 ④由于发光体直接成像在物平面附近,为了达到比较均匀的照明,则要求发光体本身比较均匀,同时使投影物平面和光源经聚光镜所成的像之间有足够的离焦量。 ⑤本类系统的投影物镜的孔径角应该大一些,如果投影物镜的孔径角过小,则投影物镜的焦深会很大,这很容易反映出发光体本身的不均匀性。解决办法:在发光体的一侧放置一个球面反射镜,该球面反射镜的球心和灯丝重合,则灯丝经反射成像在原来的位置上,调整灯泡的位置,可以使得灯丝像恰好位于灯丝的间隙,这样就可以提高照明均匀性了。

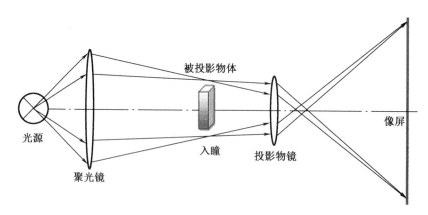

图 26 - 5 柯勒照明系统示意图

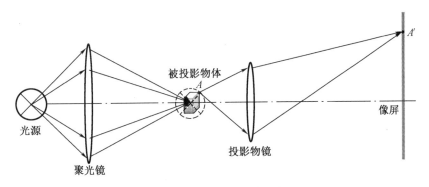

图 26 - 6　临界照明系统示意图

26.7　聚光照明系统的设计原则

对照明光学系统来说,主要的光学特性参数为孔径角和倍率。在设计聚光照明系统时一般要遵循两个原则。

26.7.1　光孔转接原则

聚光照明系统的光瞳应该与接收光学系统的光瞳相统一。如果聚光照明系统的入瞳设置在光源上,则其出瞳应该与成像物镜的入瞳相互重合。这样聚光照明系统的出射光就能全部进入成像系统中,从而提高聚光照明系统的光束利用率,如图 26 - 7(a)所示。

如果聚光照明系统与后面的成像系统的光瞳不重合,则聚光照明系统的光束只有一部分进入到后面的成像系统中,这不仅损失了光能,而且还会造成杂散光,如图 26 - 7(b)所示。

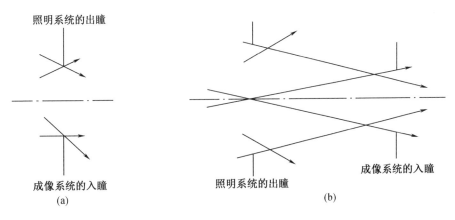

图 26 - 7　光孔转接示意图

26.7.2 拉赫不变量原则

聚光照明系统的拉赫不变量(也称为物像空间不变量或拉格朗日 – 赫姆霍兹不变量)J 应该不小于成像系统的 J 值。在此情况下,即使聚光照明系统的像差很大,也能保证被投影物平面得到充分的照明。

在近轴范围内,光轴外物点成像的规律:

$$\beta = \frac{y'}{y} = \frac{nl'}{n'l} = \frac{nu}{n'u'} \tag{26-4}$$

式(26 – 4)中,β 是像高与物高的比,即垂轴放大率。

$$J = nyu = n'y'u' \tag{26-5}$$

式中,J 为拉赫不变量,它说明实际光学系统在近轴区内成像时,在一对共轭平面内,物高 y、物方孔径角 u 和物方介质折射率 n 的乘积为一常数,且等于像高 y'、像方孔径角 u' 和像方介质折射率 n' 的乘积。y' 和 u' 是两个成反比例关系的量,若要增大(减小)像高,则必然要减小(增大)像方孔径角;因此拉赫不变量 J 表征了光学系统的成像能力。

第五编　课程设计和毕业设计教与学指南

第 27 章　课程设计和毕业设计教与学指南

27.1　课程设计的任务书及其要求

考虑到每所高校的"课程设计任务书"(有些高校称之为"设计合同书",下文均简称为"任务书")的格式不一致,因此本教程就不给出任务书的格式模板了。关于任务书及其要求做几点说明。

(1)任务书中要求的基本信息包含学期、学生所在学院、学生所在班级、学生姓名、学生学号、指导教师姓名、指导教师职称(助教须在副教授或教授的带领下协作指导学生的课程设计,即助教为第二指导教师)、学时及学分等。

(2)任务书中要求给出课程设计题目——《$F-\theta$激光扫描物镜的设计》(本实例的题目)。

(3)任务书中要求给出具体的设计指标及其要求。原则上要求每个学生的设计指标及其要求不能完全相同,以避免抄袭作假;另需注意设计难度要求大致相同,比如相对孔径(或入瞳直径)增加的话,则全视场角就适当减小。本实例的设计指标如下。

本课程设计要求学生设计一个$F-\theta$激光扫描物镜。对设计指标的具体要求如下:

①工作波长(λ)为 632.8 nm;入瞳直径(D)为 50 mm;全视场角(2ω)为 40°。(注:在实际教学中每个学生的设计指标不一致。)

②"FFT MTF"图中横坐标的最大值为 50 lp/mm 时,其纵坐标的值不得小于 0.3。

③"Spot Diagram"图中左下角要显示出"AIRY DIAM",且"Airy Disk"圆环至少包括 85% 以上的弥散点。

④"Grid Distortion"图中"MAXIMUM DISTORTION"的绝对值不得超过 5%。

⑤成像质量满足瑞利判据,即"Wavefront Map"图中的"PEAK TO VALLEY"值小于 0.25 WAVES。

⑥全部光学面为球面,不能用非球面。(注:毕业设计中可以用非球面。)

⑦正透镜的边缘厚度和负透镜的中心厚度的最小值不得小于 5mm,否则加工时成品率较低。

⑧玻璃材料自选,其他技术指标不限但须合理。

⑨绘制光学系统的工程图。

(4)任务书中要求给出具体的进度安排,包含上机时间、上机地点、每个时间段需要完成的上机任务要求。

(5)任务书中要求给出"课程设计说明书"的撰写及装订要求。本实例的要求如下。

学生在完成课程设计时须提交不少于 3 000 字的课程设计说明书;说明书结构:①封面;②任务书;③摘要(不少于 150 字,页头须写上题目);④关键词(不少于 3 个,用分号隔开,与摘要同页);⑤目录(自动生成,要标注页码);⑥正文(给出必要的图形、表格和数据);⑦参考文献(不少于 10 个,格式须规范)。各项须独立成页(但关键词与摘要同页),左侧装订。也可以将目录提前到封面之后、任务书之前,教师可以依据所在单位的规定酌情处理。

(6)任务书中要求每个学生须参加课程设计答辩,不参加答辩者,其答辩成绩为零,并按旷考论处。

(7)任务书中要求给出成绩的计算办法。(北京理工大学珠海学院的规定是:课程设计总成绩 = 考勤成绩×20% + 操作成绩×40% + 说明书成绩×25% + 答辩成绩×15%。课程总成绩按"五级制"给定。课程总成绩的构成及其比例依所在单位的规定设置。)

(8)任务书中正文的内容要求包括以下内容。(注:依据具体的设计系统要求可以酌情删除或增加。)

①本人设计任务的具体指标及其要求

提示:让学生把自己分配的设计指标摘录于此。

②入瞳直径的设定

提示:须给出设定入瞳直径时使用到的命令执行路径或设定方法。须给出相应的图,且要求图必须清晰,原始大小,图形窗口内的信息要求全面,图形窗口外的信息可以裁剪掉。

③视场角的设定

提示:给出命令执行路径或设定方法。共设定 3 个视场角:0ω,0.707ω,1.0ω。对图的要求同②。建议学生在设定视场角时,先在 X 列或 Y 列中输入 3 个视场角,即输入 3 个视场角数据,等系统的成像质量比较好时,再补充另一列的视场角数据,再进一步优化。不要一开始就输入 6 个视场角的数据,这样会为优化增加困难。

④工作波长的设定

提示:给出命令执行路径或设定方法。对图的要求同②。本实例只有一个波长,直接输入即可。如果有多个波长的话,须指定一个主波长。在选择波长时,先通过下拉菜单找到"HeNe(.6328)",再点击"Select→"按钮,再点击"OK"按钮,才能设定成功。

⑤评价函数的选择

提示:给出命令执行路径或设定方法。对图的要求同②。评价函数对话框的缺省设置:"均方根(RMS) + 波前(Wave Front) + 质心点(Cetriod)"的组合适合于小像差系统,即属于后续阶段优化的策略;而"峰谷值(PTV) + 像点尺寸(Spot Radius) + 主光线(Chief Ray)"的组合适合于大像差系统,即属于初始阶段优化的策略。在本例中,在评价函数对话框窗口中,还需要设定正透镜的边缘厚度和负透镜的中心厚度的最小值为 5 mm;在默认评价函数的表格窗口中还须通过操作数来限制畸变的大小。对有的光学系统而言,在默认评价函数中可通过操作数 EFFL 来设定有效焦距值及其权重值,以免在优化过程中发生较大的变化。

⑥系统的透镜参数表(Lens Data Editor)

提示:给出命令执行路径或设定方法。对图的要求同②。须自行列表把设计结果关键的行和列中的数据表述清晰,一般"Comment"不用列出,因为它只起到注释的作用。同样单元格右侧的"V"等字符也不用列出,因为它们只是告知我们哪些量是参与优化的,只是个标记符号而已。由于本实例中不要求使用非球面,因此"Conic"列的数值都必须为零,因此也不必列出来。不要用图片的形式把数据给出来,因为实践证明相对的图片较大,缩放后打印不是很清晰。玻璃材料、间距与厚度、曲率半径等取值要求合理,可加工工艺性好,即透镜的厚度不能为负值,也不能太薄,否则加工光学元件时易碎,成品率低,同时,如果两个光学面的曲率半径很接近的话,尽量使它们有相同的数值,这样可降低加工模具的个数,有利于降低制造成本;如果某光学面的曲率半径很大,如数千毫米的话,干脆就把它设定为平面,这样有利于光学检测其加工质量。

⑦优化工具窗口(Optimization 图)

提示:给出命令执行路径或使用方法。对图的要求同②。

⑧系统结构轮廓(3D Layout)图

提示:给出命令执行路径或设定方法。对图的要求同②。要求去除多余的竖线,即在"Hide Lens Edges"的前面要求打上钩。

⑨系统的 FFT MTF 图

提示:用"Settings"设定横坐标的最大值为 50 lp/mm。要求显示出衍射极限曲线。对图的要求同②。要求"FFT MTF"图中横坐标的最大值为 50 lp/mm 时,其纵坐标的值不得小于0.3。

⑩系统的 FFT PSF 图

提示:给出命令执行路径或设定方法。对图的要求同②。

⑪系统的 Field Curv/Dist 图

提示:给出命令执行路径或设定方法。对图的要求同②。

⑫系统的 Grid Distortion 图

提示:给出命令执行路径或设定方法。对图的要求同②。要求"Grid Distortion"图中"MAXIMUM DISTORTION"的绝对值不得超过 5%。

⑬系统的 Spot Diagram 图

提示:给出命令执行路径或设定方法。对图的要求同②。要求"Spot Diagram"图中左下角要显示出"AIRY DIAM",且"Airy Disk"圆环至少包括 85% 以上的离散点。

⑭系统的 Lateral Color 图

提示:给出命令执行路径或设定方法。对图的要求同②。本实例因为其工作波长为单色光,所有该项可以没有。如果光线系统使用的复色光,则要求色差曲线完全被夹在两条竖线之间。

⑮系统的 Ray Fan 图

提示:给出命令执行路径或设定方法。对图的要求同②。

⑯系统的 OPD Fan 图

提示:给出命令执行路径或设定方法。对图的要求同②。

⑰系统的 Wavefront Map 图

提示:给出命令执行路径或设定方法。对图的要求同②。要求"Wavefront Map"图中的

"PEAK TO VALLEY"值小于 0.25 WAVES。

⑱系统的 Diffraction Encircled Energy 图

提示:给出命令执行路径或设定方法。对图的要求同②。

⑲系统数据 System Data

提示:须给出其文本格式,不要采用图片格式,因为图片太大不利于排版和清晰化打印。自行排版时要求排版规范(字体字号要和正文整体风格一致,没有多余的空行和空格)。

⑳系统的工程制图

提示:给出命令执行路径或方法。在 ZEMAX 软件中,绘制元件图的命令路径如图 27 - 1 所示。学生须根据 ZEMAX 软件提供的元件图和国家工程制图的标准,并使用 AUTOCAD 软件绘制组装图(按光轴的方向从左向右依次绘制),并注明相关的信息(如曲率半径、厚度与间距、玻璃材料、折射率、阿贝数、直径、表面精度及镀膜等)。

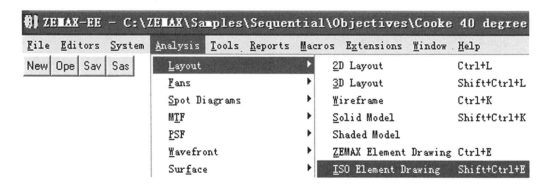

图 27 - 1   ZEMAX 软件制图的命令路径

27.2   课程设计的参考设计结果

初始系统选自 ZEMAX 软件自带的实例,存放位置路径为 C:\ZEMAX\Samples\Short course\sc_ftht1.ZMX。

"Merit Function Editor:"表格中的关键数据如表 27 - 1 所示。

表 27 - 1   "Merit Function Editor:"表格中的关键数据

TYPE	WAVE	Target	Weight	备注
DISC	1	0.000 000	1	畸变操作数
MNCA		5.000 000	1	Air 操作数
MXCA		1 000.000 000	1	Air 操作数
MNEA		5.000 000	1	Air 操作数
MNCG		5.000 000	1	Glass 操作数
MXCG		40.000 00	1	Glass 操作数
MNEG		5.000 000	1	Glass 操作数

部分"Prescription Data"数据如下:

Date ：WED JUN 5 2013

GENERAL LENS DATA：

Surfaces ：8

Stop ：1

System Aperture ：Entrance Pupil Diameter ＝ 50

Glass Catalogs ：schott

Ray Aiming ：Off

Apodization ：Uniform, factor ＝ 0.000 00E ＋000

Effective Focal Length ：800（in air at system temperature and pressure）

Effective Focal Length ：800（in image space）

Back Focal Length ：881.480 4

Total Track ：1 295.039

Image Space F/# ：16

Paraxial Working F/# ：16

Working F/# ：15.992 12

Image Space NA ：0.0312 347 5

Object Space NA ：2.5e －009

Stop Radius ：25

Paraxial Image Height ：291.176 2

Paraxial Magnification ：0

Entrance Pupil Diameter ：50

Entrance Pupil Position ：0

Exit Pupil Diameter：97.394 88

Exit Pupil Position：－1 557.847

Field Type：Angle in degrees

Maximum Field ：20

Primary Wave ：0.632 8

Lens Units ：Millimeters

Angular Magnification ：0.513 374

Fields ：3

Field Type：Angle in degrees

#	X-Value	Y-Value	Weight
1	0.000 000	0.000 000	1.000 000
2	0.000 000	14.140 000	1.000 000
3	0.000 000	20.000 000	1.000 000

Vignetting Factors

#	VDX	VDY	VCX	VCY	VAN
1	0.000 000	0.000 000	0.000 000	0.000 000	0.000 000
2	0.000 000	0.000 000	0.000 000	0.000 000	0.000 000
3	0.000 000	0.000 000	0.000 000	0.000 000	0.000 000

Wavelengths：1

Units：Microns

#	Value	Weight
1	0.632 800	1.000 000

SURFACE DATA SUMMARY：

Surf	Type	Radius	Thickness	Glass	Diameter①	Conic
OBJ	STANDARD	Infinity	Infinity		0	0
STO	STANDARD	Infinity	20		50	0
2	STANDARD	−276.448	5.032 747	PK50	63.238 19	0
3	STANDARD	529.017 8	23.725 03		67.594 92	0
4	STANDARD	2442.943	39.996 09	SF57	90.109 66	0
5	STANDARD	−353.945 7	285.292 4		106.865 2	0
6	STANDARD	−721.792 6	39.983 49	SF59	277.086 9	0
7	STANDARD	−419.851 3	881.009		290.940 9	0
IMA	STANDARD	Infinity			558.421	0

SOLVE AND VARIABLE DATA：

Curvature of　2：Variable

Thickness of　2：Variable

Curvature of　3：Variable

Thickness of　3：Variable

Curvature of　4：Variable

Thickness of　4：Variable

Curvature of　5：Variable

Thickness of　5：Variable

Curvature of　6：Variable

Thickness of　6：Variable

Curvature of　7：Solve, F/# = 16.000 00

Thickness of　7：Variable

设计结果的初级像差情况如表 27 − 2 所示,数据来源于"Seidel Coefficients"。

表 27 − 2　Seidel Aberration Coefficients

Surf	SPHA S1	COMA S2	ASTI S3	FCUR S4	DIST S5	CLA（CL）	CTR（CT）
STO	0.000 000	0.000 000	0.000 000	0.000 000	0.000 000	0.000 000	0.000 000
2	−0.004 159	0.015 527	−0.057 971	−0.102 325	0.598 475	0.000 000	0.000 000
3	−0.018 311	−0.061 795	−0.208 543	−0.053 472	−0.884 232	0.000 000	0.000 000
4	0.009 742	0.046 382	0.220 819	0.015 468	1.124 929	0.000 000	0.000 000

---

① 　此处为全口径值,而不是半口径值,在"Lens Data Editor"窗口中录入数据值时,"Diameter"列的值须减半。

表 27 −2(续)

Surf	SPHA S1	COMA S2	ASTI S3	FCUR S4	DIST S5	CLA（CL）	CTR（CT）
5	0.004 599	− 0.013 378	0.038 917	0.106 761	− 0.423782	0.000 000	0.000 000
6	− 0.000 596	0.002 230	− 0.008 349	− 0.055 680	0.239 689	0.000 000	0.000 000
7	0.010 173	0.012 012	0.014 183	0.095 722	0.129 775	0.000 000	0.000 000
IMA	0.000 000	0.000 000	0.000 000	0.000 000	0.000 000	0.000 000	0.000 000
TOT	0.001 448	0.000 978	− 0.000 943	0.006 476	0.784 853	0.000 000	0.000 000

场曲和畸变图如图 27 −2 所示。

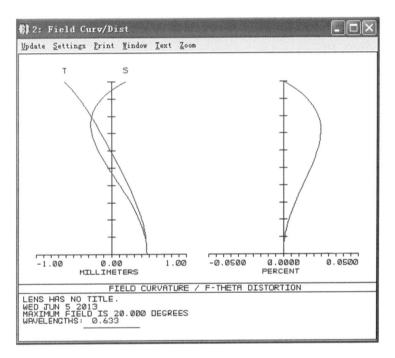

图 27 −2　场曲和畸变图

点列图如图 27 −3 所示。

部分"FFT MTF"数据如下：

Polychromatic Diffraction MTF

Date：WED JUN 5 2013

Data for 0.632 8 to 0.632 8 microns.

Spatial frequency units are cycles per mm.

Modulation is relative to 1.0.

Field：0.00 deg

Spatial frequency　Tangential　Sagittal

0.000 000　　1.000 00　1.000 00

10.000 000　　0.861 75　0.861 75

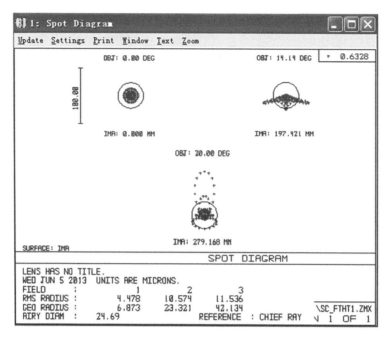

图 27 -3　点列图

20.000 000	0.715 94	0.715 94
30.000 000	0.575 98	0.575 98
40.000 000	0.454 78	0.454 78
50.000 000	0.351 37	0.351 37

Field: 14.14 deg

Spatial frequency	Tangential	Sagittal
0.000 000	1.000 00	1.000 00
10.000 000	0.857 97	0.794 31
20.000 000	0.713 41	0.576 65
30.000 000	0.578 02	0.412 35
40.000 000	0.454 54	0.294 35
50.000 000	0.341 13	0.208 23

Field: 20.00 deg

Spatial frequency	Tangential	Sagittal
0.000 000	1.000 00	1.000 00
10.000 000	0.826 29	0.842 28
20.000 000	0.669 44	0.675 50
30.000 000	0.537 38	0.532 72
40.000 000	0.425 57	0.418 00
50.000 000	0.320 49	0.321 26

从"Wavefront"图中还可以看到:本实例设计结果的"PEAK TO VALLEY IS 0.1192

WAVES",即满足瑞利判据(也称为瑞利准则,小于0.25WAVES)。

　　光学制图的命令路径为 Analysis→Layout→ISO Element Drawing,该路径快捷键命令为"Shift + Ctrl + E"。利用"ISO Element Drawing Settings"窗口,将"Show As:"选定为"Singlet",并依此选定"First Surface:"为"2""4"和"6",就可以看到相应的光学制图及其数据了。如我们将"Show As:"选定为"Singlet",并选定"First Surface:"为"6",则可以得到1个图(图中有数据标注)和8个数据,如表27-3所示。

表27-3　光学透镜元件的制图参数

LEFT SURFACE	MATERIAL	RIGHT SURFACE
R = -721.793	GLASS:SF59	R = -419.851
DIAE = 277.087	ND = 1.952 500	DIAE = 290.941
	VD = 20.36	
	THIC = 39.983 5	

设计结果的其他数据或图形,可在源设计程序中获知。

27.3　毕业设计的大纲撰写指南

　　用 ZEMAX 软件进行光学系统的仿真类的毕业设计与课程设计的主要区别是:其一,毕业设计的时间比课程设计的时间长得多;其二,毕业设计对设计指标的要求比课程设计的较严格、较高、较多,更侧重其半径的标准化问题和加工工艺性问题、光机系统设计问题。

　　以毕业设计题目《超广角照相物镜的设计》为例说明毕业设计的写作大纲(即目录)。

1　前言(约占正文全文的10% ~ 15%)
　1.1　超广角照相物镜的光学特性
　1.2　超广角照相物镜的技术现状
　1.3　本设计的技术指标及其要求
2　正文(约占正文全文的80% ~ 85%)
　2.1　设计过程
　2.1.1　设计软件工具简介(一般为300~400字)
　2.1.2　选用的初始光学系统及其光学特性评价
　2.1.3　设定入瞳直径
　2.1.4　设定波长
　2.1.5　设定视场角
　2.1.6　设定公差
　2.1.7　设定默认评价函数(参与优化的操作数在此节说明)
　2.2　设计结果
　2.2.1　系统的 Lens Data Editor 数据
　2.2.2　系统的 Seidel Aberration Coefficients 数据

3　总结(评价所设计结果成像质量,说明任务完成情况,后续优化建议等,约占正文全文的 5%)

参考文献(按国家标准规范撰写)

致谢

附录:系统的光学 CAD 元件图和装配图(按国家光学制图标准用 AUTOCAD 软件绘制)

关于附录的进一步说明:

在附录中共绘制 2 张 A4 大小的 CAD 图,打印出来的图纸要大小合适、内容清晰可识:

其一,要求绘制每个光学元件的 CAD 元件图。

根据快捷键"Shift + Ctrl + E"打开的"ISO Element Drawing"窗口中的内容绘制,并绘制类似表 27 - 3 中的信息表,要注意元件图与信息表的一一对应关系。简言之,一个元件图配一个信息表。

其二,又要求绘制整个系统的 CAD 装配图。

按"2D Layout"或"3D Layout"窗口中的光线传播顺序和"Prescription Data"窗口中的"SURFACE DATA SUMMARY:"的信息依次绘制,光线可以不画出来,并绘制"SURFACE DATA SUMMARY:"对应的信息表,还要绘制类似表 27 - 2 中的七个初级像差的信息表。简言之,一个装配图配两个信息表。

第六编　照明系统设计案例

第 28 章　照明系统设计案例

鉴于很多高校的相关课程名称是"光学设计"或"光学系统设计"等,其内容不仅包括成像类光学设计软件(本书以 ZEMAX 为例),还包括照明类光学设计软件(本书以 TracePro 为例)。考虑到一门课程的学时有限,每个光学设计软件的功能强大,系统地讲解每个光学设计软件在学时很少的情况下不现实,因此本书采用项目案例教学方法,精选三个设计实例,配有具体的设计步骤。多年的教学实践发现:学生仿照案例逐步设计一遍就能初步了解该照明设计软件的基本功能和设计方法。如果按上机实验模式来上课的话,建议每个案例为 2 学时,并建议每组的设计参数互不全同且各组的难度大致相当。

设计软件:TracePro 7.0,每个版本的界面和功能略有不同,设计时须酌情处理。

28.1　用 TracePro 设计积分球

28.1.1　设计思路

在本例中,我们将用到布林运算,以两个球体为基础,利用逻辑非运算(也称 NOT 运算、逻辑减运算)得到一个球壳。先建一个大球体,再建一个小球体,用大球体减去小球体就得到球壳(相当于乒乓球结构),在二维上就是同心圆环(图 28 - 1)。积分球的出射口和球壳需要进行逻辑或运算(也称 OR 运算)。注意:在其他案例中也可能用到逻辑与运算(也称 AND 运算)。

图 28 - 1　利用逻辑非运算得到球壳(二维)

28.1.2 设计步骤

1. 打开 TracePro 软件,新建名为"Sphere. oml"的文件,如图 28 - 2 所示,并保存。提醒保存路径要便于查找得到。

图 28 - 2　新建文件

2. 在下拉菜单 Insert 中选择基本实体模型 Primitive Solids 命令,如图 28 - 3 所示。

图 28 - 3　选择实体模型

3. 在 Sphere 设置栏中输入小球的半径为 50,单位默认,即 Name:Sphere 1,Radius:50,设置办法见图 28 - 4,设置后的效果见图 28 - 5。

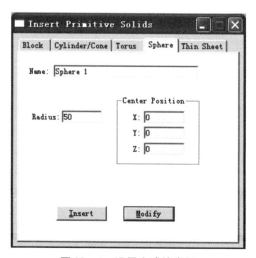

图 28 - 4　设置小球的半径

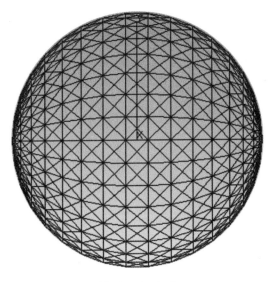

图 28 - 5 小球

4. 点击 Insert。再插入一个球体(大球),然后改变半径值为52,单位默认,即 Name:Sphere 2, Radius:52,设置办法见图 28 - 6,设置后的效果见图 28 - 7,大球和小球为同心结构。

提示:老师在布置设计任务时可以修改两个球的半径值,每个小组的设计参数不全同。

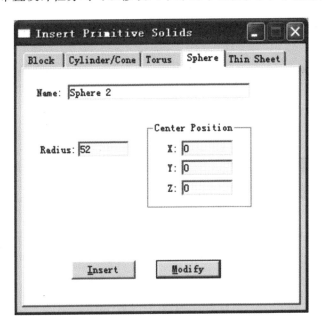

图 28 - 6 设置大球的半径

5. 插入后对窗口进行缩放,使图形完全呈现出来,查看 X - Y 视角的结构图,如图 28 - 8 所示。

6. 做逻辑非运算。先选中大半径球体,然后按住 Ctrl 键,再选中小半径球体。先大后小,顺序别错。再点击 图标做"相减"布林运算(即逻辑非运算),使大球体减去小球体,得到球壳。此时,左侧的"树栏"中的两个文件名合并为一个文件名"Sphere 2",球壳结构见图 28 - 9。

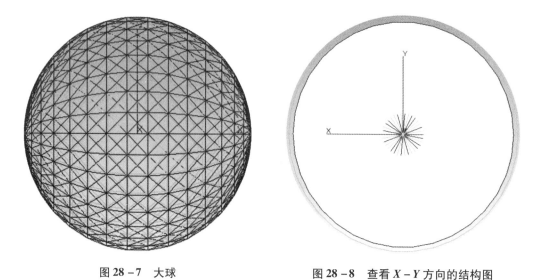

图 28 - 7　大球　　　　　　　　　图 28 - 8　查看 X - Y 方向的结构图

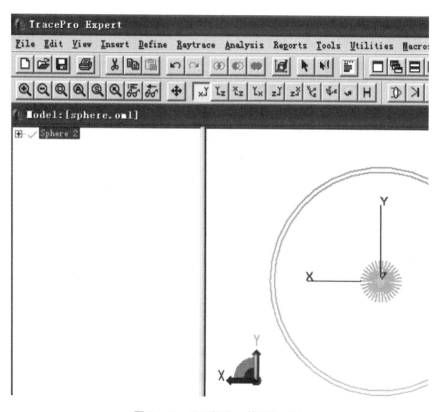

图 28 - 9　用逻辑非运算获得球壳

　　7. 在下拉菜单 Insert 中选择基本实体模型 Primitive Solids 命令,添加积分球的出口,如图 28 - 10 所示。

图 28 - 10 添加积分球的出口

8. 在 Cylinder/Cone 栏中设定参数,见图 28 - 11。Name:Cylinder 1,Major = 9,Length = 10,在 Base Position 栏区中 X:0,Y: -45,Z:0,在 Base Rotation 栏区中 X:90,Y:0,Z:0。

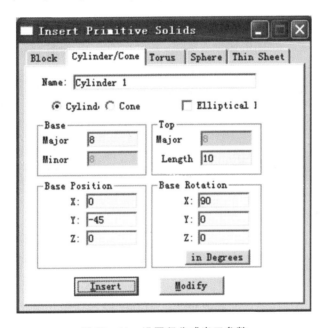

图 28 - 11 设置积分球出口参数

9. 选中球壳,按住 Ctrl 键,再选中柱体,点击图标,进行逻辑或运算(取并集),见图 28 - 12 和图 28 - 13。

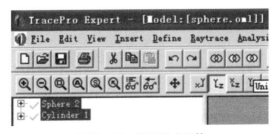

图 28 - 12 做逻辑或运算

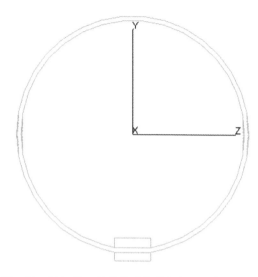

图 28 - 13　添加出口的积分球结构图($Y - Z$ 视角效果图)

10. 添加一个探测面:将图形区设置为 $Y - Z$ 坐标轴显示,如图 28 - 14 所示。

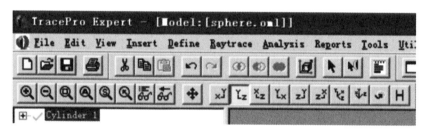

图 28 - 14　$Y - Z$ 显示

11. 在下拉菜单 Insert 中选择基本实体模型 Primitive Solids 命令,用于插入探测器面。确定 Cylinder/Cone 栏中 Cylinder 被选中,而 Elliptical 未被选中。将 Top 栏中的长度改为"1",Base Position 中的 Y 坐标改为"-58"。点 Insert 插入探测器面,其他参数设置见图 28 - 15 和图 28 - 16,添加探测器面的效果图见图 28 - 17。

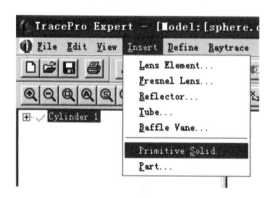

图 28 - 15　选择实体模型,插入探测器面

至此,实体模型已经建立完成,接下来进行新表面的属性定义。

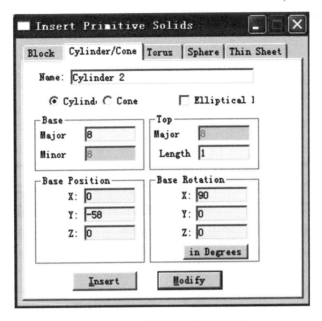

图 28 - 16 设置探测器面的参数

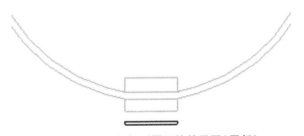

图 28 - 17 添加探测器面的效果图(局部)

12. 打开下拉菜单 Define,在 Edit Property Data 中,打开 Surface Properties 定义对话框,如图 28 - 18 所示。

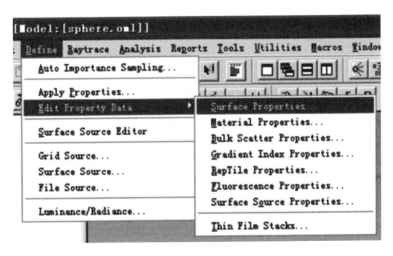

图 28 - 18 打开 Surface Properties 定义对话框

13. 点击 Add Property 按钮,见图 28 – 19,输入属性名为 lambertian,并在 scatter model 栏中选择 ABg,见图 28 – 20。点击 Absorptance 一栏,输入值 0. 01,见图 28 – 21 和图 28 – 22。在 Solve For 的下拉菜单中选择 BRDF,见图 28 – 23。

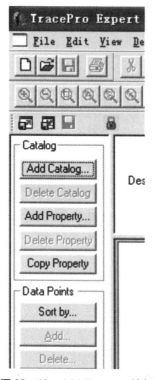

图 28 – 19　Add Property 按钮

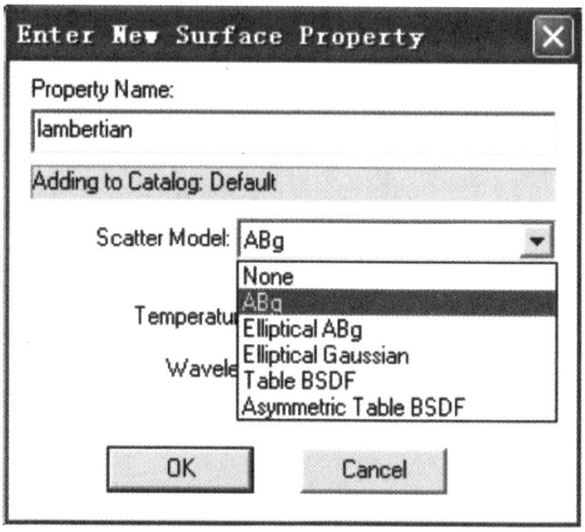

图 28 – 20　选择 ABg

Temperature (K)	Wavelength (μm)	Incident Angle (deg)	Absorptance	Specular Refl
300	0	0	0. 01	0

图 28 – 21　设置系数系数(因图很长,截取左侧的图)

Specular Trans	Integrated BRDF	BRDF A	BRDF B	BRDF g
0	0. 99	0. 34663946605415	0. 1	0

图 28 – 22　设置系数系数(因图很长,截取右侧的图)

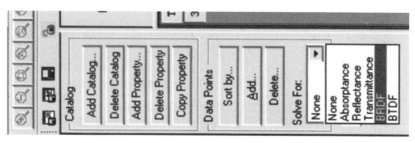

图 28 – 23　选择 BRDF(被逆时针旋转 90°)

14. 选中壳体内表面,点击 Define 菜单中的 Apply Properties,在 surface 栏中进行表面属性设置,见图 28 - 24。在 Surface Property Name 栏中选择 lambertian(前文已经自定义),见图 28 - 25,点击 Apply 运用。

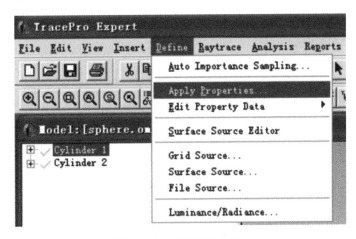

图 28 - 24　设置表面属性

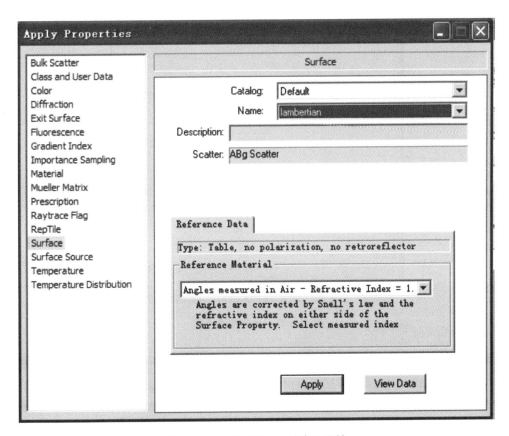

图 28 - 25　调用自定义的表面属性

15.最后进行描光设定:在 Raytrace 下拉菜单中选择 Raytrace Options,见图 28 – 26。点击 Thresholds 一栏,将 Flux 的值设为 0. 0005,见图 28 – 27。点击 Apply 运用。

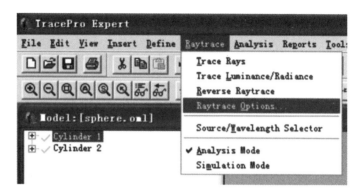

图 28 – 26　选择 Raytrace Options

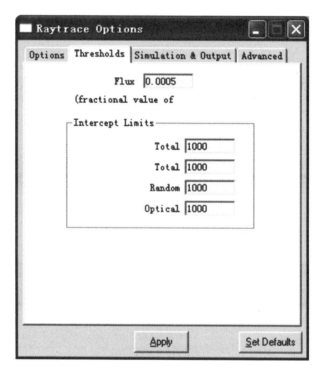

图 28 – 27　设置描光参数

16.在 Define 下拉菜单中选择 Grid Raytrace。在 Grid Setup 一栏中进行如下参数设定,见图 28 – 28。点击 TraceRays 按钮运行描光,见图 28 – 29,描光后的效果见图 28 – 30。

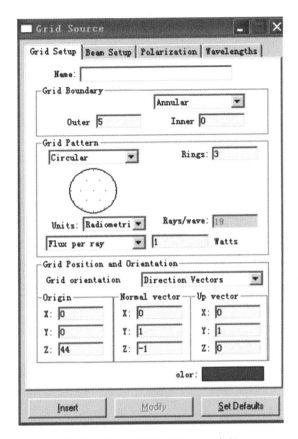

图 28 - 28　设定 Grid Source 参数

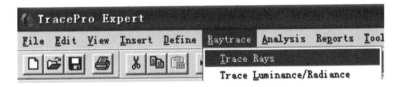

图 28 - 29　运行描光

图 28 - 30　描光效果

28.2   用 TracePro 设计导光管

本实例用来设计一个带透镜的导光管,具体设计步骤如下。

1. 打开 Tracepro 软件,默认打开一个名为"Model[Untitled 1]"的文件;保存该文件,名称改为 DGG(可自定义),保存类型按默认设定,见图 28 − 31。

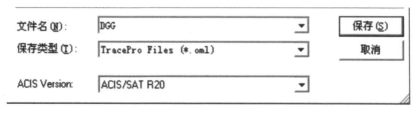

图 28 − 31   新建文件

2. 在 Insert 菜单中选择 Primitive Solid,打开 Insert Primitive Solids 对话框,见图 28 − 32,并选择 Cylinder/Cone 标签,见图 28 − 33。

图 28 − 32   选择 Primitive Solid

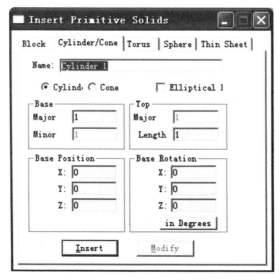

图 28 − 33   选择 Cylinder/Cone 标签

3. 设置 Insert Primitive Solids 对话框,Name:DGG,选中"Cylinder",输入主半径为 2 (Major = 2),长度为 30(Length = 30),并按下 Insert 按钮,见图 28 − 34。

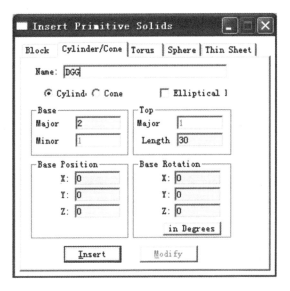

图 28 − 34　设置 Insert Primitive Solids 对话框中的参数

4. 按下图标缩放全部或者在 View 菜单中选择子菜单 Zoom,再选择 All 子菜单以便看到新模型,在 $X − Y$ 视角观察到的效果见图 28 −35,在 $Y − Z$ 视角观察到的效果见图 28 −36。

图 28 −35　查看模型($X − Y$ 视角)

图 28 −36　查看模型($Y − Z$ 视角)

5. 查看四种渲染效果(共四种渲染方式：Silhouettes，Render，Wireframe，Hidden Line)，见图 28 –37。

6. 点击 DGG 左侧的加号,打开子文件,见图 28 – 38。在 Edit 菜单中选择 Select 子菜单再选择 Surface 子菜单,选择棒的右端面,或用鼠标"点选"棒的右端面。被选中的显黑色,未被选中的显绿色,见图 28 –39。

7. 在 Edit 菜单中,选择 Surface 子菜

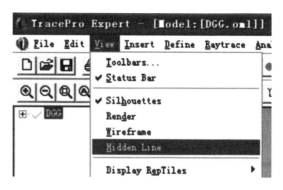

图 28 –37　查看四种渲染效果

单,再选择 Revolve Surface Selection 子菜单,设置对话框的参数:输入角度 90° 与弯曲半径 25,单位默认,将轴置于点(0, –25,30),并定义轴的指向为空间中的 X 轴方向;按下旋转填料 Revolve Surface 按钮来进行弯曲;见图 28 –40。设计效果图如图 28 –41 所示。

图 28 –38　打开 DGG

图 28 –39　选中棒的右端面

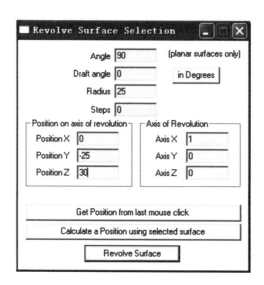

图 28 –40　设置 Revolve Surface Selection 对话框

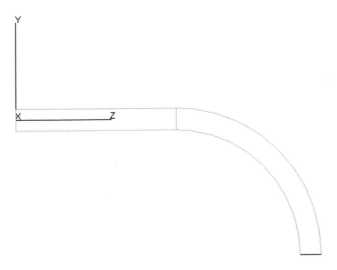

图 28 - 41　设计效果图

8. 在 Edit 菜单中,选择 Surface 子菜单,再选择 Sweep 子菜单,打开表面拉伸填料选项 Sweep Surface Selection 对话框;在拉伸长度 Distance 框中输入 15,拉伸角度 Draft angle 为 -2°,点击 Apply 按钮,作用是:表面沿着设定长度被拉伸的同时,以 2°的角度逐渐变细,见图 28 - 42。设计效果图如图 28 - 43 所示。

图 28 - 42　设置 Sweep Surface Selection 对话框

9. 在 Edit 菜单中,选择 Select 子菜单,再选择 Object 子菜单,选择导光管,并用鼠标点击导光管,见图 28 - 44。

10. 在 Define 菜单中,选择 Apply Properties(设定材料),打开 Apply Properties 应用特性对话框,见图 28 - 45,图 28 - 46。

11. 在左侧栏,从"Surface"切换到"Material",在右侧:选中目录 Catalog:Plastic,选中名称 Name:Acrylic 并按下 Apply 按钮,见图 28 - 47。

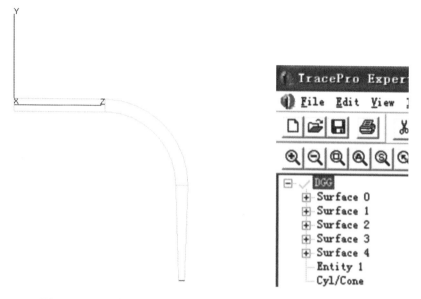

图 28 - 43　设计效果图　　　　　　　　图 28 - 44　选择导光管的全部文件

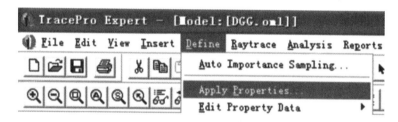

图 28 - 45　打开 Apply Properties 对话框

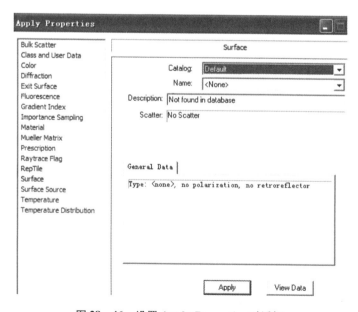

图 28 - 46　设置 Apply Properties 对话框

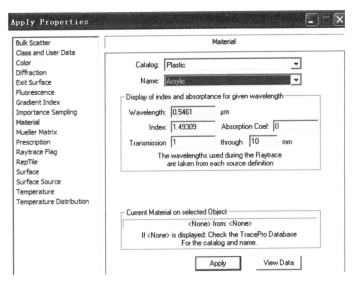

图 28 - 47　从"Surface"切换到"Material"

12. 选择 Insert 菜单中的 Lens Element 子菜单,见图 28 - 48,透镜参数为 Surface1 Radius 25,Thickness 3.5mm,Material BK7,Position (0，0， -40)在导光管前安置一会聚透镜,以达到较好的光路耦合性能,见图 28 - 49 和图 28 - 50。

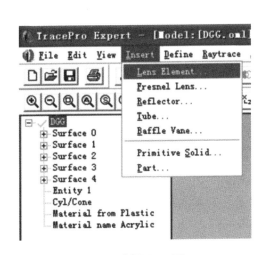

图 28 - 48　选择 Lens Element

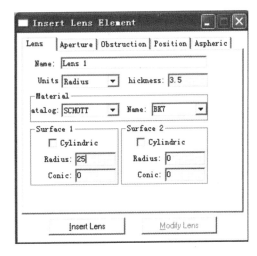

图 28 - 49　设置 Insert Lens Element
(Lens 卡片)

13. 插入透镜后的效果见图 28 - 51。

14. 设定光源,菜单路径:Define→Grid Source, Grid Pattern 栏区:选 Annular,Outer：10,Inner：0, Grid Pattern 栏区:选 Circular,Rings:10,光线的起点位置（0，0， -48）,其他参数见图 28 - 52。

15. 进行光线追迹,菜单路径:Raytrace→Trace Rays,见图 28 - 53,输出结果的全貌见图 28 - 54,细节见图 28 - 55、图 28 - 56、图 28 - 57。

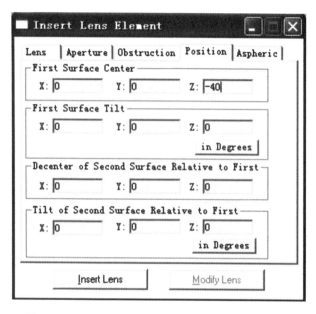

图 28 - 50　设置 Insert Lens Element(Position 卡片)

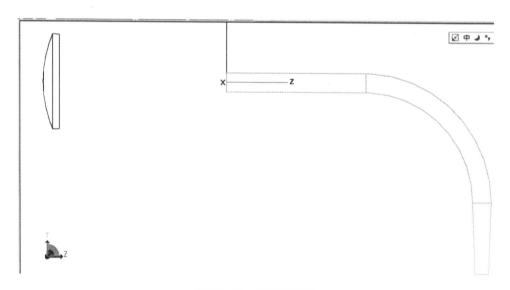

图 28 - 51　设计效果图

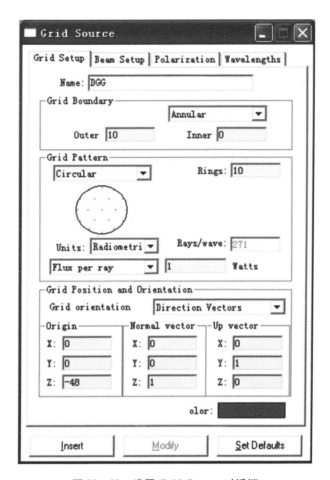

图 28 – 52　设置 Grid Source 对话框

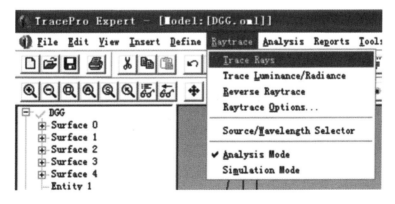

图 28 – 53　光学追迹菜单路径

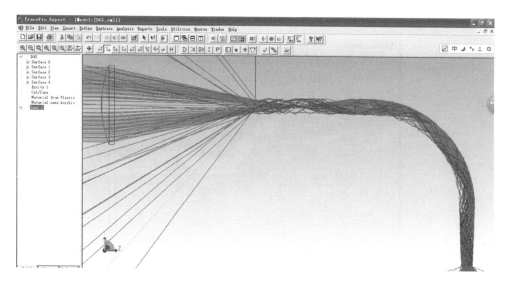

图 28 − 54   追迹光线后的全貌图

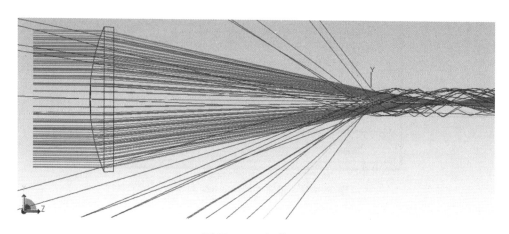

图 28 − 55   细节(1)

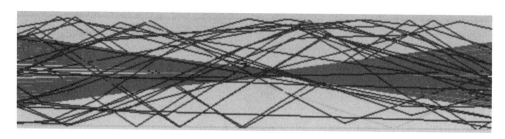

图 28 − 56   细节(2)

16. 如果再 sweep 一个表面:surface 5,参数设置键图 28 − 58,全貌图的右下角端部的细节见图 28 − 59,与图 28 − 57 相比较发现:越靠近端头,越不再满足全反射,出现了端头漏光现象。

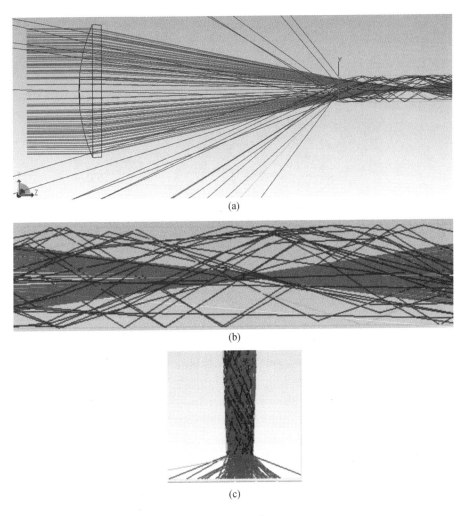

(a)

(b)

(c)

图 28 - 57　细节(3)

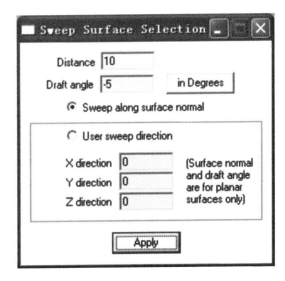

图 28 - 58　添加表面

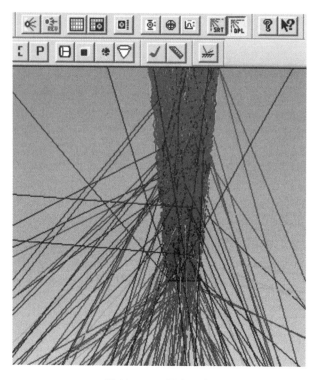

图 28 - 59 漏光现象

28.3 用 TracePro 设计 LED 光源模块

本实例用来设计一个表面装有 LED 的光源模块,具体的设计步骤如下。

1. 新建一个文件,文件名:LED. oml,见图 28 - 60。

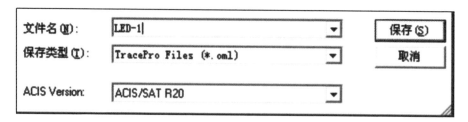

图 28 - 60 新建文件

2. 点击 $X - Y$ 视图按钮,查看 $X - Y$ 视图,见图 28 - 61。

3. 打开 Insert → Primative Solid 对话框,并选择并设置薄板 Thin Sheet 标签,见图 28 - 62。

4. 用菜单路径查看全部图形:View→Zoom→All,或点击图标 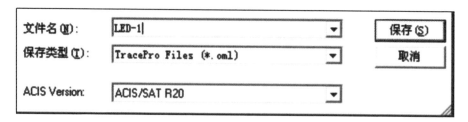 查看,见图 28 - 63。

5. 点击 $Y - Z$ 视图按钮,切换到 $Y - Z$ 视图界面,见图 28 - 64。

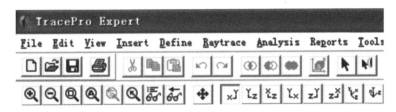

图 28 – 61　查看 X – Y 视图

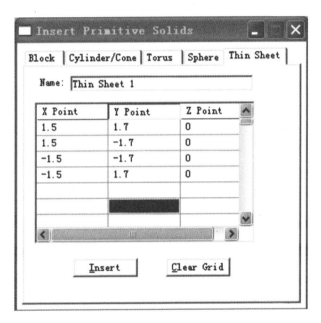

图 28 – 62　设置 Thin Sheet 对话框

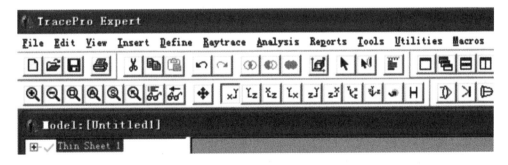

图 28 – 63　查看图形的全貌

6. 执行菜单路径：Edit→Select→Surface，点击树栏中的"☐+☐"，选择：Surface 0，见图 28 – 65。

7. 用拉伸填充法构造实体：模块有一个约 4°的小角，因此要执行菜单路径：Edit→Surface→Sweep，输入拉伸距离 0.9 mm，伸张角度 4°，点击 Apply，见图 28 – 66 和图 28 – 67。

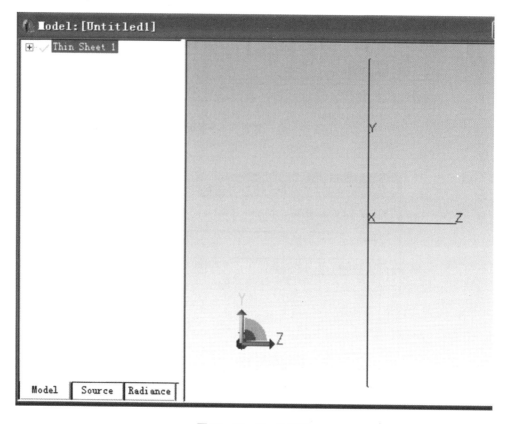

图 28 - 64   Y - Z 视图

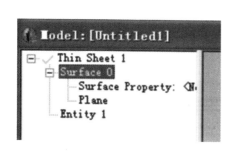

图 28 - 65   选择 Surface 0

图 28 - 66   设置 Sweep Surface Selection 对话框

8. 选中表面 4,表面拉伸 0.2 mm,角度为 0°,见图 28 - 68 和图 28 - 69。

9. 选中表面 8,表面拉伸 0.9 mm,角度为 -4°,见图 28 - 70。

10. 在图 28 - 71 中建一个圆锥形孔:执行菜单路径:Insert→Primitiver Soild→Cylinder/Cone,见图 28 - 72 和图 28 - 73。

11. 更改文件名:Thin Sheet 1 改为 object 1,Cone 1 改为 object2,见图 28 - 74。

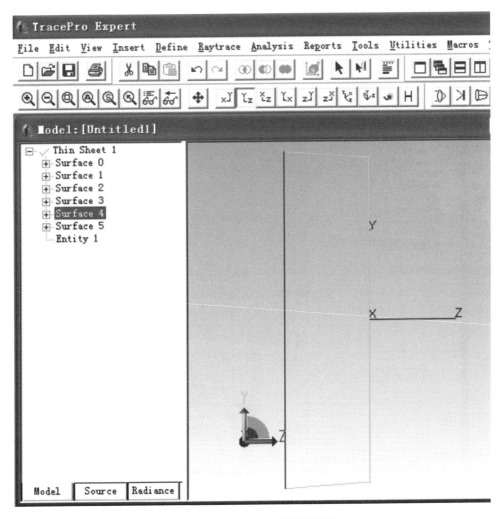

图 28 − 67　SWEEP 后的效果图

图 28 − 68　设置 Sweep Surface Selection 对话框

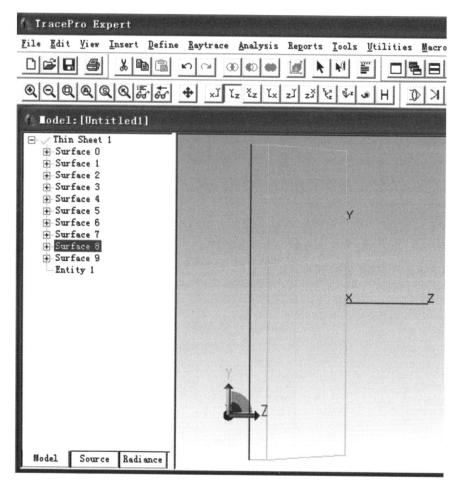

图 28-69　效果图

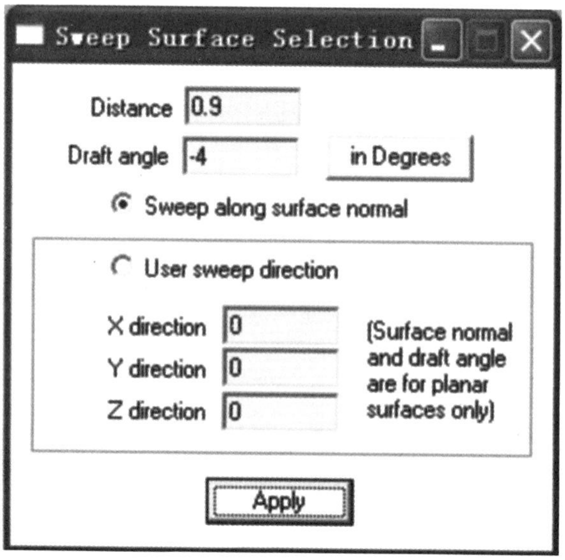

图 28-70　设置 Sweep Surface Selection 对话框

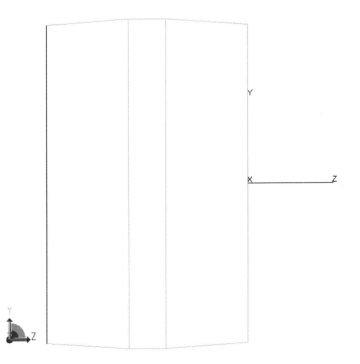

图 28 - 71　设计效果图

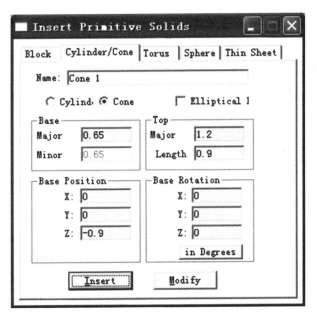

图 28 - 72　设置 Insert Primitive Solids 对话框

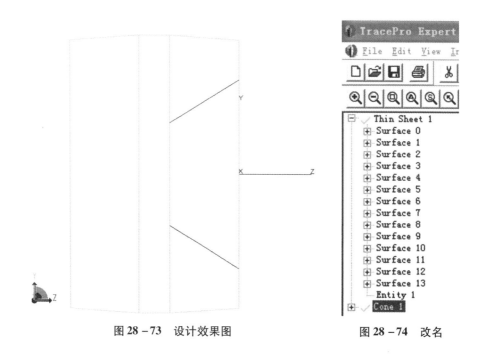

图 28 - 73 设计效果图   图 28 - 74 改名

12. 先同时选中(利用 Ctrl 键)object 1 和 object 2,再做布林运算(Boolean→Subtract 运算),运算后树中只有一个名称,见图 28 - 75 和图 28 - 76。运算后的效果见图 28 - 77,设计效果图见图 28 - 78。

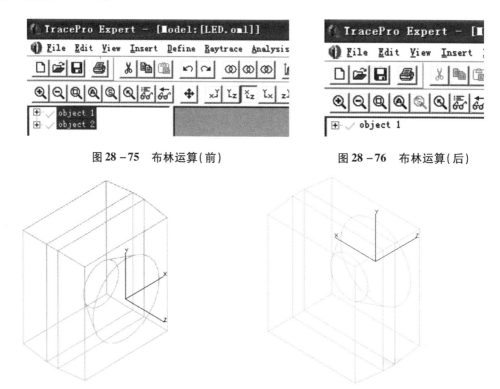

图 28 - 75 布林运算(前)   图 28 - 76 布林运算(后)

图 28 - 77 设计效果图   图 28 - 78 设计效果图(请自行查看四种渲染图)

13. 更改名称, object 1 改为 package, 见图 28 - 79。

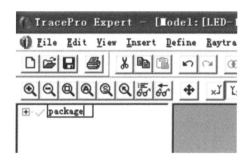

图 28 - 79　更改名称

14. 插入散光板 suffuser, 见图 28 - 80 和图 28 - 81。

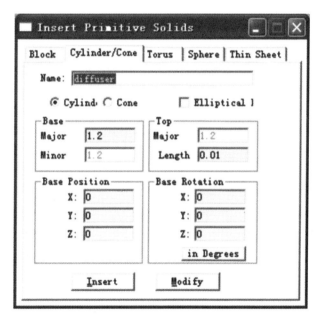

图 28 - 80　设置 Insert Primitive Solids 对话框

图 28 - 81　树栏区添加新文件

15. 添加方块,见图 28 –82。树栏区添加新文件,如图 28 –83 所示,设计效果图如图 28 –84 所示。

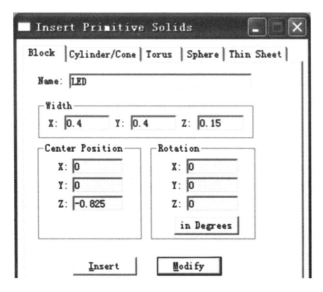

图 28 –82 添加方块

图 28 –83 树栏区添加新文件

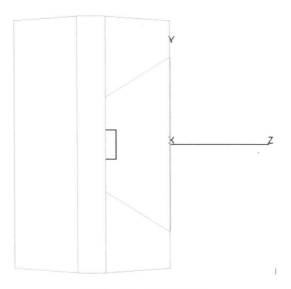

图 28 –84 设计效果图

16. 设置散射表面特性的菜单路径:define→edit property data→surface properties....。

17. 添加属性,见图 28 –85、图 28 –86 和图 28 –87。

18. 吸收率设为 0,见图 28 –88 和图 28 –89。

18. 应用表面散射特性,见图 28 –90。

19. 打开应用属性对话框,见图 28 –91。

20. 选择 surface 1,见图 28 –92,选择 Lambertian Diffuser 朗伯辐射器,见图 28 –93。

21. 同时选中 Surface 0 和 Surface 1,点击鼠标右键选择:Proterties...,选择 Perfect

Mirror，见图 28 - 94 和、图 28 - 95、图 28 - 96 和图 28 - 97。

图 28 - 85　添加属性

图 28 - 86　选择 BTDF

图 28 - 87　设置 Enter New Surface Property 对话框

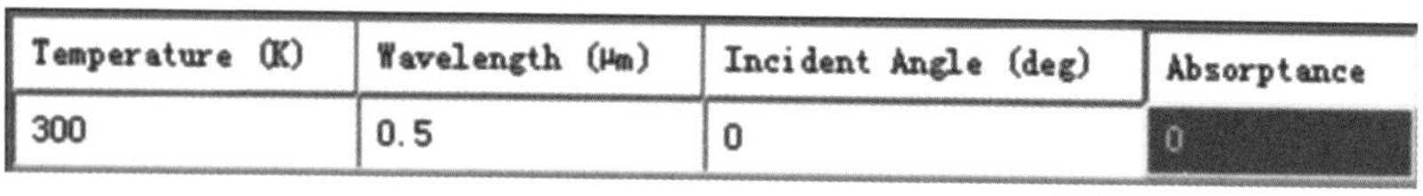

Temperature (K)	Wavelength (μm)	Incident Angle (deg)	Absorptance
300	0.5	0	0

图 28 - 88　设置吸收率

图 28 - 89　点击确定

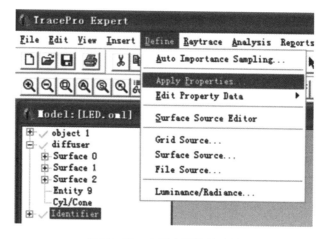

图 28 - 90　应用表面散射特性

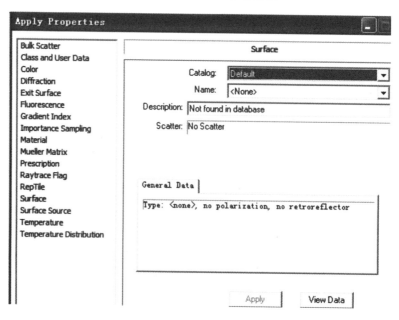

图 28 - 91　设置 Apply Properties 对话框

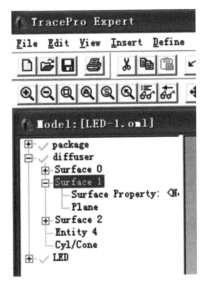

图 28 - 92　选择 surface 1

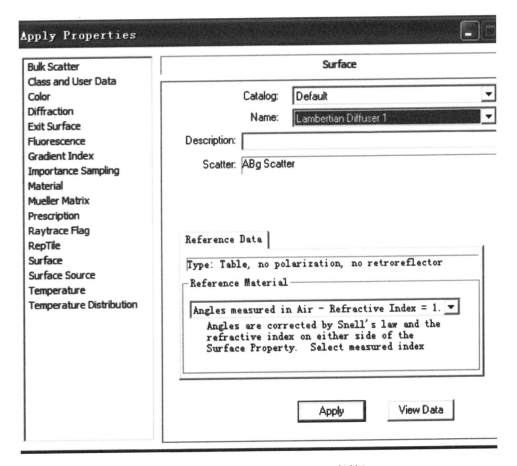

图 28 - 93　设置 Apply Properties 对话框

图 28 −94　注意树栏区的文件变化

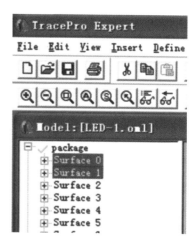

图 28 −95　同时选中两个文件

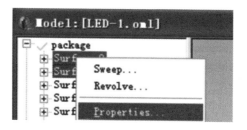

图 28 −96　点击鼠标右键选择 Proterties

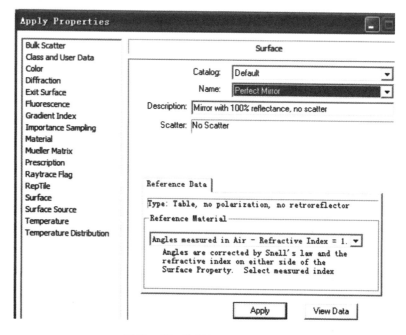

图 28 −97　选择 Perfect Mirror

22. 定义 LED 光源 source,菜单路径:Raytrace→Raytrace Options...,见图 28 – 98,设置 Raytrace Options 对话框,选择 Photometric,见图 28 – 99。

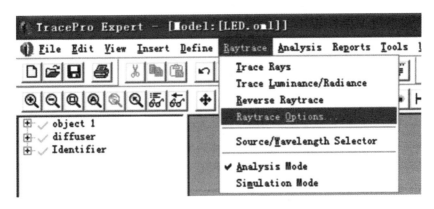

图 28 – 98　定义 LED 光源 source

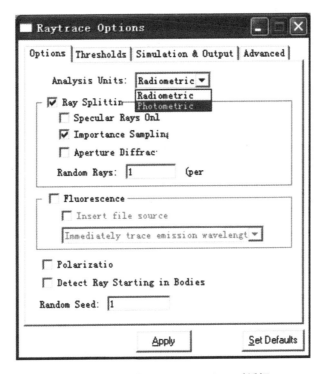

图 28 – 99　设置 Raytrace Options 对话框

23. 选择树栏区中:surface 0,见图 28 – 100。设置 Apply Properties 对话框如图 28 – 101 所示。

24. 光线追迹,执行菜单路径:Raytrace→Trace Rays,或点击图标,见图 28 – 102,光线追迹效果图见图 28 – 103,照度图如图 28 – 104 所示。

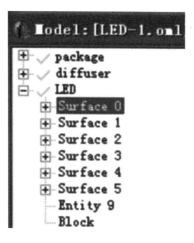

图 28 – 100　选择 surface 0 文件

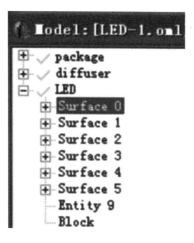

图 28 – 101　设置 Apply Properties 对话框

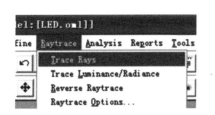

图 28 – 102　光线追迹

图 28 – 103　光线追迹效果图

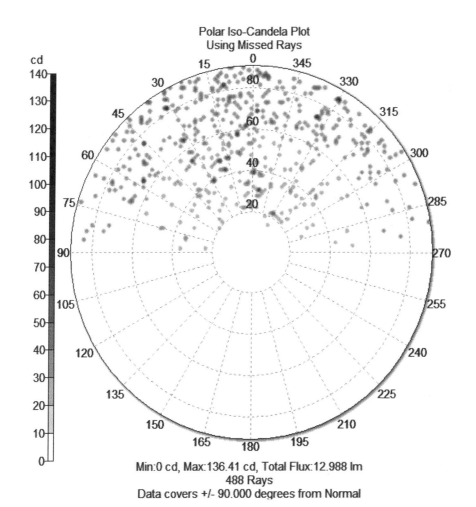

图 28 – 104　照度图

附录 A　双胶合透镜的 P_0 表

n_2 ＼ n_1	K7（冕牌玻璃在前）						
	$C_I=0.010$	$C_I=0.005$	$C_I=0.002$	$C_I=0.001$	$C_I=0.000$	$C_I=-0.0025$	$C_I=-0.005$
QF1	1.140	−1.979	−5.454	−6.943	−8.616	−13.68	−20.13
QF3	1.455	−0.527	−2.685	−3.602	−4.628	−7.710	−11.60
F2	1.655	0.335	−1.077	−1.672	−2.335	−4.317	−6.807
F3	1.665	0.376	−1.000	−1.580	−2.226	−4.157	−6.582
F4	1.676	0.420	−0.920	−1.482	−2.113	−3.990	−6.348
F5	1.691	0.482	−0.805	−1.347	−1.951	−3.752	−6.012
BAF6	−0.327	−8.682	−18.16	−22.25	−26.27	−40.92	−59.01
BAF7	1.345	−1.019	−3.591	−4.683	−5.905	−9.579	−14.23
BAF8	1.339	−0.783	−3.150	−4.154	−5.276	−8.644	12.90
ZF1	1.762	0.770	−0.281	−0.722	−1.212	−2.671	−4.495
ZF2	1.812	0.971	0.083	−0.289	−0.072	−1.928	−3.458
ZF3	1.886	1.257	0.595	0.319	0.012	−0.894	−2.022
ZF5	1.918	1.380	0.814	0.578	0.317	−0.456	−1.414
ZF6	1.934	1.438	0.917	0.700	0.459	−0.252	−1.134
	K9（冕牌玻璃在前）						
QF1	1.648	0.011	−1.873	−2.688	−3.607	−6.401	−9.984
QF3	1.746	0.524	−0.852	−1.443	−2.107	−4.113	−6.667
F2	1.831	0.938	−0.053	−0.476	−0.949	−2.371	−4.170
F3	1.836	0.960	−0.012	−0.426	−0.890	−2.282	−4.044
F4	1.841	0.983	0.002	−0.373	−0.826	−2.188	−3.909
F5	1.849	1.018	0.098	−0.294	−0.732	−2.047	−3.708
BAF6	0.994	−3.451	−8.654	−10.92	−13.49	−21.34	−31.50
BAF7	1.680	0.170	−1.533	−2.264	−3.085	−5.567	−8.730
BAF8	1.703	0.282	−1.316	−2.002	−2.770	−5.093	−8.049
ZF1	1.885	1.184	0.410	0.082	−0.284	−1.383	−2.766
ZF2	1.913	1.306	0.637	0.354	−0.038	−0.906	−2.093
ZF3	1.955	1.490	0.977	0.760	−0.518	−0.202	−1.104
ZF5	1.974	1.572	1.129	0.941	0.733	0.111	−0.666
ZF6	1.984	1.612	1.262	1.027	0.834	0.285	−0.461

注：全表参见文献[12]。

附录 B 双胶合透镜参数表

参数	K9(晃牌玻璃在前)						
	$C_I = 0.010$	$C_I = 0.005$	$C_I = 0.002$	$C_I = 0.001$	$C_I = 0.000$	$C_I = -0.0025$	$C_I = -0.005$
φ_1	1.362 376	1.685 890	1.879 998	1.944 701	2.009 404	2.171 161	2.332 918
A	2.363 639	2.403 492	2.427 403	2.435 373	2.443 344	2.463 270	2.483 196
B	10.923 78	15.788 10	18.842 30	19.882 97	20.934 93	23.614 29	26.364 27
C	14.534 35	27.233 12	37.202 43	40.936 61	44.881 73	55.688 57	67.884 49
K	1.681 819	1.701 746	1.713 01	1.717 686	1.721 672	1.731 635	1.741 598
L	3.762 092	5.491 332	6.574 101	6.942 557	7.314 780	8.261 817	9.232 396
Q_0	−2.310 80	−3.284 41	−3.881 16	−4.082 12	−4.284 074	−4.793 28	−5.308 54
P_0	1.913 030	1.305 813	0.637 388	0.354 292	0.038 319	−0.906 382	−2.093 331
W_0	−0.124 29	0.097 899	−0.077 057	−0.069 24	−0.060 990	−0.038 395	−0.012 938
p	0.835 646	0.823 952	0.826 554	0.825 425	0.824 297	0.821 484	0.818 681

ZF_2 $n_2 = 1.672$ $v_2 = 32.2$

参数	ZF1(火石玻璃在前)						
	$C_I = 0.010$	$C_I = 0.005$	$C_I = 0.002$	$C_I = 0.001$	$C_I = 0.000$	$C_I = -0.0025$	$C_I = -0.005$
φ_1	−4 042 983	−0.762 75	−0.978 61	−1.050 56	−1.122 52	−1.302 399	−1.482 283
A	2.361 329	2.399 119	2.421 792	2.429 351	2.436 906	2.455 803	2.474 698
B	−13.490 9	−18.885 1	−22.267 91	−23.419 9	−24.584 08	−27.547 87	−30.587 85
C	21.232 27	38.538 69	51.876 44	56.838 26	62.064 59	76.313 39	92.301 33
K	1.680 664	1.699 559	1.710 896	1.714 675	1.718 44	1.727 902	1.737 349
L	−4.964 62	−6.882 61	−8.082 173	−8.490 15	−8.902 199	−9.950 089	−11.023 37
Q_0	2.856 626	3.935 837	4.597 401	4.820 197	5.044 111	5.608 727	6.180 116
P_0	1.963 083	1.374 376	0.689 187	0.394 005	0.062 170	−0.940 851	−2.216 915
W_0	−0.163 59	−0.193 42	−0.216 495	−0.225 08	−0.234 123	−0.258 758	−0.286 347
p	0.835 977	0.830 575	0.827 350	0.826 278	0.825 207	0.822 537	0.819 875

K_2 $n_2 = 1.5163$ $v_2 = 64.1$

注:全表参见文献[12]。

附录 C 2016 年 CIOE 光学镜头 应用设计大赛

时间:2016 年 9 月 8 日

地点:深圳会展中心

大赛介绍:

以 Zemax OpticStudio 为设计载体的首届镜头设计大赛,将于 2016 年 9 月 8 日在 CIOE 深圳会展中心隆重开展举办。Zemax 公司为光学工程师们提供了高效、快速、精确的 OpticStudio 光学与照明设计软件,提供全流程的解决方案,是行业的标准软件。为鼓励光学镜头产业的良性发展,推动产业创新进步,由 Zemax China 独家赞助的"2016Zemax 杯光学镜头应用设计大赛"即将拉开序幕,本次大赛设置海选、评选、路演、颁奖等多个环节,旨在评选出最具创意、人气和革命性的产品和技术,并推动应用的发展。邀请参与企业和单位:科研院所、高校、光学元件商、镀摸厂商、光学镜头厂商、手机厂商、机器视觉厂商、红外厂商、安防企业、工业镜头厂商、游戏企业、智能硬件企业、媒体等。

主办机构:

中国科学技术协会、中国光学学会、中国国际光电博览会(CIOE)

协办机构:

广东省光学学会、深圳市光学学会

承办机构:

深圳贺戎博闻展览有限公司

大赛流程:

1)评选(2016.8)

评选出入围参展企业或个人作品,由 Zemax China 全程公正评选。

2)路演(2016.9.8)

入围作品在 CIOE 现场进行路演,嘉宾现场打分,根据成绩评选出最佳设计奖、最具创意奖等奖项。

3)颁奖及奖项(2016.9.8)

• 最佳设计奖:由 Zemax China 独家颁发大赛获奖证书,Zemax 纪念 T－shirt,3 000 人民币奖金。

• 最具创意奖:由 Zemax China 独家颁发大赛获奖证书,Zemax 纪念 T－shirt,2 000 人民币奖金。

• 入围奖:3 名,Zemax 办法奖金各 1 000 元。

前 100 位的参赛报名者,提供 50 元的电子券作为稿费(同一个组织机构限 3 人),参赛者的作品将会在社交网站和光学杂志上转载。

4)后期服务(2016 年 9 月 9 日之后)

入围项目后续服务跟踪和对接,或成为 Zemax China 特聘顾问。

如何参赛：

请从以下两个试题中选择一个,将您的参赛报名表＋以及以. zmx 格式的作品,发送至：china@zemax. com 截止日期 2016 年 9 月 1 日。

1. 最终解释权归 Zemax China 和 CIOE 主办方拥有。

2. 每位参赛者需要在提交作品的同时提交一份参赛报名表:

【参赛题目 1】

设计 F/# ＜ =4,焦距 F =5. 95 定焦成像镜头。

1. 定焦镜头,物距 200 mm;

2. 有效焦距 5. 95mm;

3. CCD 对角线尺寸(全)6. 2 mm;

4. 光谱范围 f,d,c 光;

5. 系统总长小于 12. 5 mm,从第一片镜片前表面到 CCD 靶面距离;

6. 后焦距 >3. 5 mm;

7. 畸变要求全视场 <3% ;

8. 在不同温度下使用 − 30 摄氏度至 65 摄氏度,并且要求在这些温度下全视场 MTF@145cycles/mm > 0. 35 , MTF 曲线自然平滑;

9. 镜片数量 4 ~ 5 片,材料为玻璃加塑料,玻璃必须为球面,塑料可以为非球面;

10. 玻璃材料:采用成都光明玻璃库。塑料材料不限,为常见光学塑料如:E48R、F52R、APL 等等;

11. 光阑面放在第一片透镜上。

重点评价指标:

1. F/# ＜ =4,指标越小越好;

2. 考虑到可加工性,如透镜中心厚度最小 0. 5 mm,边缘厚度最小 0. 5 mm,空气间隔最小 0. 1 mm,不考虑双胶合;

3. 公差要求尽量低,光线走向等要平滑;

4. 场曲及色散要一定的控制,尽量控制在 ±0. 08 mm 范围内。

该题目作为探索性题目,要求在满足其他的评价要求下,系统孔径做的尽可能大(F/#越低越好),另外有环境使用的要求(Zemax 多重结构热分析),MTF 要求相对来说也比较严格。设计者可以提供设计思路,并评价以上指标的合理性,根据自己的判断提供一个较为合理的设计结果,另外可以谈谈自己如何控制诸如色差,优化玻璃,场曲,色散及畸变等,这些都是加分项。

【参赛题目 2】

设计一个光谱流式细胞仪镜头。

你所在公司是一家著名的流式细胞仪(Flow Cytometry)生产商。主打产品为食品安全生物学方面的流式检测仪,例如检测乳制品中李斯特菌 Listeria 的抗体荧光。你们公司的常规产品会使用一系列的二向色镜(Dichroic)和滤光片(Filter),将荧光信号分入四个荧光通道,并用光电二极管(PMT)来监测。

如今,免疫细胞分型(immunophenotyping)成为流式细胞术最热门的应用领域。然而你们公司的现有产品不能满足该应用的需求,因为免疫细胞分型需要准确探测白血病、淋巴瘤等细胞上特定的抗原信息,这些又源于荧光信号构成的精确分析。由于四荧光通道对于该应用不充分,会导致不同的抗原信号重叠进入同一个通道,影响构成分析。

于是,公司研发部的经理想到了另一种监测荧光构成的方案:把收集到的荧光信号耦合进光纤,再用光谱仪来分析。如此一来,整个荧光信号的组成部分都能直接在 CCD 上以光谱的形式呈现。这项新的技术不再需要使用 PMT,并且能够处理更加复杂的情况。该仪器被称为光谱流式细胞术(Spectral Flow Cytometry)。

任务布置:

现在你们的 CEO 要求以最快速度开发光谱流式细胞仪以抢占市场,并且要求尽可能多地使用原有系统中的元件,包括一个 5 × 5 × 25 mm 的柱形硅基(fused silica)导流腔,它中心的通道尺寸为 200 μm × 200 μm。该导流腔必须考虑进你的最终设计,并假设其中流动的液体为纯水。你们小组计划去借一台海洋光学 Ocean Optics 的 UV – VIS 光谱仪,来搭建原型机。你将会成为这个系统中用来采集荧光的光学镜头设计人。

设计指标:

这个镜头会对放置在中心通道位置的 200 μm × 200 μm 的区域进行荧光采集,要求 1 × 的放大率。最终 25 μm 光斑直径的圈入能量 (encircled energy)需超过 80%。但是考虑到加工公差的存在,则要求对于每一个视场,25 μm 光斑直径的圈入能量均要大于 90%。此外,这个镜头需采集至少 30°全张角来自导流腔水中的光线,才能够确保细胞仪收集到足够多光信号。为了控制成本,这个镜头最多允许使用 4 片球面镜片,或者 3 片球面镜片外加一个非球表面;如果使用非球面,必须保证其可生产性。因为迅速打样的需求,镜片的材料选择只能从 Optimax 公司常备材料库中选择(http://www.optimaxsi.com/preferred – glass/)

从系统工程师处得知,有三种多模光纤可以很快购买到用以连接光谱仪,均是 0.22 NA的,其直径分别为 400 μm、600 μm、800 μm(任选一种)。最终耦合进光纤的能量损失不能超过 10%。你们公司的市场部通过调研发现大多数客户需要采集的荧光波长在 380 nm 到680 nm。

要求透射率在 380 nm 处大于 80%,而在 480 nm 以上的波长透射率大于 90%。镀膜团队认为,为了使得膜层效果发挥最佳,所有光线的入射角均必须小于 45 度,且目前可供选的镀膜只有波长 MgF2 一种。机械装配团队也提出了他们的要求。镜头到导流腔的距离至少需要 5 mm,镜头后端到光纤的距离不得小于 25 mm。且每片镜片边缘需要留出至少 2 mm的口径余量,用以机械装配。

评估指标:

要求用 Zemax 进行设计。最终报告将提交给公司内的各个团队,你需要向他们证明所有技术要求均获得满足。所以除了提交 Zemax 文档之外,还需要配备一个表格,详细列出公司给出的镜头技术指标以及你最终镜头的实际设计值。

本题最终打分的考量将从光学性能、可生产性、最终报告的可阅读性等方面进行。

备注:流式细胞仪

流式细胞仪(Flow cytometry)是用来分析单细胞物理属性的重要仪器。当细胞流经细管时,激光打在细胞上,便可以分析其散射、荧光等性质。该仪器在分子生物学、蛋白质工程、免疫学等方面有广泛而重要的运用。

附录 D 2017 年 CIOE 光学镜头 应用设计大赛

时间:2017 年 9 月 8 日

地点:深圳会展中心

大赛介绍:

为鼓励光学镜头产业的良性发展,推动产业创新进步,CIOE 携手行业机构权威专家,联手 Zemax China 继续举办"第二届 Zemax 光学镜头应用设计大赛"活动,欢迎行业企业、院所、高校及个人踊跃参加!

首届 CIOE 光学镜头应用设计大赛,由 Zemax China 冠名赞助。大赛吸引了中国科学院上海光学精密机械研究所、中国科学院国家空间科学中心、中电十一所、中科院上海技术物理研究所、中国科学院安徽光学精密机械研究所、北京理工大学、上海理工大学、中国科学院苏州生物医学工程技术研究所、深圳市安华光电技术有限公司、李光學工作室、杭州瑾丽光电科技有限公司、长春迪瑞医疗科技股份有限公司、杭州海康威视数字技术股份有限公司、河北汉光重工有限责任公司、广州长步道光电科技有限公司、菲尼萨光电通讯(上海)有限公司等近 100 位参赛选手报名。最后李介仁、陈杭、邱孙杰、聂瑾禄、张振洲五位选手脱颖而出分别获得最佳设计奖、最具创意奖以及入围奖。

第二届 Zemax 光学镜头应用设计大赛,由中国科学技术协会、中国光学学会、中国国际光电博览会(CIOE)等主办,广东省光学学会、深圳市光学学会、斯迈光学技术咨询(上海)有限公司协办。本次大赛紧抓行业热点,赛题突显手机摄像头设计技术领先概念。大赛以分享光学设计经验、交流光学设计心得、聚焦行业技术热点、推进光学技术发展为宗旨,设置评选、路演、颁奖等多个环节。是中国国际光电博览会重要的活动之一。

奖项设置:

1)一等奖,一名,奖金 3 000 元;

2)二等奖,二名,奖金各 2 000 元;

3)三等奖,三名,奖金各 1 000 元。

4)优胜奖,三名,每人获得 300 元京东消费券。优胜奖限定在学生组,学生组需提交学生证扫描件以验证在校生身份。获得优胜奖的学生可以进入 Zemax China 人才库,有机会获取在 Zemax China 的实习。在校生也可自愿选择参加专业组竞赛。

说明:每一位提交有效的参赛作品的参与者都能获得 Zemax 提供的 50 元京东消费券。一等奖获得者可以额外获得 LensMechanix 正式版 3 个月的使用权。LensMechanix 是 Zemax 公司最新开发的光机结合软件,适用于镜头机械结构件的建模分析。大赛获奖选手除获得赞助方 Zemax China 颁发奖金外,同时 CIOE 组委会颁发获奖证书或奖牌。大赛流程:

1)报名及初选(2017.08.01 – 2017.08.31)

大规模宣传,广泛邀请参与团体、企业、院校、个人、专家等,收集参赛项目。

2)复选(2017.09.01 – 2017.09.04)

评选出入围参展企业和个人(15 强),同时评出学生组优胜奖获奖选手。

3)路演(2017.09.08)

在入围 15 强中选出前 6 强在 CIOE 现场进行路演,嘉宾现场打分,根据成绩评选出一等奖、二等奖、三等奖等奖项。

4)颁奖(2017.09.08)

进行现场颁奖。

5)后期服务(2017 年 9 月 9 日之后)

协助入围项目后续服务跟踪和对接。大赛结果对外公布。

大赛题目:

手机摄像头的发展日新月异,在非球面注塑和压模工艺的帮助下,现在主流手机摄像头已经做到 F/1.8 甚至更大的光圈。以某著名品牌手机的摄像头为例,1 200 万像素,1/3 英寸传感器(4.80 mm * 3.60 mm),长宽比例 4:3,在这样的配置下,手机摄像头的成像效果已经可以媲美一些专业相机。为了进一步发展手机摄像头,可以引入曲面传感器技术。此举可以有效地帮助修正场曲,而使得相机的技术指标进一步提高。本题旨在探索在曲面传感器技术的帮助下,手机摄像头的光圈还有多大的提升空间。

设计要求:

保持上述某品牌手机的传感器的单像素大小、像素数、长宽比不变,允许把该传感器从平面改变为球面,球面曲率可自由定义。设计一款视场角为 60°,物在无穷远处的手机镜头。镜片数为 3~6 片,镜片材料可以自选,但是需具有公开的具体的光学参数,且适合非球面制造工艺。从最后一片镜片到传感器距离应保持在 0.25 mm 以上。最终封装大小需保证在 6 mm * 6 mm * 6 mm 以内。光学性能方面,要求 MTF 曲线自然光滑,在 200 lp/mm 处大于 0.25,且最大畸变不超过 5%,相对照度大于 45%。为了保证镜头的可加工性,光线在镜片上的最大入射角需小于 55°。像面上主光线的入射角需小于 30°。

本次大赛分学生组与专业组两个组别,所有组别的选手均需根据上述要求在报告中以表格形式罗列出设计指标,完成设计,提交.ZAR 格式的设计文件和说明文档作为参赛作品到 China@zemax.com。对于专业组选手,需在以上基础上考虑镜片的可生产性与可装配性。增加手机镜头的热分析(温度范围为 0~60 ℃)、加工公差分析、OpticStudio 软件非序列模式下的鬼像分析/杂散光分析。

评选标准:

1)镜头设计指标是否正确达到;

2)在指标正确的基础上能把光圈推进到多大,目标为 F/1.0;

3)可生产性、环境、生产公差、鬼像分析等报告的完整程度;

所有参赛作品版权归参赛选手与 Zemax LLC 共同所有,Zemax LLC 有权公示参赛作品细节。本次大赛只接受使用 Zemax 正式版软件所做的设计。

大赛评委:

1)上届最佳设计奖获得者;

2)CIOE 组委会专家组资深专家;

3)Zemax China 高级工程师;

4)品牌手机厂商技术专家。

参赛权益:

1)高度活动热度。持续高密度曝光,CIOE 展会现场专业人士瞩目聚焦;

2）颁发奖金奖牌。大赛又赞助费设置奖金，CIOE 现场颁奖牌或证书；

3）获得无形荣誉。组织单位将通过 CIOE 展会平台以及行业媒体公布大赛结果。

4）现场技术解答。邀请行业资深专家对入围选手作品点评，开拓设计人员的眼界，改变固定思维；

5）获得投资机会。获奖作品推荐给创客 VC，获得投资机会。

如何参赛：

1）请将您的参赛报名表以及设计作品，发送至：china@zemax.com，截止日期 2017 年 8 月 31 日。

2）每位参赛者需要在提交作品的同时提交一份参赛报名表，若是参加学生组请同时提交学生证扫描件。

参赛须知：

1）报名参赛即同意按照活动规定时间参与比赛，否则视为自动放弃比赛资格；

2）所有参赛作品版权归参赛选手与 Zemax LLC 共同所有，Zemax LLC 有权公示参赛作品细节。本次大赛只接受使用 Zemax 正式版所做的设计。

3）每个参赛选手只能获得一个奖项，优胜奖限定在学生组。一、二、三等奖不可同时获得；

4）参赛作品如为多人合作所制作，需征求团队成员同意，并标注所有成员名字；

5）报名参赛即同意主办方享有无偿对参赛作品进行公开大赛宣传、报道、公布、署名等权利；

6）主办单位 CIOE 组委会及赞助商 Zemax 对本届设计大赛活动拥有最终解释权。

参 考 文 献

［1］刘钧,高明.光学设计[M].2版.北京:国防工业出版社,2016.
［2］萧泽新.工程光学设计[M].3版.北京:电子工业出版社,2014.
［3］韩军,刘钧.工程光学[M].西安:西安电子科技大学出版社,2007.
［4］黄一帆,李林.光学设计教程[M].北京:北京理工大学出版社,2009.
［5］李晓彤,岑兆丰.几何光学·像差·光学设计[M].3版.杭州:浙江大学出版社,2014.
［6］李林.应用光学[M].4版.北京:北京理工大学出版社,2010.
［7］安连生.应用光学[M].3版.北京:北京理工大学出版社,2003.
［8］李林,安连生.计算机辅助光学设计的理论与应用[M].北京:国防工业出版社,2002.
［9］郁道银,谈恒英.工程光学[M].4版.北京:机械工业出版社,2016.
［10］谢敬辉,赵达尊,阎吉祥.物理光学教程[M].北京:北京理工大学出版社,2005.
［11］国家技术监督局.光学制图:GB 13323—91[S].北京:机械工业出版社,1995.
［12］王之江.实用光学技术手册[K].北京:机械工业出版社,2007.